建筑企业专业技术管理人员
业务必备丛书

施工员（安装）

本书编委会◎编写

SHI GONG YUAN

知识产权出版社
全国百佳图书出版单位

内容提要

本书依据《建筑与市政工程施工现场专业人员职业标准》JGJ/T 250—2011、《建筑给水排水及采暖工程施工质量验收规范》GB 50242—2002、《通风与空调工程施工质量验收规范》GB 50243—2002、《给水排水管道工程施工及验收规范》GB 50268—2008、《建筑电气工程施工质量验收规范》GB 50303—2002、《建筑物防雷工程施工与质量验收规范》GB 50601—2010、《智能建筑工程施工规范》GB 50606—2010、《通风与空调工程施工规范》GB 50738—2011 及《电梯安装验收规范》GB/T 10060—2011 等国家现行标准编写。主要内容包括概述、施工项目管理、建筑电气工程、建筑给水排水及采暖工程、通风与空调安装工程、电梯工程施工以及智能建筑工程施工等。

本书内容丰富，通俗易懂，实用性较强，可供建筑施工企业施工员、技术管理人员、质量检验人员以及监理人员参考，也可作为施工员考试培训教材。

责任编辑：陆彩云　高志方　　　　　　责任出版：卢运霞

图书在版编目(CIP)数据

施工员.安装/《施工员》编委会编写.—北京：知识产权出版社，2013.6
（建筑企业专业技术管理人员业务必备丛书）
ISBN 978-7-5130-2071-8

Ⅰ.①施… Ⅱ.①施… Ⅲ.①建筑安装—基本知识 Ⅳ.①TU758

中国版本图书馆 CIP 数据核字(2013)第 105798 号

建筑企业专业技术管理人员业务必备丛书

施工员(安装)

本书编委会　编写

出版发行：知识产权出版社

社　　　址：北京市海淀区马甸南村 1 号	邮　　编：100088
网　　　址：http://www.ipph.cn	邮　　箱：lcy@cnipr.com
发行电话：010-82000860 转 8101/8102	传　　真：010-82005070/82000893
责编电话：010-82000860 转 8110/8512	责编邮箱：gaozhifang@cnipr.com
印　　　刷：北京紫瑞利印刷有限公司	经　　销：新华书店及相关销售网点
开　　　本：720mm×960mm　1/16	印　　张：35
版　　　次：2013 年 7 月第 1 版	印　　次：2013 年 7 月第 1 次印刷
字　　　数：647 千字	定　　价：68.00 元

ISBN 978-7-5130-2071-8

前　言

　　安装工程是指各种设备、装置的安装工程。通常包括电气、通风、给排水以及设备安装等工作内容。随着国民经济建设的飞速发展,我国建筑工程行业得到了长足的发展,安装工程作为基本建设的重要组成部分,其安装质量的好坏对工程有着极其重要的影响。目前,我国的安装工程行业得到了一定程度的发展,但是,就现阶段来看,安装工程施工过程中还存在一些各式各样的不足,如何提高技术人员的专业水平和安装工程队伍的整体管理能力已经成为我国安装工程建设中亟待解决的问题。为此我们以安装施工员为主要对象,根据《建筑与市政工程施工现场专业人员职业标准》JGJ/T 250—2011、《给水排水管道工程施工及验收规范》GB 50268—2008、《通风与空调工程施工规范》GB 50738—2011、《电梯安装验收规范》GB/T 10060—2011、《智能建筑工程施工规范》GB 50606—2010 等相关规范和标准的规定,组织编写了此书。

　　本书采用"模块式"的方式编写,各节内容包含"本节导读"和"业务要点"两个模块,在"本节导读"部分对该节内容进行概括;在"业务要点"部分对导读中涉及的内容进行详细的说明与分析。力求能够使读者快速把握章节重点,理清知识脉络,提高学习效率。本书共分为七章,包括概述、施工项目管理、建筑电气工程、建筑给水排水及采暖工程、通风与空调安装工程、电梯工程施工以及智能建筑工程施工等。

　　本书内容丰富,通俗易懂,实用性较强,可供建筑企业施工员、技术管理人员、质量检验人员以及监理人员参考,也可作为施工员考试培训的教材。

　　由于编者学识和经验有限,虽经尽心尽力,但难免存在疏漏或不妥之处,望广大读者批评指正。

编　者

2013 年 6 月

目 录

第一章 概 述

第一节 施工员的工作职责

施工员的工作职责宜符合表 1-1 的规定。

表 1-1 施工员的工作职责

项次	分 类	主要工作职责
1	施工组织策划	① 参与施工组织管理策划 ② 参与制定管理制度
2	施工技术管理	③ 参与图纸会审、技术核定 ④ 负责施工作业班组的技术交底 ⑤ 负责组织测量放线、参与技术复核
3	施工进度成本控制	⑥ 参与制定并调整施工进度计划、施工资源需求计划,编制施工作业计划 ⑦ 参与做好施工现场组织协调工作,合理调配生产资源;落实施工作业计划 ⑧ 参与现场经济技术签证、成本控制及成本核算 ⑨ 负责施工平面布置的动态管理
4	质量安全环境管理	⑩ 参与质量、环境与职业健康安全的预控 ⑪ 负责施工作业的质量、环境与职业健康安全过程控制,参与隐蔽、分项、分部和单位工程的质量验收 ⑫ 参与质量、环境与职业健康安全问题的调查,提出整改措施并监督落实
5	施工信息资料管理	⑬ 负责编写施工日志、施工记录等相关施工资料 ⑭ 负责汇总、整理和移交施工资料

第二节 施工员的专业要求

1) 施工员应具备表 1-2 规定的专业技能。

表 1-2　施工员应具备的专业技能

项次	分　类	专业技能
1	施工组织策划	① 能够参与编制施工组织设计和专项施工方案
2	施工技术管理	② 能够识读施工图和其他工程设计、施工等文件 ③ 能够编写技术交底文件,并实施技术交底 ④ 能够正确使用测量仪器,进行施工测量
3	施工进度成本控制	⑤ 能够正确划分施工区段,合理确定施工顺序 ⑥ 能够进行资源平衡计算,参与编制施工进度计划及资源需求计划,控制调整计划 ⑦ 能够进行工程量计算及初步的工程计价
4	质量安全环境管理	⑧ 能够确定施工质量控制点,参与编制质量控制文件、实施质量交底 ⑨ 能够确定施工安全防范重点,参与编制职业健康安全与环境技术文件、实施安全和环境交底 ⑩ 能够识别、分析、处理施工质量和危险源 ⑪ 能够参与施工质量、职业健康安全与环境问题的调查分析
5	施工信息资料管理	⑫ 能够记录施工情况,编制相关工程技术资料 ⑬ 能够利用专业软件对工程信息资料进行处理

2) 施工员应具备表 1-3 规定的专业知识。

表 1-3　施工员应具备的专业知识

项次	分　类	专业知识
1	通用知识	① 熟悉国家工程建设相关法律法规 ② 熟悉工程材料的基本知识 ③ 掌握施工图识读、绘制的基本知识 ④ 熟悉工程施工工艺和方法 ⑤ 熟悉工程项目管理的基本知识
2	基础知识	⑥ 熟悉相关专业的力学知识 ⑦ 熟悉建筑构造、建筑结构和建筑设备的基本知识 ⑧ 熟悉工程预算的基本知识 ⑨ 掌握计算机和相关资料信息管理软件的应用知识 ⑩ 熟悉施工测量的基本知识
3	岗位知识	⑪ 熟悉与本岗位相关的标准和管理规定 ⑫ 掌握施工组织设计及专项施工方案的内容和编制方法 ⑬ 掌握施工进度计划的编制方法 ⑭ 熟悉环境与职业健康安全管理的基本知识 ⑮ 熟悉工程质量管理的基本知识 ⑯ 熟悉工程成本管理的基本知识 ⑰ 了解常用施工机械机具的性能

第三节 施工图的识读

本节导读

本节主要介绍建筑施工图的识读,内容包括电气施工图识读、给水排水施工图识读、采暖系统施工图识读以及通风空调施工图识读等。其内容关系如图1-1所示。

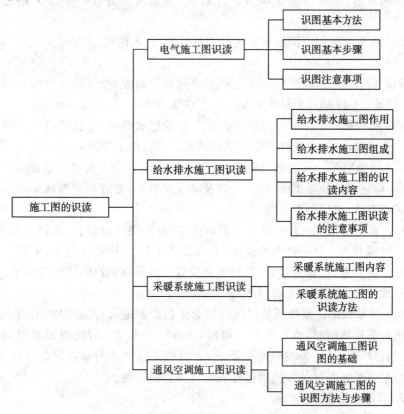

图 1-1 本节内容关系图

业务要点 1:电气施工图识读

1. 识图基本方法

电气施工图应结合电工、电子线路等相关基础知识,结合电路元器件的结构和工作原理看图。同时还应结合典型电路看图。典型电路就是常见的基本电路,如电动机正、反转控制电路,顺序控制电路,行程控制电路等,不管多么复杂的电路,总能将其分割成若干个典型电路,先搞清每个典型电路的原理和作用,然后再将典型电路串联组合起来看,就能大体把一个复杂电路看懂了。此外,在看各种电气图时,一定要看清电气图的技术说明。它有助于了解电路的大体情况,便于抓住看图重点,达到顺利看图的目的。

2. 识图基本步骤

(1)阅读说明书。对任何一个系统、装置或设备,在看图之前应首先了解它们的机械结构、电气传动方式、对电气控制的要求、电动机和电器元件的大体布置情况以及设备的使用操作方法,各种按钮、开关、指示器等的作用。此外还应了解使用要求、安全注意事项等。对系统、装置或设备有一个较全面完整的认识。

(2)看图纸说明。图纸说明包括图纸目录、技术说明、元器件明细表和施工说明书等。

识图时,首先要看清楚图纸说明书中的各项内容,弄清设计内容和施工要求,这样就可以了解图纸的大体情况和抓住识图重点。

(3)看标题栏。图纸中标题栏也是重要的组成部分,它包括电气图的名称及图号等有关内容,由此可对电气图的类型、性质、作用等有明确认识。

(4)看概略图。看图纸说明后,就要看概略图,从而了解整个系统或分系统的概况,即它们的基本组成、相互关系及其主要特征,为进一步理解系统或分系统的工作方式、原理打下基础。

(5)看电路图。电路图是电气图的核心,对一些小型设备,电路不太复杂,看图相对容易些。对一些大型设备,电路比较复杂,看图难度较大,不论怎样都应按照由简到繁、由易到难、由粗到细的步骤逐步看深、看透,直到完全明白、理解。一般应先看相关的逻辑图和功能图。

(6)看接线图。接线图是以电路图为依据绘制的,因此要对照电路图来看接线图。看接线图时,也要先看主电路,再看辅助电路。看接线图要根据端子标志、回路标号,从电源端顺次查下去,弄清楚线路的走向和电路的连接方法,即弄清楚每个元器件是如何通过连线构成闭合回路的。

3. 识图注意事项

1)必须熟悉电气施工图的图例、符号、标注及画法。

2)必须具有相关电气安装与应用的知识和施工经验。

3)能建立空间思维,正确确定线路走向。

4)电气图与土建图对照识读。

5)明确施工图识读的目的,准确计算工程量。

6)善于发现图中的问题,在施工中加以纠正。

业务要点 2:给水排水施工图识读

1. 给水排水施工图作用

建筑给排水施工图是建筑给水排水工程施工的依据和必须遵守的文件。它主要用于解决给水及排水方式,所用材料及设备的型号、安装方式、安装要求,给水排水设施在房屋中的位置及建筑结构的关系,与建筑物中其他设施的关系,施工操作要求等一系列内容,是重要的技术文件。

2. 给水排水施工图组成

(1)平面图。在设计图纸中,根据建筑规划,用水设备的种类、数量,要求的水质、水量,均要在给水和排水管道平面布置图中表示;各种功能管道、管道附件、卫生器具、用水设备,如消火栓箱、喷头等,均应用各种图例表示;各种横干管、立管、支管的管径、坡度等均应标出。平面图上管道都用单线绘出,沿墙敷设不注管道距墙面距离。

通常一张平面图上可以绘制几种类型管道,对于给水和排水管道可以在一起绘制。若图纸管线复杂,也可以分别绘制,以图纸能清楚表达设计意图而图纸数量又很少为原则。

建筑内部给水排水,以选用的给水方式来确定平面布置图的张数;底层及地下室必绘;顶层若有高位水箱等设备,也必须单独绘出。建筑中间各层,如卫生设备或用水设备的种类、数量和位置都相同,绘一张标准层平面布置图即可;否则,应逐层绘制。各层图面若给水、排水管垂直相重,平面布置可错开表示。平面布置图的比例,一般与建筑图相同。常用的比例尺为 1:100;施工详图可取 1:50~1:20。

在各层平面布置图上,各种管道、立管应编号标明。

(2)系统图。系统图又称"轴测图",其绘法取水平、轴测、垂直方向,完全与平面布置图比例相同。系统图上不仅应标明管道的管径、坡度,标明支管与立管的连接处,还应标明管道各种附件的安装标高。标高的 ±0.000 应与建筑图一致。系统图上各种立管的编号,应与平面布置图相一致。为方便施工安装和概预算应用,系统图均应按给水、排水、热水等各系统单独绘制,系统图中对用水设备及卫生器具的种类、数量和位置完全相同的支管、立管,可不重复完全绘出,但应用文字标明。当系统图立管、支管在轴测方向重复交叉影响识图时,可断开移到图面空白处绘制。

建筑居住小区给水排水管道,一般不绘系统图,但应绘管道纵断面图。

(3)详图。当某些设备的构造或管道之间的连接情况在平面图或系统图上表示不清楚又无法用文字说明时,将这些部位进行放大的图称作详图。详图表示某些给水排水设备及管道节点的详细构造及安装要求。有些详图可直接查阅标准图集或室内给水排水设计手册等。

(4)设计说明。设计说明就是指用文字来说明设计图样上用图形、图线或符号表达不清楚的问题,主要包括:采用的管材及接口方式;管道的防腐、防冻、防结露的方法;卫生器具的类型及安装方式;所采用的标准图号及名称;施工注意事项;施工验收应达到的质量要求;系统的管道水压试验要求及有关图例等。

设计说明可直接写在图样上,工程较大、内容较多时,则要另用专页进行编写。如果有水泵、水箱等设备,还须写明其型号规格及运行管理要求等。

(5)设备及材料明细表。为了能使施工准备的材料和设备符合图样要求,对重要工程中的材料和设备,应编制设备及材料明细表,以便做出预算、施工备料。

1)设备及材料明细表应包括编号、名称、型号规格、单位、数量、质量及附注等项目。

2)施工图中涉及的管材、阀门、仪表、设备等均需列入表中,不影响工程进度和质量的零星材料,允许施工单位自行决定时可不列入表中。

3)施工图中选定的设备对生产厂家有明确要求时,应将生产厂家的厂名写在明细表的附注里。

4)施工图还应绘出工程图所用图例。

5)所有以上图纸及施工说明等应编排有序,写出图纸目录。

3. 给水排水施工图的识读内容

阅读主要图纸之前,应首先看说明和设备材料表,然后以系统为线索深入阅读平面图和系统图及详图。阅读时,应将三种图相互对照一起看。先看系统图,对各系统做到大致了解。看给水系统图时,可由建筑的给水引入管开始,沿水流方向经干管、立管、支管到用水设备;看排水系统图时,可由排水设备开始,沿排水方向经支管、横管、立管、干管到排出管。

(1)平面图的识渎。施工图纸中最基本和最重要的图纸是建筑给水排水管道平面图。常用的比例是1∶100和1∶50两种。它主要表明建筑物内给水排水管道及卫生器具和用水设备的平面布置。图上的线条都是示意性的,同时管配件如活接头、补芯、管箍等也不需画出来,所以在识读图纸时还必须熟悉给水排水管道的施工工艺。

(2)系统图的识读。给水排水管道系统图主要表明管道系统的立体走向。在给水系统图上,卫生器具不画出来,只须画出龙头、淋浴器莲蓬头、冲洗水箱等符号;用水设备,则应画出示意性的立体图,并在旁边注以文字说明。在排水系统图上也只画出相应的卫生器具的存水弯或器具排水管。

(3)详图的识读。室内给水排水工程的详图包括节点图、大样图、标准图,主要是管道节点、水表、消火栓、水加热器、开水炉、卫生器具、过墙套管、排水设备、管道支架等的安装图。这些图都是根据实物用正投影法画出来的,画法与机械制图画法相同,图上都有详细尺寸,可供安装时直接使用。

4. 给水排水施工图识读的注意事项

成套的专业施工图首先要看它的图样目录,然后再看具体图样,并应注意以下几点:

1) 给水排水施工图所表示的设备和管道一般采用统一的图例,在识读图样前应查阅和掌握有关的图例,了解图例代表的内容。

2) 给水排水管道纵横交叉,平面图难以表明它们的空间走向,一般采用系统图表明各层管道的空间关系及走向。识读时为了解系统全貌,应将系统图和平面图对照识读。

3) 系统图中图例及线条较多,应按一定流向进行,一般给水系统识读顺序为:房屋引入管→水表井→给水干管→给水立管→给水横管→用水设备;排水系统识读顺序为:排水设备→排水支管→横管→立管→排出管。

4) 结合平面图、系统图及说明看详图,了解卫生器具的类型、安装形式、设备规格型号、配管形式等,搞清系统的详细构造及施工的具体要求。

5) 识读图样时应注意预留孔洞、预埋件、管沟等的位置及对土建的要求,为方便施工配合还须对照查看有关的土建施工图样。

业务要点3:采暖系统施工图识读

1. 采暖系统施工图内容

(1) 平面图。平面图表示的是建筑物内供暖管道及设备的平面布置,主要内容如下:

1) 楼层平面图。楼层平面图指中间层(标准层)平面图,应标明散热设备的安装位置、规格、片数(尺寸)及安装方式(明设、暗设、半暗设),立管的位置及数量。

2) 顶层平面图。除有与楼层平面图相同的内容外,对于上分式系统,要标明总立管、水平干管的位置;干管管径大小、管道坡度以及干管上的阀门、管道固定支架及其他构件的安装位置;热水采暖要标明膨胀水箱、集气罐等设备的位置、规格及管道连接情况。

3) 底层平面图。除有与楼层平面图相同的有关内容外,还应标明供热引入口的位置、管径、坡度及采用标准图号(或详图号)。下分式系统表明干管的位置、管径和坡度;上分式系统表明回水干管(蒸汽系统为凝水干管)的位置、管径和坡度。管道地沟敷设时,平面图中还要标明地沟位置和尺寸。

(2) 系统图。系统图与平面图配合,反映了供暖系统全貌,系统采用前实后虚的画法,表达前后的遮挡关系。系统图上标注各管段管径的大小,水平管的标高、坡度、散热器及支管的连接情况,对照平面图可反映系统的全貌。

（3）详图。详图又称大样图,是平面图和系统图表达不够清楚时而又无标准图时的补充说明图。详图包括有关标准图和绘制的节点详图。

1）标准图。在设计中,有的设备、器具的制作和安装,由于某些节点、结构做法和施工要求是通用的、标准的,因此设计时直接选用国家和地区的标准图集和设计院的重复使用图集,不再绘制这些详细图样,只在设计图纸上注出选用的图号,即通常使用的标准图。有些图是施工中通用的,但非标准图集中使用的,因此,习惯上人们把这些图与标准图集中的图一并称为重复使用图。

2）节点详图。用放大的比例尺,画出复杂节点的详细结构。一般包括用户入口、设备安装、分支管大样、过门地沟等。

（4）设计和施工图说明。采暖设计说明书一般写在图纸的首页上,内容较多时也可单独使用一张图。主要内容有:热媒及其参数;建筑物总热负荷;热媒总流量;系统形式;管材和散热器的类型;管子标高是指管中心还是指管底;系统的试验压力;保温和防腐的规定以及施工中应注意的问题等。设计和施工说明书是施工的重要依据。

（5）设备及主要材料明细表。在设计采暖施工图时,为方便做好工程开工前的准备,应把工程所需的散热器的规格和分组片数、阀门的规格型号、疏水器的规格型号以及设计数量和质量列在设备表中;把管材、管件、配件以及安装所需的辅助材料列在主要材料表中。

2. 采暖系统施工图的识读方法

识读采暖施工图的基本方法是将平面图与系统对照。从供热系统入口开始,沿水流方向按供水干管、立管、支管的顺序到散热器,再由散热器开始,按回水支管、立管、干管的顺序到出口为止。

1）采暖进口平面位置及预留孔洞尺寸、标高情况。

2）入口装置的平面安装位置,对照设备材料明细表查清选用设备的型号、规格、性能及数量;对照节点图、标准图,搞清各入口装置的安装方法及安装要求。

3）明确各层采暖干管的定位走向、管径及管材、敷设方式及连接方式。明确干管补偿器及固定支架的设置位置及结构尺寸。对照施工说明,明确干管的防腐、保温要求,明确管道穿越墙体的安装要求。

4）明确各层采暖立管的形式、编号、数量及其平面安装位置。

5）明确各层散热器的组数、每组片数及其平面安装位置,对照图例及施工说明,查明其型号、规格、防腐及表面涂色要求。当采用标准层设计时,因各中间层散热器布置位置相同而只绘制一层,而将各层散热器的片数标注于一个平面图中,识读时应按不同楼层读得相应片数。散热器的安装形式,除四柱、五柱型有足片可落地安装外,其余各型散热器均为挂装。散热器有明装、明装加罩、半暗装、全暗装加罩等多种安装方式,应对照建筑图纸、施工说明予以明确。

6) 明确采暖支管与散热器的连接方式。

7) 明确各采暖系统辅助设备的平面安装位置,并对照设备材料明细表,查明其型号、规格与数量,对照标准图明确其安装方法及安装要求。

业务要点 4:通风空调施工图识读

采暖施工图识读方法与步骤同样适合于通风空调施工图的阅读,但由于通风空调工程的风、水系统比较复杂,因此它的施工图包括的内容也相当丰富,使得通风空调施工图的阅读过程也显得复杂得多。

1. 通风空调施工图识图的基础

通风空调施工图的识图基础,需要特别强调并掌握的是以下几类:

(1) 通风空调的基本原理与通风空调系统的基本理论。这些是识图的理论基础,没有这些基本知识,纵使有很高的识图能力,也无法读懂通风空调施工图的内容。因为通风空调施工图是专业性图纸,因此没有专业知识为铺垫,就不可能读懂图纸。

(2) 投影与视图的基本理论。关于投影与视图的基本理论是任何图纸绘制的基础,也是任何图纸识图的前提。

(3) 通风空调施工图的基本规定。通风空调施工图的一些基本规定,如线型、图例符号、尺寸标注等,直接反映在图纸上,有时并没有辅助说明,因此掌握某些规定有助于识图过程的顺利完成,不仅帮助我们认识通风空调施工图,而且有助于提高识图的速度。

2. 通风空调施工图的识图方法与步骤

首先阅读图纸目录,根据图纸目录了解该工程图纸的概况,包括图纸张数、图幅大小及名称、编号等信息;然后阅读施工说明,根据施工说明了解该工程概况,包括空调系统的形式、划分及主要设备布置等信息,在这基础上,确定哪些图纸是代表着该工程的特点、是这些图纸中的典型或重要部分,图纸的阅读就从这些重要图纸开始;再阅读有代表性的图纸,在第二步中确定了代表该工程特点的图纸,现在就根据图纸目录,确定这些图纸的编号,并找出这些图纸进行阅读,在通风空调施工图中,有代表性的图纸基本上都是反映空调系统布置、空调机房布置、冷冻机房布置的平面图,因此通风空调施工图的阅读基本上是从平面图开始的,先是总平面图,然后是其他的平面图。

阅读辅助性图纸,对于平面图上没有表达清楚的地方,就要根据平面图上的提示(如剖面位置)和图纸目录找出该平面图的辅助图纸进行阅读,这包括立面图、侧立面图、剖面图等。对于整个系统可参考系统轴测图。

　　阅读其他内容。在读懂整个通风空调系统的前提下，再进一步阅读施工说明、设备及主要材料表，了解通风空调系统的详细安装情况，同时参考加工、安装详图，从而完全学会图纸的全部内容。

　　总之，在识读通风空调施工图时，首先必须看懂设计安装说明，从而对整个工程建立一个全面的概念。接着识读冷冻水和冷却水流程图以及送、排风示意图，领会了流程图后，在识读各楼层、各房间的平面图就比较清楚了。局部详图是对平面图上无法表达清楚的部分做出补充。

　　识读过程中，除要领会通风与空调施工图外，还应了解与土建图纸的地沟、孔洞、竖井、预埋件的位置是否相符，与其他专业图纸的管道布置有无碰撞。

第二章　施工项目管理

第一节　施工项目技术管理

本节导读

本节主要介绍施工项目技术管理,内容包括技术管理作用、技术管理任务以及技术管理内容等。其内容关系如图 2-1 所示。

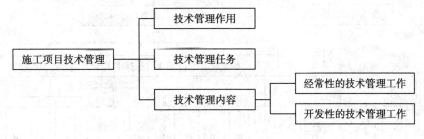

图 2-1　本节内容关系图

业务要点 1:技术管理作用

1) 保证施工过程符合技术规范的要求,保证施工按正常秩序进行。

2) 通过技术管理,不断提高技术管理水平和职工的技术素质,能预见性地发现问题,最终达到高质量完成施工任务的目的。

3) 充分发挥施工中人员及材料、设备的潜力,针对工程特点和技术难题,开展合理化建议和技术攻关活动,在保证工程质量和生产计划的前提下,降低工程成本,提高经济效益。

4) 通过技术管理,积极开发与推广新技术、新工艺、新材料,促进施工技术现代化,提高竞争能力。

5) 有利于用新的科研成果对技术管理人员、施工作业人员进行教育培养,不断提高技术管理素质和技术能力。

业务要点 2:技术管理任务

1) 正确贯彻执行国家各项技术政策和法令,认真执行国家和有关主管部门制定的技术标准、规范和规定。

2）科学地组织技术工作，建立施工项目正常的施工生产技术秩序。

3）积极地采用新技术、新工艺、新材料、新设备等科技成果，努力实现建筑施工技术现代化，依靠技术进步提高施工项目的经济效益。

4）为保证施工项目的"优质、高速、低耗、安全"，应加强技术教育、技术培训，不断提高技术人员和工人的技术素质。

业务要点3：技术管理内容

技术管理包括技术管理基础工作和技术管理基本工作两种，如图2-2所示。其中，技术管理基本工作包括施工技术准备工作、施工过程技术工作和技术开发工作等，其内容主要包括以下两个方面：

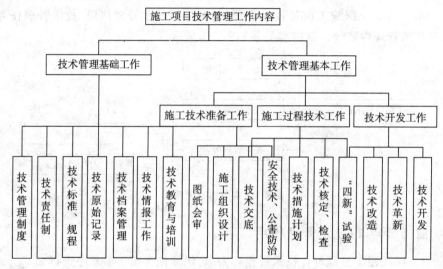

图2-2　技术管理工作内容

1. 经常性的技术管理工作

1）施工图样的熟悉、审查和会审。

2）编制施工管理规划。

3）组织技术交底。

4）工程变更和变更洽谈。

5）制定技术措施和技术标准。

6）建立技术岗位责任制。

7）进行技术检验、材料和半成品的试验与检测。

8）贯彻技术规范和规程。

9）技术情报、技术交流、技术档案的管理工作。

10）监督与控制技术措施的执行，处理技术问题等。

2. 开发性的技术管理工作

1）组织各类技术培训工作。

2）根据项目的需要制定新的技术措施和技术标准。

3）进行技术改造和技术创新。

4）开发新技术、新结构、新材料、新工艺等。

第二节　施工项目进度管理

本节导读

本节主要介绍施工项目进度管理，内容包括施工项目进度控制原理、施工项目进度计划的实施和检查以及保证工期的管理措施等。其内容关系如图 2-3 所示。

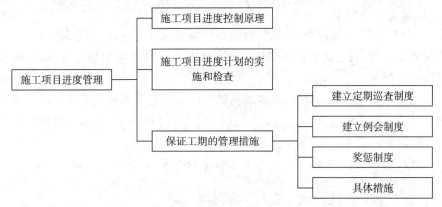

图 2-3　本节内容关系图

业务要点 1：施工项目进度控制原理

施工项目进度控制是项目施工中的控制目标之一，是保证施工项目按期完成、合理安排资源供应、节约工程成本的重要措施。施工进度控制就是在既定的工期内，通过调查收集资料，确定施工方案，编制出符合工程项目要求的最佳施工进度计划。并且在执行该计划的施工中，经常检查施工实际进度情况，并将其与计划进度相比较，若出现偏差，便分析产生的原因和对工期的影响程度，采取处理措施，通过不断地调整直至工程竣工验收，其最终目标是通过控制来保证施工项目的既定目标工期的实现。

业务要点 2：施工项目进度计划的实施和检查

按施工阶段分解，突出节点控制：以关键线路为线索，以计划起止里程碑为控制点,在不同施工阶段确定重点控制对象,制定施工细则,保证控制节点的实现。

按专业工程分解,确定交接时间:在不同专业和不同工程的任务之间,进行综合平衡,并强调相互间的衔接配合,确定相互交接的日期,强化工期的严肃性,保证工程进度不在本工序造成延误。通过对各道工序完成的质量与时间的控制,保证各分部工程进度的实现。

按总进度计划的时间要求,将施工总进度计划分解为季度、月度、旬度和周进度计划。

业务要点 3:保证工期的管理措施

1. 建立定期巡查制度

每周由项目部组织各施工队对工程现场巡查,巡查的目的是检查施工进度、现场文明施工情况、安全生产情况等。

2. 建立例会制度

1) 定期召开工程例会,处理工程进行中碰到的计划进度、安全消防、工程质量、技术等问题,施工队汇报现场施工进度和存在问题。做到会而有议,议而有决,决而有行。

2) 建立现场协调会制度,根据现场的实际需要召开不定期的施工技术管理人员会议,对施工中存在的问题做到随时发现、随时解决,同时相应地调整阶段性计划,保证工期不被延误。

工作例会上确定和解决的问题要形成会议纪要,印发各施工队执行。

3. 奖惩制度

依据已制订的管理制度,严格落实奖惩制度。

4. 具体措施

1) 合理协调和安排工序,使之与已确定的施工技术方案吻合,按各工序间的衔接关系顺序组织,均衡施工;首先安排工期最长、技术难度最高和占用劳动力最多的主导工序;优先安排易受季节条件影响的工序,尽量避开季节因素对工期的影响;优化小流水交叉作业。

2) 和土建或其他专业交叉施工时,由专业人员共同根据整体计划编制具体交叉作业的月、周、日综合进度计划,逐一落实施工条件和进度安排,对机械设备、场地制定协调指令,限制使用范围、时间并严格执行,使各专业顺利施工。

3) 严格执行计划和统计工作,及时发现和纠正计划的偏差。

4) 施工中严格控制施工质量,工前交底培训、持证上岗、挂牌施工,坚持自检、互检、专业检,确保工程验收一次通过,避免由于返工和修改影响到后序工作,从而影响工期。

第三节 施工项目成本管理

本节导读

本节主要介绍施工项目成本管理,内容包括施工项目成本管理的内容、施工项目成本管理的基础工作、施工项目成本的主要形式以及施工项目成本目标责任制等。其内容关系如图 2-4 所示。

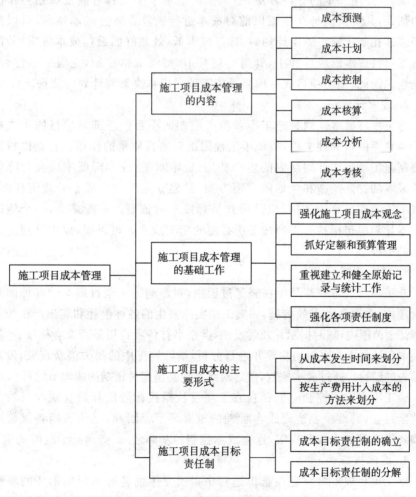

图 2-4 本节内容关系图

业务要点 1:施工项目成本管理的内容

施工项目成本管理是一项牵涉施工管理各个方面的系统工作,这一系统的具体工作内容包括：成本预测、成本计划、成本控制、成本核算、成本分析和成本考核等。施工项目经理部在项目施工过程中对所发生的各种成本信息，通过有组织、有系统地进行预测、计划、控制、核算、分析和考核等工作，促使施工项目系统内各种要素按照一定的目标运行，使施工项目的实际成本能够控制在预定的计划成本范围内。

1. 成本预测

施工项目成本预测是在施工开始前，通过现有的成本信息和针对项目的具体情况，并运用一定的专门方法，对未来的成本水平及其可能发展趋势作出科学的估计，其实质就是在施工以前对成本进行核算。通过成本预测，可以使项目经理部在制定施工组织计划时，选择成本低、效益好的最佳成本方案，并能够在施工项目成本形成过程中，针对薄弱环节，加强成本控制，克服盲目性，提高预见性。因此，施工项目成本预测是施工项目成本决策与计划的依据。

2. 成本计划

施工项目成本计划是施工准备阶段编制的项目经理部对项目施工成本进行计划管理的指导性文件，类似于工程图纸对项目质量的作用。它是以货币形式编制施工项目在计划期内的生产费用、成本水平、成本降低率以及为降低成本所采取的主要措施和规划的书面方案，是建立施工项目成本管理责任制、开展成本控制和核算的基础，也是设立目标成本的依据。一般来说，一个施工项目成本计划应包括从开工到竣工所必需的施工成本。可以说，成本计划是目标成本的一种形式。

3. 成本控制

施工项目成本控制是指在施工过程中，对影响施工项目成本的各种因素加强管理，并采取各种有效措施，将施工中实际发生的各种消耗和支出严格控制在成本计划范围内，随时揭示并及时反馈，严格审查各项费用是否符合标准、计算实际成本和计划成本之间的差异并进行分析，消除施工中的损失浪费现象，发现和总结先进经验。通过成本控制，使之最终实现甚至超过预期的成本节约目标。

施工项目成本控制应贯穿在施工项目从招投标阶段开始直到项目竣工验收的全过程，它是企业全面成本管理的重要环节。因此，必须明确各级管理组织和各级人员的责任和权限，这是成本控制的基础之一，必须给予足够的重视。

4. 成本核算

施工项目成本核算是在施工过程中对所发生的各种费用所形成的项目成本的核算。它包括两个基本环节：一是按照规定的成本开支范围，分阶段地对施工费用进行归集，计算出施工费用的额定发生额和实际发生额，核算所提供的各种成本信息，是成本计划、成本控制的结果，同时又成为成本分析和成本考核等环节的依据，作为反馈信息指导下一步成本控制；二是根据竣工的成本核算对象,采用适当的方法,计算出该项目的总成本和单位成本。为该项目的总成本分析和成本考核提供依据,为下一轮施工提供借鉴。因此,成本核算工作做得好,做得及时,成本管理就会成为一个动态管理系统,对降低施工项目成本、提高企业的经济效益有积极的作用。

5. 成本分析

施工项目成本分析是在成本形成过程中,分阶段地对施工项目成本进行的对比评价和剖析总结工作,它贯穿于施工项目成本管理的全过程,也就是说施工项目成本分析主要利用施工项目的成本核算资料(成本信息),与目标成本(计划成本)、预算成本以及类似的施工项目的实际成本等进行比较,了解成本的变动情况,同时也要分析主要技术经济指标对成本的影响,系统地研究成本变动的因素,检查成本计划的合理性,并通过成本分析,深入揭示成本变动的规律,寻找降低施工项目成本的途径,以便有效地进行成本控制,减少施工中的浪费,促使项目经理部遵守成本开支范围和财务纪律,更好地调动广大职工的积极性,加强施工项目的全员成本管理。

6. 成本考核

所谓成本考核,就是施工项目完成后,对施工项目成本形成中的各责任者,按施工项目成本目标责任制的有关规定,将成本的实际指标与计划、定额、预算进行对比和考核,评定施工项目成本计划的完成情况和各责任者的业绩,并以此给予相应的奖励和处罚。通过成本考核,做到有奖有惩,赏罚分明。

总之,施工项目成本管理系统中每一个环节都是相互联系和相互作用的。成本预测是项目决策的前提,成本计划是决策所确定目标的具体化。成本控制则是对成本计划的实施进行监督,保证决策的成本目标实现,而成本核算又是成本计划是否实现的检验,它所提供的成本信息又对下一个施工项目成本预测和决策提供基础资料。成本考核是实现成本目标责任制的保证和实现决策的目标的重要手段。

业务要点 2:施工项目成本管理的基础工作

为了加强施工项目成本管理,首先必须把基础工作做好,它是做好施工项目成本管理的前提。

1. 强化施工项目成本观念

按照我国传统的管理模式,建筑企业成本管理的核算单位不在项目经理部,一般都以工程处为单位进行成本核算,企业的主要负责人对具体施工项目(或单位工程)的成本无暇过问,因而对施工项目的盈亏说不清楚,也无人负责。建筑企业实行项目管理并以项目经理部作为核算单位后(项目经理负责制),要求项目经理、项目管理班子和作业层全体人员都必须具有经济观念、效益观念和成本观念,对项目的盈亏负责,这是一项深化建筑业企业体制改革的重大措施。因此,要搞好施工项目成本管理,必须首先对项目经理部人员加强成本管理教育并采取措施,只有在施工项目中培养强烈的成本意识,让参与施工项目管理与实施的每个人员都意识到加强施工项目成本管理对施工项目的经济效益及个人收入所产生的重大影响,各项成本管理工作才能在施工项目管理中得到贯彻和实施。

2. 抓好定额和预算管理

要进行施工项目成本管理,必须具有完善的定额资料(技术力量雄厚的企业,可以建立企业定额),搞好施工预算和施工图预算。除了国家统一的建筑、安装工程基础定额以及市场的劳务、材料价格信息外,建筑企业的核算依据还有施工定额。施工定额既是编制单位工程施工预算及成本计划的依据,又是衡量人工、材料、机械消耗的标准。要对施工项目成本进行控制,分析成本节约或超支的原因,不能离开施工定额。按照国家统一的定额和取费标准编制的施工图预算也是成本计划和控制的基础资料,可以通过"两算对比"确定成本降低水平。实践证明,加强定额和预算管理,不断完善企业内部定额资料,对节约材料消耗、提高劳动生产率、降低施工项目成本,都有着十分重要的意义。

3. 重视建立和健全原始记录与统计工作

施工中的原始记录是生产经营活动的第一次直接记载,是反映生产经营活动的原始资料,是编制成本计划、制定各项定额的主要依据,也是统计和成本管理的基础。建筑业企业在施工中对人工、材料、机械台班消耗、费用开支等,都必须做好及时的、完整的、准确的原始记录。原始记录应符合成本管理要求,记录格式内容和计算方法要统一,填写、签署、报送、传递、保管和存档等制度要健全并有专人负责,对项目经理部有关人员要进行训练,以掌握原始记录的填制、统计、分析和计算方法,做到及时、准确地反映施工活动情况。原始记录还应有利于开展班组经济核算,力求简便易行,讲求实效,并根据实际使用情况,随时补充和修改,以充分发挥原始凭证作用。

4. 强化各项责任制度

为了对施工项目成本进行全过程的成本管理,不仅需要有周密的成本计划和目标,而且需要实现这种计划和目标的控制方法和项目施工中有关的各项责任制度,对施工项目成本进行控制的方法将在下面详细叙述。有关施工项目成本管理的各项责任制度包括:计量验收制度,考勤、考核制度,原始记录和统计制度,成本核算分析制度以及完善的成本目标责任制体系。

◉ 业务要点 3:施工项目成本的主要形式

出于认识和掌握成本的特性,搞好成本管理的需要,我们先从两个不同的角度对施工项目成本进行考察,由此可将项目成本划分为两种不同的成本形式。

1. 从成本发生时间来划分

施工项目成本可分为(表示为)承包成本、计划成本和实际成本。

(1)承包成本(中标价)。(中标价和承包成本应该是有差别的)工程承包成本是反映企业竞争水平的成本。它是根据施工图由全国统一的工程量计算规则计算出来的工程量,全国统一的建筑、安装工程基础定额和由各地区的市场劳务价格、材料价格信息及价差系数,并按有关取费的指导性费率进行计算,得出预算价格,再考虑本企业的实际管理水平以及投标中的诸多影响因素,对预算价格进行必要调整后的结果。承包成本是中标企业编制计划成本和评价实际成本的依据。

(2)计划成本。项目计划成本是指施工项目经理部根据计划期的有关资料(如工程的具体条件和企业为实施该项目的各项技术组织措施),在实际成本发生前预先计算的成本。亦即建筑业企业考虑降低成本措施后的成本计划数,反映了企业在计划期内应达到的成本水平。它对于加强企业和项目经理部的经济核算,建立和健全施工项目成本管理责任制,控制施工过程中生产费用,降低施工项目成本具有十分重要的作用。计划成本的最常见形式是施工预算。

(3)实际成本。实际成本是施工项目在进行期内实际发生的各项生产费用的总和。把实际成本与计划成本比较,可揭示成本的节约和超支,考核企业施工技术水平及技术组织措施的贯彻执行情况和企业的经营效果。实际成本与承包成本比较,可以反映工程盈亏情况。因此,计划成本和实际成本都反映出施工企业的成本水平,它是受企业本身生产技术、施工条件及生产经营管理水平所制约。

理想的项目成本管理结果应该是:承包成本＞计划成本＞实际成本。

2. 按生产费用计入成本的方法来划分

工程项目成本可划分为直接成本和间接成本两种形式。

(1)直接成本。直接成本是指施工过程中直接耗费的构成工程实体或有助于工程形成的各项支出,包括人工费、材料费、机械使用费和施工措施费等。

(2)间接成本。间接成本是指非直接用于也无法直接计入工程对象,但为进行工程施工所必须发生的费用,通常是按照直接成本的比例来计算。施工项目间接成本应包括:管理人员工资、劳动保护费、职工福利费、固定资产使用费、工具用具使用费等。

应该指出,企业的有些支出不仅不得列入施工项目成本,也不能列入企业成本。例如,为购置和建造固定资产、无形资产和其他资产的支出;对外投资的支出;没收的财物,支付的滞纳金、罚款、违约金、赔偿金,以及企业赞助、捐赠支出,国家法律、法规规定以外的各种付费和国家规定不得列入成本费用的其他支出。

按上述分类方法,能正确反映工程成本的构成,考核各项生产费用的使用是否合理,便于找出降低成本的途径。

业务要点 4:施工项目成本目标责任制

所谓目标,是人们在各自岗位的工作范围内,根据客观的需要和可能,制定在一定时期内应该得到的"期望结果"。因此,任何施工项目经理部在进行施工项目成本管理中要想使其富有成效,就必须为该项目成本管理树立目标,并且努力使项目经理部的每一位成员尽可能在追求成本目标以及达到这一目标的手段上取得一致,用统一的规范和责任来约束和指导个人的行动,保证整个项目各项施工活动达到预定的目标。施工项目成本目标责任制就是项目经理部将施工项目的成本目标,按管理层次进行再分解为各项活动的子目标,落实到每个职能部门和作业班组,把与施工项目成本有关的各项工作组织起来,并且和经济责任制挂钩,形成一个严密的成本管理工作体系。建立施工项目成本目标责任制,可以将计划、实施、检查和处理等科学管理环节在施工项目成本管理中应用和具体化。

1. 成本目标责任制的确立

在建施工项目成本目标责任制的核心是对成本目标的分解和明确项目经理部每一个成员的责任,并使责、权、利相对应。只要施工项目中各项成本目标责任关系清楚、明确,就为施工项目的成本控制奠定了良好的基础。

在建立施工项目成本目标责任制时,首先需要解决以下两个关键问题。

(1)目标责任者责任范围的划分。项目经理部中的管理人员大多都是成本目标的责任者,但并不是每个成员都对施工项目的所有成本目标和总的目标成本负责,应该有自己的职责范围。例如,一个工长仅对其负责的工段所消耗的各种资源用量负有责任,而这些资源的进货价格的高低,则不属其职责范围。

(2)目标责任者对费用的可控程度。在项目施工过程中,某一种材料费用的控制往往由若干个责任体系共同负责。因此,必须对该材料费用按其性能和控制主体来进行划分,以便分清各责任体的控制对象和对其业绩进行考核。

落实施工项目成本目标责任制的关键是:要赋予责任者相应的权力和制定适当的奖罚措施,以充分调动项目经理部中各个责任体和责任人对成本控制的积极性,最终实现施工项目的成本目标。

2. 成本目标责任制的分解

成本目标责任制是施工项目经理责任制中一个组成部分,是以施工项目经理为责任中心,通过项目经理部将成本目标和相应的责任进行分解,落实到项目经理部中各个管理部门和全体人员;通过成本控制和分析,督促其挖掘降低成本的潜力;并对各成本目标责任人员进行考核,据以确定奖惩,保证施工项目成本目标的实现。

第四节　施工质量管理

本节导读

本节主要介绍施工质量管理,内容包括施工质量管理的依据、施工质量管理的方法、施工质量管理策划的主要内容、施工质量影响因素的预控以及施工质量检查与检验应遵循的原则等。其内容关系如图 2-5 所示。

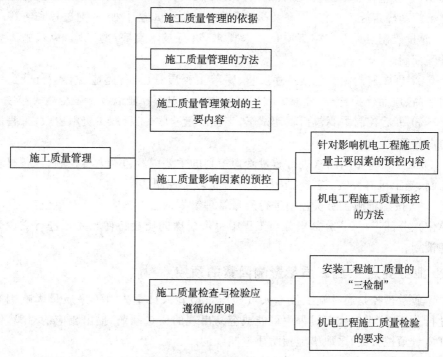

图 2-5　本节内容关系图

业务要点 1:施工质量管理的依据

质量管理的主要依据是:招标文件、施工合同、施工标准规范、法规、施工图纸、设备说明书、现场环境及气候条件、以往的经验和教训等。

业务要点 2:施工质量管理的方法

由项目总工程师组织相关技术、质量人员,在熟悉施工合同、设计图纸、现场条件的基础上进行管理策划,管理策划的方法有按施工阶段进行、按质量影响因素进行和按工程施工层次进行三种。一般整体工程的质量控制管理策划应按施工阶段来进行,关键过程、特殊过程或对技术质量要求较高的过程,可按质量影响因素进行详细管理策划,也可以将三种方法结合起来进行。管理策划的结果形成施工准备工作计划、施工组织设计、施工方案和专题措施。

◎ **业务要点 3:施工质量管理策划的主要内容**

1)按施工阶段进行质量管理策划可分为事前控制、事中控制和事后控制三个方面:

① 事前控制主要包括:工程项目划分及质量目标的分解、质量管理组织及其职责、质量控制依据的文件、施工人员计划及资格审查、原材料半成品计划及进场管理确定施工工艺、方案及机具控制、检验和试验计划、关键过程和特殊过程、质量控制点设置和施工质量记录要求,进行技术交底、施工图审核、施工测量等控制。

② 事中控制主要包括工序质量、隐蔽工程质量、设备监造、检测及试验、中间产品、成品保护、分项分部工程质量验收或评定等控制以及施工变更等控制。

③ 事后控制主要包括联动试车、工程质量验收、工程竣工资料验收、工程回访保修等。

2)按质量影响因素进行质量管理策划的主要内容包括人员控制、设备材料控制、施工机具控制、施工方法控制和施工环境控制。

3)按工程施工层次控制进行质量管理策划的主要内容包括对单位工程(子单位)、分部工程(子分部)、分项工程中每个层次的质量特性和要求进行质量管理策划。

◎ **业务要点 4:施工质量影响因素的预控**

质量预控是通过施工技术人员和质量检验人员事先对工序质量影响因素进行分析,找出在施工过程中可能或容易出现的质量问题,提出相应的对策,制订质量预控方案,采取措施预防质量问题的产生。

1. 针对影响机电工程施工质量主要因素的预控内容

1)对项目施工的决策者、管理者、操作者预控的主要内容:编制施工人员需求计划,明确技能及资质要求;控制关键、特殊岗位人员的资格认可和持证上岗;制定检查制度。

2)施工机具设备预控的主要内容:编制机具计划进场验收、监督、保养和维修。

验证检测仪器、器具的精度要求和检定或校准状态;建立管理台账、制定操作规程、监督使用。

3）工程设备和材料预控的主要内容：材料计划的准确性；供应商的营业执照、生产许可证等资质文件和厂家现场考察；设备监造；进场检验；搬运、储存、防护、保管、标识及可追溯性，对不合格材料、不适用设备的处置。

4）施工工艺方法预控的主要内容：施工组织设计、施工方案、作业指导书、检验试验计划和方法、质量控制点的编制、审批、更改、修订和实施监督；施工顺序和工艺流程，工艺参数和工艺设备；施工过程的标识及可追溯性。

5）工程技术环境、作业环境、管理环境、周边环境的预控主要包括：针对风、雨、温度、湿度、粉尘、亮度、地质条件等，合理安排现场布置和施工时间，加强质量宣传。

2. 机电工程施工质量预控的方法

1）施工前，项目部对工程项目的施工质量特性进行综合分析，找出影响质量的关键因素，从而制定有效的预防措施加以实施，防止质量问题的产生。

2）施工中，通过对过程质量数据的监测，利用数据分析技术找出质量发展趋势，提前采取补救措施并加以引导，使工程质量始终处于有效控制之中。

3）通过对影响施工质量的因素特性分析，编制质量预控方案（或质量控制图）及质量控制措施，并在施工过程中加以实施。

质量预控方案一般包括工序名称、可能出现的质量问题、提出质量预控措施等。

业务要点 5：施工质量检查与检验应遵循的原则

安装工程项目施工质量检查与检验是施工人员利用一定的方法和手段，对工序操作及其完成的项目进行实物测定、查看和检查，并将结果与该工序的质量特性和技术标准进行比较，判断是否合格。

1. 安装工程施工质量的"三检制"

"三检制"是三级质量检查制度简称，一般情况下，原材料、半成品、成品的检验以专职检验人员为主，生产过程的各项作业的检验则以施工现场操作人员的自检、互检为主，专职检验人员巡回抽检为辅。

1）自检是指由施工人员对自己的施工作业或已完成的分项工程进行自我检验、把关及时消除异常因素，防止不合格品进入下道作业。自检记录由施工现场负责人填写并保存。

2）互检是指同组施工人员之间对所完成的作业或分项工程互相检查，或是本组质检员的抽检，或是下道作业对上道作业的交接检验，是对自检的复核和确认。"互检"记录由领工员负责填写（要求上下道工序施工负责人签字确认）并保存。

3）专检是指质量检验员对分部分项工程进行检验，用以弥补自检、互检的不足。

"专检"记录由各相关质量检查人员负责填写,每周日汇总保存。

2. 机电工程施工质量检验的要求

1)机电工程采用的设备、材料和半成品应按各专业施工质量验收规范的规定进行检验;检验应当有书面记录和专人签字;未经检验或者检验不合格的,不得使用。

2)机电工程各专业工程应根据相关施工规范的要求,执行施工质量检验制度,严格工序管理,按工序进行质量检验和最终检验试验。相关专业之间应进行施工工序交接验收。

3)做好隐蔽工程的质量检查和记录,并在隐蔽工程隐蔽前通知建设单位和监理单位。

4)施工质量检验的方法、数量、检验结果记录,应符合专业施工质量验收规范的规定。

第五节 施工项目安全管理

本节导读

本节主要介绍施工项目安全管理,内容包括施工员安全生产责任制、施工安全控制的基本要求、安全技术交底以及施工项目安全检查要求等。其内容关系如图 2-6 所示。

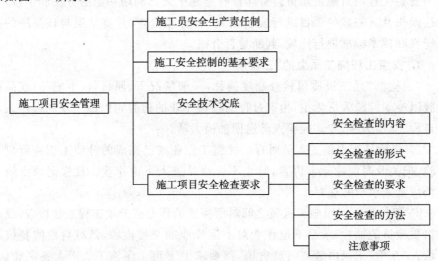

图 2-6 本节内容关系图

业务要点 1：施工员安全生产责任制

1）施工员是所管辖区域范围内安全生产的第一责任人，对所管辖范围内的安全生产负直接领导责任。

2）认真贯彻落实上级有关规定，监督执行安全技术措施及安全操作规程，针对生产任务特点，向班组进行书面安全技术交底，履行签字手续，并对规程、措施、交底要求的执行情况经常检查，随时纠正违章作业。

3）负责组织落实所管辖施工队伍的三级安全教育、常规安全教育、季节转换及针对施工各阶段特点等进行的各种形式的安全教育，负责组织落实所管辖施工队伍特种作业人员的安全培训工作和持证上岗的管理工作。

4）经常检查所管辖区域的作业环境、设备和安全防护设施的安全状况，发现问题及时纠正解决。对重点特殊部位施工，必须检查作业人员及各种设备和安全防护设施的技术状况是否符合安全标准要求，认真做好书面安全技术交底，落实安全技术措施，并监督其执行，做到不违章指挥。

5）负责组织落实所管辖班组开展各项安全活动，学习安全操作规程，接受安全管埋机构或人员的安全监督检查，及时解决其提出的不安全问题。

6）对工程项目中应用的新材料、新工艺、新技术严格执行申报、审批制度，发现不安全问题，及时停止施工，并上报领导或有关部门。

7）发生因工伤亡及未遂事故必须停止施工，保护现场，立即上报，对重大事故隐患和重大未遂事故，必须查明事故发生原因，落实整改措施，经上级有关部门验收合格后方准恢复施工，不得擅自撤除现场保护设施，强行复工。

业务要点 2：施工安全控制的基本要求

1）必须取得安全行政主管部门颁发的《安全施工许可证》后才可开工。

2）总承包单位和每一个分包单位都应持有《施工企业安全资格审查认可证》。

3）各类人员必须具备相应的执业资格才能上岗。

4）所有新员工必须经过三级安全教育，即进公司、进工程项目和进施工班组的安全教育。

5）特殊工种作业人员必须持有特种作业操作证，并严格按规定定期进行复查。

6）对查出的安全隐患要做到"五定"，即定整改责任人、定整改措施、定整改完成时间、定整改完成人、定整改验收人。

7）必须把好安全生产"六关"，即措施关、交底关、教育关、防护关、检查关、改进关。

8）施工现场安全设施齐全，并符合国家及地方有关规定。

9）施工机械必须经安全检查合格后方可使用。

业务要点 3：安全技术交底

安全技术交底是指导工人安全施工的技术措施，是项目安全技术方案的具体落实。安全技术交底一般由技术管理人员根据分部分项工程的具体要求、特点和危险因素编写，是操作者的指令性文件，因而，要具体、明确、针对性强，不得用施工现场的安全纪律、安全检查等制度代替，在进行工程技术交底的同时进行安全技术交底。

安全技术交底与工程技术交底一样，实行分级交底制度：

1）大型或特大型工程由公司总工程师组织有关部门向项目经理部和分包商（含公司内部专业公司）进行交底。

2）一般工程由项目经理部总工程师会同现场经理向项目有关施工人员（项目工程管理部、工程协调部、物资部、合约部、安全总监及区域责任工程师、专业责任工程师等）和分包商行政和技术负责人进行交底，交底内容同前款。

3）分包商技术负责人要对其管辖的施工人员进行详尽的交底。

4）项目专业责任工程师要对所管辖的分包商的工长进行分部工程施工安全措施交底，对分包工长向操作班组所进行的安全技术交底进行监督与检查。

5）专业责任工程师要对劳务分承包方的班组进行分部分项工程安全技术交底，并监督指导其安全操作。

6）各级安全技术交底都应按规定程序实施书面交底签字制度，并存档以备查用。

业务要点 4：施工项目安全检查要求

1. 安全检查的内容

安全检查的内容主要是查思想、查制度、查机械设备、查安全设施、查安全教育培训、查操作行为、查劳保用品使用、查伤亡事故的处理等。

2. 安全检查的形式

1）项目每周或每旬由主要负责人带队组织定期的安全大检查。

2）施工班组每天上班前由班组长和安全值日人员组织的班前安全检查。

3）季节更换前由安全生产管理人员和安全专职人员、安全值日人员等组织的季节劳动保护安全检查。

4）由安全管理小组、职能部门人员、专职安全员和专业技术人员组成对电气、机械设备、脚手架、登高设施等专项设施设备、高处作业、用电安全、消防保卫等进行专项安全检查。

5）由安全管理小组成员、安全专兼职人员和安全值日人员进行日常的安全检查。

6) 对塔式起重机等起重设备、井架、龙门架、脚手架、电气设备、吊篮,现浇混凝土模板及支撑等设施设备在安装搭设完成后进行安全验收、检查。

3. 安全检查的要求

1) 各种安全检查都应根据检查要求配备足够的资源。特别是大范围、全面性的安全检查,应明确检查负责人,选调专业人员,并明确分工、检查内容、标准等要求。

2) 每种安全检查都应有明确的检查目的、检查项目、内容及标准。特殊过程、关键部位应重点检查。检查时应尽量采用检测工具,用数据说话。对现场管理人员和操作人员要检查是否有违章指挥和违章作业的行为,还应进行应知应会知识的抽查,以便了解管理人员及操作工人的安全素质。

3) 记录是安全评价的依据,要做到认真详细,真实可靠,特别是对隐患的检查记录要具体,如隐患的部位、危险程度及处理意见等。采用安全检查评分表的,应记录每项扣分的原因。

4) 全检查记录要用定性定量的方法,认真进行系统分析安全评价。哪些检查项目已达标,哪些项目没有达标,哪些方面需要进行改进,哪些问题需要进行整改,受检单位应根据安全检查评价及时制定改进的对策和措施。

5) 记录是安全检查工作重要的组成部分,也是检查结果的归宿。

4. 安全检查的方法

(1)"看"。主要查看管理记录、持证上岗、现场标识、交接验收资料、"三宝"使用情况、"洞口"、"临边"防护情况、设备防护装置等。

(2)"量"。主要是用尺实测实量。

(3)"测"。用仪器、仪表实地进行测量。

(4)"现场操作"。由司机对各种限位装置进行实际动作,检验其灵敏程度。

5. 注意事项

1) 全检查要深入基层、紧紧依靠职工,坚持领导与群众相结合的原则,组织好检查工作。

2) 建立检查的组织领导机构,配备适当的检查力量,挑选具有较高技术业务水平的专业人员参加。

3) 做好检查的各项准备工作,包括思想、业务知识、法规政策和检查设备、奖金的准备。

4) 明确检查的目的和要求。

5) 将自查与互查有机结合起来。

6) 坚持查改结合。

7) 建立检查档案。

8) 制定安全检查表时,应根据用途和目的具体确定安全检查表的种类。

第六节 施工项目资料管理

本节导读

本节主要介绍施工项目资料管理,内容包括施工日志、工程技术核定、工程技术交底以及竣工图等。其内容关系如图2-7所示。

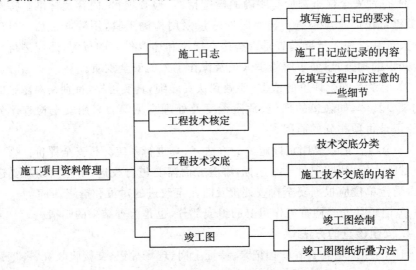

图 2-7 本节内容关系图

业务要点 1:施工日志

施工日志是在建筑工程整个施工阶段的施工组织管理、施工技术等有关施工活动和现场情况变化的真实的综合性记录,也是处理施工问题的备忘录和总结施工管理经验的基本素材,是工程交竣工验收资料的重要组成部分。施工日志可按单位、分部工程或施工工区(班组)建立,由专人负责收集、填写记录、保管。

1. 填写施工日记的要求

1)施工日记应按单位工程填写。

2)记录时间:从开工到竣工验收时止。

3)逐日记载不许中断。

4)按时、真实、详细记录,中途发生人员变动,应当办理交接手续,保持施工日记的连续性、完整性。施工日记应由栋号工长记录。

2. 施工日记应记录的内容

施工日记的内容可分为五类:基本内容、工作内容、检验内容、检查内容和其他内容。

（1）基本内容

1）日期、星期、气象、平均温度。平均温度可记为××～××℃，气象按上午和下午分别记录。

2）施工部位。施工部位应将分部、分项工程名称和轴线、楼层等写清楚。

3）出勤人数、操作负责人。出勤人数一定要分工种记录，并记录工人的总人数，以及工人和机械的工程量。

（2）工作内容

1）当日施工内容及实际完成情况。

2）施工现场有关会议的主要内容。

3）有关领导、主管部门或各种检查组对工程施工技术、质量、安全方面的检查意见和决定。

4）建设单位、监理单位对工程施工提出的技术、质量要求、意见及采纳实施情况。

（3）检验内容

1）隐蔽工程验收情况。应写明隐蔽的内容、楼层、轴线、分项工程、验收人员、验收结论等。

2）试块制作情况。应写明试块名称、楼层、轴线、试块组数。

3）材料进场、送检情况。应写明批号、数量、生产厂家以及进场材料的验收情况，以后补上送检后的检验结果。

（4）检查内容

1）质量检查情况：当日混凝土浇注及成型、钢筋安装及焊接、砖砌体、模板安拆、抹灰、屋面工程、楼地面工程、装饰工程等的质量检查和处理记录；混凝土养护记录，砂浆、混凝土外加剂掺用量；质量事故原因及处理方法，质量事故处理后的效果验证。

2）安全检查情况及安全隐患处理（纠正）情况。

3）其他检查情况，如文明施工及场容场貌管理情况等。

（5）其他内容

1）设计变更、技术核定通知及执行情况。

2）施工任务交底、技术交底、安全技术交底情况。

3）停电、停水、停工情况。

4）施工机械故障及处理情况。

5）冬雨期施工准备及措施执行情况。

6）施工中涉及的特殊措施和施工方法、新技术、新材料的推广使用情况。

3. 在填写过程中应注意的一些细节

1）书写时一定要字迹工整、清晰，最好用仿宋体或正楷字书写。

2）当日的主要施工内容一定要与施工部位相对应。

3）养护记录要详细,应包括养护部位、养护方法、养护次数、养护人员、养护结果等。

4）焊接记录也要详细记录,应包括焊接部位、焊接方式(电弧焊、电渣压力焊、搭接双面焊、搭接单面焊等)、焊接电流、焊条(剂)牌号及规格、焊接人员、焊接数量、检查结果、检查人员等。

5）其他检查记录一定要具体详细,不能泛泛而谈。检查记录记得很详细还可代替施工记录。

6）停水、停电一定要记录清楚起止时间,停水、停电时正在进行什么工作,是否造成损失。

业务要点 2：工程技术核定

1）凡在图纸会审时遗留或遗漏的问题以及新出现的问题,属于设计产生的,由设计单位以变更设计通知单的形式通知有关单位(施工单位、建设单位(业主)、监理单位);属建设单位原因产生的,由建设单位通知设计单位出具工程变更通知单,并通知有关单位。

2）在施工过程中,因施工条件、材料规格、品种和质量不能满足设计要求以及合理化建议等原因,需要进行施工图修改时,由施工单位提出技术核定单。

3）技术核定单由项目专业技术人员负责填写,并经项目技术负责人审核,重大问题须报公司总工审核,核定单应正确、填写清楚、绘图清晰,变更内容要写明变更部位、图别、图号、轴线位置、原设计和变更后的内容和要求等。

4）技术核定单由项目专业技术人员负责送设计单位、建设单位、监理单位办理签证,经认可后方生效。

5）经过签证认可后的技术核定单交项目资料员登记发放给施工班组,预算员,质检员,技术、经营、预算、质检等部门。

业务要点 3：工程技术交底

建筑施工企业中的技术交底,是在某一单位工程开工前,或一个分项工程施工前,由主管技术领导向参与施工的人员进行的技术性交代,其目的是使施工人员对工程特点、技术质量要求、施工方法与措施和安全等方面有一个较详细的了解,以便于科学地组织施工,避免技术质量等事故的发生。各项技术交底记录也是工程技术档案资料中不可缺少的部分。

1. 技术交底分类

1）设计技术交底,即设计图纸交底。这是在建设单位主持下,由设计单位向各施工单位(土建施工单位与各专业施工单位)及建设工程相关单位进行的交底,主要交代建筑物的功能与特点、设计意图与要求等。

2）施工技术交底。一般由施工单位组织,在管理单位专业工程师的指导下,主要介绍施工中遇到的问题和经常性犯错误的部位,要使施工人员明白该怎么做,规范上是如何规定的等。

2. 施工技术交底的内容

1）工地(队)交底中有关内容:如是否具备施工条件、与其他工种之间的配合与矛盾等,向甲方提出要求、让其出面协调等。

2）施工范围、工程量、工作量和施工进度要求:主要根据自己的实际情况,实事求是地向甲方说明即可。

3）施工图纸的解说:设计者的大体思路,以及施工中存在的问题等。

4）施工方案措施:根据工程的实况,编制出合理、有效的施工组织设计以及安全文明施工方案等。

5）操作工艺和保证质量安全的措施:先进的机械设备和高素质的工人等。

6）工艺质量标准和评定办法:参照现行的行业标准以及相应的设计、验收规范。

7）技术检验和检查验收要求:包括自检以及监理的抽检的标准。

8）增产节约指标和措施。

9）技术记录内容和要求。

10）其他施工注意事项。

业务要点 4:竣工图

1. 竣工图绘制

竣工图按绘制方法不同可分为以下几种形式:利用电子版施工图改绘的竣工图、利用施工蓝图改绘的竣工图、利用翻晒硫酸纸底图改绘的竣工图、重新绘制的竣工图。编制单位应根据各地区、各工程的具体情况,采用相应的绘制方法。

(1)利用电子版施工图改绘的竣工图。

1）将图纸变更结果直接改绘到电子版施工图中,用云线圈出修改部位,按表 2-1 的形式做修改内容备注表。

表 2-1　修改内容备注表

设计变更、洽商编号	简要变更内容

2）竣工图的比例应与原施工图一致。

3）设计图签中应有原设计单位人员签字。

4）委托本工程设计单位编制竣工图时,应直接在设计图签中注明"竣工阶段"，并应有绘图人、审核人的签字。

5）竣工图章可直接绘制成电子版竣工图签，出图后应有相关责任人的签字。

（2）利用施工图蓝图改绘的竣工图。

1）应采用杠（划）改或叉改法进行绘制。

2）应使用新晒制的蓝图，不得使用复印图纸。

（3）利用翻晒硫酸纸图改绘的竣工图。

1）应使用刀片将需更改部位刮掉，再将变更内容标注在修改部位，在空白处做修改内容备注表；修改内容备注表样式可按表 2-1 执行。

2）宜晒制成蓝图后，再加盖竣工图章。

（4）重新绘制竣工图。当图纸变更内容较多时，应重新绘制竣工图。重新绘制的竣工图应符合国家现行有关标准及（1）中 2）、3）的规定。

2. 竣工图图纸折叠方法

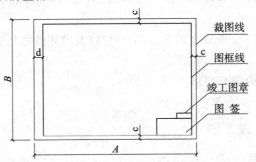

图 2-8　图框及图纸边线尺寸示意

表 2-2　图幅代号及图幅尺寸

基本图幅代号	0#	1#	2#	3#	4#
$B/\text{mm} \times A/\text{mm}$	841×1189	594×841	420×594	297×420	297×210
c/mm	10	5			
d/mm	25				

1）图纸折叠应符合下列规定：

① 图纸折叠前应按图 2-8 所示的裁图线裁剪整齐，图纸幅面应符合表 2-2 的规定。

② 折叠时图面应折向内侧成手风琴风箱式。

③ 折叠后幅面尺寸应以 4# 图为标准。

④ 图签及竣工图章应露在外面。

⑤ 3# ～0# 图纸应在装订边 297mm 处折一三角或剪一缺口，并折进装订边。

2）3#～0#图不同图签位的图纸,可分别按图 2-9～图 2-12 所示方法折叠。

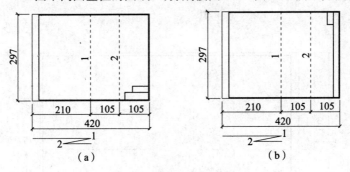

图 2-9　3#图纸折叠示意

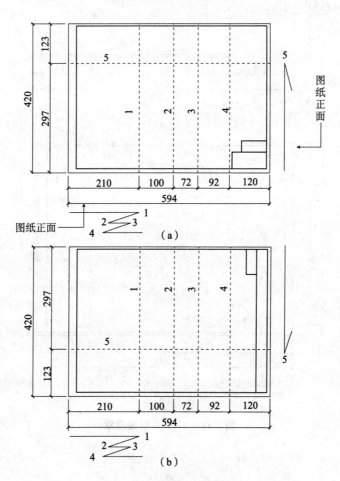

图 2-10　2#图纸折叠示意

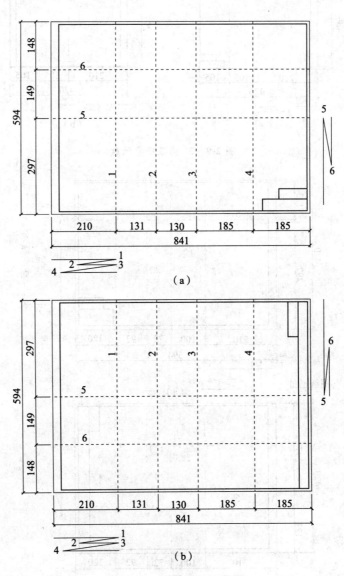

图 2-11 1# 图纸折叠示意

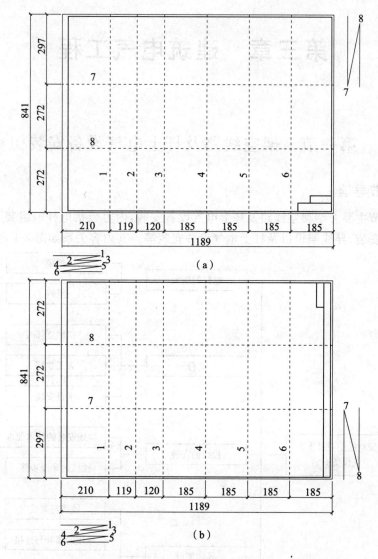

图 2-12　0# 图纸折叠示意

3）图纸折叠前，应准备好一块略小于 4# 图纸尺寸（一般为 292mm × 205mm）的模板。折叠时，应先把图纸放在规定位置，然后按照折叠方法的编号顺序依次折叠。

第三章　建筑电气工程

第一节　架空线路及杆上电气设备安装

本节导读

　　本节主要介绍架空线路及杆上电气设备安装,内容包括电杆的组装、立杆、拉线的安装、导线架设以及杆上电气设备安装等。其内容关系如图 3-1 所示。

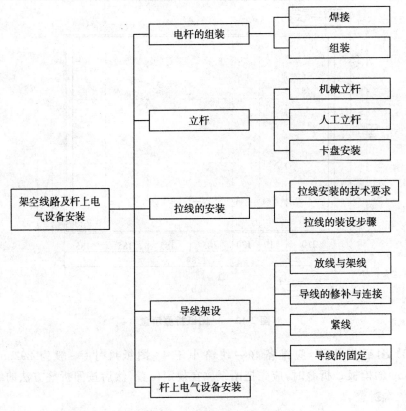

图 3-1　本节内容关系图

业务要点 1：电杆的组装

1. 焊接

架空电力线路若使用分段水泥杆，应预先在地面上经过焊接和组装后才可立杆。

电杆在焊接前应核对桩号、杆号、杆型、水泥杆杆段编号、数量、尺寸是否与设计相符，并检查电杆有无弯曲和裂缝。然后用直角尺检察分段杆的钢圈平面与杆身的垂直度，两者应垂直。并用钢丝刷将焊口处的油脂、铁锈、泥污等物清除干净。

钢圈连接的钢筋混凝土电杆进行焊接连接时，电杆杆身下面两端应最少各垫一块道木。当电杆下地形高低不平时，应加垫道木或铲去部分高地，使电杆尽量保持水平。道木要用锤子敲打结实，使电杆不发生下沉情况，在道木上电杆身两侧用木楔塞紧，使电杆保持固定。

电杆钢圈焊口对接处，应仔细调整好，达到钢圈上下平直一致，同时保证整个杆身平直。钢圈对齐找正时，中间应留 2～5mm 的焊口缝隙。若钢圈有偏心，其错口不应大于 2mm。杆身调直后，从两端的上、下、左、右方向目测均应成一条直线，才能进行焊接。

钢圈连接的钢筋混凝土电杆，钢圈焊接宜采用电弧焊，因为采用气焊时，由于钢筋受热膨胀容易使钢圈下面的混凝土产生细微的纵向裂纹。若受条件限制，使用气焊焊接时，电杆钢圈宽度不应小于 140mm，并且应尽量减少加热时间，采取降温措施。焊接后，若钢圈与水泥粘接处附近水泥产生宽度大于 0.05mm 的纵向裂纹，应予以修补，以防止水汽进入锈蚀钢筋。

钢圈焊接宜在全周长先定位焊 3～4 处，然后对称交叉施焊。定位焊时所用的焊条牌号应与正式焊接用的焊条牌号相符。

当电杆钢圈的厚度大于 6mm 时，应采用 V 形坡口多层焊接，多层焊缝的接头应错开，收口时应将熔池填满，焊缝中严禁塞入焊条或其他金属。

焊缝应有一定的加强面，其高度和遮盖宽度应符合表 3-1 和图 3-2 的规定。

表 3-1 焊缝加强面尺寸

尺 寸	钢圈厚度 δ/mm	
	<10	10～20
高度 c	1.5～2.5	2～3
宽度 e	1～2	2～3

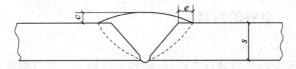

图 3-2　焊缝加强面尺寸

2. 组装

电杆的组装就是按照设计将横担、金具、绝缘子等安装在混凝土电杆上。电杆的组装有两种方式，一种是立杆前组装；另一种是立杆后组装。前一种多用于杆型复杂、组装件多的电杆或双杆，除悬式绝缘子外将所有组件在地面全部安装好，操作容易、安全、进度快，应用比较广泛。但安装后增加了电杆的质量，给立杆带来不便，因此这种组装方式适用于机械立杆情况。后一种全部工作需要登杆作业，适用于杆型简单、组装件少、人工立杆的情况。

电杆组装主要是用螺栓（俗称穿钉）将横担、抱箍固定在电杆上，把绝缘子安装在横担或其他金具上。安装时应注意以下技术要求：

（1）紧固件。螺杆应与构件平面垂直，螺栓紧固好后，螺杆丝扣单母时露出不应少于 2 扣，但不应长于 30mm，双母时可平扣；组装时不要将紧固横担的螺栓拧得太紧，应留有调节余量，调平后再全部拧紧。

（2）横担。同杆架设的双回路或多回路线路，横担间的垂直距离不应小于表 3-2 内数值。

表 3-2　同杆架设线路横担内的最小垂直距离 （单位：mm）

架设方式	直线杆	分支转角杆
1～10kV 与 1～10kV	800	500
1～10kV 与 1～10kV 以下	1200	1000
1kV 与 1kV 以下	600	300

横担安装位置应符合下列要求：

1）1kV 以下线路的导线排列方式可采用水平排列，最大档距不大于 50m 时，导线间的水平距离为 400m。靠近电杆的两导线的水平距离不应小于 500mm。10kV 及以下线路的导线排列及线间距应符合设计要求。

2）横担的安装，当线路为多层排列时，自上而下的顺序为：高压、动力、照明、路灯。当线路为水平排列时，上层横担距杆顶不宜小于 200mm。直线杆的单横杆应装于受电侧，90°转角杆及终端杆应装于拉线侧。

3）横杆端部上下歪斜及左右扭斜均不应大于 20mm。双杆的横担，横担与电杆联结处的高差不应大于联结距离的 5‰；左右扭斜不应大于横担总长度的 1%。

4) 螺栓的穿入方向为,水平顺线路方向,由送电侧穿入;垂直方向,由下向上穿入,开口销钉应从上向下穿。

横担和杆顶支座的组装如图 3-3 所示。

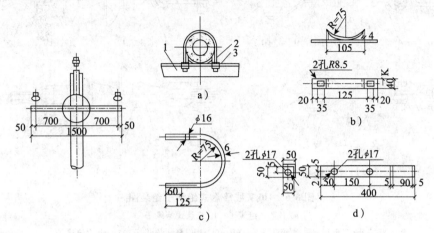

图 3-3 横担和杆顶支座组装示意图
a)杆顶组装大样 b)M 形抱铁 c)U 形抱箍 d)杆顶支座
1—横担 2—抱箍 3—垫铁

(3) 绝缘子。用于直线杆上的针式绝缘子安装比较简单,拧下绝缘子铁脚上的螺母,将铁脚插入横担的安装孔内,加上弹簧垫圈用螺母拧紧即可,绝缘子顶部导线沟应顺着线路方向,如图 3-4 所示。针式绝缘子应与横担垂直,紧固时,应加镀锌平垫圈、弹簧垫圈。

用于线路耐张杆、分支杆及终端杆的蝶式绝缘子的安装,金具应镀锌良好,机械强度符合设计要求;应使用曲形铁拉板与横担固定,如图 3-5 所示。

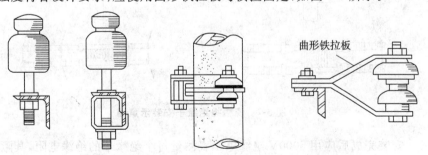

图 3-4 低压针式绝缘子安装　　**图 3-5 低压蝶式绝缘子安装**

10kV 架空电力配电线路的耐张杆、转角杆、分支杆和终端杆应采用一个悬式绝缘子和一个 10kV 蝶式绝缘子组成的绝缘子串,也可使用两个悬式绝缘子组成的绝缘子串,如图 3-6 所示。在 35kV 线路的直线杆铁横担上,悬式绝缘子串的片数为 3 片,耐张杆上绝缘子串的片数应比直线杆多串一片。

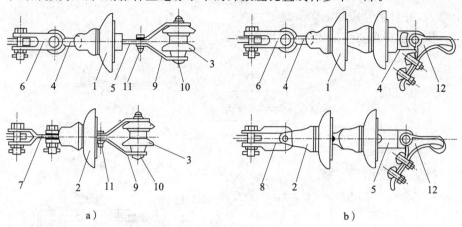

a) b)

图 3-6　10kV 线路悬式绝缘子组装图

a)单悬式绝缘子　b)双悬式绝缘子

1—XP-7 盘形悬式绝缘子　2—XP-7C 盘形悬式绝缘子　3—蝶式绝缘子
4—碗头挂板　5—平行挂板　6—直角挂板　7—曲形挂板　8—U 形挂环
9—曲形拉板　10—M16×20 方头螺栓　11—M16×60 方头螺栓　12—耐张线夹

瓷横担绝缘子的安装如图 3-7 所示。绝缘子直立安装时,顶端顺线路歪斜不应超过 10mm;水平安装时,顶端宜向上翘起 5°～15°,顶端顺线路歪斜不应大于 20mm。

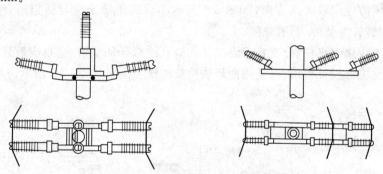

图 3-7　瓷横担绝缘子安装示意图

安装完成后应用 5000V 绝缘电阻表测量每个绝缘子的绝缘电阻,其阻值不得小于 500MΩ。

业务要点 2:立杆

立杆的方法很多,主要有机械立杆和人工立杆。立杆的程序包括清理杆坑、立杆、找正、回填土夯实、清理现场等几道工序。

1. 机械立杆

机械立杆一般用起重机,立杆的顺序通常从始端或终端开始,步骤如下:

1) 首先清理杆坑内杂物,丈量坑深,不符合要求的基坑要进行修整,双杆坑深度要一致。

2) 将底盘放入坑底,找正后四周用土填实,使其不能移动。

3) 起重机就位,在电杆上从根部量起为杆长 2/3 处系好钢丝索,开始起吊,当杆头升至 1m 高时,停止起吊,检查各部件有无不妥,检查无误后拴好调整绳再继续起吊,在专人指挥下使电杆就位。

4) 电杆立起后,应立即调整好杆位,架上叉木,回填一步土,撤去吊具,用经纬仪和线坠调整杆身的垂直度以及横担方向,再作回填土。每填土 500mm 夯实一次,夯填土方至卡盘位置为止。

5) 杆位、杆身垂直度以及横担方向应符合下列要求:直线杆横向位移不得大于 50mm,杆稍偏移不得大于杆梢直径的 1/2;转角杆紧线后不得向内角方向倾斜,向外角方向倾斜不得超过一个杆梢直径;横担上下歪斜和左右扭斜程度,从横担端部测量均不得大于 20mm。

2. 人工立杆

人工立杆大都采用架腿立杆,工具简单,不受地形限制,适用于起重机无法达到的地方。架腿一般由两根长度和粗细相同的圆杉木杆组成,外形结构及立杆示意如图 3-8e 所示。立杆前,先将电杆根移到电杆基坑处对正马道,在电杆根坑壁上竖起一块滑板,把电杆根顶在滑板上,在电杆的顶部挂上拉绳以协助控制杆身,防止倾倒,立杆过程如图 3-8 所示。

3. 卡盘安装

1) 将卡盘分散运至杆位,核实卡盘埋设位置及坑深,将坑底找平,并夯实。卡盘安装应符合以下要求:

① 卡盘上口距离地面不应小于 350mm。

② 直线杆卡盘应与线路平行并应在电杆左、右侧交替埋设;终端杆卡盘应埋设在受力侧,转角杆应分上、下两层埋设在受力侧。

2) 将卡盘放入坑内,穿上抱箍,垫好垫圈,用螺母紧固。检查无误后回填土。回填土时应将土块打碎,每回填 500mm 应夯实一次,并设高出地面 300mm 的防沉土台。

⊙ 业务要点 3:拉线的安装

1. 拉线安装的技术要求

1) 安装后对地平面夹角与设计值的允许偏差,应符合下列规定:

① 35kV 架空电力线路不应大于 1°。

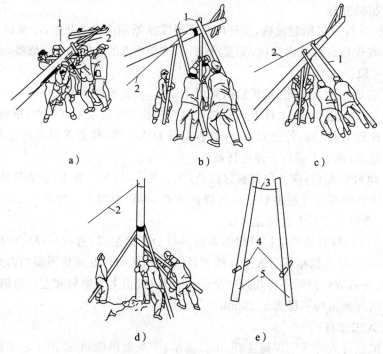

图 3-8 人工立杆过程示意图

a)抬起 b)支架腿 c)倒架腿 d)立杆 e)架腿结构示意图

1—架腿 2—临时拉线 3—铁线缠成的链子,长约 0.5m

4—把手 5—杉木杆,直径 80～100mm,长 5～7m

② 10kV 及以下架空电力线路不应大于 3°。

③ 特殊地段应符合设计要求。

2)承力拉线应与线路方向的中心线对正;分角拉线应与线路分角线方向对正;防风拉线应与线路方向垂直。

3)跨越道路的拉线,应满足设计要求,且对通车路面边缘的垂直距离不应小于 5m。

4)当采用 UT 型线夹及楔形线夹固定安装时,应符合下列规定:

① 安装前丝扣上应涂润滑剂。

② 线夹舌板与拉线接触应紧密,受力后无滑动现象。线夹凸肚在尾线侧,安装时不应损伤线股。

③ 拉线弯曲部分不应有明显松股,拉线断头处与拉线主线应固定可靠,线夹处露出的尾线长度为 300～500mm,尾线回头后与木线应扎牢。

④ 当同一组拉线使用双线夹并采用连板时,其尾线端的方向应统一。

⑤ UT 型线夹或花篮螺栓的螺杆应露扣,并应有不小于 1/2 螺杆丝扣长度

可供调紧,调整后,UT 型线夹的双螺母应并紧,花篮螺栓应封固。

5)当采用绑扎固定安装时,应符合下列规定:

① 拉线两端应设置心形环。

② 钢绞线拉线,应采用直径不大于 3.2mm 的镀锌铁线绑扎固定。绑扎应整齐、紧密,最小缠绕长度应符合表 3-3 的规定。

表 3-3　最小缠绕长度

钢绞线截面 /mm²	最小缠绕长度/mm				
	上段	中段有绝缘子的两端	与拉棒连接处		
			下端	花缠	上端
25	200	200	150	250	80
35	250	250	200	250	80
50	300	300	250	250	80

2. 拉线的装设步骤

拉线的基本操作分以下 3 个步骤进行:

(1)埋设拉线盘。埋设拉线盘前,应首先把下把拉线组装好,然后再进行整体埋设。目前大多采用镀锌圆钢做拉线棒。安装时拉线棒穿过水泥拉线盘,用垫圈和螺母固定,如图 3-9 所示。

下把拉线装好后,把拉线盘放正,使底把拉环露出地面 500～700mm,随后就可分层填土夯实。拉线棒在地面上 200～300mm 处,需涂敷沥青。泥土中含有盐碱成分较多的地方,还要从拉线棒出土 150mm 处缠卷 80mm 宽的麻带,缠到地面以下 350mm 处,并把沥青浸透,以防腐蚀。

(2)做拉线上把。拉线上把可用套环或楔形线夹将钢绞线一头固定好,然后用合抱箍固定在合力的作用点上。或用缠绕法把镀锌铁线上把固定在电杆的合力作用点上。在行人较多的地方,拉线上应装设拉紧绝缘子(图 3-10),距地面不应小于 2.5m。

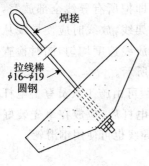

图 3-9　拉线盘

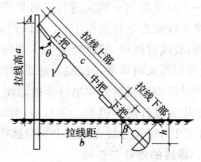

图 3-10　拉线示意图

1—拉紧绝缘子

（3）做拉线中把。做好上把和下把后，即可以做中把，使上部拉线和下部拉线盘连接起来，成为一个整体，以发挥拉线作用。

收紧拉线可用紧线钳。紧到一定程度时，检查一下拉线和杆身的各部位，再继续收紧，把电杆校正。对于转角杆和终端杆，拉线收紧好，杆顶可向拉线侧倾斜电杆梢径的1/2，最后用自缠法或另缠法绑扎，并用 $\phi4$ 镀锌铁线固紧花篮螺丝。

自缠法和另缠法绑扎如图3-11所示。

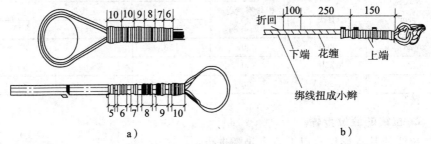

图 3-11　拉线捆扎

a)自缠法　b)另缠法

业务要点 4:导线架设

1. 放线与架线

在导线架设放线前，应勘察沿线情况，清除放线道路上可能损伤导线的障碍物，或采取可靠的防护措施。对于跨越公路、铁路、一般通信线路和不能停电的电力线路，应在放线前搭好牢固的跨越架，跨越架的宽度应稍大于电杆横担的长度，以防止掉线。

放线包括拖放法和展放法两种。拖放法是将线盘架设在放线架上拖放导线；展放法是将线盘架设在汽车上，行进中展放导线。放线一般从始端开始，通常以一个耐张段为一单元进行。可以先放线，即把所有导线全部放完，在一根根地将导线架在电杆横担上；也可以边放线边架线，放线时应使导线从线盘上方引出，放线过程中，线盘处要有人看守，保持放线速度均匀，同时检查导线质量，发现问题及时处理。放线示意图如图3-12所示。

当导线沿线路展放在电杆旁的地面上以后，可由施工人员登上电杆将导线用绳子提到电杆的横担上。架线时，导线吊上电杆后，应放在事先装好的开口木质滑轮内，防止导线在横担上拖拉磨损。钢导线也可使用钢滑轮。

2. 导线的修补与连接

（1）导线的修补。导线有损伤时一定要及时修补，否则影响电气性能。导线修补包括以下几种情况：

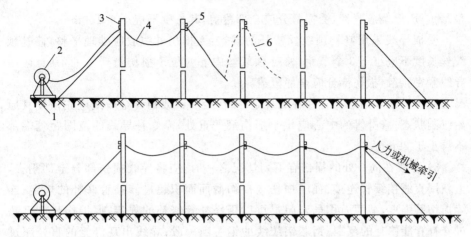

图 3-12　放线示意图

1—放线架　2—线轴　3—横担　4—导线　5—放线滑轮　6—牵引绳

1) 导线在同一处损伤,有下列情况之一时,可不作修补:单股损伤深度小于直径的 1/2,但应将损伤处的棱角与毛刺用 0 号砂纸磨光;钢芯铝绞线、钢芯铝合金绞线损伤截面面积小于导电部分截面面积的 5%,并且强度损失小于 4%;单金属绞线损伤截面面积小于导电部分截面面积的 4%。

2) 当导线在同一处损伤存在表 3-4 所示情况时,应进行修补,修补应符合表中规定。

表 3-4　导线损伤修补方法

导线类别	损伤情况	处理方法
铝绞线	导线在同一处损伤程度已超过规定,但因损伤导致的强度损失尚未超过总拉断力的 5%	用缠绕或修补预绞丝修补
铝合金绞线	导线在同一处损伤程度已超过规定,因损伤导致的强度损失超过总拉断力的 5%,但尚未超过 17%	用修补管修补
钢芯铝绞线	导线在同一处损伤程度已超过规定,但因损伤导致的强度损失尚未超过总拉断力的 5%,且截面面积损伤不超过导电部分总截面面积的 7%	用缠绕或修补预绞丝修补
钢芯铝合金绞线	导线在同一处损伤导致的强度损失超过总拉断力的 5%,但尚未超过 17%,且截面面积损伤不超过导电部分总截面面积的 25%	用修补管修补

受损导线采用缠绕处理的规定:受损伤处线股应处理平整;选用与导线同种金属的单股线作为缠绕材料,且其直径不应小于 2mm;缠绕中心应位于损伤

最严重处,缠绕应紧密,受损部分应全部覆盖,其长度不应小于 100mm。

受损导线采用修补预绞丝修补的规定:受损伤处线股应处理平整;修补预绞丝长度不应小于 3 个节距;修补预绞丝中心应位于损伤最严重处,并且应与导线紧密接触,损伤部分应全部覆盖。

受损导线采用修补管修补的规定:损伤处的铝或铝合金股线应先恢复其原始绞制状态;修补管的中心应位于损伤最严重处,需修补导线的范围距管端部不得小于 20mm。

3) 导线在同一处的损伤有下列情况之一时,应将导线损伤部分全部割去,重新用直线接续管连接:强度损伤或损伤截面面积超过修补管修补的规定;连续损伤其强度、截面面积虽未超过可以用修补管修补的规定,但损伤长度已超过修补管能修补的范围;钢芯铝绞线的钢芯断一股;导线出现灯笼的直径超过 1.5 倍导线直径而且无法修复;金钩破股已形成无法修复的永久变形。

(2) 导线的连接

1) 由于导线的连接质量直接影响到导线的机械强度和电气性能,所以架设的导线连接规定:在任何情况下,每一档距内的每条导线,只能有一个接头;导线接头位置与针式绝缘子固定处的净距离不应小于 500mm;与耐张线夹之间的距离不应小于 15m。

2) 架空线路在跨越公路、河流、电力及通信线路时,导线及避雷线上不能有接头。

3) 不同金属、不同规格、不同绞制方向的导线严禁在档距内连接,只能在电杆上跳线时连接。

4) 导线接头处的力学性能,不应低于原导线强度的 90%,电阻不应超过同长度导线电阻的 1.2 倍。

导线的连接方法常用的有钳压接法、缠绕法和爆炸压接法。如果接头在跳线处,可以使用线夹连接,接头在其他位置,通常采用钳压接法连接。就是把要连接的两个导线头放在专用的接续管内,然后按图 3-13 中的数字顺序压接。

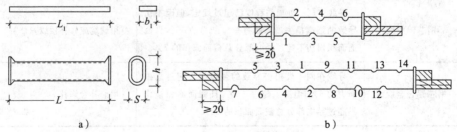

图 3-13 钳压连接管

a)钳压接续管及垫片 b)铝绞线(上)与钢芯铝绞线(下)的连接

导线采用钳压接续管进行连接时,应符合下列规定:

1) 接续管型号与导线规格应配套,见表3-5。

表 3-5 接续管选用尺寸表

接续管型号		使用绞线类型		连接管尺寸/mm				垫片尺寸/mm		质量/kg
		绞线型号	外径/mm	S	h	b	L	b_1	L_1	
铝绞线	QL-16	LJ-16	5.1	6.0	12.0	1.7	110			0.02
	QL-25	LJ-25	6.4	7.2	14.0	1.7	120			0.03
	QL-35	LJ-35	7.5	8.5	17.0	1.7	140			0.04
	QL-50	LJ-50	9.0	10.0	20.0	1.7	190			0.05
	QL-70	LJ-70	10.7	11.6	23.2	1.7	210			0.07
	QL-95	LJ-95	12.4	13.4	26.8	1.7	280			0.10
	QL-120	LJ-120	14.0	15.0	30.0	2.0	300			0.15
	QL-150	LJ-150	15.8	17.0	34.0	2.0	320			0.16
	QL-185	LJ-185	17.5	19.0	38.0	2.0	340	—	—	0.20
铜绞线	QT-16	TJ-16	5.1	6.0	12.0	1.7	98			0.057
	QT-25	TJ-25	6.3	7.2	14.4	1.7	112			0.060
	QT-35	TJ-35	7.5	8.5	17.0	1.7	126			0.100
	QT-50	TJ-50	9.0	10.0	20.0	1.7	180			0.160
	QT-70	TJ-70	10.6	11.6	23.0	1.7	198			0.200
	QT-95	TJ-95	12.4	13.4	26.8	1.7	264			0.300
	QT-120	TJ-120	14.0	15.0	30.0	2.0	286			0.430
	QT-150	TJ-150	15.8	17.0	34.0	2.0	308			0.520
钢芯铝绞线	QLG-35	LGJ-35	8.4	9.0	19.0	2.1	340	8.0	350	0.174
	QLG-50	LGJ-50	9.6	10.5	22.0	2.3	420	9.5	430	0.244
	QLG-70	LGJ-70	11.4	12.5	26.0	2.6	500	11.5	510	0.280
	QLG-95	LGJ-95	13.7	15.0	31.0	2.6	690	14.0	700	0.580
	QLG-120	LGJ-120	15.2	17.0	35.0	3.1	910	15.0	920	1.020
	QLG-150	LGJ-150	17.0	19.0	39.0	3.1	940	17.5	950	1.200
	QLG-185	LGJ-185	19.0	21.0	43.0	3.4	1040	19.5	1060	1.620
	QLG-240	LGJ-240	21.6	23.5	48.0	3.9	540	22.0	550	1.050

2) 压接前导线的端头要用绑线绑牢,压接后不应拆除。

3) 钳压后,导线端头露出长度不应小于20mm。

4) 压接后的接续管弯曲度不应大于管长的2%。

5) 压接后或矫直后的接续管不应有裂纹。

6)压接后的接续管两端附近的导线不应有灯笼、抽筋等现象。

7)压接后接续管两端出口处、接缝处以及外露部分应涂刷油漆。

压接铝绞线时,压接顺序从导线断头开始,按交错顺序向另一端进行,如图3-13b所示;铜绞线与铝绞线压接方法相类似;压接钢芯铝绞线时,压接顺序从中间开始,分别向两端进行,如图3-13b所示,压接240mm² 钢芯铝绞线时,可用两支接续管串联进行,两管间距不应小于15mm。压口数及压后尺寸见表3-6。

表3-6　压口数及压后尺寸

导线型号		钳压位置/mm			压后尺寸 h/mm	压口数/个
		a_1	a_2	a_3		
铝绞线	LJ-16	28	20	34	10.5	6
	LJ-25	32	20	36	12.5	
	LJ-35	36	25	43	14.0	
	LJ-50	40	25	45	16.5	8
	LJ-70	44	28	50	19.5	
	LJ-95	48	32	56	23.0	
	LJ-120	52	33	59	26.0	10
	LJ-150	56	34	62	30.0	
	LJ-185	60	35	65	33.5	
铜绞线	TJ-16	28	14	23	10.5	6
	TJ-25	32	16	32	12.0	
	TJ-35	36	18	36	14.5	
	TJ-50	40	20	40	17.5	8
	TJ-70	44	22	44	20.5	
	TJ-95	48	24	48	24.0	
	TJ-120	52	26	52	27.5	10
	TJ-150	56	28	56	31.5	
钢芯铝绞线	LGJ-16	28	14	28	12.5	12
	LGJ-25	32	15	31	14.5	14
	LGJ-35	34	42.5	93.5	17.5	
	LGJ-50	38	48.5	105.5	20.5	16
	LGJ-70	46	54.5	123.5	25.5	
	LGJ-95	54	61.5	142.5	29.0	20
	LGJ-120	62	67.5	160.5	33.0	24
	LGJ-150	64	70	166.5	36.0	
	LGJ-185	66	74.5	173.5	39.0	26
	LGJ-240	62	68.5	161.5	43.0	2×14

3. 紧线

紧线的工作通常与弧垂测量和导线固定同时进行。展放导线时,导线的展放长度比档距长度略有增加,平地一般增加 2%,山地一般增加 3%,架设完成后应收紧。

(1)紧线。在做好耐张杆、转角杆和终端杆拉线后,就可以分段紧线。先将导线的一端在绝缘子上固定好,然后在导线的另一端用紧线器紧线。在杆的受力侧应装设正式和临时拉线,用钢丝绳或具有足够强度的钢线拴在横担的两端,以防横担偏扭。待紧完导线并固定好后,拆除临时拉线。

紧线时在耐张段的操作端,直接或通过滑轮来牵引导线,导线收紧后,再用紧线器夹住导线。紧线的方法有两种:一种是将导线逐根均匀收紧的单线法;另一种是三根或两根同时收紧。前者适用于导线截面面积较小,耐张段距离不大的场合;后者适用于导线型号大、档距大、电杆多的情况。紧线示意图如图 3-14 所示。紧线的顺序:应从上层横担开始,依次至下层横担,先紧中间导线,后紧两边导线。

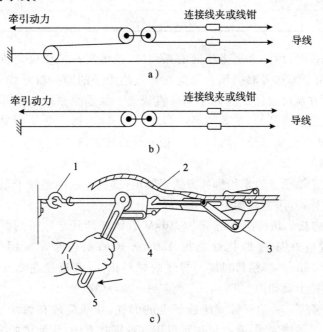

图 3-14 紧线示意图

a)三线同时收紧 b)两线同时收紧 c)紧线钳紧线

1—定位钩 2—导线 3—夹线钳头 4—收紧齿轮 5—导柄

(2)测量弧垂。导线弧垂是指一个档距内导线下垂形成的自然弛度,也称为导线的弛度。弧垂是表示导线所受拉力的量,弧垂越小拉力越大,反之拉力越小。架空导线的弛度要求见表 3-7。导线紧固后,弛度误差不应超过设计弛度的±5%,同一档距内各条导线的弛度应该一致;水平排列的导线,高低差应不大于 50mm。

表 3-7 架空导线弛度要求

档距 /m	导线截面面积/mm²								
	当温度为 10℃时							下列温度时的增减值	
	10	16	25	35	50	70	95	+25℃	−10℃
	铜导线弛度/mm								
30	300	300	300	400	500	600	700	+60	−120
40	400	400	400	500	600	700	800	+80	−160
50	500	600	600	600	700	800	900	+100	−200
	铝导线弛度/mm								
30	360	360	360	500	620	780	900	+80	−150
40	480	480	480	620	720	800	1040	+10	−200
50	720	720	720	750	870	1040	1170	+130	−250

测量弧垂时,用两个规格相同的弧垂尺(弛度尺),把横尺定位在规定的弧垂数值上,两个操作者都把弧垂尺勾在靠近绝缘子的同一根导线上,导线下垂最低点与对方横尺定位点应处于同一直线上。弧垂测量应从相邻电杆横担上某一侧的一根导线开始,接着测另一侧对应的导线,然后交叉测量第三根和第四根,以保证电杆横担受力均匀,没有因紧线出现扭斜。

4. 导线的固定

导线在绝缘子上通常用绑扎方法来固定,绑扎方法因绝缘子形式和安装地点不同而各异,常用方法如下:

(1)顶绑法。顶绑法适用于 1~10kV 直线杆针式绝缘子的固定绑扎。铝导线绑扎时应在导线绑扎处先绑 150mm 长的铝包带。所用铝包带宽为 10mm,厚为 1mm。绑线材料应与导线的材料相同,其直径在 2.6~3.0mm 范围内。其绑扎步骤如图 3-15 所示。

(2)侧绑法。转角杆针式绝缘子上的绑扎,导线应放在绝缘子颈部外侧。若由于绝缘子顶槽太浅,直线杆也可以用这种绑扎方法,侧绑法如图 3-16 所示。在导线绑扎处同样要绑以铝带。

(3)终端绑扎法。终端杆蝶式绝缘子的绑扎,首先在与绝缘子接触部分的铝导线上绑以铝带,然后把绑线绕成卷,在绑线一端留出一个短头,长度为 200~250mm(绑扎长度为 150mm 者,留出短头长度为 200mm;绑扎长度为 200mm 者,短头长度为 250mm)。把绑线短头夹在导线与折回导线之间,再用

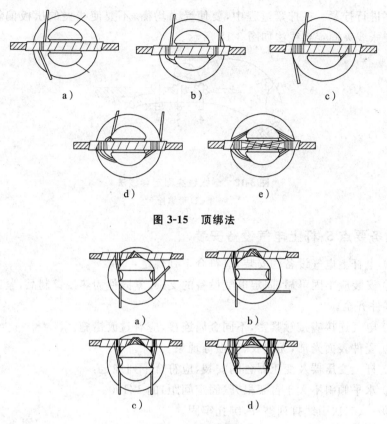

图 3-15　顶绑法

图 3-16　侧绑法

绑线在导线上绑扎,第一圈应离蝶式绝缘子表面 80mm,绑扎到规定长度后与短头扭绞 2~3 圈,余线剪断压平。最后把折回导线向反方向弯曲,如图 3-17 所示。

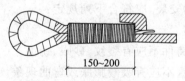

图 3-17　终端绑扎法

（4）耐张线夹固定导线法。耐张线夹固定导线法是用紧线钳先将导线收紧,使弧垂比所要求的数值稍小些。然后在导线需要安装线夹的部分,用同规格的线股缠绕,缠绕时,应从一端开始绕向另一端,其方向须与导线外股缠绕方向一致。缠绕长度须露出线夹两端各 10mm。卸下线夹的全部 U 形螺栓,使耐张线夹的线槽紧贴导线缠绕部分,装上全部 U 形螺栓及压板,并稍拧紧。最后按顺序进行拧紧。在拧紧过程中,要使受力均衡,不要使线夹的压板偏斜和卡碰。耐张线夹固定导线法如图 3-18 所示。

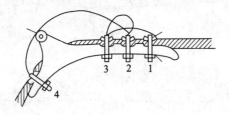

图 3-18　耐张线夹固定导线法

1~4—U 形螺栓

业务要点 5:杆上电气设备安装

1) 电杆上电气设备的安装,应符合下列规定:

① 安装应牢固可靠,固定电气设备的支架、紧固件为热浸锌制品,紧固件及防松零件齐全。

② 电气连接应接触紧密,不同金属连接,应有过渡措施。

③ 瓷件表面光洁,无裂纹、破损等现象。

2) 杆上变压器及变压器台的安装,应符合下列规定:

① 水平倾斜不大于台架根开(固定间距)的 1/100。

② 一、二次引线排列整齐,绑扎牢固。

③ 油枕、油位正常,无渗油现象,外壳涂层完整、干净。

④ 接地可靠,接地电阻值符合规定。

⑤ 套管压线螺栓等部件齐全。

⑥ 呼吸孔道畅通。

3) 跌落式熔断器的安装,应符合下列规定:

① 各部分零件完整。

② 转轴光滑灵活,铸件不应有裂纹、砂眼、锈蚀。

③ 瓷件良好,熔丝管不应有吸潮膨胀或弯曲现象。

④ 熔断器安装牢固、排列整齐,熔管轴线与地面的垂线夹角为 15°~30°,熔断器水平相间距离不小于 500mm,熔管操作能自然打开旋下。

⑤ 操作时灵活可靠、接触紧密。熔丝管合闸时上触头应有一定的压缩行程。

⑥ 上、下引线压紧,与线路导线的连接紧密可靠。

4) 杆上断路器和负荷开关的安装,应符合下列规定:

① 水平倾斜不大于托架长度的 1/100。

② 引线连接紧密,当采用绑扎连接时,长度不小于 150mm。

③ 外壳干净,不应有漏油现象,气压不小于规定值。

④ 操作灵活,分、合位置指示正确可靠。

⑤ 外壳接地可靠,接地电阻值符合规定。

5) 杆上隔离开关安装,应符合下列规定:

① 瓷件良好。

② 操作机构动作灵活。

③ 隔离刀刃,分闸后应有不小于 200mm 的空气间隙。

④ 与引线的连接紧密可靠。

⑤ 水平安装的隔离刀刃,分闸时宜使静触头带电;地面操作杆的接地(PE)可靠,且有标识。

⑥ 三相连动隔离开关的三相隔离刀刃应分、合同期。

6) 杆上避雷器的安装,应符合下列规定:

① 瓷套与固定抱箍之间加垫层。

② 排列整齐、高低一致,相间距离:1~10kV 时,不小于 350mm;1kV 以下时,不小于 150mm。

③ 引线短而直、连接紧密,采用绝缘线时,电源侧引线其截面铜线不小于 16mm²,铝线不小于 25mm²;接地侧引线其截面铜线不小于 25mm²,铝线不小于 35mm²。

④ 与电气部分连接,不应使避雷器产生外加应力。

⑤ 引下线接地可靠,接地电阻值符合规定。

7) 低压熔断器和开关安装各部位接触应紧密,便于操作。

8) 低压熔丝(片)安装,应符合下列规定:

① 无弯折、压偏、伤痕等现象。

② 严禁用线材代替熔丝(片)。

第二节　电缆敷设

本节导读

本节主要介绍电缆敷设,内容包括电缆直埋敷设、电缆桥架安装和桥架内电缆敷设、电缆沟、电缆竖井内电缆敷设、电缆保护管敷设以及电缆头制作、接线和线路绝缘测试等。其内容关系如图 3-19 所示。

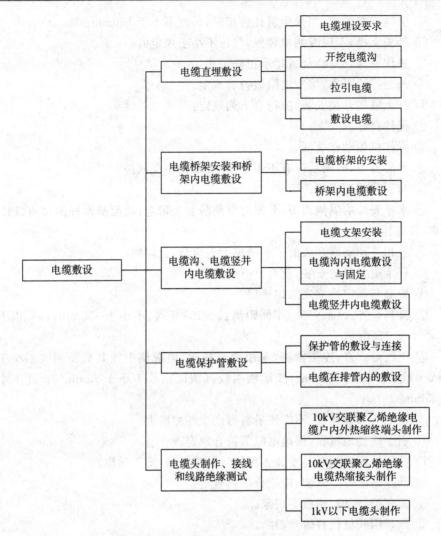

图 3-19　本节内容关系图

业务要点 1：电缆直埋敷设

1. 电缆埋设要求

1）在电缆线路路径上有可能使电缆受到机械损伤、化学作用、地下电流、震动、热影响、腐殖物质、虫鼠等危害的地段，应采用保护措施。

2）电缆埋设深度应符合下列要求：

① 电缆表面距地面的距离不应小于 0.7m，穿越农田时不应小于 1m；66kV 及以上的电缆不应小于 1m；只有在引入建筑物、与地下建筑交叉以及绕过地下建筑物处，可埋设浅些，但是应采取保护措施。

② 电缆应埋设于冻土层以下。若无法深埋，应采取措施，防止电缆受到损坏。

3) 电缆之间、电缆与其他管道、道路、建筑物等之间平行和交叉时的最小距离，应符合表 3-8 的规定。严禁将电缆平行敷设于管道的上面或下面。

表 3-8　电缆之间、电缆与管道、道路、建筑物之间平行和交叉时的最小允许净距

序号	项　目		最小允许净距/m		备　注
			平行	交叉	
1	电力电缆间及其与控制电缆间				① 控制电缆间平行敷设的间距不作规定；序号 1、3 项，当电缆穿管或用隔板隔开时，平行净距可降低为 0.1m
	① 10kV 及以下		0.10	0.50	
	② 10kV 及以上		0.25	0.50	
2	控制电缆		—	0.50	② 在交叉点前后 1m 范围内，若电缆穿入管中或隔板隔开，交叉净距可降低为 0.25m
3	不同使用部门的电缆间		0.50	0.50	
4	热力管道（管沟）及热力设备		2.0		
5	油管道（管沟）		1.0	0.50	
6	可燃气体及易燃液体管道（管沟）		1.0	0.50	① 虽净距能满足要求，但是检修管路可能伤及电缆时，在交叉点前后 1m 范围内，也应采取保护措施
7	其他管道（管沟）		0.50	0.50	
8	铁路路轨		3.0	1.0	② 当交叉净距不能满足要求时，应将电缆穿入管中，则其净距可减为 0.25m
9	电气化铁路路轨	交流	3.0	1.0	③ 对序号第 4 项，应采取隔热措施，使电缆周围土壤的温升不超过 10℃
		直流	10.0	1.0	
10	公路		1.50	1.0	④ 电缆与管径大于 800mm 的水管，平行间距应大于 1m，若不能满足要求，应采取适当防电化腐蚀措施，特殊情况下，平行净距可酌减
11	城市街道路面		1.0	0.7	
12	电杆基础（边线）		1.0	—	
13	建筑物基础（边线）		0.6	—	
14	排水沟		1.0	0.5	
15	独立避雷针集中接地装置与电缆间		5.0		

注：当电缆穿管或者其他管道有防护设施（例如管道保温层等）时，表中净距应从管壁或防护设施的外壁算起。

4) 电缆与铁路、公路、城市街道、厂区道路交叉时，应敷设于坚固的保护管（钢管或水泥管）或隧道内。管顶距轨道底或路面的深度不小于 1m，管的两端伸出道路路基边各 2m；伸出排水沟 0.5m，在城市街道应伸出车道路面。

保护管的内径应比电缆的外径大 1.5 倍。电缆钢保护管的直径可按表 3-9

选择，若选用钢管，则应在埋设前将管口加工成喇叭形。

表 3-9　电缆钢保护管管径选择表

钢管直径/mm	纸绝缘三芯电力电缆截面/mm²			四芯电力线缆截面/mm²
	1kV	6kV	10kV	
50	≤70	≤25		≤50
70	95～150	35～70	≤60	70～120
80	185	95～150	70～120	150～185
100	240	185～240	150～240	240

5）直埋电缆的上、下方须铺以不小于 100mm 厚的软土或沙层，并且盖以混凝土保护板，其覆盖宽度应超过电缆两侧各 50mm，也可用砖块代替混凝土盖板。

6）同沟敷设两条及以上电缆时，电缆之间，电缆与管道、道路、建筑物之间平行交叉时的最小净距应符合表 3-8 的规定，电缆之间不得重叠、交叉、扭绞。

7）堤坝上的电缆敷设，其要求与直埋电缆相同。

2. 开挖电缆沟

电缆沟的挖掘深度，可根据电缆在沟内平行敷设时，电缆外径再加上电缆下部垫层的厚度（100mm）。正常情况下，挖掘电缆沟的深度不宜浅于 850mm。但同时还应考虑其与其他地下管线交叉所应保持的距离，如图 3-20 所示。

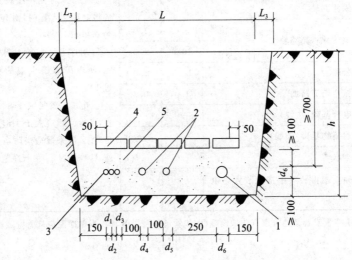

图 3-20　直埋电缆的电缆沟

1—35kV 电力电缆　2—10kV 及以下电力电缆　3—控制电缆
4—保护板　5—沙或软土

电缆沟挖掘的宽度应根据土质情况、人体宽度、沟深、电缆条数和电缆间距离来确定。沟的宽度通常按电缆外径加上电缆之间最小净距计算。一般在电缆沟内只敷设一条电缆时，沟宽为 0.4～0.5m；同沟敷设两根电缆时，沟宽在 0.6m 左右。控制电缆之间的间距不作规定。单芯电力电缆直埋敷设时，可按品字形排列，电缆线使用电缆卡带捆扎后，外径按单芯电缆外径的两倍计算。电缆沟的深度和宽度见表 3-10 和表 3-11。

表 3-10　35kV 电缆沟宽度表　　（单位：mm）

35kV 电力电缆根数	10kV 及以下电力电缆或控制电缆根数						
	0	1	2	3	4	5	6
1	350	650/675	800/755	950/885	1100/1050	1250/1145	1400/1275
2	700	1000/975	1150/1105	1300/1235	1450/1365	1600/1495	1750/1625
3	1050	1350/1325	1500/1455	1650/1585	1800/1715	1950/1845	2100/1975
4	1400	1700/1675	1850/1805	2000/1935	2150/2065	2300/2195	2450/2325

注：表中分子为 10kV 及以下电力电缆间距离尺寸，分母为控制电缆用尺寸。

表 3-11　10kV 及以下电缆沟宽度表　　（单位：mm）

控制电缆根数 / 10kV 以下电力电缆根数	0	1	2	3	4	5	6
0		350	380	510	640	770	900
1	350	450	580	710	840	970	1100
2	500	600	730	860	990	1120	1250
3	650	750	880	1010	1140	1270	1400
4	800	900	1030	1160	1290	1420	1550
5	950	1050	1180	1310	1440	1570	1800
6	1100	1200	1330	1460	1590	1720	1850

在电缆沟开挖前应先挖样坑，以帮助了解地下管线的布置情况和土质对电缆护层是否会有损害，以进一步采取相应措施。样坑的宽度和深度一定要大于施放电缆本身所需的宽度和深度。样坑挖掘应特别仔细，以免损坏地下管线和其他地下设施。

电缆沟应垂直开挖，不可上狭下宽或淘空挖掘，开挖出来的泥土与其他杂物应分别堆置于距沟边 0.3m 以外的两侧，这样既可避免石块等硬物滑进沟内使电缆受到机械损伤，又留出了人工牵引电缆时的通道，还方便电缆施放后从沟边取细土覆盖电缆。人工开挖电缆沟时，电缆沟两侧应根据土壤情况留置边坡，防止塌方。电缆沟最大边坡坡度可参考表 3-12。

表 3-12　电缆沟最大边坡坡度比

土壤名称	边坡坡度比	土壤名称	边坡坡度比
砂土	1：1	含砾石卵石土	1：0.67
亚砂土	1：0.67	泥炭岩白垩土	1：0.33
亚黏土	1：0.50	干黄土	1：0.25
黏土	1：0.33		

在土质松软的地段施工时,应在沟壁上加装护土板,以防挖好的电缆沟坍塌。在挖沟时,如遇到有坚硬的石块、砖块和含有酸、碱等腐蚀物质的土壤,应清除干净,调换成无腐蚀性的松软土质。

在有地下管线地段挖掘时,应采取措施防止损伤管线。在杆塔或建筑物附近挖沟时,应采取防止倒塌的措施。直埋电缆沟在电缆转弯处要挖成圆弧形,以保证电缆的弯曲半径。在电缆接头的两端以及电缆引入建筑物和引上电杆处,要挖出备用电缆的余留坑。

当电缆沟全部挖完后,应将沟底铲平夯实。

3. 拉引电缆

电缆敷设时,拉引电缆的方法主要包括人力拉引和机械拉引。当电缆较短较轻时,宜采用人力拉引;当电缆较重时,宜采用机械拉引。

(1) 人力拉引。电缆人工拉引一般是人力拉引、滚轮和人工相结合的方法。该方法需要的施工人员较多,而且人员要定位,电缆从盘的上端引出,如图 3-21 所示。电缆拉引时,应特别注意的是人力分布要均匀合理,负荷适当,并且要统一指挥。为避免电缆受拖拉而损伤,常将电缆放在滚轮上。此外,电缆展放中,在电缆盘两侧还应有协助推盘及负责刹盘滚动的人员。

人力展放电缆

图 3-21　人力展放电缆

电缆人力拉引施工前,应先由指挥者做好施工交底工作。施工人员布局要合理,并且要统一指挥,拉引电缆速度要均匀。电缆敷设行进的领头人,必须对施工现场(电缆走向、顺序、排列、规格、型号、编号等)十分清楚,以防返工。

(2) 机械拉引。当敷设大截面、重型电缆时,宜采用机械拉引方法。机械拉引方法牵引动力包括:

1）慢速卷扬机牵引。为保障施工安全,卷扬机速度在 8m/min 左右,不可过快,电缆也不宜太长,注意防止电缆行进时受阻而被拉坏。

2）拖拉机牵引旱船法。将电缆架在旱船上,在拖拉机牵引旱船骑沟行走的同时,将电缆放入沟内,如图 3-22 所示。该方法适用于冬季冻土、电缆沟以及土质坚硬的场所。敷设前应先检查电缆沟,平整沟的顶面,沿沟行走一段距离,试验确无问题时方可进行。在电缆沟土质松软以及沟的宽度较大时不宜采用。

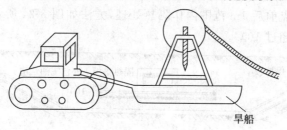

旱船

图 3-22 拖拉机牵引旱船展放电缆示意图

施工时,可用图 3-23 的做法,先将牵引端的线芯与铅（铝）包皮封焊成一体,以防线芯与外包皮之间相对移动。做法是将特制的拉杆插在电缆芯中间,用铜线绑扎后,再用焊料把拉杆、导体、铅（铝）包皮三者焊在一起。注意封焊应严密,以防潮气入内。

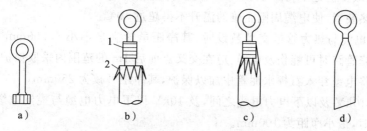

a） b） c） d）

图 3-23 电缆末端封焊拉杆做法
a）拉杆　b）拉杆与电缆线芯绑扎在一起　c）封焊前　d）封焊后
1—绑线　2—铅（铝）包

4. 敷设电缆

1）直埋电缆敷设前,应在铺平夯实的电缆沟内先铺一层 100mm 厚的细砂或软土,作为电缆的垫层。直埋电缆周围是铺砂好还是铺软土好,应根据各地区的情况而定。

软土或砂子中不应含有石块或其他硬质杂物。若土壤中含有酸或碱等腐蚀性物质,则不能做电缆垫层。

2）在电缆沟内放置滚柱,其间距与电缆单位长度的重量有关,一般每隔 3～5m 放置一个（在电缆转弯处应加放一个）,以不使电缆下垂碰地为原则。

3) 电缆放在沟底时,边敷设边检查电缆是否受伤。放电缆的长度不要控制过紧,应按全长预留 1.0%～1.5% 的裕量,并且作波浪状摆放。在电缆接头处也要留出裕量。

4) 直埋电缆敷设时,严禁将电缆平行敷设在其他管道的上方或下方,并且应符合下列要求:

① 电缆与热力管线交叉或接近时,若不能满足表 3-8 所列数值要求,应在接近段或交叉点前后 1m 范围内作隔热处理,方法如图 3-24 所示,使电缆周围土壤的温升不超过 10℃。

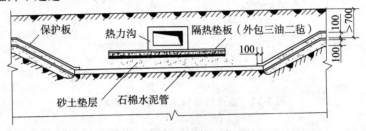

图 3-24　电缆与热力管线交叉隔热做法

② 电缆与热力管线平行敷设时距离不应小于 2m。若有一段不能满足要求时,可以减少但是不得小于 500mm。此时,应在与电缆接近的一段热力管道上加装隔热装置,使电缆周围土壤的温升不得超过 10℃。

③ 电缆与热力管道交叉敷设时,其净距虽能满足不小于 500mm 的要求,但是检修管路时可能伤及电缆,应在交叉点前后 1m 的范围内采取保护措施。

若将电缆穿入石棉水泥管中加以保护,其净距可减为 250mm。

5) 10kV 及以下电力电缆之间,及 10kV 以下电力电缆与控制电缆之间平行敷设时,最小净距为 100mm。

10kV 以上电力电缆之间及 10kV 以上电力电缆和 10kV 及以下电力电缆或与控制电缆之间平行敷设时,最小净距为 250mm。特殊情况下,10kV 以上电缆之间及与相邻电缆间的距离可降低为 100mm,但是应选用加间隔板电缆并列方案;若电缆均穿在保护管内,并列间距也可降至 100mm。

6) 电缆沿坡度敷设的允许高差以及弯曲半径应符合要求,电缆中间接头应保持水平。多根电缆并列敷设时,中间接头的位置宜相互错开,其净距不宜小于 500mm。

7) 电缆铺设完后,再在电缆上面覆盖 100mm 的砂或软土,然后盖上保护板(或砖),覆盖宽度应超出电缆两侧各 50mm。板与板连接处应紧靠。

8) 覆土前,沟内若有积水则应抽干。覆盖土要分层夯实,最后清理场地,做好电缆走向记录,并且应在电缆引出端、终端、中间接头、直线段每隔 100m 处和走向有变化的部位挂标志牌。

标志牌可采用 C15 钢筋混凝土预制,安装方法如图 3-25 所示。标志牌上应注明线路编号、电压等级、电缆型号、截面、起止地点以及线路长度等内容,以便维修。标志牌规格宜统一,字迹应清晰不易脱落。标志牌挂装应牢固。

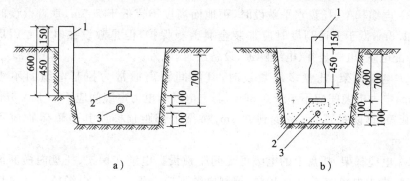

图 3-25　直埋电缆标志牌的装设

a)埋设于送电方向右侧　b)埋设于电缆沟中心

1—电缆标志牌　2—保护板　3—电缆

9) 在含有酸碱、矿渣、石灰等场所,电缆不应直埋;若必须直埋,应采用缸瓦管、水泥管等防腐保护措施。

业务要点 2:电缆桥架安装和桥架内电缆敷设

1. 电缆桥架的安装

(1) 安装技术要求。

1) 相关建(构)筑物的建筑工程均完工,并且工程质量应符合国家现行的建筑工程质量验收规范的规定。

2) 配合土建结构施工过墙、过楼板的预留孔(洞),预埋铁件的尺寸应符合设计规定。

3) 在电缆沟、电缆隧道、竖井内、顶棚内、预埋件的规格尺寸、坐标、标高、间隔距离、数量不应遗漏,应符合设计图规定。

4) 电缆桥架安装部位的建筑装饰工程全部结束。

5) 通风、暖卫等各种管道施工已经完工。

6) 材料、设备全部进入现场经检验合格。

(2) 安装要求。

1) 电缆桥架水平敷设时,跨距通常为 1.5～3.0m;垂直敷设时其固定点间距不宜大于 2.0m。当支撑跨距不大于 6m 时,需要选用大跨距电缆桥架;当跨距大于 6m 时,必须进行特殊加工订货。

2) 电缆桥架在竖井中穿越楼板外,在孔洞周边抹 5cm 高的水泥防水台,待桥架布线安装完后,洞口用难燃物件封堵死。电缆桥架穿墙或楼板孔洞时,不应将孔洞抹死,桥架进出口孔洞收口平整,并且留有桥架活动的余量。若孔洞需封堵时,可采用难燃的材料封堵好,墙面抹平。电缆桥架在穿过防火隔墙及防火楼板时,应采取隔离措施。

3)电缆梯架、托盘水平敷设时,距地面高度不宜低于 2.5m,垂直敷设时不低于 1.8m,低于上述高度时应加装金属盖板保护,但是敷设在电气专用房间(例如配电室、电气竖井、电缆隧道、设备层)内除外。

4)电缆梯架、托盘多层敷设时,其层间距离通常为控制电缆间不小于 0.20m,电力电缆间应不小于 0.30m,弱电电缆与电力电缆间应不小于 0.5m,若有屏蔽盖板(防护罩)可减少到 0.3m,桥架上部距顶棚或其他障碍物应不小于 0.3m。

5)电缆梯架、托盘上的电缆可无间距敷设。电缆在梯架、托盘内横断面的填充率,电力电缆应不大于 40%,控制电缆不应大于 50%。电缆桥架经过伸缩沉降缝时应断开,断开距离以 100mm 左右为宜。其桥架两端用活动插铁板连接不宜固定。电缆桥架内的电缆应在首端、尾端、转弯以及每隔 50m 处设有注明电缆编号、型号、规格以及起止点等标记牌。

6)下列不同电压、不同用途的电缆如:1kV 以上和 1kV 以下电缆、向一级负荷供电的双路电源电缆;应急照明和其他照明的电缆、强电和弱电电缆等不宜敷设在同一层桥架上,若受条件限制,必须安装在同一层桥架上时,应用隔板隔开。

7)强腐蚀或特别潮湿等环境中的梯架以及托盘布线,应采取可靠而有效的防护措施。同时,敷设在腐蚀气体管道和压力管道的上方以及腐蚀性液体管道的下方的电缆桥架应采用防腐隔离措施。

(3)吊(支)架的安装。吊(支)架的安装通常采用标准的托臂和立柱进行安装,也有采用自制加工吊架或支架进行安装。通常,为了保证电缆桥架的工程质量,应优先采用标准附件。

1)标准托臂与立柱的安装。当采用标准的托臂和立柱进行安装时,其要求如下:

① 成品托臂的安装。成品托臂的安装方式包括沿顶板安装、沿墙安装和沿竖井安装等方式。成品托臂的固定方式多采用 M10 以上的膨胀螺栓进行固定。

② 立柱的安装。成品立柱由底座和立柱组成,其中立柱采用工字钢、角钢、槽型钢、异型钢、双异型钢构成,立柱和底座的连接可采用螺栓固定和焊接。其固定方式多采用 M10 以上的膨胀螺栓进行固定。

③ 方形吊架安装。成品方形吊架由吊杆、方形框组成,其固定方式可采用

焊接预埋铁固定或直接固定吊杆,然后组装框架。

2) 自制支(吊)架的安装。自制吊架和支架进行安装时,应根据电缆桥架及其组装图进行定位划线,并且在固定点进行打孔和固定。固定间距和螺栓规格由工程设计确定。若设计无规定,可根据桥架重量与承载情况选用。

自行制作吊架或支架时,应按以下规定进行:

① 根据施工现场建筑物结构类型和电缆桥架造型尺寸与重量,决定选用工字钢、槽钢、角钢、圆钢或扁钢制作吊架或支架。

② 吊架或支架制作尺寸和数量,根据电缆桥架布置图确定。

③ 确定选用钢材后,按尺寸进行断料制作,断料严禁气焊切割,加工尺寸允许最大误差为+5mm。

④ 型钢架的摵弯宜使用台钳用手锤打制,也可使用油压摵弯器用模具顶制。

⑤ 支架、吊架需钻孔处,孔径不得大于固定螺栓+2mm,严禁采用电焊或气焊割孔,以免产生应力集中。

(4) 电缆桥架敷设安装。

1) 根据电缆桥架布置安装图,对预埋件或固定点进行定位,沿建筑物敷设吊架或支架。

2) 直线段电缆桥架安装,在直线端的桥架相互接槎处,可用专用的连接板进行连接,接槎处要求缝隙平密平齐,在电缆桥架两边外侧面用螺母固定。

3) 电缆桥架在十字交叉和丁字交叉处施工时,可采用定型产品水平四通、水平三通、垂直四通、垂直三通等进行连接,应以接槎边为中心向两端各大于300mm处,增加吊架或支架进行加固处理。

4) 电缆桥架在上、下、左、右转弯处,应使用定型的水平弯通、转动弯通、垂直凹(凸)弯通。上、下弯通进行连接时,其接槎边为中心两边各大于300mm处,连接时须增加吊架或支架进行加固。

5) 对于表面有坡度的建筑物,桥架敷设应随其坡度变化。可采用倾斜底座,或调角片进行倾斜调节。

6) 电缆桥架与盒、箱、柜、设备接口,应采用定型产品的引下装置进行连接,要求接口处平齐,缝隙均匀严密。

7) 电缆桥架的始端与终端应封堵牢固。

8) 电缆桥架安装时必须待整体电缆桥架调整符合设计图和规范规定后,再进行固定。

9) 电缆桥架整体与吊(支)架的垂直度与横档的水平度,应符合规范要求;待垂直度与水平度合格,电缆桥架上、下各层都对齐后,最后将吊(支)架固定牢固。

10）电缆桥架敷设安装完毕后，经检查确认合格，将电缆桥架内外清扫后，进行电缆线路敷设。

11）在竖井中敷设合格电缆时，应安装防坠落卡，用来保护线路下坠。

12）敷设在电缆桥架内的电缆不应有接头，接头应设置在接线箱内。

（5）电缆桥架保护接地。在建筑电气工程中，电缆桥架多数为钢制产品，较少采用在工业工程中为减少腐蚀而使用的非金属桥架和铝合金桥架。为了保证供电干线电路的使用安全，电缆桥架的接地或接零必须可靠。

1）电缆桥架应装置可靠的电气接地保护系统。外露导电系统必须与保护线连接。在接地孔处，应将任何不导电涂层和类似的表层清理干净。

2）为保证钢制电缆桥架系统有良好的接地性能，托盘、梯架之间接头处的连接电阻值不应大于 0.00033Ω。

3）金属电缆桥架及其支架和引入或引出的金属导管必须与 PE 或 PEN 线连接可靠，并且必须符合下列规定：

① 金属电缆桥架及其支架与(PE)或(PEN)连接处应不少于 2 处。

② 非镀锌电缆桥架连接板的两端跨接铜芯接地线，接地线的最小允许截面积应不小于 $4mm^2$。

③ 镀锌电缆桥架间连接板的两端不跨接接地线，但连接板两端不少于 2 个有防松螺帽或防松螺圈的连接固定螺栓。

4）当利用电缆桥架作接地干线时，为保证桥架的电气通路，在电缆桥架的伸缩缝或软连接处需采用编织铜线连接，如图 3-26 所示。

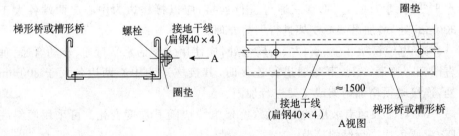

图 3-26 接地干线安装

5）对于多层电缆桥架，当利用桥架的接地保护干线时，应将各层桥架的端部用 $16mm^2$ 的软铜线并联连接起来，再与总接地干线相通。长距离电缆桥架每隔 30～50m 距离接地一次。

6）在具有爆炸危险场所安装的电缆桥架，若无法与已有的接地干线连接时，必须单独敷设接地干线进行接地。

7）沿桥架全长敷设接地保护干线时，每段（包括非直线段）托盘、梯架应至少有一点与接地保护干线可靠连接。

8）在有振动的场所,接地部位的连接处应装置弹簧垫圈,防止因振动引起连接螺栓松动,中断接地通路。

（6）桥架表面处理。钢制桥架的表面处理方式,应按工程环境条件、重要性、耐火性和技术经济性等因素进行选择。一般情况宜按表 3-13 选择适于工程环境条件的防腐处理方式。当采用表中"T"类防腐方式为镀锌镍合金、高纯化等其他防腐处理的桥架时,应按规定试验验证,并且应具有明确的技术质量指标以及检测方法。

表 3-13　表面防腐处理方式选择

环境条件				防腐层类别					
类	别	代号	等级	涂漆 Q	电镀锌 D	喷涂粉末 P	热浸镀锌 R	DP	RQ	其他 T
								复合层		
户内 一般	普通型	J	3K5L、3K6	○	○	○				在符合相关规定的情况下确定
户内 0类	湿热型	TH	3K5L	○	○	○	○			
户内 1类	中腐蚀性	F1	3K5L、3C3	○	○	○	○	○	○	
户内 2类	强腐蚀性	F2	3K5L、3C4				○	○	○	
户外 0类	轻腐蚀性	W	4K2、4C2	○			○	○	○	
户外 1类	中腐蚀性	WF1	4K2、4C3				○	○	○	

注:符号"○"表示推荐防腐类别。

2. 桥架内电缆敷设

（1）电缆敷设。

1）电缆沿桥架敷设前,应防止电缆排列不整齐,出现严重交叉现象,必须事先就将电缆敷设位置排列好,规划出排列图表,按照图表进行施工。

2）施放电缆时,对于单端固定的托臂可以在地面上设置滑轮施放,放好后拿到托盘或梯架内;双吊杆固定的托盘或梯架内敷设电缆,应将电缆直接在托盘或梯架内安放滑轮施放,电缆不得直接在托盘或梯架内拖拉。

3）电缆沿桥架敷设时,应单层敷设,电缆与电缆之间可以无间距敷设,电缆在桥架内应排列整齐,不应交叉,并且敷设一根,整理一根,卡固一根。

4）垂直敷设的电缆每隔 1.5～2m 处应加以固定;水平敷设的电缆,在电缆的首尾两端、转弯及每隔 5～10m 处进行固定,对电缆在不同标高的端部也应进行固定。大于 45°倾斜敷设的电缆,每隔 2m 设一固定点。

5）电缆固定可以用尼龙卡带、绑线或电缆卡子进行固定。为了运行中巡视、维护和检修的方便,在桥架内电缆的首端、末端和分支处应设置标志牌。

6）电缆出入电缆沟、竖井、建筑物、柜（盘）台处以及导管管口处等做密封处理。出入口、导管管口的封堵目的是防火、防小动物入侵、防异物跌入的需要,均是为安全供电而设置的技术防范措施。

7) 在桥架内敷设电缆,每层电缆敷设完成后应进行检查;全部敷设完成后,经检验合格,才能盖上桥架的盖板。

(2) 敷设质量要求。

1) 在桥架内电力电缆的总截面(包括外护层)不应大于桥架有效横断面的40%,控制电缆不应大于50%。

2) 电缆桥架内敷设的电缆,在拐弯处电缆的弯曲半径应以最大截面电缆允许弯曲半径为准,电缆敷设的弯曲半径与电缆外径的比值不应小于表3-14的规定。

表 3-14　电缆弯曲半径与电缆外径比值

电缆护套类型		电力电缆		控制电缆
		单芯	多芯	多芯
金属护套	铅	25	15	15
	铝	30	30	30
	皱纹铝套和皱纹钢套	20	20	20
非金属护套		20	15	无铠装 10
				有铠装 15

3) 室内电缆桥架布线时,为了防止发生火灾时火焰蔓延,电缆不应用黄麻或其他易燃材料做外护层。

4) 电缆桥架内敷设的电缆,应在电缆的首端、尾端、转弯及每隔50m处,设有编号、型号以及起止点等标记,标记应清晰齐全,挂装整齐无遗漏。

5) 桥架内电缆敷设完毕后,应及时清理杂物,有盖的可盖好盖板,并且进行最后调整。

业务要点 3:电缆沟、电缆竖井内电缆敷设

1. 电缆支架安装

(1) 一般规定。

1) 电缆在电缆沟内以及竖井敷设前,土建专业应根据设计要求完成电缆沟以及电缆支架的施工,以便电缆敷设在沟内壁的角钢支架上。

2) 电缆支架自行加工时,钢材应平直,无显著扭曲。下料后长短差应在5mm范围内,切口无卷边和毛刺。钢支架采用焊接时,不要有显著的变形。

3) 支架安装应牢固、横平竖直。同一层的横撑应在同一水平面上,其高低偏差不应大于5mm;支架上各横撑的垂直距离,其偏差不应大于2mm。

4) 在有坡度的电缆沟内,其电缆支架也要保持同一坡度(也适用于有坡度

的建筑物上的电缆支架)。

5) 支架与预埋件焊接固定时,焊缝应饱满;用膨胀螺栓固定时,选用螺栓应适配,连接紧固,防松零件齐全。

6) 沟内钢支架必须经过防腐处理。

(2) 电缆沟内支架安装。电缆在沟内敷设时,需用支架支持或固定,所以支架的安装非常重要,其相互间距是否恰当,将会影响通电后电缆的散热状况、对电缆的日常巡视、维护和检修等。

1) 若设计无要求,电缆支架最上层至沟顶的距离不应小于 150～200mm;电缆支架间平行距离不小于 100mm,垂直距离为 150～200mm;电缆支架最下层距沟底的距离不应小于 50～100mm,如图 3-27c 所示。

2) 室内电缆沟盖应与地面相平,对地面容易积水的地方,可用水泥砂浆将盖间的缝隙填实。室外电缆沟无覆盖时,盖板高出地面不小于 100mm,如图 3-27a 所示;有覆盖层时,盖板在地面下 300mm,如图 3-27b 所示。盖板搭接应有防水措施。

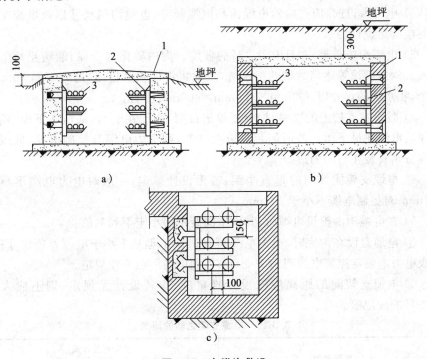

图 3-27　电缆沟敷设

a)室外电缆沟无覆盖层　b)室外电缆沟有覆盖层　c)室内电缆沟

1—接地线　2—支架　3—电缆

(3) 电气竖井支架安装。电缆在竖井内沿支架垂直敷设时,可采用扁钢支架。支架的长度可根据电缆的直径和根数确定。

扁钢支架与建筑物的固定应采用 M10×80mm 的膨胀螺栓紧固。支架每隔 1.5m 设置 1 个,竖井内支架最上层距竖井顶部或楼板的距离不小于 150～200mm,底部与楼(地)面的距离不宜小于 300mm。

(4) 电缆支架接地。为保护人身安全和供电安全,金属电缆支架、电缆导管必须与 PE 线或 PEN 线连接可靠。若整个建筑物要求等电位联结,则更应如此。此外,接地线宜使用直径不小于 φ12 镀锌圆钢,并且应在电缆敷设前与全长支架逐一焊接。

2. 电缆沟内电缆敷设与固定

(1) 电缆敷设。电缆在电缆沟内敷设,首先挖好一条电缆沟,电缆沟壁要用防水水泥砂浆抹面,然后把电缆敷设在沟壁的角钢支架上,最后盖上水泥板。电缆沟的尺寸根据电缆多少(通常不宜超过 12 根)而定。

该敷设方法较直埋式投资高,但是检修方便,能容纳较多的电缆,在厂区的变、配电所中应用很广。在容易积水的地方,应考虑开挖排水沟。

1) 电缆敷设前,应先检验电缆沟和电缆竖井,电缆沟的尺寸以及电缆支架间距应满足设计要求。

2) 电缆沟应平整,并且有 0.1% 的坡度。沟内要保持干燥,能防止地下水浸入。沟内应设置适当数量的积水坑,及时将沟内积水排出,通常每隔 50m 设一个,积水坑的尺寸以 400mm×400mm×400mm 为宜。

3) 敷设在支架上的电缆,按电压等级排列,高压在上面,低压在下面,控制与通信电缆在最下面。若两侧装设电缆支架,则电力电缆与控制电缆、低压电缆应分别安装在沟的两边。

4) 电缆支架横撑间的垂直净距,若无设计规定,一般对电力电缆不小于 150mm;对控制电缆不小于 100mm。

5) 在电缆沟内敷设电缆时,其水平间距不得小于下列数值:

① 电缆敷设在沟底时,电力电缆间为 35mm,但是不小于电缆外径尺寸;不同级电力电缆与控制电缆间为 100mm;控制电缆间距不作规定。

② 电缆支架间的距离应按设计规定施工,若设计无规定,则不应大于表 3-15 的规定值。

表 3-15　电缆支架之间的距离　　　　　　　　(单位:m)

电缆种类	支架敷设方式	
	水平	垂直
电力电缆(橡胶及其他油浸纸绝缘电缆)	1.0	2.0
控制电缆	0.8	1.0

注:水平与垂直敷设包括沿墙壁、构架、楼板等处所非支架固定。

6）电缆在支架上敷设时，拐弯处的最小弯曲半径应符合电缆最小允许弯曲半径。

7）电缆表面距地面的距离不应小于 0.7m，穿越农田时不应小于 1m；66kV 及以上电缆不应小于 1m。只有在引入建筑物、与地下建筑物交叉及绕过地下建筑物处，可埋设浅些，但是应采取保护措施。

8）电缆应埋设于冻土层以下；当无法深埋时，应采取保护措施，以防止电缆受到损坏。

（2）电缆固定。

1）垂直敷设的电缆或大于 45℃倾斜敷设的电缆在每个支架上均应固定。

2）交流单芯电缆或分相后的每相电缆固定用的夹具和支架，不形成闭合铁磁回路。

3）电缆排列应整齐，尽量减少交叉。若设计无要求，电缆支持点的间距应符合表 3-16 的规定。

表 3-16　电缆支持点间距　　　　　　　　（单位：mm）

电缆种类		敷设方式	
		水平敷设	垂直敷设
电力电缆	全塑性	400	1000
	除全塑型外的电缆	800	1500
控制电缆		800	1000

4）当设计无要求时，电缆与管道的最小净距应符合表 3-17 的规定，并且应敷设在易燃易爆气体管道下方。

表 3-17　电缆与管道的最小净距

管道类别		平行净距/m	交叉净距/m
一般工艺管道		0.4	0.3
易燃易爆气体管道		0.5	0.5
热力管道	有保温层	0.5	0.3
	无保温层	1.0	0.5

3. 电缆竖井内电缆敷设

（1）电缆布线。电缆竖井内常用的布线方式为金属管、金属线槽、电缆或电缆桥架以及封闭母线等。在电缆竖井内除敷设干线回路外，还可以设置各层的电力、照明分线箱以及弱电线路的端子箱等电气设备。

1) 竖井内高压、低压和应急电源的电气线路,相互间应保持 0.3m 及以上距离或采取隔离措施,并且高压线路应设有明显标志。

2) 强电和弱电若受条件限制必须设在同一竖井内,应分别布置在竖井两侧,或采取隔离措施,以防止强电对弱电的干扰。

3) 电缆竖井内应敷设有接地干线和接地端子。

4) 在建筑物较高的电缆竖井内垂直布线时(有资料介绍超过 100m),需考虑下列因素:

① 顶部最大变位和层间变位对干线的影响。为保证线路的运行安全,在线路的固定、连接及分支上应采取相应的防变位措施。高层建筑物垂直线路的顶部最大变位和层间变位是建筑物由于地震或风压等外部力量的作用而产生的。建筑物的变位必然影响到布线系统,这个影响对封闭式母线、金属线槽的影响最大,金属管布线次之,电缆布线最小。

② 要考虑好电线、电缆及金属保护管、罩等自重带来的荷重影响以及导体通电以后,由于热应力、周围的环境温度经常变化而产生的反复荷载(材料的伸缩)和线路由于短路时的电磁力而产生的荷载,要充分研究支持方式以及导体覆盖材料的选择。

③ 垂直干线与分支干线的连接方法,直接影响供电的可靠性和工程造价,必须进行充分研究。尤其应注意铝芯导线的连接和铜—铝接头的处理问题。

(2) 电缆敷设。敷设在竖井内的电缆,电缆的绝缘或护套应具有非延展性。通常采用聚氯乙烯护套细钢丝铠装电力电缆,因为此类电缆能承受的拉力较大。

1) 在多、高层建筑中,一般低压电缆由低压配电室引出后,沿电缆隧道、电缆沟或电缆桥架进入电缆竖井,然后沿支架或桥架垂直上升。

2) 电缆在竖井内沿支架垂直布线。所用的扁钢支架与建筑物之间的固定应采用 M10×80mm 的膨胀螺栓紧固。支架设置距离为 1.5m,底部支架距楼(地)面的距离不应小于 300mm。

扁钢支架上,电缆宜采用管卡子固定,各电缆之间的间距不应小于 50mm。

3) 电缆沿支架的垂直安装如图 3-28 所示。小截面电缆在电气竖井内布线,也可沿墙敷设,此时,可使用管卡子或单边管卡子用 φ6×30mm 塑料胀管固定,如图 3-29 所示。

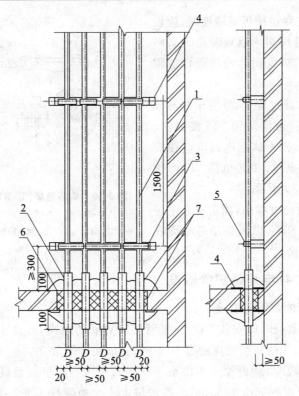

图 3-28　电缆布线沿支架垂直安装

1—电缆　2—电缆保护管　3—支架　4—膨胀螺栓

5—管卡子　6—防火隔板　7—防火堵料

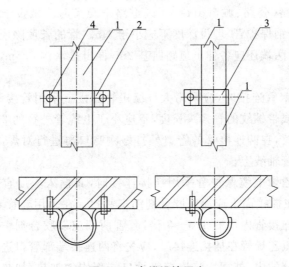

图 3-29　电缆沿墙固定

1—电缆　2—双边管卡子　3—单边管卡子　4—塑料胀管

4）电缆在穿过楼板或墙壁时，应设置保护管，并且用防火隔板和防火堵料等做好密封隔离，保护管两端管口空隙应做密封隔离。

5）电缆布线过程中，垂直干线与分支干线的连接，通常采用"T"接方法。为了接线方便，树干式配电系统电缆应尽量采用单芯电缆；单芯电缆"T"形接头大样如图3-30所示。

6）电缆敷设过程中，固定单芯电缆应使用单边管卡子，以减少单芯电缆在支架上的感应涡流。

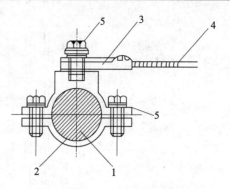

图3-30 单芯电缆"T"形接头大样图
1—干线电缆芯线 2—U形铸铜卡 3—接线耳
4—"T"形出支线 5—螺栓、垫圈、弹簧垫圈

业务要点4：电缆保护管敷设

1. 保护管的敷设与连接

电缆管明敷设时应安装牢固；电缆管支持点间的距离，若设计无规定，不宜超过3m。塑料管的直线长度超过30m时，宜加装伸缩节。

电缆管暗敷时，埋设深度不应小于0.7m；在人行道下面敷设时，不应小于0.5m。电缆管应有不小于0.1%的排水坡度。保护管埋入非混凝土地面的深度不应小于100mm，伸出建筑物散水坡的长度不应小于250mm。保护罩根部不应高出地面。

电缆与铁路、公路、城市街道、厂区道路下交叉时应敷设于坚固的保护管内，一般多使用钢保护管，埋设深度不应小于1m。管的长度除应满足路面的宽度外，保护管的两端还应各伸出道路路基2m，伸出排水沟0.5m，在城市街道应伸出车道路面。

电缆保护钢管连接时，应采用大一级短管套接或采用管接头螺纹连接，管连接处短套管或带螺纹的管接头长度，不应小于电缆管外径的2.2倍。在暗配电缆保护钢管时，在两连接管的管口处打好喇叭口再进行对焊，且两连接管对口处应在同一管轴线上。

硬质聚氯乙烯电缆保护管采用插接连接时，其插入深度宜为管内直径的1.1~1.8倍，在插接面上应涂以胶合剂粘牢密封。在采用套管套接时，套管长度也不应小于连接管内径的1.5~3倍，套管两端应以胶合剂粘接或进行封焊连接。硬质聚氯乙烯管在插接连接时，应先将两连接端部管口进行30°倒角，清洁端口接触部分的内、外面。将连接管承口端部均匀加热，加热部分的长度为插接部分长度的1.2~1.5倍，待加热至柔软状态后将金属模具插入管中，待浇水冷却后将模具抽出,将两个端口管子的接触部分清洁后涂好胶合剂插入,再次略加热管口段管子,然后急骤冷却,使其牢固连接,其做法如图 3-31 所示。也可采用套管连接,做法如图 3-32 所示。

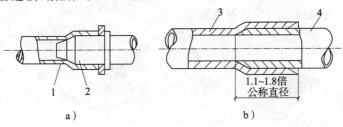

图 3-31　管口承插做法示意图

a)管端承插加工　b)承插连接

1—硬质聚氯乙烯管　2—模具　3—阴管　4—阳管

若利用电缆的保护钢管作接地线,要先焊好接地跨接线,再敷设电缆。有螺纹的管接头处,在接头两侧应用跨接线焊接,用圆钢作跨接线时,其直径不宜小于 12mm;用扁钢作跨接线时,扁钢厚度不应小于 4mm,截面面积不应小于 100mm²。电缆保护钢

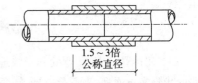

图 3-32　硬质聚氯乙烯管套管连接

管接头采用套管焊接时,不需再焊接接地跨接线。金属电缆管应在外表涂防腐漆或涂沥青,镀锌管锌层剥落时也应涂以防腐漆,但埋入混凝土内的管子可不涂防腐漆。

2. 电缆在排管内的敷设

用来敷设电缆的排管通常使用预制好的管块拼接起来。每个管块如图 3-33所示。使用时按需要的孔数选用不同的管块,以一定的形式排列,用水泥浇铸成一个整体。每个孔中都可以穿一根电力电缆,所以用这种方法敷设电缆时,根数不受限制,适用于敷设塑料护套和裸铅包电缆。

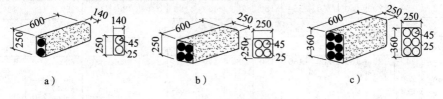

图 3-33　电缆管块

a)2 孔　b)4 孔　c)6 孔

敷设方法如下:

1) 按设计要求挖沟,并在沟底垫以素土夯实,再铺 1∶3 水泥砂浆的垫层。

2) 将清理好的排管管块下到沟底,排列整齐,管孔对正,接口处缠上纸条或塑料胶粘布,再用 1∶3 的水泥砂浆封实。在承重地段排管外侧可用 C10 混凝土做 80mm 厚的保护层,如图 3-34 所示。要求整个排管对电缆人孔井方向有一个不小于 1‰ 的坡度,以防管内积水。

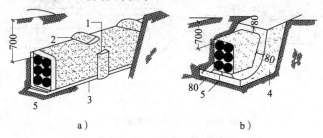

图 3-34 电缆管块做法图

a)普通型 b)加强型

1—纸条或塑料胶粘布 2—1∶3 的水泥砂浆抱箍 3—1∶3 的水泥砂浆垫层
4—C10 混凝土保护层 5—素土夯实

3) 在排管分支、转弯处和直线地段每隔 50～100m 处挖一电缆人孔井。人孔井的形状分为直通型、直通分支型、转角型、T 字型和四通型五种。每种按尺寸大小又可分为 12、24、36、48 四类型号,设计者根据具体情况选定,选时可参考表 3-18。

表 3-18 电缆人孔井的类型、井号以及井内最大规格尺寸表

井型示意图	①直通型	②直通分支型	③转角型	④T字型	⑤四通型

井号	井内最大规格尺寸/cm														
	长	宽	高	长	宽	高	长	宽	高	长	宽	高	长	宽	高
12	180	120	180	250	150	180	220	154	180	240	180	180	250	180	180

井号	井内最大规格尺寸/cm														
	长	宽	高	长	宽	高	长	宽	高	长	宽	高	长	宽	高
24	240	120	180	280	150	180	280	170	180	260	200	180	280	200	180
36	250	160	180	360	170	180				320	230	180	360	230	180
48	300	180	180	390	200	180				350	250	180	390	250	180

4) 电缆敷设时应先将电缆盘和牵引电缆的机械设备分别放在两个电缆人孔井的外边,再把机械设备上的牵引钢丝绳穿过排管,并与电缆的一端连接,即可拖拉电缆将电缆敷设于排管之中。

为了不损伤电缆,应事先疏通好排管孔,做到管孔内无积灰杂物,管孔边缘无毛刺。还可以在排管内壁或电缆护层涂上无腐蚀性润滑油。注意拖拉电缆的力量要均匀。

敷设电缆时,每一根电力电缆应单独穿入一根管孔内,而且保证管孔内径不小于电缆外径的1.5倍,且不小于100mm。

若敷设的是控制电缆,则同一管孔内可穿入3根,但是裸铠装控制电缆不得与其他护层的控制电缆同穿一个管孔。

◉ 业务要点5:电缆头制作、接线和线路绝缘测试

1. 10kV交联聚乙烯绝缘电缆户内外热缩终端头制作

1)设备器件检查:开箱检查实物是否符合装箱单上数量,质量外观有无异常现象,按操作程序摆放在大瓷盘中。

2)电缆的绝缘摇测:将电缆两端封头打开,用2500V摇表,测试合格后方可转入下道工序。

3)剥除电缆护套:如图3-35所示。

① 剥外护层:用卡子将电缆垂直固定。从电缆端头量取750mm(户内头量取500mm)剥去外护套。

② 剥铠装:从外护套压断口量取30mm铠装,用铁丝绑后,其余剥去。

③ 剥内垫层:从铠装断口量取20mm内垫层,其余剥去。然后摘去填充物,分开线芯。

4)焊接地线:用编织铜线做电缆钢带屏蔽引出接地线。先将编织铜线拆开分成三份,重新编织分别绕各相,用电烙铁焊锡焊接在屏蔽铜带上。用砂布打光钢带焊接处,用铜丝绑扎后和钢铠焊牢。在密封处的地线用锡填满编织线,形成防潮段。如图3-36所示。

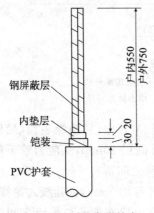

图3-35 剥除电缆护套

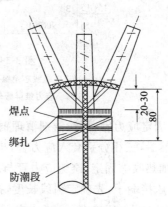

图3-36 焊接地线

5) 包绕填充胶,固定三叉手套。如图 3-37
所示。

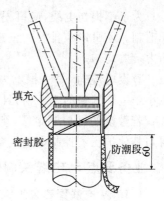

① 包绕填充胶,用电缆填充胶填充并包绕三
芯分支处,使外观呈橄榄状。绕包密封胶时,先清
洁电缆护套表面和电缆芯线。密封胶的绕包直径
应大于电缆外径约 15mm,将地线也包在其中。

② 固定三叉手套,将手套套入三叉根部,然
后用喷灯加热收缩固定。加热时,从手套的根部
依次向两端收缩固定。

③ 热缩材料加热收缩时应注意以下几方面:

图 3-37 包绕填充胶,
固定三叉手套

a. 宜使用丙烷喷灯,加热收缩温度为
110~120℃。

b. 调节喷灯焰为黄色柔和火焰,不应使用高温蓝色火焰,以避免烧伤热缩
材料。

c. 开始加热材料时,火焰应慢慢接近材料,在材料周围均匀加热,不断晃
动,火焰与轴线夹角约 45°,缓慢向前推进,并保持火焰朝前的前进方向。

d. 火焰应螺旋状前进,保证管子沿周围方向均匀收缩。收缩完毕的热缩管
应光滑、无褶皱、无气泡。热缩后,清除在其表面残留的痕迹。

6) 剥铜屏蔽层和半导电层:由手套指端量取 55mm 铜屏蔽层,其余剥去。
从铜屏蔽层端量取 20mm 半导电层,其余剥去。

7) 制作应力锥:用酒精将电缆芯线擦拭干净后,按图 3-38 的要求进行操作。

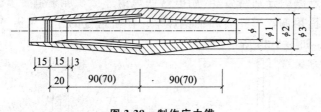

图 3-38 制作应力锥

ϕ—电缆线芯绝缘外径 $\phi1$—增绕绝缘外径

$\phi2$—应力锥屏蔽外径 $\phi3$—应力锥总外径

8) 固定应力管:用清洁剂清理铜屏蔽层、半导电层、绝缘表面,确保表面无
碳迹。然后,三相分别套入应力管,搭接通屏蔽层 20mm,从应力管下端开始自
下而上加热收缩固定,避免应力管与芯线绝缘之间留有空隙。

9) 压接端子:先确定引线长度,按端子孔深加 5mm,剥除线芯绝缘,端部剥
成"铅笔头状"。压接端子,清洁表面,用填充胶填充端子与绝缘之间的间隙及
接线端子的表面压坑,并搭接绝缘层和端子各 10mm,使其平滑。

10）固定绝缘管：清洁绝缘管、应力管和指套表面后，用填充胶带包绕应力管端部与线芯之间的阶梯，使之平滑的锥形过渡面，再用密封胶带包绕分支套指端两层。套入绝缘管至三叉根部，管上端超出填充胶 10mm。由根部由下至上加热收缩固定。

11）固定相色密封管：切去多余长度的绝缘管，线芯与绝缘末端齐，将相色密封管套在端子接管部位，先预热端子，由上端加热固定。户内电缆头制作完成。

12）固定防雨裙（户外）：如图 3-39 所示。

① 固定三孔防雨裙。将三孔防雨裙按图尺寸套入，然后加热颈部固定。

② 固定单孔防雨裙。按图尺寸套入单孔防雨裙，加热颈部固定。

13）固定密封管：将密封管套在端子接管部位，先预热端子，由上端起加热固定。

14）固定相色管：将相色管分别套在密封管上，加热固定，户外头制作完成。

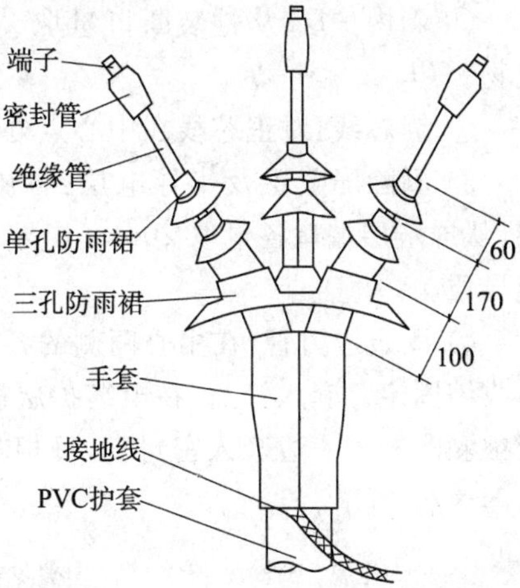

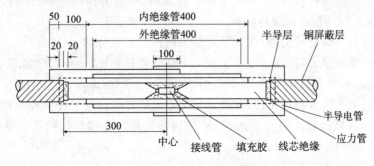

端子
密封管
绝缘管
单孔防雨裙
三孔防雨裙
手套
接地线
PVC护套
60
170
100

图 3-39　固定防雨裙

15）送电试运行，验收：

① 试验：电缆头制作完成后，按要求进行试验。

② 验收：送电空载运行 24h 无异常现象，办理验收手续移交建设单位使用。同时移交施工记录、产品说明书、合格证、试验报告和运行记录等技术文件。

2.10kV 交联聚乙烯绝缘电缆热缩接头制作

1）设备器件检查：开箱检查实物是否符合装箱单上的数量。检查质量以及外观有无异常现象。

2）剥除电缆护层：如图 3-40 所示。

图 3-40　剥除电缆护层

① 调直电缆:将电缆留适当余度后放平,在待联结的两根电缆端部的 2m 处分别调直,擦干净,重叠 200mm,在中部做中心标线,作为接头中心。

② 锯割外护层及铠装:从中心标线开始在两根电缆上分别量取 800mm、500mm,剥除外层,距断口 50mm 的铠装上用铜丝绑扎三圈或用铠装带卡好,用钢锯沿铜丝绑扎处或卡子边缘锯一圈,深度为钢锯带厚度 1/2,再用改锥将钢锯带撬起,然后用克丝钳夹紧,将钢锯带剥除。

③ 剥内护层:从铠装断口量取 20mm 内护层,其余内护层剥除,并剪除填充物。

④ 锯芯线:对正芯线在中心点处锯断。

3)剥除屏蔽层及半导电层:自中心点向两端芯线各量 300mm 剥除屏蔽层,从屏蔽层端口各量取 20mm 半导电层,其余剥除。彻底清除绝缘体表面的半导质。

4)固定应力管:在中心两侧的各相上套入应力管,搭盖铜屏蔽层 20mm,加热收缩固定。套入管材,在电缆护层被剥除较长一边也套入密封套、护套筒,护层被剥除较短一边套入密封套,每相芯线上套入内、外绝缘管、半导体管、铜网,如图 3-41 所示。

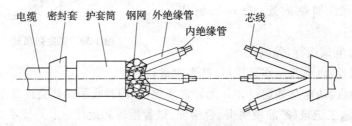

图 3-41　固定应力管

① 加热收缩固定热缩材料时,加热收缩温度设为 110～120℃。调节喷灯火焰呈黄色柔和火焰。不应使用高温蓝色火焰,避免烧伤热收缩材料。

② 开始加热材料时,火焰要慢慢接近材料,在周围移动,均匀加热,保持火焰朝着前进(收缩)方向预热材料。

③ 火焰应螺旋状前进,保证绝缘管沿周围方向充分均匀收缩。

5)压接联结管:在芯线端部量取 1/2 联结管长度加 5mm 切除线芯绝缘体,由线芯绝缘断口量取绝缘体 35mm,削成 30mm 长的锥体,压接联结管。

6)包绕半导带及填充胶:在联结管上用细砂布除掉管子棱角和毛刺并擦干净。然后,在联结管上包半导电带,并与两端半导层搭接。在两端的锥体之间包绕填充胶厚度不小于 3mm。

7)固定内绝缘管:

①　固定绝缘管。将三根内绝缘管从电缆端拉出,分别套在两端应力管之间,由中间向两端加热收缩固定。加热火焰向收缩方向。

②　固定外绝缘管。将外绝缘管套在内绝缘管的中心位置上。由中间向两端加热收缩固定。

③　固定半导电管。依次将两根半导电管套在绝缘管上,两端搭盖铜屏蔽层各 50mm,再由两端向中间加热收缩固定。

8)　安装屏蔽网接地线:从电缆一端芯线分别拉出屏蔽层,端部用铜丝绑扎,用焊锡焊牢,用地线旋绕扎紧芯线,两端在铠装上用铜丝扎焊牢,并在两侧屏蔽层上焊牢,如图 3-42 所示。

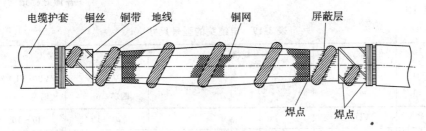

图 3-42　安装屏蔽网接地线

9)　固定护套:将两瓣的铁皮护套对扣联结,用铁丝在两端扎紧,用锉刀去掉铁皮毛刺。套上护套筒,电缆两端将密封套在护套头上,两端各搭盖护套筒和电缆外护套各 100mm,加热收缩固定,如图 3-43 所示。

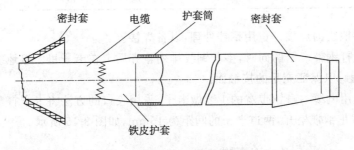

图 3-43　固定护套

10)　送电运行验收:

①　电缆中间头制作完成后,按要求由试验部门做验收。

②　验收、试验合格后,送电空载运行 24h,无异常现象,办理验收手续,移交建设单位。同时提交施工记录、产品合格证、质量证明文件、技术文件、试验报告和运行记录等。

3.1kV 以下电缆头制作

1）摇测电缆绝缘：

① 用 1kV 摇表，对电缆进行摇测，绝缘电阻应在 10MΩ 以上。

② 电缆摇测完，应将芯线分别对地放电。

2）剥电缆铠装，打卡子：

① 根据电缆与设备联结的具体尺寸，量电缆并做好标记，如图 3-44 所示。锯掉多余电缆。根据电缆头套尺寸要求，剥除外护套。电缆头的型号尺寸由厂家配套供应，见表 3-19。

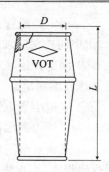

图 3-44　量电缆并做好标记

表 3-19　电缆头的型号尺寸

序号	型号	规格尺寸		适用范围	
		L/mm	D/mm	VV,VLV 四芯/mm²	VV20,VLV20 四芯/mm²
1	VDT-1	86	20	10～16	10～16
2	VDT-2	101	25	25～35	25～35
3	VDT-3	122	32	50～70	50～70
4	VDT-4	138	40	95～120	95～120
5	VDT-5	150	44	150	150
6	VDT-6	158	48	185	185

② 将地线的焊接部位用钢锉处理，以备焊接。

③ 在打钢带卡子的同时，多股铜线排列整齐后卡在卡子里。接地线应与钢带充分接触，以保证充足的接触面。

④ 利用电缆本身钢带宽的 1/2 做卡子，采用咬口的方法将卡子打牢。必须打两道，防止钢带松开，两道卡子的间距为 15mm，如图 3-45 所示。

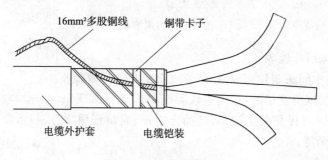

16mm²多股铜线　铜带卡子　电缆外护套　电缆铠装

图 3-45　制作电缆卡子

⑤剥电缆铠装,用钢锯在第一道卡子向上 3~5mm 处,锯一环形痕,深度为钢锯带厚度的 2/3,不得锯透。

⑥用螺丝刀在锯痕尖角处将钢带挑开,用钳子将钢带撕掉,随后将钢带锯口处用钢锉处理钢毛刺,使其平整光滑。

3)焊接地线:将地线采用锡焊焊接于电缆钢带上,焊接应牢固,不应有虚焊现象。必须焊在两层钢带上,注意不要将电缆烫伤。

4)包缠电缆,套电缆终端头:

①剥去电缆外包绝缘层,将电缆头套下部先套入电缆。

②根据电缆头的型号尺寸,按照电缆头套长度和内径,用塑料带采用半叠法包缠电缆。塑料带包缠应紧密,形状呈枣核状,如图 3-46 所示。

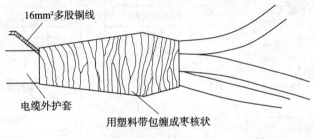

图 3-46　包缠电缆

③将电缆头套的上部套上,与其下部对接、套严,如图 3-47 所示。

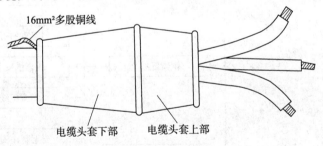

图 3-47　制作电缆头

5)压电缆芯线接线鼻子:

①从芯线端头量出长度为线鼻子的深度,另加 5mm 剥去电缆芯线绝缘,并在芯线上涂上凡士林油。

②将芯线插入接线鼻子内,用压线钳子压紧接线鼻子,压接应在两道以上。

③根据不同的相位,使用黄、绿、红、淡蓝四色塑料带分别包缠电缆各芯线至接线鼻子的压接部位。

④将做好终端头的电缆,固定在预先做好的电缆头支架上,并将芯线分开。

⑤ 根据接线端子的型号，选用螺栓将电缆接线端子压接在设备上，注意使螺栓由上往下，或从内往外穿过，平垫和弹簧垫应齐全。

第三节　室内配线工程

本节导读

本节主要介绍室内配线工程，内容包括瓷夹和瓷瓶配线、塑料护套线配线、槽板配线、钢索配线以及封闭、插接母线安装等。其内容关系如图 3-48 所示。

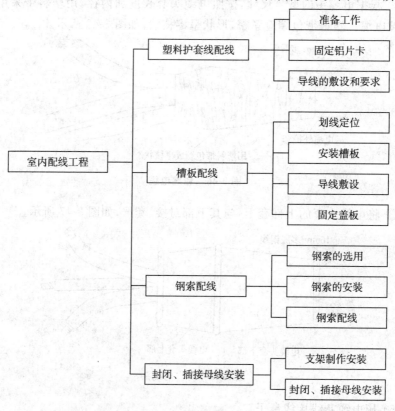

图 3-48　本节内容关系图

业务要点 1：塑料护套线配线

塑料护套线是一种具有塑料护层的双芯或多芯绝缘导线，它具有防潮、耐酸和防腐蚀等优点。塑料护套线可直接敷设在空心楼板内及建筑物表面，用铝片卡作为导线的支持物。

塑料护套线敷设的施工方法简单，线路整齐、美观、造价低廉，目前已逐渐替代夹板、瓷瓶在建筑物内表面的明敷线路，广泛用于电气照明及其配电线路。但不宜直接埋入抹灰层内暗配敷设，并不得在室外露天场所明配敷设。

1. 准备工作

塑料护套线敷设的定位、划线以及埋设保护管等准备工作均与前述方法相同，只是护套线支持点的间距应为 150～200mm，其导线在距终端、转弯中点、电气器具或接线盒边缘 50～100mm 处都要设置铝片卡进行固定。

2. 固定铝片卡

在有抹灰层的墙上或木结构上，可用鞋钉或小铁钉直接将铝片卡钉牢，注意勿使钉帽突出，以免划伤导线外护套。在混凝土或钢结构上敷设时，可采用环氧树脂粘接，为增加粘接面积，应利用穿卡底片，先把穿卡底片粘接在建筑物上，待胶粘剂干固后，再穿上铝片卡。其方法和粘接夹板相同。图 3-49 为铝片卡穿入底片的情况。

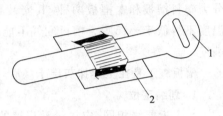

图 3-49　铝片卡和穿卡底片
1—铝片卡　2—穿卡底片

固定塑料护套线时，一般采用专用的铝片卡。其规格用 0、1、2、3、4 号等表示，号码越大，长度越长，可根据导线根数和规格选用。

3. 导线的敷设和要求

（1）放线。放线工作是保证敷设质量的重要环节，不能拉乱，不能使导线产生扭曲现象。放线时可两人合作，一人将整盘线套入手中，另一人将线头向前直拉。导线不得在地上拖拉，以免损伤护套层。如果线路较短，为便于施工，可按实际长度，并留有一定的余量，将导线剪断。

（2）直敷。为使线路整齐美观，须将导线敷得横平竖直。敷设时，一手持导线，另一手将导线固定在铝片卡上。如果线路较长，且又有几根导线平行敷设时，可用绳子先把导线吊挂起来，或用夹板将收紧的导线临时固定，使导线的重量不致完全作用在铝片卡上。然后将导线逐根扭平、扎实，轻轻拍使其紧贴墙面。每根铝片卡所扎导线最多不要超过 3 根。垂直敷设时，应自上而下操作。

（3）弯敷。塑料护套线在同一墙面转弯时，必须保持相互垂直，弯曲导线要均匀，弯曲半径不应小于塑料护套线宽度的 3～6 倍。

敷设要求：

1）塑料护套线的接头应在开关、灯头盒和插座等处，必要时，可装设接线盒，以求整齐、美观。

2）塑料护套线穿越墙壁和楼板时，应加保护管，保护管可用钢管、瓷管或塑料管。

当导线水平敷设距地面低于 2.5m,垂直敷设距地面低于 1.8m 时,亦应加管保护。与各种管道紧贴交叉时,也应加装保护管。

3)塑料护套线亦可穿管敷设,技术要求和线管配线相同。

◉ 业务要点 2:槽板配线

槽板配线是把绝缘导线敷设在槽板底板的线槽中,上部再用盖板把导线盖上的一种布线方式。槽板配线只适用于干燥环境下室内明敷设配线。它分为塑料槽板和木槽板两种,其安装要求基本相同,只是塑料槽板要求环境温度不得低于-15℃。槽板配线不能设在顶棚和墙壁内,也不能穿越顶棚和墙壁。

槽板施工是在土建抹灰层干燥后,按以下步骤进行:

1. 划线定位

与夹板配线相同,应尽量沿房屋的线脚、横梁、墙角等隐蔽的地方敷设,并且与建筑物的线条平行或垂直。

2. 安装槽板

首先应正确拼接槽板,如图 3-50 所示。对接时应注意将底板与盖板的接口错开。槽板固定在砖和混凝土上时,固定点间距离不应大于 500mm;固定点与起点、终点之间距离为 30mm。

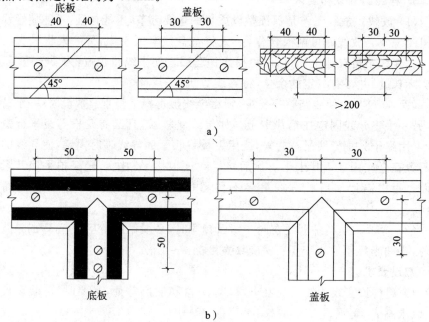

图 3-50　槽板的拼接

a)槽板对接示意图　b)槽板分支拼接法

3. 导线敷设

在槽内敷设导线时应注意以下几点：

1）同一条槽板内应敷设同一回路的导线，一槽只许敷设一条导线。

2）槽内导线不应受到挤压，不得有接头；若必须有接头时，可另装接线盒扣在槽板上，如图 3-51 所示。

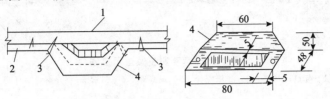

图 3-51　木槽板配线用接线盒构造示意图
1—木槽板底板　2—盖板　3—木螺钉　4—接线盒

3）导线在灯具、开关、插座处一般要留 10cm 左右预留线以便连接；在配电箱、开关板处一般预留配电箱半个周长的导线余量或按实际需要留出足够长度。

4. 固定盖板

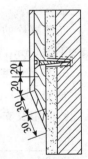

敷设导线同时就可把盖板固定在底板上。固定盖板时用钉子直接钉在底板中线上，槽板的终端需要作封端处理，即将盖板按底板槽的斜度折覆固定，做法如图 3-52 所示。

图 3-52　木槽板封端做法

🔊 **业务要点 3：钢索配线**

在大型厂房内，当屋架较高、跨度较大，又要求灯具安装较低时，照明线路时常采用钢索配线，即利用固定在墙或梁、柱、屋架等上的钢索，吊载灯具和配线。这样既可降低灯具安装高度，又提高了被照面的照度，灯位布置也较为方便。导线可穿管敷设，吊在钢索上；也可以用扁钢吊架将绝缘子和灯具吊装在钢索上；还可选用塑料护套线直接敷设在钢索上。

1. 钢索的选用

配线用的钢索应符合下列要求：

1）应用镀锌钢索，不得使用含油芯的钢索。在潮湿或有腐蚀性的场所要用塑料护套钢索。

2）钢索的单根钢丝直径应小于 0.5mm，并且不得有扭曲和断股。

3）选用圆钢作钢索时，安装前要调直预伸，并且刷防锈漆。

2. 钢索的安装

钢索的安装如图 3-53 所示。要求钢索的终端拉环固定牢固，能够承受钢索在全部负荷下的拉力。当钢索的长度为 50m 及以下时,要在两端装花篮螺栓。每增加 50m 时,应在中间加装一个花篮螺栓。每个终端的固定处至少要用两个钢索卡子。钢索的终端头要用金属绑线绑紧。

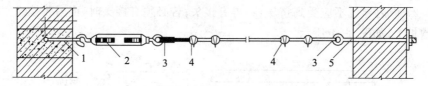

图 3-53 钢索安装做法示意图
1—起点端耳环 2—花篮螺栓 3—鸡心环 4—钢索卡 5—终点端耳环

钢索长度超过 12m 时,中间可加吊钩作为辅助固定,吊钩采用直径不小于 8mm 的圆钢制作,一般中间吊钩间距不应大于 12m。

钢索安装前,可先安装好两端的固定点和中间吊钩,再将钢索的一端穿入鸡心环的三角圈内,并用两只钢索卡子一正一反地夹紧夹牢,就完成了一端的安装。另一端的安装可先用紧线钳把钢索拉紧,端部穿过花篮螺栓处的鸡心环,用和上述同样方法折回钢索固定。最后用中间的吊钩固定钢索,钢索安装即完成。

花篮螺栓的螺母都应套好,以便过后调整钢索的弛度。钢索配线的弛度不应大于 100mm,若用花篮螺栓调节无法满足,可在中间合适位置增加吊钩。

3. 钢索配线

钢索配线可以分为钢索吊管配线、钢索吊瓷珠配线和塑料护套线配线。钢索配线间距及支持件间距应符合表 3-20 中的要求。

表 3-20 钢索配线线间距和支持件间距要求

配线类别	支持件最大间距/mm	支持件与灯头盒最大间距/mm	线间最小距离/mm
钢管配线	1500	200	
硬质塑料管配线	1000	150	35
塑料护套线	200	100	
瓷珠配线	1500		

（1）钢索吊管配线。这种配线方式具体安装做法及配件如图 3-54 所示。在钢索上每隔 1.5m 装设一个扁钢吊卡,在把钢管固定在管卡上。在灯位处的钢索上,要安装吊盒钢板,以安装灯头盒。灯头盒两端的钢管应作可靠的接地跨接线,钢管也应可靠接地。

若钢索上吊的是塑料管,管卡、灯头盒等用具改用塑料制品,做法与钢管相同。

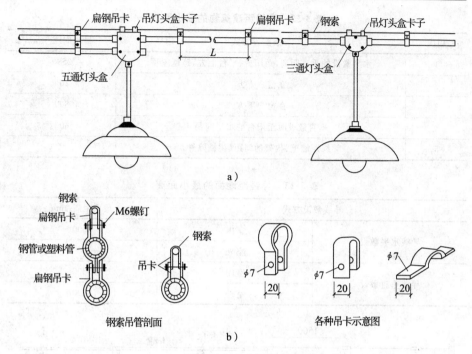

图 3-54　钢索吊管安装示意图

a)钢索吊管安装做法　b)钢索吊管用配件

（2）钢索吊瓷珠配线。钢索吊瓷珠配线是指在钢索上安装扁钢吊卡,吊卡上安装瓷瓶,在瓷瓶上架设导线。按照配线根数的多少,可分为 6 线、4 线、2 线等方式。安装方式与吊钢管配线类似,吊卡间距一般也是 1.5m,安装示意图如图 3-55 所示。瓷珠配线时其支持点间距及导线的允许距离应符合表 3-21 的规定;导线至建筑物的最小距离应符合表 3-22 的规定;其绝缘导线距地面最低距离应符合表 3-23 的规定。

表 3-21　支持点间距及线间的允许距离

导线截面/mm²	瓷柱(珠)型号	支持点间最大允许距离/mm	线间最小允许距离/mm	线路分支、转角处至开关、灯具等处支持点间距离/mm	导线边缘与建筑物最小水平距离/mm
1.5～4	G38 (296)	1500	50	100	60
6～10	G50 (294)	1500	50	100	60

表 3-22　导线至建筑物的最小距离

项次	导线敷设方式	最小间距/mm
1	水平敷设的垂直距离,距阳台、平台上方,跨越屋顶	2500
2	在窗户上方	200
3	在窗户下方	800
4	垂直敷设时至阳台的水平间距	600
5	导线距墙壁、构架的间距(挑檐除外)	35

表 3-23　导线距地面的最小距离

导线敷设方式		最小距离/mm
导线水平敷设	室内	2500
	室外	2700
导线垂直敷设	室内	1800
	室外	2700

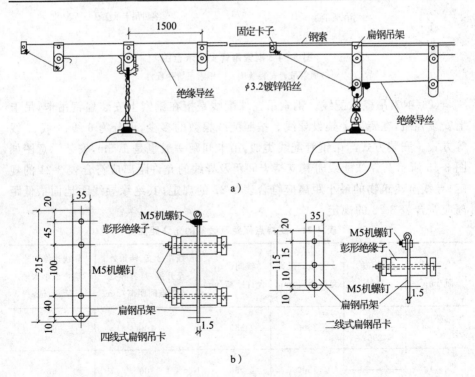

a)

b)

图 3-55　钢索吊瓷珠配线安装示意图

a)钢索吊瓷珠安装示意图　b)瓷珠在扁钢吊卡上的安装做法

业务要点 4：封闭、插接母线安装

1. 支架制作安装

支架制作和安装应按设计各产品技术文件的规定制作和安装,若设计和产品技术文件无规定,按下列要求制作和安装：

(1) 支架制作。

1) 根据施工现场结构类型,支架应采用角钢或槽钢制作。应采用"一"字形、"L"形、"凵"字形、"T"字形四种形式。

2) 支架的加工制作按选好的型号,测量好的尺寸断料制作,断料严禁气焊切割,加工尺寸最大误差为 5mm。

3) 用台钳煨弯型钢架,并用锤子打制,也可使用液压煨弯器用模具顶制。

4) 支架上钻孔应用台钻或手电钻钻孔,不得用气焊割孔,孔径不得大于螺栓 2mm。

5) 螺杆套扣,应用套丝机或套丝板加工,不许断丝。

(2) 支架的安装。

1) 安装支架前应根据母线路径的走向测量出较准确的支架位置,在已确定的位置上钻孔,固定好安装支架的膨胀螺栓。

2) 封闭插接母线的拐弯处及与箱(盘)连接处必须加支架;垂直敷设的封闭插接母线当进线盒及末端悬空时,应采用支架固定;直段插接母线支架的距离不应大于 2m。

3) 埋注支架用水泥砂浆,灰砂比 1：3,用强度等级为 32.5 及其以上的水泥,应注意灰浆饱满、严实、不高出墙面,埋深不少于 80mm。

4) 固定支架的膨胀螺栓不少于两个。一个吊架应用两根吊杆,固定牢固,螺扣外露 2~4 扣,膨胀螺栓应加平垫圈和弹簧垫,吊架应用双螺母夹紧。

5) 支架及支架与埋件焊接处刷防腐油漆应均匀,无漏刷,不污染建筑物。

6) 支架安装应位置正确,横平竖直,固定牢固,成排安装,应排列整齐,间距均匀,刷油漆均匀,无漏刷,不污染建筑物。

2. 封闭插接母线安装

1) 封闭插接母线安装的一般要求如下：

① 封闭插接母线应按设计和产品技术文件规定进行组装,组装前应对每段母线进行绝缘电阻测定,测量结果符合设计要求,并做好记录。

② 封闭插接母线固定距离不得大于 2.5m。水平敷设距地高度不应小于 2.2m。母线应可靠固定在支架上,如图 3-56 所示。

③ 母线槽的端头应装封闭罩,各段母线槽的外壳的连接应是可拆的,外壳间有跨接地线,两端应可靠接地。接地线压接处应有明显接地标识。

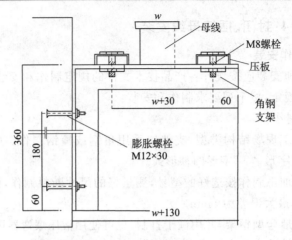

图 3-56 母线应可靠固定在支架上

④ 母线与设备连接采用软连接。母线紧固螺栓应由厂家配套供应,应用力矩扳手紧固,如图 3-57 所示。

⑤ 母线段与段连接时,两相邻段母线及外壳应对准,母线接触面保持清洁,并涂电力复合脂,连接后不使母线及外壳受额外应力。

2)母线沿墙水平安装时,安装高度应符合设计要求,无要求时不应距地小于 2.2m,母线应可靠固定在支架上。

3)母线槽悬挂吊装时,吊杆直径按产品技术文件要求选择,螺母应能调节,如图 3-58 所示。

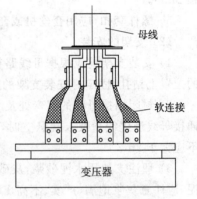

图 3-57 母线与设备连接采用软连接安装示意图

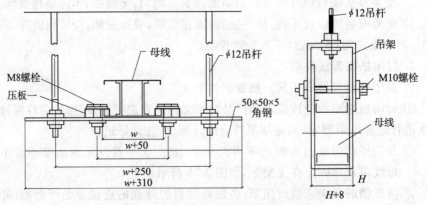

图 3-58 母线槽悬挂吊装安装示意图

4）封闭式母线落地安装时,安装高度应按设计要求,设计无要求时应符合规范要求。立柱可采用钢管或型钢制作。

5）封闭式母线垂直安装时,沿墙或柱子处,应做固定支架,过楼板处应加装防震装置,并做防水台,如图 3-59 所示。

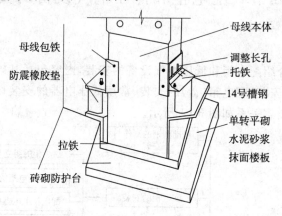

图 3-59　封闭式母线垂直安装

6）封闭式母线敷设长度超过 40m 时,应设置伸缩节,跨越建筑物的伸缩缝或沉降缝处,宜采取适当的措施,设备定货时应提出此项要求,如图 3-60 所示。

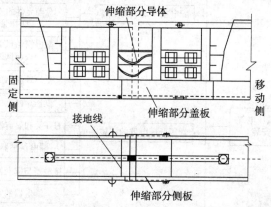

图 3-60　封闭式母线跨越建筑物的伸缩缝或沉降缝处做法

7）封闭式母线插接箱安装应可靠固定,垂直安装时,安装高度应符合设计要求,设计无要求时,插接箱底口宜为 1.4m。

8）封闭式母线垂直安装距地 1.8m 以下,采取保护措施(电气专用竖井、配电室、电机室、技术层等除外)。

9）封闭式母线穿越防火墙、防火楼板时,应采取防火隔离措施。

10）封闭插接母线组装和卡固位置正确,固定牢固,横平竖直,成排安装应排列整齐,间距均匀,便于检修。

11) 封闭插接母线外壳应可靠接地,接地牢固,防止松动,并严禁焊接。

第四节　配电柜和低压电气设备的安装

本节导读

　　本节主要介绍配电柜和低压电气设备的安装,内容包括基础型钢的制作与安装、配电柜的安装、配电箱(盘)的安装、常用低压电器的安装以及低压电动机的安装等。其内容关系如图 3-61 所示。

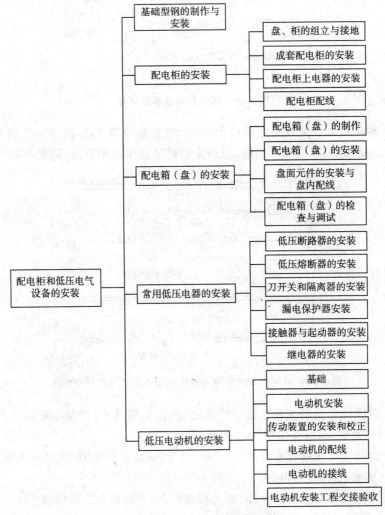

图 3-61　本节内容关系图

业务要点 1：基础型钢的制作与安装

配电柜通常都安装在槽钢或角钢制成的基础型钢底座上。型钢可根据配电柜的安装尺寸以及钢材规格大小而定，一般型钢可选用 5～10 号槽钢或 50mm×5mm 的角钢制作。在土建施工时，槽钢或角钢应按图样要求埋设在混凝土中。在埋设前，应将其调直除锈，按图样要求下料钻孔，再按规定的标高固定，并且进行水平校正，水平误差要求每米不超过 1mm，累积误差不超过 5mm，详见表 3-24。

表 3-24　基础型钢安装允许偏差

项　　目	允许偏差/mm	
垂直度	每米	1
	全长	5
水平度	每米	1
	全长	5

基础型钢制好以后，应按图样所标定的位置或有关规定配合土建进行预埋，埋设方法包括以下两种：

1）随土建施工时在混凝土基础上根据型钢固定尺寸，先预埋好地脚螺栓，待基础混凝土强度符合要求后再安放型钢。也可以在混凝土基础施工时预先留置方洞，待混凝土强度符合要求后，将基础型钢与地脚螺栓同时配合土建施工进行安装，再在方洞中浇注混凝土。

2）在土建施工时预先埋设固定基础型钢的底板，待安装基础型钢时，将型钢底部与底板焊接。配电柜基础型钢安装如图 3-62 所示。

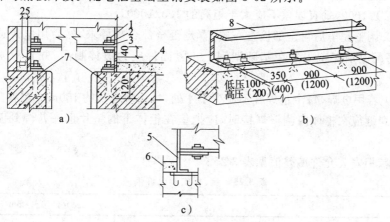

图 3-62　基础型钢的安装

1—M12 螺栓　2—弹簧垫圈　3—垫圈　4—地坪

5—基础型钢　6—底板　7—M12 地脚螺栓　8—10 号槽钢

安装基础型钢时,应用水平尺找正、找平。使其安装允差在表 3-26 规定的范围内。基础型钢顶部宜高出室内抹平地面 10mm,手车式成套柜基础型钢的高度应符合制造厂产品技术要求。

基础型钢埋设后应有可靠的接地,可用 40mm×4mm 的镀锌扁钢作接地连接线,在基础型钢的两端分别与接地网用电焊焊接,焊接面为扁钢宽度的两倍,并且最少应在三个棱边焊接。接地线焊接好后,外露部分应刷樟丹漆,并刷两遍油漆防腐。

业务要点 2:配电柜的安装

配电柜的安装应在土建室内装饰工程完工后进行。

1. 盘、柜的组立与接地

盘、柜的组立应在浇注基础型钢的混凝土凝固以后进行。立柜的注意事项如下:

1)立柜前,先按图样规定的顺序将配电柜作标记,然后用人力将其搬放在安装位置。

2)立柜时,可先把每个柜调整到大致的水平位置,然后精确地调整第一个柜,再以第一个柜为标准逐次调整其他柜,调整顺序可以从左到右或从右到左,也可先调中间一柜,然后分开调整。

3)配电柜的水平调整可用水平尺测量,垂直情况的调整,可在柜顶放一木棒,沿柜面悬挂一线锤,测量柜面上下端与吊线之间距离。距离相等表明柜已垂直;距离不等可用薄铁片加垫,使其达到要求。调整好的配电柜,应盘面一致,排列整齐;柜与柜之间应用螺栓拧紧,应无明显缝隙。配电柜的水平误差不应大于 1/1000,垂直误差不应大于柜高的 1.5/1000。

4)调整完毕后再全部检查一遍,看是否全部合乎要求,然后用电焊或螺栓连接将配电柜底座固定在基础型钢上。紧固件应为镀锌制品,并且应采用标准件。

5)若用电焊,每个柜焊缝不应少于 4 处,每处焊缝长约 100mm 左右。为了美观,焊缝应在柜体内侧。焊接时,应把垫在柜体下的垫片也一并焊到基础型钢上。

盘、柜安装允许偏差值见表 3-25。

表 3-25　盘、柜安装允许偏差

项　　目		允许偏差/mm
垂直度(每米)		<1.5
水平偏差	相邻两盘顶部	<2
	成列盘顶部	<5

续表

项　　目		允许偏差/mm
盘面偏差	相邻两盘边	<5
	成列盘面	<5
盘间接缝		<2

6）当图样说明采用电焊固定时，可按图样制作。但是主控制盘、继电保护盘和自动装置盘等有移动或更换的可能，不宜与基础型钢焊死，防止给插入安装配电柜造成困难。

7）配电柜安装在有振动场所时，应按设计要求视不同振动情况，采取相应的防震措施。

8）配电柜固定好后应进行内部清扫，将各种设备擦干净，柜内不应有杂物，同时应检查机械活动部分是否灵活。

配电柜的接地应牢固，每台配电柜宜单独与基础型钢作接地连接，每台配电柜从后面左下部的基础型钢侧面焊上线鼻子，用截面面积不小于 $6mm^2$ 的铜导线与柜上的接地端子连接牢固。

配电柜上装有电器的可开启式配电柜门，应用裸铜软线与接地配电柜的金属构件可靠连接。裸铜软线应有足够的机械强度，防止或减少断线的可能。当门上的电器绝缘损坏时，由于有接地装置，不致产生危险电压，确保生产安全。

2. 成套配电柜的安装

成套柜、抽屉式配电柜、手车柜的安装应符合以下规定：

1）配电装置安装地点应具备的条件：屋顶密封不漏水，屋内土建粉刷工作已结束，基础型钢已安装好，并且型钢的水平误差不得大于 5mm，屋内的地坪和电缆沟均已完工。

2）安装好的配电装置，要求盘面油漆完好，回路名称及部件标号齐全，柜内外清洁。

3）配电柜接地良好。

4）配电柜安装牢固，连接紧密，无明显缝隙。配电柜应与地面垂直，其误差不得大于柜高的 0.15%，盘面不应参差不齐。

5）装在振动场所的配电柜必须有防振措施。

6）继电器和测量仪表直接安装在柜上时，应有防振措施，以免断路器分合闸时的振动引起误动作和影响测量准确度。

7）配电柜两侧及顶部的隔板齐全，无损坏，并且安装牢固；柜门的门锁齐全并开闭灵活。

8）母线布置应正确，应有足够的高度且应装设保护网和隔离板。

9)相对排列的配电柜,其母线连接和相位应正确,并且要对称一致。

10)抽屉式配电柜的安装还应符合下列要求:

① 抽屉推拉应灵活轻便,无卡阻和碰撞现象。

② 动、静触头的中心线应一致,触头接触紧密。

③ 抽屉的机械联锁或电气联锁装置动作应正确可靠,断路器分闸后,隔离触头才能分开。

④ 抽屉与柜体间的接地触头应接触紧密,当抽屉推入时,抽屉的接地触头应比主触头先接触,抽屉拉出时相反。

11)手车式开关柜的安装还应符合下列要求:

① 手车推拉应灵活轻便,无卡阻碰撞现象。

② 动、静触头的中心线应一致,触头接触应紧密,手车推入工作位置后,动触头顶部与静触头底部的间隙应符合产品要求。

③ 二次回路辅助开关的切换接点应动作准确,接触可靠。

④ 机械闭锁装置动作应准确可靠。

⑤ 柜内照明齐全。

⑥ 安全隔板应开启灵活,随手车的进出而动作。

⑦ 柜内控制电缆的位置不应妨碍手车的推进和拉出,并且应固定牢固。

⑧ 手车与柜体间的接地触头应接触紧密,当手车推入柜内时,接地触头应比主触头先接触,拉出时则相反。

12)配电盘和成套配电柜的漆层应完好无损,固定电器的支架等均应刷漆。安装在同一室内的盘、柜,其盘面颜色应和谐一致。

3. 配电柜上电器的安装

配电柜上的电器安装应符合下列要求:

1)电器元件质量良好,型号规格应符合设计要求,外观完好并且附件齐全,排列整齐、固定牢固、密封良好;电器、仪表排列间距应符合表 3-26 中的规定。

表 3-26 电器、仪表排列间距要求

排列间距	最小尺寸/mm		
仪表侧面之间或仪表侧面与盘边	60		
仪表顶面或出线孔与盘边	50		
闸具侧面之间或侧面与盘边	30		
上下出线孔之间	40(隔有卡片柜)		20(不隔卡片柜)
插入式熔断器顶面或底面与出线孔之间	插入式熔断器规格/A	10~15	最小尺寸/mm	20
		20~30		30
		60		50
仪表、胶盖闸顶面或底面与出线孔	导线截面面积/mm²	10	最小尺寸/mm	80
		16~25		100

2）各电器应能单独拆卸更换而不会影响其他电器和导线束的固定。

3）发热元件宜安装在散热良好的地方,两个发热元件之间的连线应采用耐热导线或裸铜线套瓷管。

4）熔断器的熔体规格、断路器的整定值应符合设计要求。

5）切换压板应接触良好,相邻压板间应留有足够的安全距离,切换时不应碰到相邻压板;对于一端带电的切换压板,应保证在压板断开情况下,活动端不带电。

6）信号回路的信号灯、光字牌、电铃、电笛以及事故电钟等应显示准确,工作可靠,以防干扰,并且保证弱电元件正常工作。

7）盘上装有装置型设备或其他有接地要求的电器,其外壳应可靠接地。

8）带照明的封闭式盘、柜应照明良好。

9）盘、柜上的小母线应采用直径不小于 6mm 的铜棒或铜管,小母线两侧应有标明其代号的标志牌,字迹应清晰并且不易脱色。

10）柜、盘上 1000V 及以下的交、直流母线及其分支线,其不同极性的裸露载流部分之间和裸露载流部分与未经绝缘的金属体之间的电气间隙和爬电距离应符合表 3-27 的规定。

表 3-27　1000V 及以下柜、盘裸露母线电气间隙和爬电距离　　（单位:mm)

类　　别	电气间隙	漏电距离
交、直流低压盘,电容器柜,动力箱	12	20
照明箱	10	15

4. 配电柜配线

对于成套配电柜、屏,屏内接线制造厂已完成,施工现场只要进行校验检查,然后与电缆和屏外设备连接即可。但有时会碰到非标准配电柜,这就要进行设备的安装和二次配线。

配线安装的主要技术要求如下:

1）按图施工,接线正确。

2）电气回路的连接应牢固可靠。

3）电缆芯线和所配导线的端部均应标明其回路编号,编号应正确,字迹清晰并且不易脱落。

4）配线整齐、清晰、美观,导线绝缘良好,无损伤。

5）柜、盘内的配线应采用截面面积不小于 1.5mm² 、电压不低于 400V 的铜芯绝缘导线,但是对于电子元件回路、弱电回路采用锡焊连接时,在满足载流量和电压降以及有足够机械强度的情况下,可以使用较小截面面积的导线。

6)柜、盘内的导线不应有接头。

7)每节端子板的每一侧接线一般为1根,不得超过2根。

8)用于连接可动部位(例如门上电气、控制台板等)的导线还应满足下列要求:

① 应采用多股软导线,敷设时应留有裕度。

② 线束应有加强绝缘层(例如外套塑料管等)。

③ 与电器连接时,端部应绞紧,不得松散、脱股。

④ 在可动部位两端,应用卡子固定。

9)引进盘、柜的控制电缆及其芯线应符合下列要求:

① 引进盘、柜的电缆应排列整齐,避免交叉,并且应固定牢固,不使所接端子板受到机械应力作用。

② 铠装电缆的钢带不应进入盘、柜内,铠装钢带切断处的端部应扎紧。

③ 用于晶体管保护、控制和微机保护、控制等回路的控制电缆,采用屏蔽电缆时,其屏蔽层应接地,若不采用屏蔽电缆时,则其备用芯线应有一根接地。

④ 橡胶绝缘芯线应外套绝缘管保护。

⑤ 盘、柜内的电缆芯线,应按垂直或水平有规律地配置,不得任意歪斜交叉连接,备用芯线应留有适当余度。

柜内配线一般在柜上仪表、继电器和其他电器全部安装好之后进行。配线宜采用集中布线方式,即柜、盘上同一排电器的连接线都应汇集到同一水平线束中,各排水平线束再汇集成一垂直总线束,总线束走至端子排时,再逐步有次序的分散接到端子排上,这个过程称为导线的分列。导线的分列形式包括单层导线分列、多层导线分列和扇形分列,如图3-63~图3-65所示。单层分列适用于接线端子

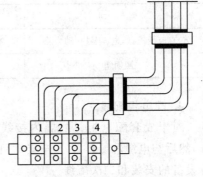

图 3-63 单层导线的分列

数量不多、柜内空间较多情况;多层分列适用于柜内狭窄、导线较多时;在配线情况不复杂时,常采用扇形分列法。

柜内设备可直接连接,柜内与柜外设备连接时应通过端子排。

从线束分列出的导线,接到接线柱端子上时应量好距离,剪去多余导线,用剥线钳或电工刀去掉绝缘层,清除线上的氧化层,套上标号,将线芯端弯成一个小圆环,弯曲方向应与螺钉旋紧方向相同,然后套入螺钉将其固定。多股软导线接入端子时,导线末端一般应装设线鼻子,备用导线可卷成螺旋形放在其他导线的旁边,但是端部不应与其他端子相接触。

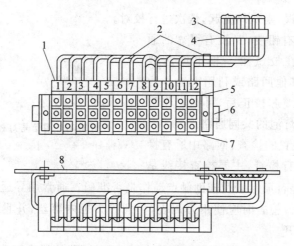

图 3-64　在端子排附近导线分列成三层

1—编号牌　2—绑带　3—线夹　4—绝缘层　5—空白端子

6—端子排　7—组合端子排　8—配电盘

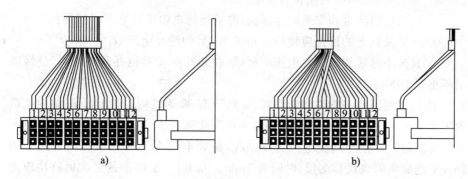

图 3-65　导线扇形分列

a)单层导线　b)双层导线

　　二次接线施工安装结束后必须严格检查和试验,全部正确合格后方可投入运行。检查试验通常包括以下项目:

　　1) 柜内检查:柜内检查内容包括柜内两侧的端子排不缺少;柜内装设的各种仪表、继电器、操作元件等不缺少,并且规格型号符合设计要求,安装位置正确;逐线检查柜内各设备间的连线及柜内设备引至端子排的连线,接线必须正确;为防止因并联回路而造成错误,接线时可根据实际情况,将被检查部分的一端解开然后检查;检查控制开关时,应将开关转动至各个位置逐一检查。

　　2) 柜间联络电缆的检查:柜与柜之间的联络电缆需要逐一校对,校对方法如图 3-66 所示。A 端小灯泡接在要校验的电缆芯线上,另一端经电池接到电缆的铅皮上;B 端的小灯泡的一端接在电缆铅皮上,另一端接在要校验的芯线上,若此芯正确无误,则双灯亮起,依次进行校对。

若电缆没有铅皮,又没有可靠的通路可利用,则在校试第一根电缆芯线时,必须利用其他回路或利用大地作为回路。第一根缆芯校正后,可把它作为后面校验中两灯泡的共同通路。

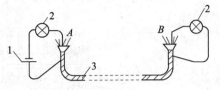

图 3-66 用信号灯校对缆芯
1—干电池 2—小灯泡 3—控制电缆

3)操作装置的检查:回路中所有操作装置都应进行检查,主要检查接线是否正确,操作是否灵活以及辅助触点动作是否准确。通常用导通法进行分段检查和整体检查。检查时应使用万用表,注意拔去柜内熔丝,并且将与被测电路并联的回路断开。

4)二次电流回路与电压回路的检查:电流互感器接线应正确,极性正确,二次侧不得开路,准确度符合要求,二次侧有一点接地;电压互感器二次侧不准短路,有一点可靠接地,准确度符合要求。

5)绝缘电阻测量和交流耐压试验:测量绝缘电阻应注意下列问题:

① 48V 及以下的回路应使用不超过 500V 的绝缘电阻表。

② 直流小母线和控制盘电压小母线,在断开所有其他并联支路时,绝缘电阻不小于 10MΩ。

③ 二次回路每一支路和断路器、隔离开关、操动机构的电源回路,绝缘电阻均不应小于 1MΩ,在比较潮湿的环境下可降低到不小于 0.5MΩ。

交流耐压试验的试验电压为 1000V,绝缘电阻在 10MΩ 以上的回路可用 2500V 绝缘电阻表代替测量,时间为 1min。发电厂、变电所的二次回路均应进行交流耐压试验,其他用途的二次回路,视使用情况自行规定。48V 及以下的回路可不做交流耐压试验。

业务要点 3:配电箱(盘)的安装

配电箱、盘是连接电源和用电设备的电气装置。配电箱、盘内装有总开关、分开关、计量仪表以及保护元件等。电气线路引入建筑物后,首先进入控制设备配电箱、盘,然后通过分支线回路接到照明或动力设备上。

1. 配电箱(盘)的制作

配电箱通常由盘面和箱体两部分组成。盘面的制作要以整齐、美观、安全和便于检修为原则。制作非标准配电柜时,应先确定盘面尺寸,再根据盘面尺寸决定箱体尺寸。

盘面尺寸确定应根据所装元器件的型号、规格、数量按电气要求合理布置在盘面上,并保证电器元件之间的安全距离。盘面上的各种电气器具最小允许净距不得小于表 3-28 的规定。

表 3-28　配电箱盘面电气器具最小允许净距

电器名称		最小净距/mm
并列电能表之间		60
并列开关或单极熔丝间		30
进线管头至开关上下沿	10～15A	
	20～30A	50
	60A	80
电能表接线管头至表的下沿		60
上下排电器管头之间		25
管头至盘边		40
开关至盘边		
电能表至盘边		60

木制配电箱外壁与墙壁有接触的部位要涂沥青。箱内壁及盘面应涂两遍浅色油漆；铁制配电箱应先除锈再涂红丹防锈漆一遍、油漆两遍。

2. 配电箱(盘)的安装

暗装或半明半暗装配电箱,应按图样给定的大致位置和标高,配合土建进行预埋。明装配电箱应等建筑装饰工程结束后进行安装。

(1) 配电箱箱体预埋。预埋配电箱箱体前应先做好准备工作。配电箱运到现场后应进行外观检查并检查产品有无合格证。由于箱体预埋和进行盘面安装接线的时间间隔较长,当有贴脸和箱门能与箱体解体时,应预先解体,并且做好标记,以防盘内元器件及箱门损坏或油漆脱落。将解体的箱门按安装位置和先后顺序存放好,待安装时对号入座。

预埋配电箱箱体时,应按需要打掉箱体敲落孔的压片。在砌体墙砌筑过程中,到达配电箱安装高度(通常为箱底距地面 1.5m 时),就可以设置箱体了。箱体的宽度与墙体厚度的比例关系应正确,箱体应横平竖直,放置好后应用靠尺板找好箱体的垂直度使之符合规定。箱体的垂直度允许偏差如下：

1) 当箱体高度为 500mm 以下时,不应大于 1.5mm。

2) 当箱体高度为 500mm 及以上时,不应大于 3mm。

当箱体宽度超过 300mm 时,箱顶部应设置过梁,使箱体不致受压。箱体宽度超过 500mm 时,箱顶部要安装钢筋混凝土过梁,箱体宽度在 500mm 以下时,在顶部可设置不少于 3 根 $\phi6$ 钢筋的钢筋砖过梁,钢筋两端伸出箱体两端不应小于 250mm,钢筋两端应弯成弯钩,如图 3-67 所示。

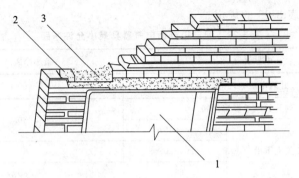

图 3-67　钢筋砖过梁设置图

1—箱体　2—φ6 钢筋　3—水泥砂浆

在 240mm 墙上安装配电箱时，要将箱体凹进墙内不小于 20mm，在主体工程完成后室内抹灰前，配电箱箱体后壁要用 10mm 厚的石棉板或钢丝直径为 2mm、孔洞为 10mm×10mm 的钢丝网钉牢，再用 1：2 水泥砂浆抹好，以防墙面开裂，如图 3-68 所示。

木制和铁制配电箱的箱体在墙体内安装示意图，如图 3-69 所示。

（2）配管与箱体连接。配电箱箱体埋设后，将进行配管与配电箱体的连接。连接各种电源、负载管应从左到右按顺序排列整齐。配电箱箱体内引上管敷设应与土建施工配合预埋，配管应与箱体先连接好，在墙体内砌筑固定牢固。

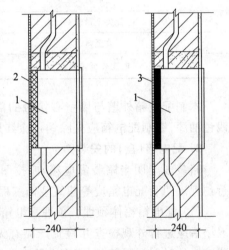

图 3-68　在 240mm 墙体上安装配电箱

1—箱体　2—石棉板　3—钢丝网

配管与箱体的连接可以采用以下方法施工：

1）螺纹连接。镀锌钢管与配电箱进行螺纹连接时，应先将管口端部套丝，拧入锁紧螺母，然后插入箱体内，再拧上锁紧螺母，露出 2～3 扣的螺纹长度，拧上护圈帽。钢管与配电箱体螺纹连接完成后，应采用相应直径的圆钢作接地跨接线，把钢管与箱体的棱边焊接起来。

2）焊接连接。暗敷钢管与铁制配电箱箱体采用焊接连接时，不宜把管与箱体直接焊接，可在入箱管端部适当位置上用两根圆钢在钢管管端两侧横向焊接。配管插入箱体敲落孔后，管口露出箱体长度应为 3～5mm，把圆钢焊接在箱体棱边上，可以作为接地跨接线。

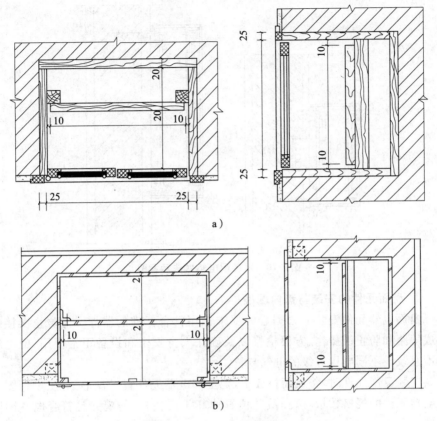

图 3-69 暗装配电箱箱体安装

a)木制暗装配电箱 b)铁制暗装配电箱

3)塑料管与箱体连接。塑料管与配电箱的连接,可以使用配套供应的管接头。先把连接管端部结合面涂上专用胶合剂,插入导管接头中,用管接头同箱体的敲落孔进行连接。

配管与配电箱箱体的连接无论采用哪种方式,均应做到一管一孔顺直入箱,露出长度小于 5mm 和入箱管管口平齐,管孔吻合,不用敲落孔的不应敲落;箱体与配管连接处不应开长孔和用电、气焊开孔。自配电箱箱体向上配管,当建筑物有吊顶时,为与吊顶内配管连接,引上管的上端应弯成 90°,沿墙体垂直进入吊顶顶棚内。

(3)明装配电箱的安装。明装配电箱应在室内装饰工程结束后安装,可用预埋在墙体中的燕尾螺栓固定箱体,也可采用金属膨胀螺栓固定箱体,做法如图 3-70 所示。

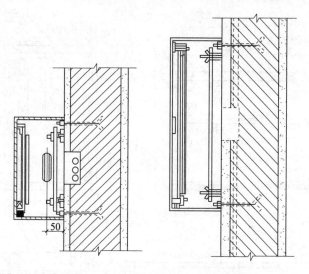

图 3-70　明装配电箱做法示意图

3. 盘面元件的安装与盘内配线

盘面电器元件安装应根据设计要求选用符合标准的器件。为防止误接线造成短路和防止误操作、方便检修以及确保人身安全和设备正常使用,配电箱内不宜装设不同电压等级的电气装置。

安装盘面元件时,将盘面板放平,把全部电器元件置于盘上,对照设计图样和电器元件的规格数量,选择最佳位置使其排列整齐、美观并且符合电气间隙要求。

当电器位置确定后,用方尺找正,定出每种电器的安装孔和出线孔,划好线后,撤去元件打孔并安装。

盘内配线应在盘面电器元件安装后进行,配线时应根据电器元件的规格、容量和所在位置及设计要求和相关规定,选好导线的截面面积和长度,剪断后进行配线。盘前盘后配线应使导线成束排列、美观、安全可靠,必要时用线卡固定。

整理好的导线应一线一孔穿过盘面——对应与器具和端子等连接,盘面接线应整齐美观、安全可靠。在同一端子上,导线不应超过 2 根,螺钉固定又有平垫圈、弹簧垫圈。工作零线和保护线应在汇流排上采用螺栓连接,不应并头铰接。汇流排上,分支回路排列位置应与开关或熔断器位置相对应。

开关、互感器等应上端进电源,下端接负荷或左侧电源右侧负荷。相序应一致,面对开关从左侧起为 L1、L2、L3 或 L、N。开关及其他元件的导线连接应牢固压紧不损伤线芯。电流互感器的二次接线应采用单股铜导线,电流回路导线截面面积不应小于 $2.5 \mathrm{mm}^2$;电压回路导线截面面积不应小于 $1.5 \mathrm{mm}^2$。电能计量用二次回路连接导线中间不能有接头,导线与电器元件的压接螺钉必须牢固,压线方向正确。电能表接线时,单相电能表电流线圈必须与相线连接,三相电能表的电压线圈不应装熔丝。

熔断器安装时,瓷插式熔断器应上端接电源,下端接负荷,横装时左侧接电源,右侧接负荷。螺旋熔断器电源线应接在底座中间触点的端子上,负荷接在螺纹的端子上。

多股铝导线和截面面积超过 $2.5mm^2$ 的多股铜导线与电器器具端子连接时,应焊接或压接端子后再行连接,严禁将导线盘圆做线鼻子连接。

4. 配电箱(盘)的检查与调试

配电箱内导线安装完成后还要进行检查与调试,合格后才能投入运行。应做以下工作和检查:

1)柜内工具、杂物清理出柜,并将柜体内外清扫干净。

2)电器元件各紧固螺钉应牢固,刀开关、断路器等操动机构应灵活,不应出现卡滞和操作力用力过大现象。

3)开关电器通断可靠,接触面接触良好,辅助接点通断准确、可靠。

4)电工指示仪表与互感器的变比适配,极性应连接正确、可靠。

5)母线连接应良好,其绝缘支撑件、安装件、附件应安装牢固、可靠。

6)熔断器的熔芯规格选用应正确,继电器的整定值应符合设计要求,动作应准确、可靠。

7)绝缘电阻测量。测量母线线间和线对地绝缘电阻,测量二次接线间和线对地绝缘电阻,应符合现行国家施工验收规范规定。在测量二次回路电阻时,不应损坏其他半导体器件,测量绝缘电阻时应将其断开。绝缘电阻测量应做记录。

业务要点 4:常用低压电器的安装

1. 低压断路器的安装

低压断路器安装应符合下列要求:

1)低压断路器的型号、规格应符合设计要求。

2)低压断路器安装应符合产品技术文件以及施工验收规范的规定。低压断路器宜垂直安装,且其倾斜角度不应大于 5°。

3)低压断路器与熔断器配合使用时,熔断器应安装在电源一侧。

4)断路器操动机构安装还应符合以下规定:

①操作手柄或传动杠杆的开、合位置应正确,操作力不应大于技术文件给定值。

②电动操动机构接线应正确。在合闸过程中开关不应跳跃。开关合闸后,限制电动机或电磁铁通电时间的连锁机构应及时动作,电动机或电磁铁通电时

间不应超过产品规定值。

③ 开关辅助接点动作应正确、可靠,接触良好。

④ 抽屉式断路器的工作、试验、隔离三个位置的定位应明显,并应符合产品技术文件的规定。当空载时,抽拉数次应无卡阻现象,机械联锁应可靠。

5)低压断路器接线时,裸露在箱体外部易于触及的导线端子必须加以绝缘保护。有半导体脱扣装置的低压断路器的接线,应符合相关要求。脱扣装置的动作应灵活、可靠。

6)低压断路器的安装调试应注意下列问题:

① 安装在受振动处的断路器,应有减振措施,以防开关内部零件松动。

② 正常安装应保持垂直,灭弧室应位于上部。

③ 操动机构的操作手柄或传动杠杆的开合位置应正确,并且操作灵活、动作准确,操作力不应大于允许工作力值。触头在闭合、断开过程中,可动部分与灭弧室零件不应有卡阻现象。触头接触紧密,接触电阻小。

④ 运行前和运行中应确保断路器洁净,防止开关触头点发热,以防酿成不能灭弧而引起的相间短路。

直流快速断路器的安装调试应注意下列事项:

1)直流快速断路器的型号、规格应符合设计要求。

2)安装时应防止倾斜,其倾斜度不应大于 5°,应严格控制底座的平整度。

3)安装时应防止断路器倾倒、碰撞和激烈振动。基础槽钢与底座间应按设计要求采取防振措施。

4)断路器极间的中心距离以及与相邻设备和建筑物之间的距离应符合表 3-29 中的规定。

表 3-29　断路器安装与相邻设备距离要求

断路器与相邻设备	安装距离/mm
断路器极间中心距离及与相邻设备或建筑物之间距离	≥500(当不能满足要求时,应加装高度不小于单极开关总高度的隔弧板)
灭弧室上方应留空间	≥1000,当不能满足要求时: ① 在开关电流为 3000A 以下的断路器灭弧室上方 200mm 处,应加装隔弧板 ② 在开关电流为 3000A 及以上的断路器灭弧室上方 500mm 处,应加装隔弧板

5)灭弧时绝缘性能要求室内的绝缘衬件必须完好,电弧通道应畅通。

6)触头的压力、开距、分段时间以及主触头调整后灭弧室支持螺杆与触头之间的绝缘电阻,应符合技术标准要求。

7) 直流快速断路器的接线还应符合下列要求：

① 与母线连接时出线端子不应承受附加应力，母线支点与断路器之间距离不应小于 1000mm。

② 当触头及线圈标有正、负极性时，其极性应与主回路极性一致。

③ 配线时应使其控制线与主回路分开。

8) 直流快速断路器调整、试验应符合下列要求：

① 轴承转动应灵活，润滑剂涂抹均匀。

② 衔铁的吸、合动作均匀。

③ 灭弧触头与主触头的动作顺序正确。

④ 安装完毕，应按产品技术文件进行交流工频耐压试验，不得有击穿、闪络现象。

⑤ 脱扣装置应按设计要求整定值校验，在短路或模拟情况下合闸时，脱扣装置应能立即脱扣。

2. 低压熔断器的安装

低压熔断器安装要求如下：

1) 低压熔断器的型号、规格应符合设计要求。各级熔体应与保护特性相配合。

① 用于保护照明和热电电路：熔体的额定电流≥所有电具额定电流之和。

② 用于单台电机保护：熔体额定电流≥(2.5～3.0)×电机额定电流。

③ 用于多台电机保护：熔体额定电流≥(2.5～3.0)×最大一台电机额定电流＋其余各台电机额定电流之和。

2) 低压熔断器安装应符合施工质量验收规范的规定。安装位置及相互间距离应便于更换熔体，低压熔断器宜垂直安装。

3) 低压熔断器与断路器配合使用时，熔断器应安装于电源一侧。

4) 安装有熔断指示器的熔断器，其指示器应装于便于观察的一侧。

5) 安装几种规格的熔断器在同一配电盘上时，应在底座旁标明熔断器规格。

6) 对带电部分外露，存在触电危险的熔断器，应配齐绝缘抓手。

7) 安装带有接线标志的熔断器，电源配线应按标志进行。

8) 螺旋式熔断器安装时，底座必须固定牢固，电源线的进线端应接在熔芯引出端子上，出线应接在螺纹壳上，以防调换熔体时发生触电事故。

3. 刀开关和隔离器的安装

（1）开启式刀开关的安装。开启式刀开关通常用于额定电压 AC380V、DC440V、额定电流至 1500A 的配电设备的电源隔离，也可用于不频繁的接通和分断电路。刀开关由刀形动触头和底座上的静触头（夹座）组成，带有杠杆操动机构及灭弧室。

刀开关应垂直安装在开关板上，确保静触头在上方，电源线应接在静触头上，负荷线应接在动触头上。刀开关合闸时，应保证相位刀片同时合闸，且刀片与夹座接触严密；分闸时应使相位刀片同时断开，并且保证断开后有一定的绝缘距离。

（2）开启式负荷开关安装。开启式负荷开关又称瓷底胶盖刀开关，由刀开关和保护熔丝构成，可在额定电压至 500V、额定电流至 60A 的电路中作不频繁接通与分断电路及短路保护。

负荷开关应垂直安装，手柄向上合闸，严禁倒装或平装。必须将电源线接在开关上方的进线接线柱上，负载线接在下方出线座上。接线时应将螺钉拧紧尽量减小接触电阻，以免过热损伤导线绝缘层。安装时要保证刀片和夹座位置正确，不得歪扭。刀片和夹座应接触紧密，夹座保持足够压力。熔丝的型号、规格必须符合设计要求。

（3）封闭式负荷开关（铁壳开关）的安装。封闭式负荷开关的铁壳上装有速断弹簧，弹簧用钩子扣在手柄转轴上，当手柄由合闸位置转向分闸位置过程中，钩子将弹簧拉紧，在弹簧拉力作用下，闸刀与夹座快速分离，使电弧被迅速拉长而熄灭。为了安全，封闭式负荷开关上还装有联锁装置，使开关在合闸位置时盖子不能打开，盖子打开时不能合闸。其外形及内部结构如图 3-71 所示。

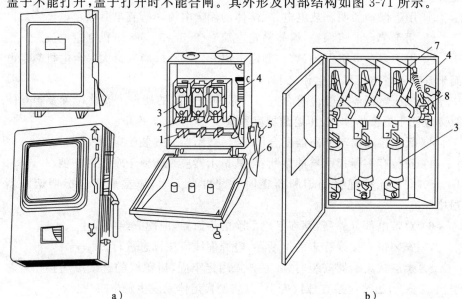

a）   b）

图 3-71　HH 型负荷开关外形及内部结构

a）HH₃ 系列负荷开关外形图　b）HH₃ 系列负荷开关内部结构

1—闸刀　2—静插座　3—熔断器　4—速断弹簧　5—绝缘转轴

6—手柄　7—灭弧罩　8—操动机构

封闭式负荷开关也应垂直安装,安装高度一般距离地面1300～1500mm,以便于操作和确保安全。金属部分必须接地或接零,开关铁壳进出线孔应设保护绝缘垫圈。接线方式包括以下两种:

1) 将电源线与开关静触头相接,负载线接开关熔丝下的下柱端头上,在开关拉断后,闸刀与熔丝都不带电,确保操作安全。

2) 将电源线接在熔丝下柱端头上,负载线接静触头,在刀开关发生故障时,熔丝熔断,可立即切断电源。

(4) 组合开关安装。组合开关又称转换开关,适用于交流50Hz、额定电压380V及以下、直流额定电压220V及以下、手动控制电路的不频繁起动、分断及转换控制电路。其外形结构如图3-72所示。组合开关应与其他有保护功能的电器配合使用,不得独立使用。且由于其通断能力较低,不得用于分断故障电流。组合开关安装时,应将手柄保持水平旋转位置上,触头接触应紧密。

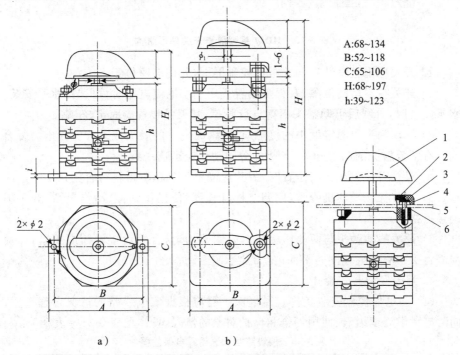

A:68~134
B:52~118
C:65~106
H:68~197
h:39~123

图3-72 HZ15系列组合开关外形及安装尺寸

a)板前 b)板后

1—手柄 2—罩 3—面板 4—螺钉 5—固定板 6—螺母

(5) 隔离开关安装。隔离开关属于无载通断电器,用于非故障条件下不频繁接通和分断电器设备,其外形结构如图3-73所示。隔离开关的安装应注意以下事项:

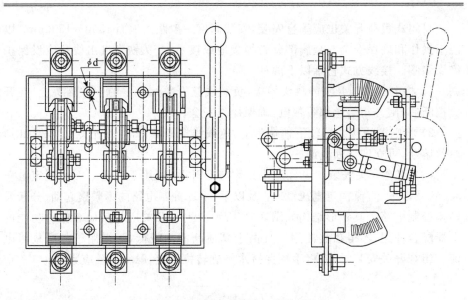

图 3-73　HD17 系列隔离开关外形结构

1）开关应垂直安装在开关板或控制屏上，并使夹座位于上方。

2）开关在不切断电源、有灭弧装置或用于小电流电路时，可选择水平安装。水平安装时，分闸后可动触头不得自行脱落，其灭弧装置应固定、牢靠。

3）可动触头与固定触头的接触应紧密，大电流的触头或刀片宜涂电力复合脂。有消弧触头的闸刀开关，各相的分闸动作应迅速一致。

4）双投刀开关在分闸位置时，刀片应固定、牢靠，不得自行合闸。

5）安装杠杆操动机构时，应调节杠杆长度，使操作到位、动作灵活、开关辅助接点指示正确。

6）开关的动触头与两侧压板距离应调整均匀，合闸后接触面应压紧，刀片与静触头中心线应在同一平面内，刀片不应摆动。

4. 漏电保护器安装

（1）漏电保护器安装条件。漏电保护器应根据配电线路的情况合理选用，同时应考虑环境因素、使用场合和保护对象的情况，具体见表 3-30～表 3-33。

表 3-30　按线路状况选用漏电保护器

线路状况	选用漏电保护器类型
新线路	选用高灵敏度漏电保护开关
线路状况较差	选用中等灵敏度漏电保护开关
线路范围小	选用高灵敏度漏电保护开关
线路范围大	选用中等灵敏度漏电保护开关

表 3-31　按气候条件选用漏电保护器

气候条件	选用漏电保护器类型
干燥型	选用高灵敏度漏电保护开关
潮湿型	选用中等灵敏度漏电保护开关
雷雨季节长	选用冲击波不动作的漏电断路器或漏电继电器
黄梅季节	选用漏电动作电流分级调整的冲击波不动作型漏电断路器或漏电继电器

表 3-32　按使用场合选用漏电保护器

使用场合	选用漏电保护器类型	作　　用
1) 电动工具、机床、潜水泵等单独设备的保护 2) 分支回路的保护 3) 小规模住宅主回路的保护	额定漏电动作电流在 30mA 以下,漏电动作时间小于 0.1s 的高灵敏度高速型漏电断路器	1) 防止一般设备漏电引起触电事故 2) 在设备接地效果不理想处防止漏电事故 3) 防止漏电引起的火灾
1) 分支电路保护 2) 需要提高设备接地保护效果处	额定漏电动作电流为 50~500mA,漏电动作时间小于 0.1s 的中等灵敏度高速型漏电断路器或漏电继电器	1) 容量较大设备的回路漏电保护 2) 在设备的电线需要穿管,并以管子作为接地极时,防止漏电引起事故 3) 防止漏电引起火灾
1) 干线的全面保护 2) 在分支电路中装设高灵敏度调整漏电断路器以实现分级保护处	额定漏电动作电流为 50~500mA,漏电动作时间有延时的中等灵敏度高速型漏电断路器或漏电继电器	1) 设备回路的全面漏电保护 2) 与高速型漏电断路器配合,以形成对整个电网更为完善的保护 3) 防止漏电引起火灾

表 3-33　按保护对象选用漏电保护器

保护对象	选用漏电保护器类型
单台电动机	选用兼具电动机保护特性的高灵敏度高速型漏电断路器
单台用电设备	选用同时具有过载、短路、漏电三种保护特性的高灵敏度高速型漏电断路器
分支电路	选用同时具有过载、短路、漏电三种保护特性的中灵敏度高速型漏电断路器
家用线路	选用额定电压为 220V 的同灵敏度高速型漏电断路器
分支电路与照明电路混合系统	选用四极型高速型高(中)灵敏度漏电断路器
主干线保护	选用大容量漏电断路器或漏电继电器
变压器低压侧总保护	选用中性点接地式漏电断路器
有主开关的变压器低压侧总保护	选用中性点接地式漏电继电器

(2)漏电保护器的安装、调试。由于漏电保护器是用来对有致命危险的人身触电事故进行保护,并且防止由于电器或线路漏电引发火灾,其安装应符合下列要求:

1)住宅常用的漏电保护器安装前应经国家认证的法定电器产品检测中心,按照国家技术标准试验合格方可安装。

2)漏电保护开关前端零线上不应设有熔断器,以防零线保护熔断后相线漏电,导致漏电保护开关不动作。

3)按漏电保护器产品标识进行电源侧和负载侧的接线。

4)在带有短路保护功能的漏电保护器安装时,应确保有足够的灭弧距离。

5)漏电保护器安装在特殊环境中,必须采取防腐、防潮、防热等技术措施。

6)漏电保护器安装完毕后,除应检查接线无误外,还应通过按钮试验,检查其动作性能是否满足要求。

5. 接触器与起动器的安装

(1)接触器安装。

1)接触器型号、规格应符合设计要求,并且应有产品质量合格证和技术文件;检查接触器铭牌上线圈的额定电压、额定电流等技术参数是否符合使用要求。

2)安装前,应全面检查接触器各部件是否处于正常状态,电磁铁的铁芯表面应无锈蚀及油垢,将铁芯板面上的防锈油擦干净,以免油垢粘住造成接触器断电不释放。

3)检查接触器活动部件有无卡阻现象,触头接触是否紧密;衔铁吸合后应无异常响声,断电后能迅速断开。

4)安装时,接触器的底面与地面垂直,倾斜度不超过 5°。安装 CJ0 系列接触器时,应将有孔的两面放在上下位置,以利散热,降低线圈的温升。

5)引线与线圈连接牢固、可靠,触头与电路连接正确。接线应牢固、正确,并应做好绝缘处理。

(2)起动器的安装。

1)起动器应垂直安装,活动部件应动作灵活,无卡阻现象。

2)起动器衔铁吸合后无异常响声,触头接触紧密,断电后能迅速脱开。

3)可逆电磁起动器防止同时吸合的互锁装置动作正确、可靠。

4)接线应正确、牢固,裸露线芯应做好绝缘处理。

5)星—三角起动器控制的电动机正常工作时绕组为三角形联结,星—三角换接应在转速接近正常运行速度时进行,因此,应根据电动机负荷正确调整延时时间。

6)自耦减压起动器的安装还应符合下列要求:

① 油浸式起动器的油面必须符合标定油面线的油位。

②减压抽头在 65%～80%额定电压下,应按负荷要求进行调整,使得起动时间不得超过自耦减压起动器允许的起动时间。

③连续起动累计时间或一次起动时间接近最大允许起动时间时,应待其充分冷却后方能再次起动。

7)手动操作起动器的触头压力,应符合产品技术文件要求和技术标准规定值,并且操作灵活。

8)接触器与起动器均应进行通断检查,对于重要设备的接触器或起动器还应检查其起动值是否符合产品技术文件的规定。

6. 继电器的安装

继电器种类很多,包括中间继电器、时间继电器、热继电器、电流继电器等,各种继电器在电路中构成了自动控制和保护系统。继电器的安装应符合下列要求:

1)继电器的型号、规格应符合设计要求。

2)继电器可动部分的动作应灵活、可靠。

3)表面污垢和铁芯表面防锈油应清除干净。

4)安装时,必须试验端子确保接线准确性。

5)安装完毕后应通电调试继电器的选择性、速动性、灵敏性和可靠性,必须符合设计要求。

业务要点 5:低压电动机的安装

1. 基础

基础应能够承受相关的静、动荷载,应不产生有害的下沉、变形或振动,基础内和地沟中不应有渗积水。基础应高出地面 100～150mm;预埋地脚螺栓的位置应与电动机地基座预留孔相符,且必须将地脚螺栓埋入地下的一端做成人字形开口,确保预埋强度。第一次灌浆后的基础表面高度应较最终竣工面低25～40mm,留出安置底板和调整垫板的位置,在基础上安放电动机底板时,一般需经过预置和最后调整两个阶段,经检查合格后,再二次灌浆。当混凝土强度达到设计强度的 40%～50%后方可进行机组安装。

2. 电动机安装

安装前,应先对基础进行检查、验收,内容有:基础的位置、标高、表面水平度以及地脚螺栓孔布置是否符合设计和实际要求;基础内外混凝土及伸缩缝应无裂纹和空洞。

质量在 100kg 以下的小型电动机,可用人力安装,比较重的电动机,应用起重机或滑轮安装。四个地脚螺栓上均应套上弹簧垫圈,拧螺母时要对角交替拧紧。

穿导线的钢管应在浇筑混凝土前埋好,连接电动机的一端钢管管口离地不得低于 100mm,并且应使其尽量接近电动机接线盒。在未穿线前,务必用木块堵住管口,以防有异物落入,造成穿线困难。

3. 传动装置的安装和校正

传动装置安装不好,会增加电动机的负载,严重时会烧坏电动机的绕组和损坏电动机的轴承。

(1)带传动装置的安装。两个带轮要装在一个直线上,两轴要装平行。平带的接头必须正确,带扣的正反面不能搞错。电动机带轮的轴和被传动机器带轮的轴保持平行,同时还要使两带轮宽度的中心线在同一直线上。

(2)联轴器传动装置的安装。常用的弹性联轴器安装时,应先把两半片联轴器分别装在电动机和机械的轴上,当两轴相对处于一条直线上时,先初步拧紧电动机的机座地脚螺栓,但不要拧得太紧。保持两半联轴器高低一致后,可将联轴器和电动机分别固定,再将地脚螺栓拧紧。

(3)齿轮传动装置的安装。安装的齿轮与电动机要配套,转轴的纵横尺寸要配合安装齿轮的尺寸。齿轮传动时,电动机的轴与被传动的轴应保持平行,两齿轮咬合应合适,可用塞尺测量两齿轮间的间距,如果间距均匀,说明两轴已平行,否则,还需要再调整。

4. 电动机的配线

电动机选定后,要合理地选择配电设备,在电气内线安装工程中,对电力设备进行配线,要根据设计所确定的配电系统、配线方式和电力平面图上的设计进行安装施工。

电动机的配线施工是电力配线的一部分,它是指由电力配电柜或配电箱(盘)至电动机这部分的配线,采用暗配管及管内穿线的配线方法较多,由于为电动机等电力设备供电,相应配备的有关电气设备也是电动机施工的安装内容。

5. 电动机的接线

电动机的接线是电动机安装工程中一项非常重要的工作。接线前应查对电动机铭牌的说明或电动机接线板上接线端子的数量和符号,然后根据接线图接线。若电动机没有铭牌或端子标号不清楚,则需要用万用表或交流指示灯法检查接线,然后再确定接线方法。

6. 电动机安装工程交接验收

电动机在验收时,应提交下列资料和文件:

1)变更设计部分的实际施工图。

2)设计变更单。

3)厂方提供的产品说明书、检查及试验记录、合格证及安装使用图纸等技术文件。

4)安装验收记录、签证和电动机抽转子检查及干燥记录等。

5)调整试验记录及报告。

第五节　应急电源安装

本节导读

本节主要介绍应急电源安装，内容包括柴油发电机组的安装施工以及不间断电源安装施工等。其内容关系如图 3-74 所示。

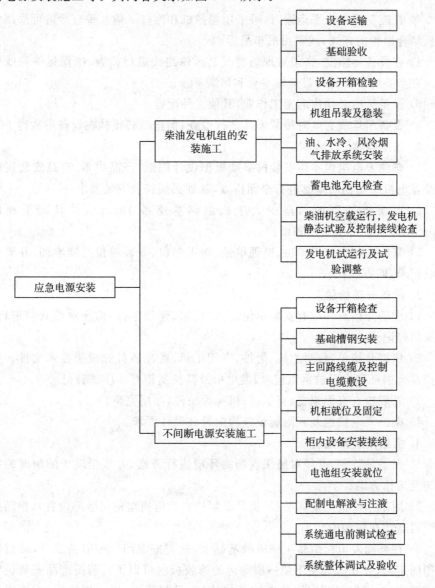

图 3-74　本节内容关系图

业务要点 1：柴油发电机组的安装施工

1. 设备运输

1）设备一般由生产厂家运至施工现场，或仓储地点。

2）在由仓储地点运至施工现场时，一般采用汽车结合汽车吊的方式，运输时必须用钢丝绳将设备固定牢固，行车应平稳，尽量减少振动，防止运输过程中发生滑动或倾倒。

3）在施工现场水平运输时，可采用卷扬机和滚杠运输。垂直运输可采用卷扬机结合滑轮的方式，或采用吊车吊运。

4）在设备运输前，必须对现场情况及运输路线进行检查，确保运输路线畅通。在必要的部位需搭设运输平台和吊装平台。

5）设备运输必须由起重工作业，其他工种配合。

6）设备吊运前必须对吊装索具进行检查，钢丝绳必须挂在设备吊装钩上。

2. 基础验收

1）柴油发电机组本体安装前必须根据设计图纸、产品样本、产品安装说明书及发电机组实物对基础进行全面检查，基础必须符合安装要求。

2）混凝土基础四周至少大于机组钢基座各 150mm，并且高于地面150mm，以方便机组使用和维护。

3）基础验收由建设单位、监理单位、施工单位、安装单位共同参加，并要有验收记录，四方签认。

3. 设备开箱检验

1）设备开箱点件应有安装单位、生产厂家、建设单位、监理单位共同进行，并应做好记录。

2）依据装箱单，核对主机、附件、专用工具、备品备件和随带技术文件。查验产品合格证和出厂试运行记录，发电机及其控制柜有出厂试验记录等。

3）外观检查有无损伤，有铭牌；机身无缺件，涂层完整。

4）柴油发电机组及其附属设备均应符合设计要求。

4. 机组吊装及稳装

1）设备吊装前，必须对施工现场的环境进行考察，并根据现场的情况编制吊装及运输方案。

2）用吊车将机组整体吊起（锁具必须挂在发电机组的吊装环位置），把随机配减震器装在机组的底下。

3）在柴油发电机组施工完成的基础上，放置好机组。一般情况下，减震器无须固定，只要在减震器下垫一层薄薄的橡胶板就可以了。若按产品安装说明书需要固定，则划好减震器的地脚孔的位置，吊起机组，埋好螺栓后，将机组就位,最后拧紧螺栓。

4)若安装现场不允许吊车作业,可将机组放在滚杠上,运至选定位置(基础上)。用千斤顶(千斤顶规格根据机组重量选定)将机组一端抬高,注意机组两边的升高一致,直至底座下的间隙能安装抬高一端的减震器。释放千斤顶,再抬机组另一端,装好剩余的减震器,撤出滚杠,释放千斤顶。

5)当发电机房设有吊装钩时,也可用吊链将机组吊起然后进行稳装。方法同上。

5. 油、水冷、风冷烟气排放系统安装

(1)燃料系统的安装。

柴油发电机组供油系统一般由储油罐、日用油箱、油泵和电磁阀、连接管路构成,当储油罐位置低(低于机组油泵吸程)或高于油门所能承受的压力时,必须采用日用油箱,日用油箱上有液位显示及浮子开关(自动供油箱装备),油泵系统的安装要求参照水系统设备的安装规范要求。

(2)水冷、风冷、烟气排放系统的安装。

1)冷却水系统的安装

① 核对水冷柴油发电机组的热交换器的进、出水口,与带压的冷却水源压力方向一致,连接进水管和出水管。

② 冷却水进、出水管与发电机组本体的连接应使用软管隔离。

2)通风系统的安装

① 将进风口预埋铁框,预埋至墙壁内,用水泥护牢,待干燥后装配。

② 安装进风口百叶或风阀用螺栓固定。

③ 安装通风管道。

3)排风系统的安装

① 测量机组的排风口的坐标位置尺寸。

② 计算排风口的有关尺寸。

③ 预埋排风口。

④ 安装排风机、中间过渡体、软连接及排风口。

4)排烟系统的安装

① 排烟系统一般由排烟管道、排烟消声器以及各种连接件组成。

② 将导风罩按设计要求固定在墙壁上。

③ 将随机法兰与排烟管焊接(排烟管长度及数量根据机房大小及排烟走向),焊接时注意法兰之间的配对关系。

④ 根据消声器及排烟管的大小和安装高度,配置相应的套箍。

⑤ 用螺栓将消声器、弯头、垂直方向排烟管、波纹管按图纸连接好,保证各处密封良好。

⑥ 将水平方向排烟管与消声器出口用螺栓连接好,保证接合面的密封性。

⑦ 排烟管外围包裹一层保温材料。

⑧ 柴油发电机组与排烟管之间的连接常规使用波纹管,所有排烟管的管道重量不允许压在波纹管上,波纹管应保持自由状态。

6. 蓄电池充电检查

按产品技术文件要求进行蓄电池充液(免维护蓄电池除外),并且对蓄电池充电。

7. 柴油机空载运行,发电机静态试验及控制接线检查

(1)柴油机空载试运行。

柴油发电机组的柴油机必须进行空载试运行,经检查无油、水泄漏,而且机械运转平稳,转速自动或手动符合要求。柴油机空载试运行合格,做发电机空载试验。

(2)试运行前的检查准备工作。

1)发电机容量满足负荷要求。

2)机房留有用于机组维护的足够空间。

3)机房地势不受雨水的侵入。

4)所有操作人员必须熟悉操作规程。

5)所有操作人员掌握安全性方法措施。

6)检查所有机械连接和电气连接的情况是否良好。

7)检查通风系统和废气排放系统连接是否良好。

8)灌注润滑油、冷却剂和燃料。

9)检查润滑系统的渗漏情况。

10)检查燃料系统的渗漏情况。

(3)发电机静态试验及控制接线检查。

1)按照表3-34完成柴油发电机组本体的定子电路、转子电路、励磁电路和其他项目的试验检查,并做好记录,检查时最好有厂家在场或直接由厂家完成。

表 3-34 发电机组交接试验

部位　　内容		试验内容	试验结果
静态试验	定子电路	测量定子绕组的绝缘电阻和吸收比	绝缘电阻值大于 0.5MΩ 沥青浸胶及烘卷云母绝缘吸收比大于 1.3 环氧粉云母绝缘吸收比大于 1.6
		在常温下,绕组表面温度与空气温度差在±3℃范围内测量各相直流电阻	各相直流电阻值相互间差值不大于最小值 2%,与出厂值在同温度下比差值不大于 2%

续表

部位 内容		试验内容	试验结果
静态试验	定子电路	交流工频耐压试验 1min	试验电压为 $1.5U_n+750\text{V}$，无闪络击穿现象，U_n 为发电机额定电压
	转子电路	用 1000V 兆欧表测量转子绝缘电阻	绝缘电阻值大于 $0.5M\Omega$
		在常温下，绕组表面温度与空气温度差在 ±3℃范围内测量绕组直流电阻	数值与出厂值在同温度下比差值不大于 2%
		交流工频耐压试验 1min	用 2500V 兆欧表测量绝缘电阻替代
	励磁电路	退出励磁电路电子器件后，测量励磁电路的线路设备的绝缘电阻	绝缘电阻值大于 $0.5M\Omega$
		退出励磁电路电子器件后，进行交流工频耐压试验 1min	试验电压 1000V，无击穿闪络现象
	其他	有绝缘轴承的用 1000V 兆欧表测量轴承绝缘电阻	绝缘电阻值大于 $0.5M\Omega$
		测量检温计（埋入式）绝缘电阻，校验检温计精度	用 250V 兆欧表检测不短路，精度符合出厂规定
		测量灭磁电阻，自同步电阻器的直流电阻	与铭牌相比较，其差值为 $\pm10\%$
运转试验		发电机空载特性试验	按设备说明书比对，符合要求
		测量相序	相序与出线标识相符
		测量空载和负荷后轴电压	按设备说明书比对，符合要求

2）根据厂家提供的随机资料，检查和校验随机控制屏的接线是否与图纸一致。

3）摇测绝缘，绝缘阻值符合规范要求。

8. 发电机试运行及试验调整

（1）发电机组空载试运行。

1）断开柴油发电机组负载侧的断路器或 ATS。

2）将机组控制屏的控制开关打到"手动"位置，按启动按钮。

3）检查机组电压、电池电压、频率是否在误差范围内，否则进行适当调整。

4）检查机油压力表。

5）以上一切正常，可接着完成正常停车与紧急停车试验。

（2）发电机组带载试验。

1）发电机组空载运行合格以后，切断负载"市电"电源，按"机组加载"按钮，先进行假性负载（水电阻）试验运行合格后，再由机组向负载供电。

2)检查发电机运行是否稳定,频率、电压、电流、功率是否保持额定值。

3)一切正常,发电机停机,控制屏的控制开关打到"自动"状态。

(3)自启动时间试验。

1)当市电二路电源同时中断时,备用发电机自动投入运行,它将在设计要求的时间内(一般为15s)投入到满载负荷状态。

2)当市电恢复供电时,所有备用电负荷自动倒回市供电系统,发电机组自动退出运行(按产品技术文件要求进行调整,一般为300s后退出运行)。

业务要点 2:不间断电源安装施工

1. 设备开箱检查

1)设备开箱检查由施工单位、供货单位、建设单位共同进行,并做好开箱检查记录。

2)根据装箱单或供货清单的规格、品种、数量进行清点,技术文件是否齐全,设备规格、型号是否符合设计要求。

3)检查主机、机柜等设备外观是否正常,有无受潮、擦碰及变形等情况,并做好记录和签字确认手续。

2. 基础槽钢安装

1)根据有关图纸及设备安装说明安装基础槽钢,重点检查基础槽钢与机柜规定螺栓孔的位置是否正确、基础槽钢水平度及平面度是否符合要求。

2)待机柜安装完毕后,需刷调和漆两遍,以防基础槽钢裸露部分锈蚀。

3)检查机柜引入引出管线、接地干线是否符合要求。

3. 主回路线缆及控制电缆敷设

1)主回路及控制回路电缆敷设应符合国家有关现行技术标准。

2)将输出端的中性线(N)与由接地装置直接引来的接地干线相连接,做重复接地。

3)线缆敷设完毕后应进行绝缘测试,线间及线对地绝缘电阻值应大于 $0.5M\Omega$。

4. 机柜就位及固定

1)根据设备情况将机柜搬运至现场吊装在预先设置好的基础槽钢之上。

2)采用镀锌螺栓将机柜固定在基础槽钢上。

3)调整机柜的垂直度偏差及各机柜间的间距偏差、水平度、垂直度偏差不应大于 1.5‰。

5. 柜内设备安装接线

1)电缆接头制作应符合有关规范要求。

2)按照技术文件安装说明、施工图纸对线缆进行编号标识,压接各线缆,确保各线缆连接可靠。

6. 电池组安装就位

1）电池组安装应平稳,间距均匀,排列整齐。

2）操作人员应使用厂家提供的专用扳手连线。

3）极板之间相互平齐、距离相等,每只电池的基板片数符合产品技术文件规定。

4）蓄电池的正负极端柱必须极性正确,无变形,滤气帽或气孔塞的通气性能良好。

7. 配制电解液与注液

1）蓄电池槽内应清理干净。

2）操作时应穿戴好相应的劳动保护用具,例如防护眼镜、橡胶手套、胶皮靴子、胶皮围裙等。

3）将蒸馏水倒入耐酸(或耐碱)耐高温的干净配液容器中,然后将浓硫酸(或碱)缓慢倒入蒸馏水中,同时用玻璃棒搅拌均匀,使其迅速散热。

4）调配好的电解液应符合铅酸电池或碱性电池电解液标准。

5）注入蓄电池的电解液温度不宜高于 30℃。

6）电解液注入 2h 后,检查液面高度,注入液面应在高低液面线之间。

7）采用恒流法充电时,其最大电流不能超过生产厂家所规定的允许最大充电电流值;采用恒压法充电时,其充电的起始电流不能超过允许最大电流值。

8）充电结束后,用蒸馏水调整液面至上液面线。

9）整个充放电全过程按规定时间做好电压、电流、温度记录以及绘制充放电特性曲线图。

8. 系统通电前测试检查

1）检查各系统回路的接线是否正确、牢固,检查蓄电池是否有损伤。

2）进行电缆线路的绝缘测试,需达到 0.5MΩ 以上。

3）在不间断电源设备的明显部位张贴系统调试标志,制作并悬挂相关线缆回路标识标签。

4）重复接地的检查。不间断电源输出端的中性(N 级),必须与由接地装置直接引来的接地干线相连接,做重复接地。

5）检查系统电压和电池的正负极方向,确保安装正确。

9. 系统整体调试及验收

1）对各功能单元进行实验测试,全部合格后方可进行整机试验和检测。

2）正确设定均充电压和浮充电压。

3）依据设备安装使用说明书的操作提示进行送电调试。

4）应在系统内各设备运转正常的情况下调整设备,使系统各项指标满足设计要求。

5）不间断电源首次使用时应根据设备使用说明书的规定进行充电，在满足使用要求前不得带负载运行。

6）试运行验收：设备在经过测试试验合格后按操作程序进行合闸操作。先合引入电源主回路开关，再合充电回路开关，观察充电电流指示是否正常，当电压上升至浮充电压时，充电器改为恒流工作。然后闭合逆变回路，测量输出的电压是否正常。

7）经过空载运行试验 24h 后，进行带负载运行试验，电压、电流指示正常方可验收交付使用。

8）系统验收时应会同建设单位有关人员一道进行，并做好相关记录。

第六节　电气照明器具安装

本节导读

本节主要介绍电气照明器具安装，内容包括普通灯具安装、专用灯具安装、建筑物景观照明灯、航空障碍标志和庭院灯安装以及开关、插座的安装等。其内容关系如图 3-75 所示。

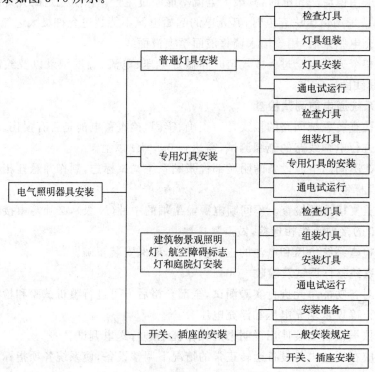

图 3-75　本节内容关系图

业务要点 1:普通灯具安装

1. 检查灯具

1) 灯具的选用应符合设计要求,设计无要求时,应符合有关规范的规定,根据灯具的安装场所检查灯具是否符合要求:

① 有腐蚀性气体及特别潮湿的场所应采用封闭式灯具,灯具的各部件应做好防腐处理。

② 潮湿的厂房内和户外的灯具应采用有泄水孔的封闭式灯具。

③ 多尘的场所应根据粉尘的浓度及性质,采用封闭式或密闭式灯具。

④ 灼热多尘场所(例如出钢、出铁、轧钢等场所)应采用投光灯。

⑤ 可能受机械损伤的厂房内,应采用有保护网的灯具。

⑥ 震动场所(例如有锻锤、空压机、桥式起重机等),灯具应有防震措施(例如采用吊链软性联结)。

⑦ 除开敞式外,其他各类灯具的灯泡容量在 100W 及以上者均应采用瓷灯口。

2) 灯内配线检查

① 灯内配线应符合设计要求及有关规定。

② 穿入灯箱的导线在分支联结处不得承受额外应力和磨损,多股软线的端头需盘圈、涮锡。

③ 灯箱内的导线不应过于靠近热光源,并应采取隔热措施。

④ 使用螺灯口时,相线必须压在灯芯柱上。

2. 灯具组装

(1) 组合式吸顶花灯的组装。

1) 首先将灯具的托板放平,如果托板为多块拼装而成,就要将所有的边框对齐,并用螺丝固定,将其连成一体,然后按照说明书及示意图把各个灯口装好。

2) 确定出线和走线的位置,将端子板(瓷接头)用机械螺丝固定在托板上。

3) 根据已固定好的端子板(瓷接头)至各灯口的距离掐线,把掐好的导线削出线芯,盘好圈后,进行涮锡。然后压入各个灯口,理顺各灯头的相线和零线,用线卡子分别固定,并且按供电要求分别压入端子板。

(2) 吊式花灯组装。

1) 将导线从各个灯口穿到灯具本身的接线盒里。一端盘圈,涮锡后压入各个灯口。

2) 理顺各个灯头的相线和零线,另一端涮锡后根据相序分别联结,包扎并甩出电源引入线,最后将电源引入线从吊杆中穿出。

3. 灯具安装

大面积安装时,特别强调综合布局,搞好二次设计,布局不好不仅影响工程的美观,甚至影响使用功能,布局好的还可降低工程成本。内在质量必须符合设计和规范的要求,必须满足使用功能和使用安全的要求,必须达到:技术先进,性能优良,可靠性、安全性、经济性、舒适性等方面都满足用户的需求。要做到:布置合理、安装牢固、横平竖直、整齐美观、居中对称、成行成线、外表清洁、油漆光亮、标识清楚。重物吊点、支架设置一定要牢固可靠、没有坠落的可能性,如大型灯具,吊点埋设隐蔽记录、超载试验记录要齐全。

(1)塑料台的安装。

1)塑料台的安装。将接灯线从塑料台的出线孔中穿出,将塑料台紧贴住建筑物表面,塑料台的安装孔对准灯头盒螺孔,用机螺丝(或木螺丝)将塑料台固定牢固。绝缘台直径大于 75m 时,应使用 2 个以上胀管固定。

2)把从塑料台甩出的导线留出适当维修长度,削出线芯,然后推人灯头盒内,线芯应高出塑料台的台面。用软线在接灯芯上缠 5~7 圈后,将灯芯折回压紧。用粘塑料带和黑胶布分层包扎紧密。将包扎好的接头调顺,扣于法兰盘内,法兰盘(吊盒、平灯口)应与塑料台的中心找正,用长度小于 20mm 的木螺丝固定,如图 3-76 所示。

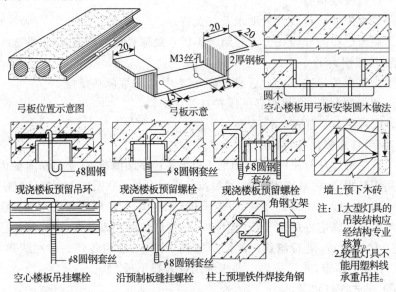

图 3-76 圆孔板上固定塑料(木)台做法

(2)自在器吊灯安装。

1)首先根据灯具的安装高度及数量,把吊线全部预先捯好,应保证在吊线全部放下后,其灯泡底部距地面高度为 800~1100mm 之间。削出线芯,然后盘圈、涮锡、砸扁。

2）根据已掐好的吊线长度断取软塑料管，并将塑料管的两端管头剪成两半，其长度为 20mm，然后把吊线穿入塑料管。

3）把自在器穿套在塑料管上，将吊盒盖和灯口盖分别套入吊线两端，挽好保险扣，再将剪成两半的软塑料管端子、紧密搓接，加热耗合，然后将灯线压在吊盒和灯口螺柱上。如为螺灯口，找出相线，并做好标记，最后按塑料（木）台安装接头方法将吊线安装好。

（3）荧光灯安装。

1）吸顶荧光灯安装：根据设计图确定出荧光灯的位置，将荧光灯紧贴建筑物表面，荧光灯的灯箱应完全遮盖住灯头盒，对着灯头盒的位置打好进线孔，将电源线甩入灯箱，在进线孔处应套上塑料管以保护导线。找好灯头盒螺孔的位置，在灯箱的底板上用电钻打好孔，用机螺丝拧牢固，在灯箱的另一端应使用胀管螺栓加以固定。如果荧光灯是安装在吊顶上的，应该用自攻螺丝将灯箱固定在龙骨上。灯箱固定好后，将电源线压入灯箱内的端子板（瓷接头）上。把灯具的反光板固定在灯箱上，并将灯箱调整顺直，最后把荧光灯管装好。

2）吊链荧光灯安装：根据灯具的安装高度，将全部吊链编好，把吊链挂在灯箱挂钩上，并且在建筑物顶棚上安装好塑料（木）台，将导线依顺序编叉在吊链内，并引入灯箱，在灯箱的进线孔处应套上软塑料管加以保护导线，压入灯箱内的端子板（瓷接头）内。将灯具导线和灯头盒中甩出的电源线联结，并用粘塑料带和黑胶布分层包扎紧密。理顺接头扣于法兰盘内，法兰盘（吊盒）的中心应与塑料（木）台的中心对正，用木螺丝将其拧牢固。将灯具的反光板用机螺丝固定在灯箱上，调整好灯脚，最后将灯管装好。

（4）各型花灯安装。

1）组合式吸顶花灯安装：根据预埋的螺栓和灯头盒的位置，在灯具的托板上用电钻开好安装孔和出线孔，安装时将托板托起，将电源线和从灯具甩出的导线联结并包扎严密。应尽可能的把导线塞入灯头盒内，然后把托板的安装孔对准预埋螺栓，使托板四周和顶棚紧贴，用螺母将其拧紧，调整好各个灯口，悬挂好灯具的各种饰物，并上好灯管或灯泡。

2）吊式花灯安装：将灯具托起，并把预埋好的吊杆插入灯具内，把吊挂销钉插入后再将其尾部掰开成燕尾状，并且将其压平。导线接好头，包扎严实，理顺后向上推起灯具上部的扣碗，将接头扣于其内，且将扣碗紧贴顶棚，拧紧固定螺丝。调整好各个灯口，上好灯泡，最后再配上灯罩。

（5）光带安装。

1）根据灯具的外形尺寸确定其支架的支撑点，再根据灯具的具体重量经过认真核算，用支架的型材制作支架，做好后，根据安装位置，用预埋件或用胀管螺栓把支架固定牢固。轻型光带的支架可以直接固定在主龙骨上。

2) 大型光带必须先下好预埋件,将光带的支架用螺丝固定在预埋件上,固定好支架,将光带的灯箱用机螺丝固定在预埋件上,再将电源线引入灯箱与灯具的导线联结并包扎紧密。

3) 调整各个灯口和灯脚,装上灯泡或灯管,上好灯罩,最后调整灯具的边框应与顶棚面的装修直线平行。如果灯具对称安装,其纵向中心轴线应在同一直线上,偏斜不应大于 5mm。

(6) 壁灯安装。

1) 根据灯具的外形选择合适的木台或木板,把灯具摆放在上面,四周留出的余量要对称,然后用电钻在木板上开好出线孔和安装孔,在灯具的底板上也开好安装孔,将灯具的灯头线从木台(板)的出线孔中甩出,在墙壁上的灯头盒内接头,并包扎严密,将接头塞入盒内。

2) 绝缘台与灯头盒对准,贴紧墙面,用机螺丝将绝缘台直接固定在盒子耳朵上,如果圆台直径超过 75mm 以上,应采用 2 个以上胀管固定。

3) 调整绝缘台,使其平正不歪斜,用螺丝将灯具固定在绝缘台上,最后配好灯泡、灯伞或灯罩。灯罩与灯泡不得相碰,绝缘台与灯泡距离小于 5mm 时,应加隔热措施。

4) 安装在室外的壁灯应做好防水和泄水,绝缘台与墙面之间应加胶垫,有可能积水之处应打泄水孔。

5) 壁灯安装背后接线盒没有开口的应开口,没有接线盒的应加接线盒,木装修墙面接线盒应做防火处理。

4. 通电试运行

1) 灯具、配电箱(盘)安装完毕后,且各条支路的绝缘电阻摇测合格后,方允许通电试运行。

2) 通电后应仔细检查和巡视,检查灯具的控制是否灵活、准确;开关与灯具控制顺序相对应,如果发现问题必须先断电,然后找出原因进行修复。

业务要点 2:专用灯具安装

1. 检查灯具

1) 灯具的选用应符合设计要求,设计无要求时,应符合有关规范的规定,根据灯具的安装场所检查灯具是否符合要求:

① 在易燃和易燃爆场所应采用防爆式灯具。

② 有腐蚀性气体及特别潮湿的场所应采用封闭式灯具,灯具的各部件应做好防腐处理。

③ 潮湿的厂房内和户外的灯具应采用有泄水孔的封闭式灯具。

④ 多尘的场所应根据粉尘的浓度及性质,采用封闭式或密闭式灯具。

⑤ 灼热多尘场所(例如出钢、出铁、轧钢等场所)应采用投光灯。

⑥ 可能受机械损伤的厂房内,应采用有保护网的灯具。

⑦ 震动场所(例如有锻锤、空压机、桥式起重机等),灯具应有防震措施(例如采用吊链软性联结)。

⑧ 除开敞式外,其他各类灯具的灯泡容量在100W及以上者均应采用瓷灯口。

2)灯内配线检查

① 灯内配线应符合设计要求及有关规定。

② 穿入灯箱的导线在分支联结处不得承受额外应力和磨损,多股软线的端头需盘圈、涮锡。

③ 灯箱内的导线不应过于靠近热光源,并应采取隔热措施。

④ 使用螺灯口时,相线必须压在灯芯柱上。

3)专用灯具检查

① 各种标志灯的指示方向正确无误。

② 应急灯必须灵敏可靠。

③ 事故照明灯具应有特殊标志。

④ 局部照明灯必须是双圈变压器,初次级均应装有熔断器。

⑤ 携带式局部照明灯具用的导线,宜采用橡套导线,接地或接零线应在同一护套内。

2. 组装灯具

按设计图纸要求和产品厂家提供的说明进行。

3. 专用灯具的安装

(1)行灯安装。

1)电压不得超过36V。

2)灯体及手柄应绝缘良好,坚固耐热、耐潮湿。

3)灯头与灯体结合紧固,灯头应无开关。

4)灯泡外部应有金属保护网。

5)金属网、反光罩及悬吊挂钩,均应固定在灯具的绝缘部分上。

6)在特殊潮湿场所或导电良好的地面上,或工作地点狭窄、行动不便的场所(例如在锅炉内、金属容器内工作),行灯电压不得超过12V。

7)携带式局部照明灯具所用的导线宜采用橡套软线。

(2)手术台无影灯安装。

1)固定螺丝的数量,不得少于灯具法兰盘上的固定孔数,且螺栓直径应与孔径配套。

2)在混凝土结构上,预埋螺栓应与主筋相焊接,或将挂钩末端弯曲与主筋绑扎锚固。

3）固定无影灯底座时，均须采用双螺母。

4）安装在重要场所的大型灯具的玻璃罩，应有防止其破碎后向下溅落的措施（除设计要求外），一般可用透明尼龙丝编织的保护网，网孔的规格应根据实际情况决定、定制。

（3）金属卤化物灯（钠铊铟灯、镝灯等）安装。

1）灯具安装高度宜在 5m 以上，电源线应经接线柱联结，并不得使电源线靠近灯具的表面。

2）灯管必须与触发器和限流器配套使用。

（4）36V 及以下行灯变压器安装。

1）变压器应采用双圈的，不允许采用自耦变压器。初级与次级应分别在两盒内接线。

2）电源侧应有短路保护，其熔丝的额定电流不应大于变压器的额定电流。

3）外壳、铁芯和低压侧的一端或中心点均应接保护地线或接零线。

（5）手术室工作照明回路要求。

1）照明配电箱内应装有专用的总开关及分路开关。

2）室内灯具应分别接在两条专用的回路上。

（6）固定在移动结构（例如活动托架等）上的局部照明灯具的敷线要求。

1）导线应敷于托架的内部，线芯最小截面应符合表 3-35 的规定。

表 3-35　线芯最小允许截面　　　　（单位：mm²）

灯具安装的场所及用途		线芯最小截面积	
		铜芯软线	铜线
灯头线	民用建筑室内	0.5	0.5
	工业建筑室内	0.5	1.0
	室外	1.0	1.0

2）导线不应在托架的活动联结处受到拉力和磨损，应加套塑料套予以保护。

（7）游泳池和类似场所的灯具（例如水下灯、防水灯具等）应为 12V 以下灯具，等电位联结应可靠，且有明显标识，其电源的专用漏电保护装置应全部检测合格。自电源引入灯具的导管必须采用绝缘导管，严禁采用金属或有金属护层的导管。

（8）应急照明灯具安装。

1）应急照明灯的电源除正常电源外，另有一路电源；或者由独立于正常电源的柴油发电机组供电；或蓄电池柜供电或选用自带电源型应急灯具。

2）应急照明在正常电源断电后，电源转换时间为：疏散照明≤15s；备用照明≤15s（金融商店交易所≤1.5s）；安全照明≤0.5s。

3）疏散照明由安全出口标志灯和疏散标志灯组成。安全出口标志灯距地高度不应低于 2m，且安装在疏散出口和楼梯口里侧上方。

4）疏散标志灯安装在安全出口的顶部，楼梯间、疏散走道及其转角处应安装在 1m 以下的墙面上。不易安装的部位可安装在上部。疏散通道上的标志灯间距不大于 20m，人防工程内不大于 10m。

5）疏散标志灯的设置，应不影响正常通行，且不在其周围设置容易混同疏散标志灯的其他标志牌等。

6）应急照明灯具、运行温度大于 60℃ 的灯具，当靠近可燃物时，应采取隔热、散热等防火措施。当采用白炽灯、卤钨灯等光源，不得直接安装在可燃装修材料或可燃物件上。

7）应急照明线路在每个防火分区有独立的应急照明回路，穿越不同的防火分区的线路有防火隔堵措施。

8）疏散照明线路采用耐火电线、电缆，穿管明敷或在非燃烧体内穿刚性导管暗敷，暗敷保护层厚度不小于 30mm。电线采用额定电压不低于 750V 的铜芯绝缘电线。

（9）防爆灯具安装。

1）灯具的防爆标志、外壳防护等级和温度组别与爆炸危险环境相适配。严格按照设计要求选型，当设计无要求时，灯具种类和防爆结构的选型应符合国家规范的规定。

2）灯具配套齐全，不用非防爆零件替代灯具配件（例如金属护网、灯罩、接线盒等）。

3）灯具的安装位置应离开释放源，且不得在各种管道的泄压口及排放口上下方安装防爆灯具。

4）安装牢固可靠，灯具吊管与接线盒螺纹啮合扣数不少于 5 扣，螺纹加工光滑、完整、无锈蚀，并在螺纹处涂电力复合脂或导电性防锈脂。

4. 通电试运行

1）灯具、配电箱（盘）安装完毕后，且各条支路的绝缘电阻摇测合格后，方允许通电试运行。

2）通电后应仔细检查和巡视，检查灯具的控制是否灵活、准确；开关与灯具控制顺序相对应，若发现问题必须先断电，然后找出原因进行修复。

业务要点 3：建筑物景观照明灯、航空障碍标志灯和庭院灯安装

1. 检查灯具

（1）灯具的选用。灯具的选用应符合设计要求，设计无要求时，应符合有关

规范的规定,根据灯具的安装场所检查灯具是否符合要求。

1)在易燃和易燃爆场所应采用防爆式灯具。

2)有腐蚀性气体以及特别潮湿的场所应采用封闭式灯具,灯具的各部件应做好防腐处理。

3)潮湿的厂房内和户外的灯具应采用有泄水孔的封闭式灯具。

4)多尘的场所应根据粉尘的浓度及性质,采用封闭式或密闭式灯具。

5)灼热多尘场所(例如出钢、出铁、轧钢等场所)应采用投光灯。

6)可能受机械损伤的厂房内,应采用有保护网的灯具。

7)震动场所(例如有锻锤、空压机、桥式起重机等),灯具应有防震措施(例如采用吊链软性连接)。

8)除开敞式外,其他各类灯具的灯泡容量在 100W 及以上者均应采用瓷灯口。

(2)灯内配线检查。

1)灯内配线应符合设计要求以及有关规定。

2)穿入灯箱的导线在分支连接处不得承受额外应力和磨损,多股软线的端头需盘圈、涮锡。

3)灯箱内的导线不应过于靠近热光源,并且应采取隔热措施。

4)使用螺灯口时,相线必须压在灯芯柱上。

2. 组装灯具

按设计图纸要求和产品厂家提供的说明进行。

3. 安装灯具

(1)建筑物彩灯安装。建筑彩灯安装示意图如图 3-77 所示。

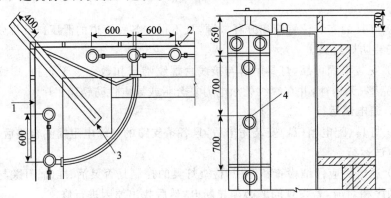

图 3-77 建筑彩灯安装示意图

1—避雷带 2—水平彩灯 3—垂直彩灯挑臂 4—垂直彩灯

1)建筑物顶部彩灯采用有防雨性能的专用灯具,安装时应将灯罩拧紧。

2）彩灯配线管路按明配管敷设,并且应有防雨功能。管路间、管路与灯头盒间螺纹连接,丝头应缠防水胶带或缠麻抹铅油。

3）垂直彩灯悬挂挑臂采用不小于 10 号槽钢。端部吊挂钢索的吊钩螺栓直径不小于 10mm,螺栓在槽钢上固定,两侧有螺帽,并且加平垫圈及弹簧垫圈紧固。

4）悬挂钢丝绳直径不小于 4.5mm,底把圆钢直径不小于 16mm,地锚采用架空外线用拉线盘,埋设深度大于 1.5m。

5）垂直彩灯采用防水吊线灯头,下端灯头距地面高于 3m。

6）金属导管及彩灯的构架、钢索等可接近裸露导体的接地(PE)或接零(PEN)可靠。

（2）霓虹灯安装。

1）霓虹灯管完好,无破裂;绝缘支架专用螺栓应固定牢固可靠。

2）灯管应采用专用绝缘支架固定,并且牢固可靠。灯管固定后,与建(构)筑物表面的距离不小于 20mm。

3）霓虹灯专用变压器采用双圈式,所供灯管长度不大于允许负载长度;安装位置方便检修,不装在吊顶内,并且隐蔽在不易被常人触及的场所;露天安装的有防雨措施,高度不低于 3m,低于 3m 时应采取防护措施。

4）霓虹灯专用变压器的二次电线和灯管间的连接线采用额定电压大于 15kV 的高压绝缘电线。二次电线与建(构)筑物表面的距离不小于 20mm;二次侧导线采用玻璃制品作为支持物时,固定点间距水平段为 0.5m,垂直段为 0.75m。

（3）航空障碍标志灯安装。

1）灯具装设在建筑物或构筑物的最高部位。当最高部位平面面积较大或为建筑群时,除在最高端装设外,还在其外侧转角的顶端分别装设灯具;灯具之间的水平、垂直距离不大于 45m。

2）当灯具在烟囱顶上装设时,安装在低于烟囱口 1.5～3m 的部位,并且呈正三角形水平排列。

3）灯具的选型应根据设计决定。若无设计规定,根据安装高度决定:低光强的(距地面 60m 以下装设时采用)为红色光,其有效光强大于 1600cd。高光强的(距地面 150m 以上装设时采用)为白色光,有效光强随背景亮度而定。

4）灯具的电源按主体建筑中最高负荷等级要求供电;灯具的自动通、断电源控制装置应动作准确。

5）灯具安装牢固可靠,并且设置维修和更换光源的措施。

（4）庭院灯安装。

1）每套灯具的导电部分对地绝缘电阻值大于 2MΩ。

2)立柱式路灯、落地式路灯和特种园艺灯等灯具与基础固定可靠。地脚螺栓备帽齐全。灯具的接线盒或熔断器盒,盒盖的防水密封垫完整。

3)金属立柱及灯具可接近裸露导体的接地(PE)或接零(PEN)可靠。接地线单设干线,干线沿庭院灯布置位置形成环网状,并且不少于2处与接地装置引出线连接。由干线引出支线与金属灯柱以及灯具的接地端子连接,并且有标识。

4)灯具的自动通、断电源控制装置应动作准确、可靠;每套灯具熔断器盒内熔丝齐全,规格与灯具适配;每套灯具配有熔断器保护。

（5）建筑物景观照明灯具安装。

1)每套灯具的导电部分对地绝缘电阻值大于2MΩ。

2)在人行道等人员来往密集场所安装的落地式灯具,无围栏防护,安装高度距地面应在2.5m以上。

3)金属构架和灯具的可接近裸露导体及金属软管的接地(PE)或接零(PEN)可靠,并且有标识。

4. 通电试运行

建筑物景观照明灯、航空障碍标志灯和庭院灯的通电试运行同普通灯具。

业务要点4:开关、插座的安装

1. 安装准备

1)先将盒内甩出的导线留出维修长度,削去绝缘层,注意不要伤及线芯。

2)将导线按顺时针方向盘绕在开关、插座相对应的接线端子上,然后旋紧压头。

3)若是独芯导线,可将线芯直接插入接线孔内;当孔径大于线径2倍时应弯回头插入,再用顶丝压紧。注意线芯不得外露。

2. 一般安装规定

（1）开关安装规定。

1)翘把开关距地面的高度为1.3m(或按施工图纸要求),距门口为150~200mm;开关不得置于单扇门后面。

2)暗装开关的面板应端正,紧贴墙面,四周无缝隙,安装牢固,表面光滑,无碎裂、划伤,装饰帽齐全。

3)开关位置应与控制灯位相对应,同一场所内开关方向应一致。

4)相同型号成排安装的开关高度应一致,高差不大于2mm,且控制有序、不错位;拉线开关相邻间距一般不小于20mm。

5)多尘、潮湿场所和户外应选用密封防水型开关。

6）在易燃、易爆和特别潮湿的场所,开关应分别采用防爆型、密闭型,或设计安装在其他处所进行控制。

7）民用住宅严禁装设床头开关。

8）明线敷设开关应安装在不少于 15mm 厚的绝缘台上。

（2）插座安装规定。

1）暗装和工业用插座距地面不应低于 300mm,特殊场所暗装插座不低于 150mm。

2）在儿童活动场所和民用住宅中应采用安全插座,采用普通插座时,其安装高度不应低于 1.8m。

3）同一室内安装的插座高低差不应大于 5mm;成排安装的插座安装高度应一致。

4）暗装的插座应有专用盒,面板应端正严密,与墙面平整。

5）地插座面板与地面齐平或紧贴地面,盖板牢固,密封良好。

6）在特别潮湿和有易燃、易爆气体及粉尘的场所不宜安装插座,如设计需要安装时,应采用密封型并带保护地线触头的保护型插座,安装高度不低于 1.5m。

7）带开关的插座,开关应断相线。

8）开关、插座安装在有装饰木墙裙或装饰布的地方时,应有可靠的防火措施。

3. 开关、插座安装

（1）暗装开关、插座。

1）按接线要求,将盒内甩出的导线与开关、插座的面板相应的接线端子连接好。

2）将开关或插座推入盒内,如果盒子距墙面大于 20mm 时,应加装同材质的套盒,套盒与原盒连接可靠。

3）对正盒眼,用机螺丝固定牢固。固定时要使面板端正,并与墙面齐平。

（2）明装开关、插座。

1）将从盒内甩出的导线由绝缘台的出线孔中穿出,再将绝缘台（例如塑料或木台）紧贴于墙面,用螺丝固定在盒子或木砖上;如果是明配线,绝缘台上的稳线槽应先顺对导线方向,再用螺丝固定牢固。

2）绝缘台固定后,将甩出相线、地（零）线按各自的位置从开关、插座的孔中穿出,按接线要求将导线压牢。

3）将开关或插座紧贴于绝缘台上,对中找正,用木螺丝固定牢。

4）把开关、插座的面板上好。

第七节 防雷与接地系统的安装

本节导读

本节主要介绍防雷与接地系统的安装,内容包括接闪器安装、避雷引下线安装、人工接地体安装、自然接地体安装、接地线安装以及等电位联结等。其内容关系如图 3-78 所示。

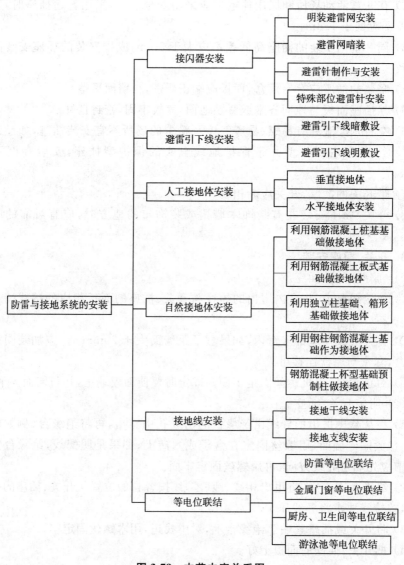

图 3-78　本节内容关系图

◎ 业务要点 1:接闪器安装

1. 明装避雷网安装

(1) 支架安装。

1) 避雷网沿女儿墙安装时使用支架固定。

2) 角钢支架应有燕尾,其埋设深度不小于 100mm,其他各种支架的埋设深度不小于 80mm。

3) 支架安装高度为 100~200mm,其各支点的间距不应大于 1m。

4) 支架安装时,首先固定一直线段上位于两端的支架,并浇注,然后拉线进行其他支架的浇注。

5) 支架位置确定后,用电锤打不小于 100mm 的孔洞,再将支架插入孔内,用强度等级为 32.5 以上水泥加水拌匀(水灰比为 1∶9),用捻凿将灰把孔洞填满,用手锤打实。

6) 如果女儿墙预留有预埋铁件,可将支架直接焊在铁件上,支架的找直方法同上。

7) 支架应平直。水平度每 2m 段允许偏差为 3/1000,垂直度每 3m 允许偏差为 2/1000;全长偏差不得大于 10mm。

8) 所有支架必须牢固,能承受大于 49N(5kg)的垂直拉力;灰浆饱满,横平竖直。

(2) 屋面混凝土支座安装。

1) 屋面上支架的安装位置是由避雷网的安装位置决定的。避雷网距屋面的边缘距离不应大于 500mm。在避雷网转角中心严禁设置避雷网支架。

2) 在屋面上制作或安装支座时,应在直线段两端点(即弯曲处的起点)拉通线,确定好中间支座位置,中间支座的间距不大于 1m,相互间距离均匀分布,转弯处支座的间距为 0.3~0.5m。

3) 支座在屋面防水层上安装时,须待屋面防水工程结束后,将混凝土支座分档摆好,将两端支架拉直线,然后将其他支座用砂浆找平,把支座与屋面固定牢固。

(3) 避雷网安装。

1) 避雷线采用截面不小于 48mm² 的扁钢或不小于直径 8mm 的圆钢。

2) 避雷线弯曲处不得小于 90°,弯曲半径不得小于圆钢直径的 10 倍,并不得弯成死角。

3) 所选的材料如为扁钢,可放在平板上用手锤调直;如为圆钢可将圆钢放开,一端固定在牢固地锚的机具上,另一端固定在绞磨(或倒链)的夹具上进行冷拉直。

4）将调直的避雷线运到安装地点。

5）将避雷线用大绳提升到顶部，顺直沿支架的路径进行敷设，卡固、焊接连成一体，并同引下线焊好。其引下线的上端与避雷带（网）的交接处，应弯曲成弧形再与避雷带（网）并齐进行搭接焊接。

6）建筑屋顶上的突出物，如透气管、金属天沟、铁栏杆、爬梯、冷却水塔、各类天线等，这些部位的金属导体都必须与避雷网焊接成一体。顶层的烟囱、透气口应做避雷带或避雷针。

7）焊接的药皮应敲掉，进行局部调直后刷防锈漆或银粉。

8）避雷带（网）应位置正确，焊接固定的焊缝饱满无遗漏，螺栓固定的备帽等防松零件齐全，焊接部分补刷的防腐油漆完整。

（4）用钢管做明装避雷带。

1）利用建筑物金属栏杆和另外敷设镀锌钢管作明装避雷带时，用作支持支架的钢管管径不应大于避雷带钢管的直径，其埋入混凝土或砌体内的下端应横向焊短圆钢做加强筋，埋设深度应小于150mm，支架应固定牢固。

2）支架间距在转角处距转弯点为0.25～0.5m，且相同弯曲处应距离一致。中间支架距离不应大于1m，间距应均匀相等。

3）明装钢管做避雷带在转角处应与建筑造型协调，拐弯处应弯成圆弧活弯，严禁使用暖卫专业的冲压弯头进行管与管的联结。

4）钢管避雷带相互联结处，管内应设置管外径与联结管内径相吻合的钢管做衬管，衬管长度不应小于管外径的4倍。

5）避雷带与支架的固定方式应采用焊接联结。钢管避雷带的焊接处，应打磨光滑，无凸起高度，焊接联结处经处理后应涂刷红丹防锈漆和银粉防腐。

（5）避雷带通过变形缝做法。

避雷带通过伸缩、沉降缝处，将避雷带向侧面弯成半径100mm的弧形，且支持卡子中心距建筑物边缘距离减至400mm。避雷带通过伸缩、沉降缝处也可以将避雷带向下部弯曲，如图3-79所示。

2. 避雷网暗装

当女儿墙压顶为现浇混凝土时，压顶板内通长钢筋可被利用作为暗装避雷网，其引下线可以采用φ12圆钢或利用女儿墙中两根相距500mm、直径不小于φ10的主筋。

3. 避雷针制作与安装

1）避雷针选用镀锌钢管或镀锌圆钢制作，操作时注意保护镀锌层。避雷针采用圆钢或钢管制作时，其直径不应小于表3-36内要求的数值。

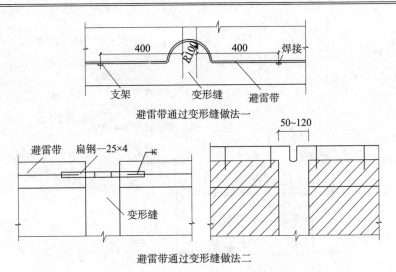

避雷带通过变形缝做法一

避雷带通过变形缝做法二

图 3-79 避雷带通过变形缝做法

表 3-36 避雷针制作要求

项次	安装部位	材料要求
1	独立避雷针	$\phi19$ 镀锌圆钢
2	屋面避雷针	$\phi25$ 镀锌钢管
3	水塔顶部避雷针	$\phi25$ 镀锌圆钢或 $\phi45mm$ 镀锌钢管
4	烟囱顶部避雷针	$\phi25$ 镀锌圆钢或 $\phi45mm$ 镀锌钢管
5	避雷环	$\phi12$ 镀锌圆钢或截面为 100mm 镀锌扁钢(厚度为 4mm)

2）避雷针按设计要求的材料所需长度分上、中、下三节下料。如针尖采用钢管制作,应先将上节钢管一端锯成齿形,用手锤收尖后进行焊缝焊接,磨尖成锥形,尖部涮锡。针体分节尺寸具体如表 3-37 的规定。

表 3-37 针体分节尺寸

针全高		1m	2m	3m	4m	5m
各节尺寸	A	1m	2m	1.5m	1.0m	1.5m
	B	—	—	1.5m	1.5m	1.5m
	C	—	—	—	1.5m	2.0m

3）避雷针在屋面上安装,电气专业应向土建专业提供混凝土底座以及预埋底板或地脚螺栓的资料,在屋面结构施工中由土建浇灌好混凝土支座,并预埋好地脚螺栓或底板。地脚螺栓或底板与工程结构钢筋焊接成一体。待混凝土强度符合要求后再安装避雷针,如图 3-80 所示。

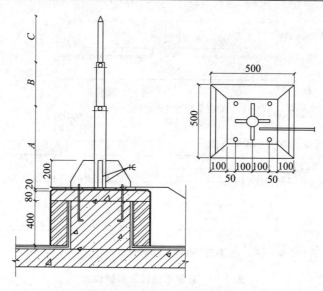

图 3-80 避雷针在屋面上安装

4）将避雷针支座钢板固定在预埋的地脚螺栓上，在底板的中心点确定避雷针位置，然后在底板相应的位置焊上一块肋板，再将避雷针立起，找直找正后进行定位焊，加以校正，再焊上其他三块肋板以固定牢固。肋板采用 6mm 厚钢板，呈三角形。

5）避雷针在安装前应将避雷针各节组装好。避雷针各节联结采用插接式，每节插入管内不小于 300mm，找直后沿管周围焊接。

6）避雷针安装要牢固，针体应垂直，其允许偏差不应大于顶端针杆的直径。并将防雷网及引下线与底板焊接成一个整体，清除药皮，刷防锈漆。

7）避雷针的保护角应按 45°或 60°考虑。当建筑物屋面单支避雷针的保护范围不能满足要求时可采用两支。两支避雷针外侧的保护范围按单支避雷针确定，两针之间的保护范围按单支的距离不大于避雷针的有效高度的 1.5 倍，且不大于 300m 来布置。

4. 特殊部位避雷针安装

（1）砖烟囱避雷针安装。

1）砖烟囱避雷针一般采用 $\phi25$ 镀锌圆钢或 $\phi40$ 镀锌钢管。避雷针安装数量及位置应根据设计要求或烟囱尺寸来确定，可参考表 3-38。

表 3-38 避雷针安装数量选择表

烟囱尺寸	内径/m	1.0	1.0	1.5	1.5	2.0	2.0	2.5	2.5	3.0
	高度/m	15～30	31～50	15～45	46～80	15～30	30～100	15～30	30～100	15～100
烟囱数量		1	2	2	3	2	3	2	3	3

2）在结构浇筑混凝土前根据事先确定好的位置，将预埋件预埋在结构中并与结构钢筋相焊接。

3）将避雷针运到施工作业现场，用引绳将避雷针拉到烟囱顶部，与预埋铁定位焊，调直、找正后焊接牢固。然后采用 3mm 厚、800mm×800mm 钢板及引下用 $\phi8U$ 型螺栓与铁爬梯相连接固定。

（2）半导体少长针消雷装置安装。

1）利用其独特结构，通过放电，中和雷云电荷来减少雷电流，从而有效地保护了建筑物及内部设备。多用于铁塔及 35m 以上建筑。

2）在屋面结构施工中或铁塔顶部安装过程中，依据此消雷装置的技术资料，预埋并焊接 4 根 $\phi16$ 螺栓，然后将消雷装置与螺栓固定。

3）利用脚手架将半导体少长针针组通过联结丝扣与消雷装置连接。然后用金属箍拧紧固定。避雷引下线与消雷装置底座焊接成一体。

业务要点 2：避雷引下线安装

1. 避雷引下线暗敷设

1）首先将所用扁钢（或圆钢）用手锤等进行调直或抻直。

2）将调直的引下线运到安装地点，按设计要求随建筑物引上、挂好。

3）及时将引下线的下端与接地体焊接好，或与接地卡子联结好。随着建筑物的逐步增高，将引下线埋设于建筑物内至屋顶为止。如需接头则需进行焊接，焊接后应敲掉药皮并刷防锈漆（现浇混凝土除外），并请有关人员进行隐蔽验收，做好记录。

4）利用主筋（直径不小于 $\phi16mm$）做引下线时，应按设计要求找出全部主筋位置，用油漆做好标记，设计无要求时应于距室外地面 0.5m 处焊好测试点，随钢筋逐层串联焊接至顶层，焊接出一定长度的引下线，搭接长度不小于 $6d$，引下线的联结可采用绑扎、螺纹联结或焊接，做完后请有关人员进行隐检，做好隐检记录。

2. 避雷引下线明敷设

1）引下线如为扁钢，可放在平板上用手锤调直；如为圆钢最好选用直条，如为盘条则需将圆钢放开，用倒链等进行冷拉直。

2）将调直的引下线搬运到安装地点。

3）自建筑物上方向下逐点固定，直至安装断接卡子处，如需接头或安装断接卡子，则应进行焊接，焊好后清除药皮，局部调直并刷防锈漆及银粉。

4）将引下线地面上 1.7m 长一段，用刚性硬塑料管保护，壁厚不小于 3mm，并应在距地面 1.8m 处做断接卡子。保护管应卡固，并且刷红白油漆。

5）用镀锌螺栓将断接卡子与接地体联结牢固。

业务要点 3：人工接地体安装

人工接地体有两种安装方式，即垂直安装和水平安装。

1. 垂直接地体

（1）垂直接地体的制作。垂直接地体一般采用镀锌角钢或钢管制作。角钢厚度不小于 4mm，钢管壁厚不小于 3.5mm，有效截面积不小于 48mm²。所用材料不应有严重锈蚀，弯曲的材料必须矫直后方可使用。一般用 50mm×50mm×5mm 镀锌角钢或 ϕ50mm 镀锌钢管制作。

垂直接地体的长度一般为 2.5m，其下端加工成尖形。用角钢制作时，其尖端应在角钢的角脊上，且两个斜边要对称（见图 3-81a）；用钢管制作时要单边斜削（见图 3-81b）。

（2）垂直接地体安装。装设接地体前，需沿设计图规定的接地网的线路先挖沟。由于地的表层容易冰冻，冰冻层会使接地电阻增大，且地表层容易被挖掘，会损坏接地装置。因此，接地装置需埋于地表层以下，一般埋设深度不应小于 0.6m，一般挖沟深度 0.8～1m。

沟挖好后应尽快敷设接地体，接地体长度一般为 2.5m，按设计位置将接地体打入地下，当打

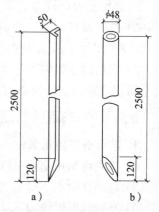

图 3-81　垂直接地体
a)角钢　b)钢管

到接地体露出沟底的长度约 150～200mm（沟深 0.8～1m）时，停止打入。然后再打入相邻一根接地体，相邻接地体之间间距不小于接地体长度 2 倍，接地体与建筑物之间距离不能小于 1.5m。接地体应与地面垂直。接地体间连接一般用镀锌扁钢，扁钢规格和数量以及敷设位置应按设计图规定，扁钢与接地体用焊接方法连接（搭接焊，焊接长度符合规定）。扁钢应立放，这样既便于焊接，也可减小接地流散电阻。

接地体连接好后，经过检查确认接地体的埋设深度、焊接质量等均已符合要求后，即可将沟填平。填沟时应注意回填土中不应夹有石块、建筑碎料及垃圾，回填土应分层夯实，使土壤与接地体紧密接触。

2. 水平接地体安装

水平接地体多采用 ϕ16mm 的镀锌圆钢或 40mm×4mm 镀锌扁钢。常见的水平接地体有带形、环形和放射形，如图 3-82 所示。埋设深度一般在 0.6～1m 之间，不能小于 0.6m。

带形接地体多为几根水平安装的圆钢或扁钢并联而成，埋设深度不小于 0.6m，其根数及每根长度按设计要求。

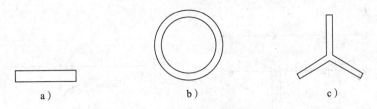

图 3-82　常见的水平接地体

a)带形　b)环形　c)放射形

环形接地体是用圆钢或扁钢焊接而成,水平埋设于地下 0.7m 以上。其直径大小按设计规定。

放射形接地体的放射根数一般为 3 根或 4 根,埋设深度不小于 0.7m,每根长度按设计要求。

业务要点 4:自然接地体安装

1. 利用钢筋混凝土桩基基础做接地体

桩基础接地体的构成,如图 3-83 所示。一般是在作为防雷引下线的柱子(或是剪力墙内钢筋做引下线)位置处,将桩基础的抛头钢筋和承台梁主筋焊接,如图 3-84 所示,并与上面作为引下线的柱(或剪力墙)中钢筋焊接。如果每一组桩基多于四根时,仅须连接其四角桩基的钢筋作为防雷接地体。

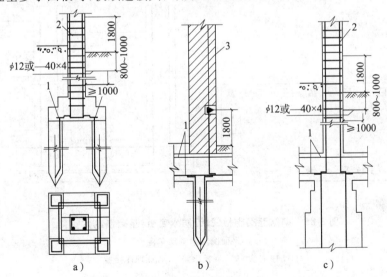

图 3-83　钢筋混凝土桩基础接地体安装

a)独立式桩基　b)方桩基础　c)挖孔桩基础

1—承台梁钢筋　2—柱主筋　3—独立引下线

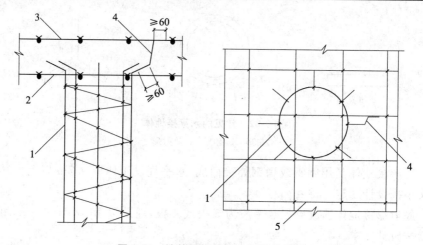

图 3-84　桩基钢筋与承台钢筋的连接
1—桩基钢筋　2—承台下层钢筋　3—承台上层钢筋
4—连接导体　5—承台钢筋

2. 利用钢筋混凝土板式基础做接地体

1) 利用无防水层底板的钢筋混凝土板式基础做接地时,将利用作为防雷引下线符合规定的柱主筋和底板的钢筋进行焊接连接,如图 3-85 所示。

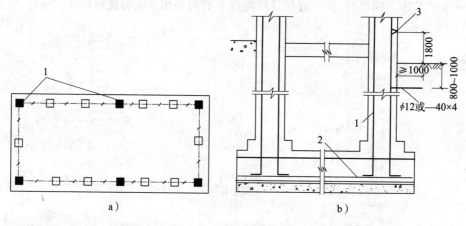

图 3-85　钢筋混凝土板式(无防水底板)基础接地体安装
a)平面图　b)基础安装
1—柱主筋　2—底板钢筋　3—预埋连接板

2) 利用有防水层板式基础的钢筋做接地体时,将符合规格和数量的可用以做防雷引下线的柱内钢筋,在室外自然地面以下的适当位置处,利用预埋连接板与外引的 $\phi12mm$ 镀锌圆钢或 $-40mm×40mm$ 的镀锌扁钢相焊接做连接线,与有防水层的钢筋混凝土板式基础的接地装置连接,如图 3-86 所示。

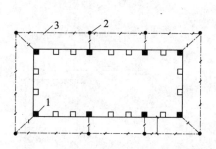
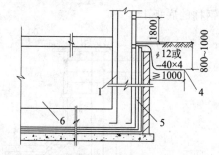

图 3-86　钢筋混凝土板式(有防水层)基础接地体安装图

1—柱主筋　2—接地体　3—连接线

4—引至接地体　5—防水层　6—基础底板

3. 利用独立柱基础、箱形基础做接地体

钢筋混凝土独立柱基础接地体如图 3-87 所示;钢筋混凝土箱形基础接地体如图 3-88 所示;设有防潮层的基础接地体安装如图 3-89 所示。

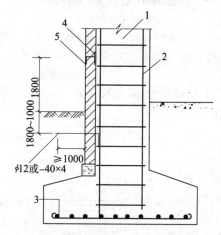
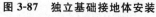
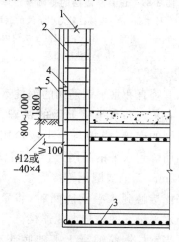

图 3-87　独立基础接地体安装

1—现浇混凝土柱　2—柱主筋

3—基础底层钢筋网　4—预埋连接板

5—引出连接板

图 3-88　箱形基础接地体安装

1—现浇混凝土柱　2—柱主筋

3—基础底层钢筋网　4—预埋连接板

5—引出连接板

4. 利用钢柱钢筋混凝土基础作为接地体

只有水平钢筋网的钢柱钢筋混凝土基础做接地体,如图 3-90 所示,每个钢筋混凝土基础中有一个地脚螺栓通过连接导体($\geqslant \phi 12 mm$ 钢筋或圆钢)与水平钢筋网进行焊接连接。地脚螺栓通过连接导体与水平钢筋网的搭接焊接长度不应小于连接导体直径的 6 倍,并且应在钢桩就位后,将地脚螺栓及螺母和钢柱焊为一体。当无法利用钢柱的地脚螺栓时,应按钢筋混凝土杯型基础接地体的施工方法施工。将连接导体引到钢柱就位后的边线外,并且在钢柱就位后,焊

到钢柱的底板上。

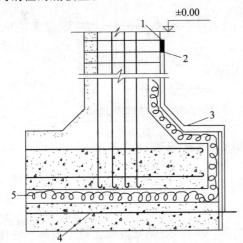

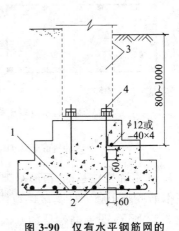

图3-89　设有防潮层的基础接地体安装

1—柱主筋　2—连接柱筋与引下线的预埋铁件

3—φ12圆钢引下线　4—混凝土垫层内钢筋

5—油毡防潮层

图3-90　仅有水平钢筋网的

基础接地体的安装

1—水平钢筋网　2—连接导体(≥φ12mm

钢筋或圆钢)　3—钢柱　4—地脚螺栓

有垂直和水平钢筋网的钢柱钢筋混凝土基础接地体,如图3-91所示。

有垂直和水平钢筋网的基础,垂直和水平钢筋网的连接,应将与地脚螺栓相连接一根垂直钢筋焊到水平钢筋网上,当不能焊接时,采用≥φ12mm钢筋或圆钢跨接焊接。如果四根垂直主筋能接触到水平钢筋网时,将垂直的四根钢筋与水平钢筋网进行绑扎连接。

当钢柱钢筋混凝土基础底部有柱基时,应将每一桩基的一根主筋与承台钢筋焊接。

5. 钢筋混凝土杯型基础预制柱做接地体

1) 当只有水平钢筋的杯型基础做接地体时,将连接导体(就是连接基础内水平钢筋网与预制混凝土柱预埋连接板的钢筋或圆钢)引出位置是在杯口一角的附近,与预制混凝土柱上的预埋连接板位置相对应,连接导体与水平钢筋网采用焊接。连接导体与柱上预埋件连接也应焊接,立柱后,将连接导体与φ63mm×63mm×5mm长度为100mm的柱内预埋连接板焊接

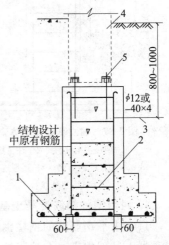

图3-91　有垂直和水平钢筋网的

基础接地体的安装

1—水平钢筋网　2—垂直钢筋网

3—连接导体(≥φ12mm钢筋或圆钢)

4—钢柱　5—地脚螺栓

后,将其与土壤接触的外露部分用 1：3 水泥砂浆保护,保护层厚度不小于 50mm。

2)当有垂直和水平钢筋网的杯型基础做接地体时,与连接导体相连接的垂直钢筋,应与水平钢筋相焊接。如果不能焊接时,采用不小于 $\phi10mm$ 的钢筋或圆钢跨接焊接。如果四根垂直主筋都能接触到水平钢筋网时,应将其绑扎连接。

3)连接导体外露部分应做水泥砂浆保护层,厚度为 50mm。当杯形钢筋混凝土基础底下有桩基时,应将每一根桩基的一根主筋与承台梁钢筋焊接。如果不能直接焊接时,可用连接导体进行连接。

业务要点 5:接地线安装

人工接地线材料一般都采用圆钢或扁钢。只有移动式电气设备和采用钢质导线在安装上有困难的电气设备,才采用有色金属作为人工接地线,但禁止使用裸铝导线作接地线。接地干线采用扁钢时,截面不小于 4mm×12mm,采用圆钢时直径不小于 6mm。

接地线的安装包括接地体连接用的扁钢及接地干线和接地支线的安装。

接地网中各接地体间的连接干线,一般用扁钢宽面垂直安装,连接处应尽可能采用焊接并加镶块,以增大焊接面积。如无条件焊接时,也允许用螺钉压接,但要先在接地体上端装设接地干线连接板,如图 3-92 所示。连接板须经镀锌处理,螺钉也要采用镀锌螺钉。安装时,接触面应保持平整、严密,不可有缝隙,螺钉要拧紧。在有振动的地方,螺钉上应加弹簧垫圈。

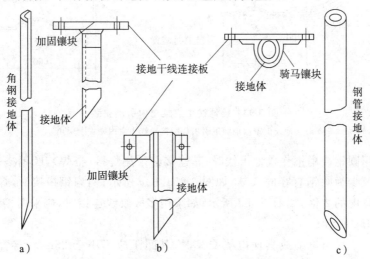

图 3-92　垂直接地体焊接接地干线连接板
a)角钢顶端装连接板　b)角钢垂直面装连接板　c)钢管垂直面装连接板

1. 接地干线安装

安装时要注意以下问题：

接地干线应水平或垂直敷设,在直线段不应有弯曲现象。安装位置应便于检修,并且不妨碍电气设备的拆卸与检修。接地干线与建筑物或墙壁间应有15~20mm间隙。水平安装时离地面距离一般为200~600mm(具体按设计图)。接地线支持卡子之间的距离,在水平部分为1~1.5m,在垂直部分为1.5~2m,在转角部分为0.3~0.5m。在接地干线上应做好接线端子(位置按设计图纸)以便连接接地支线。接地线由建筑物内引出时,可由室内地坪下引出,也可由室内地坪上引出,其做法如图3-93所示。接地线穿过墙壁或楼板,必须预先在需要穿越处装设钢管,接地线在钢管内穿过,钢管伸出墙壁至少为10mm,接地线穿过后,钢管两端要做好密封(见图3-94)。

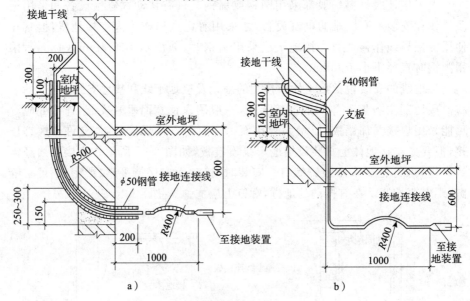

图 3-93 接地线由建筑物内引出安装

a)接地线由室内地坪下引出 b)接地线由室内地坪上引出

采用圆钢或扁钢作接地干线时,其连接必须用焊接(搭焊),圆钢搭接时,焊缝长度至少为圆钢直径的6倍,如图3-95a、b、c所示;两扁钢搭接时,焊缝长度为扁钢宽度的2倍,如图3-95d所示;如采用多股绞线连接时,应采用接线端子,如图3-95e所示。

接地干线与电缆或其他电线交叉时,其间距应不小于25mm;与管道交叉时,应加保护钢管;跨越建筑物伸缩缝时,应有弯曲,以便有伸缩余地,防止断裂。

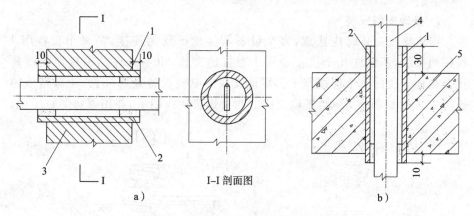

图 3-94 接地线穿越墙壁、楼板的安装

a)穿墙 b)穿楼板

1—沥青棉纱 2—ϕ40 钢管 3—砖墙 4—接地线 5—楼板

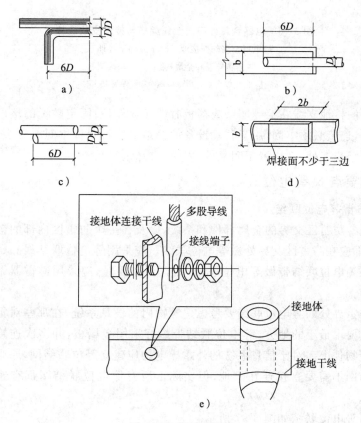

图 3-95 接地体连接

a)圆钢直角搭接 b)圆钢与扁钢搭接 c)圆钢直线搭接

d)扁钢与扁钢搭接 e)垂直接地体为钢管与水平接地体扁钢连接

2. 接地支线安装

接地支线安装时应注意,多个设备与接地干线相连接,需每个设备用1根接地支线,不允许几个设备合用1根接地支线,也不允许几根接地支线并接在接地干线的1个连接点上。接地支线与电气设备金属外壳、金属构架的连接方法如图3-96所示,接地支线的两头焊接接线端子,并用镀锌螺钉压接。

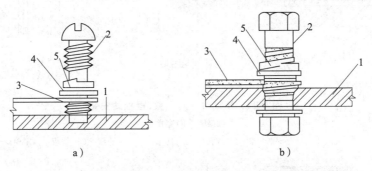

图 3-96 电器金属外壳或金属架构与接地支线连接

a)电器金属外壳接地 b)金属构架接地

1—电器金属外壳和金属构架 2—联接螺栓

3—接地支线 4—镀锌垫圈 5—弹簧垫片

明设的接地支线在穿越墙壁或楼板时应穿管保护;固定敷设的接地支线需要加长时,连接必须牢固,用于移动设备的接地支线不允许中间有接头;接地支线的每一个连接处,都应置于明显处,以便于检修。

业务要点 6:等电位联结

1. 防雷等电位联结

穿过各防雷区交界的金属部件和系统,以及在一个防雷区内部的金属部件和系统,都应在防雷区交界处做等电位联结。应采用等电位联结线和螺栓紧固的线夹在等电位联结带做等电位联结,而且当需要时,应采用避雷器做暂态等电位联结。

在防雷界处的等电位联结要考虑建筑物内的信息系统,在那些对雷电电磁脉冲效应要求最小的地方,等电位联结带最好采用金属板,并多次连接钢筋或其他屏蔽物件上。对于信息系统的外露导电物应建立等位联结网,原则上一个电位联结网不需要直接连在大地,但实际上所有等电位联结网都有通大地的连接。

防雷等电位联结如图3-97所示。

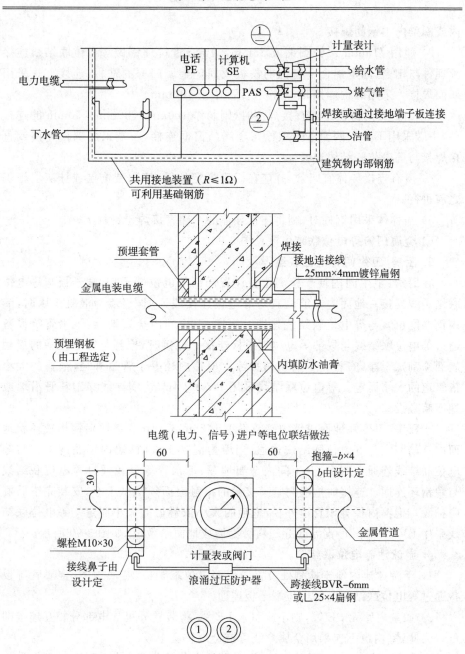

图 3-97　防雷等电位联结示意图

2. 金属门窗等电位联结

1) 根据设计图所示位置于柱内或圈梁内预留预埋件,预埋件设计无要求时应采用面积大于 $100mm \times 100mm$ 的钢板,预埋件应预留于柱角或圈梁角,与柱

149

内或圈梁内主钢筋焊接。

2）使用 $\phi10mm$ 镀锌圆钢或 $25mm\times4mm$ 镀锌扁钢做等电位联结线连接预埋件与钢窗、固定铝合金窗框的铁板或固定金属门框的铁板，连接方式采用双面焊接。采用圆钢焊接时，搭接长度不小于 100mm。

3）如金属门窗框不能直接焊接时，则制作 $100mm\times30mm\times30mm$ 的连接件，一端采用不少于两套 M6 螺栓与金属门窗框连接，一端采用螺栓连接或直接焊接与等电位联结线连通。

4）所有连接导体宜暗敷，并应在门窗框定位后，墙面装饰层或抹灰层施工之前进行。

5）当柱体采用钢柱时，则将连接导体的一端直接焊于钢柱上。

6）金属门窗等电位联结可参见图 3-98。

3. 厨房、卫生间等电位联结

在厨房、卫生间内便于检测位置设置局部等电位端子板，端子板与等电位联结干线连接。地面内钢筋网宜与等电位连接线连通，当墙为混凝土墙时，墙内钢筋网也宜与等电位联结线连通。厨房、卫生间内金属地漏、下水管等设备通过等电位联结线与局部等电位端子板连接。连接时，抱箍与管道接触的接触表面须刮拭干净，安装完毕后刷防护漆。抱箍内径等于管道外径，抱箍的大小依管道的大小而定。等电位联结线采用 BV-$1\times4mm^2$ 铜导线穿塑料管沿墙或地面暗敷设。

于厨房、卫生间地面或墙内暗敷不小于 $25mm\times4mm$ 镀锌扁钢构成环状地面内钢筋网宜与等电位联结线连通，当墙为混凝土墙时，墙内钢筋网也宜与等电位联结线连通。厨房、卫生间内金属地漏、下水管等设备通过等电位联结线与扁钢环连通。连接时抱箍与管道接触的接触表面须刮拭干净，安装完毕后刷防护漆。抱箍内径等于管道外径，抱箍的大小依管道的大小而定。等电位联结线采用 BV-$1\times4mm^2$ 铜导线穿塑料管沿墙或地面暗敷设，如图 3-99 所示。

4. 游泳池等电位联结

1）于游泳池内便于检测处设置局部等电位端子板，金属地漏、金属管等设备通过等电位联结线与等电位端子板连通。

2）如室内原无 PE 线，则不应引入 PE 线，将装置外可导电部分相互连接即可。为此，室内也不应采用金属穿线管或金属护套电缆。

3）在游泳池边地面下无钢筋时，应敷设电位均衡导线，间距为 0.6m，最少在两处作横向连接。如在地面下敷设采暖管线，电位均衡导线应位于采暖管线上方。电位均衡导线也可敷设网格为 $150mm\times150mm$、$\phi3mm$ 的铁丝网，相邻铁丝网之间应相互焊接。

4）一般做法如图 3-100 所示。

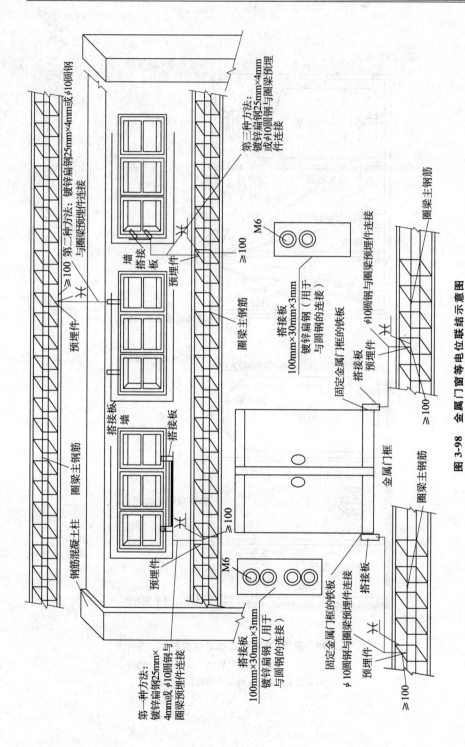

图 3-98 金属门窗等电位联结示意图

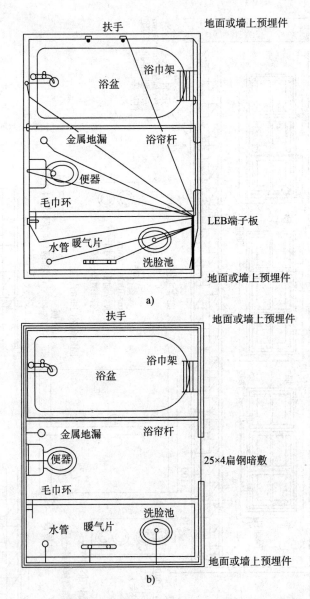

图 3-99 厨房、卫生间局部等电位联结

a)厨房、卫生间等电位联结系统

b)厨房、卫生间等电位联结构造

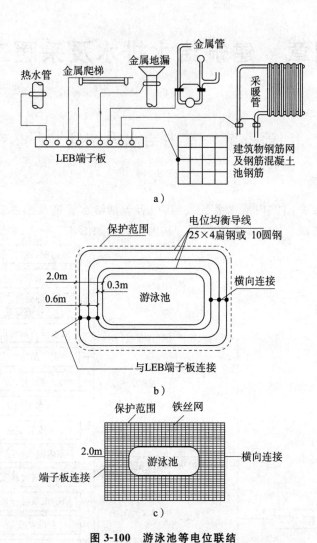

图 3-100　游泳池等电位联结

a)游泳池等电位联结系统工艺流程　b)等电位均衡导线敷设

c)等电位均衡导线网格敷设

第四章 建筑给水排水及采暖工程

第一节 室内给水系统安装

本节导读

　　本节主要介绍室内给水系统安装，内容包括给水管道及配件安装、室内消火栓系统安装以及给水设备安装等。其内容关系如图 4-1 所示。

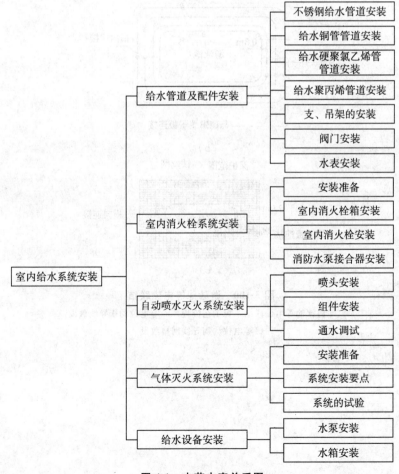

图 4-1 本节内容关系图

业务要点 1：给水管道及配件安装

1. 不锈钢给水管道安装

（1）管道布置与敷设。

1）建筑给水薄壁不锈钢管管道系统应全部采用薄壁不锈钢制管材、管件和附件。当与其他材料的管材、管件和附件相连接时，应采取防止电化学腐蚀的措施。

2）对埋地敷设的薄壁不锈钢管，其管材牌号宜采用 0Cr17Ni12Mo2，并应对管沟或外壁采取防腐蚀措施。

3）引入管不宜穿越建筑物的基础。当穿越外墙时，应留孔洞，敷设套管，并考虑建筑物沉降、污水等不利因素。

4）管道不得浇注在钢筋混凝土结构层内。

5）管道穿越承重墙或楼板时，应设套管。套管应高出室内地坪 50mm。

6）管道不宜穿越建筑物的沉降缝、伸缩缝和变形缝。当必须穿越时，应采取相应的防护措施。

7）管道不得敷设在卧室、储藏室、配电间和强弱电管道井、烟道、风道和排水沟内。

8）嵌墙敷设的管道宜采用覆塑薄壁不锈钢管。管道不得采用卡套式等螺纹连接方式，管径不宜大于 20mm。管线应水平或垂直布置在预留或开凿的凹槽内，槽内薄壁不锈钢管应采用管卡固定。

9）敷设水平管宜具有 0.002～0.003 的放空坡度。

10）在引入管、折角进户管件、支管接出和仪表接口处，应采用螺纹转换接头或法兰连接。

11）薄壁不锈钢管可采用卡压式、卡套式、压缩式、可挠式、法兰、转换接头等连接方式，也可采用焊接。对不同的连接方式，应分别符合相应标准的要求。允许偏差不同的管材、管件，不得互换使用。

12）建筑给水薄壁不锈钢管明敷时，应采取防止结露的措施。当嵌墙敷设时，公称直径不大于 20mm 的热水配水支管，可采用覆塑薄壁不锈钢水管；公称直径大于 20mm 的热水管应采取保温措施，且保温材料应采用不腐蚀不锈钢管的材料。

（2）不锈钢卡压式管件的安装。

1）不锈钢卡压式管件端口部分有环状 U 形槽，且内装有 O 型密封圈。安装时，用专用卡压工具使 U 形槽凸部缩径，且薄壁不锈钢水管、管件承插部位卡成六角形。

2）应按下列要求进行安装前准备：

① 用专用划线器在管子端部画标记线一周，以确认管子的插入长度。插入长度应满足表 4-1 的规定。

表 4-1　管子插入长度基准值　　　　（单位：mm）

公称直径	10	15	20	25	32	40	50	65
插入长度基准值	18	21	24		39	47	52	64

② 应确认 O 型密封圈已安装在正确的位置上，安装时严禁使用润滑油。

3）应将管子垂直插入卡压式管件中，不得歪斜，以免 O 型密封圈割伤或脱落造成漏水。插入后，应确认管子上所画标记线距端部的距离，公称直径 10～25mm 时为 3mm；公称直径 32～65mm 时为 5mm。

4）用卡压工具进行卡压连接时，应符合下列规定：

① 使用卡压工具前应仔细阅读说明书。

② 卡压工具钳口的凹槽应与管件凸部靠紧，工具的钳口应与管子轴心线呈垂直状。开始作业后，凹槽部应咬紧管件，直到产生轻微振动才可结束卡压连接过程。卡压连接完成后，应采用六角量规检查卡压操作是否完好。

③ 如卡压连接不能到位，应将工具送修。卡压不当处，可用正常工具再做卡压，并应再次采用六角量规确认。

④ 当与转换螺纹接头连接时，应在锁紧螺纹后再进行卡压。

(3) 不锈钢压缩式管件的安装。

1）断管。用砂轮切割机将配管切断，切口应垂直，且把切口内外毛刺修净。

2）将管件端口部分螺母拧开，并把螺母套入配管上。

3）用专用工具（胀形器）将配管内胀成山形台凸缘或外加一档圈。

4）将硅胶密封圈放入管件端口内。

5）将事先套入螺母的配管插入管件内。

6）手拧螺母，并用扳手拧紧，完成配管与管件一个部分的连接。

7）配管胀形前，先将需连接的管件端口部分螺母拧开，并把它套在配管上。

8）胀形器按不同管径附有模具，公称直径 15～20mm 用卡箍式（外加一档圈），公称直径 25～50mm 用胀箍式（内胀成一个山形台），装、卸合模时可借助木锤轻击。

9）配管胀形过程凭借胀形器专用模具自动定位，上下拉动摇杆至手感力约 30～50kg，配管卡箍或胀箍位置应满足表 4-2 的规定。

表 4-2　管子胀形位置基准值　　　　（单位：mm）

公称直径 DN	15	20	25	32	40	50
胀形位置外径 φ	16.85	22.85	28.85	37.70	42.80	53.80

10）硅胶密封圈应平放在管件端口内，严禁使用润滑油。

11）把胀形后的配管插入管件时，切忌损坏密封圈或改变其平整状态。

12）与阀门、水咀等管路附件连接时，在常规管件丝口处应缠麻丝或生料带。

2. 给水铜管管道安装

（1）管材。

1）建筑给水系统的铜管管材，当采用钎焊、卡套、卡压连接时，其规格可按表 4-3 确定。

表 4-3 建筑给水铜管管材规格 （单位：mm）

公称直径 DN	外径 D_e	工作压力 1.0MPa		工作压力 1.6MPa		工作压力 2.5MPa	
		壁厚 δ	计算内径 d_j	壁厚 δ	计算内径 d_j	壁厚 δ	计算内径 d_j
6	8	0.6	6.8	0.6	6.8		
8	10	0.6	8.8	0.6	8.8		
10	12	0.6	10.8	0.6	10.8		
15	15	0.7	13.6	0.7	13.6		
20	22	0.9	20.2	0.9	20.2		
25	28	0.9	26.2	0.9	26.2	—	—
32	35	1.2	32.6	1.2	32.6		
40	42	1.2	39.6	1.2	39.6		
50	54	1.2	51.6	1.2	51.6		
65	67	1.2	64.6	1.5	64.0		
80	85	1.5	82	1.5	82		
100	108	1.5	105	2.5	103	3.5	101
125	133	1.5	130	3.0	127	3.5	126
150	159	2.0	155	3.0	153	4.0	151
200	219	4.0	211	4.0	211	5.0	209
250	267	4.0	259	5.0	257	6.0	255
300	325	5.0	315	5.0	313	8.0	309

注：1. 采用沟槽连接时，管壁应符合表 4-4 的要求。

2. 外径允许偏差应采用高精级。

2）采用沟槽连接的铜管应选用硬态铜管。其壁厚不应小于表 4-4 规定的数值。

表 4-4　沟槽连接时铜管的最小壁厚　　　（单位：mm）

公称直径 DN	外径 D_e	最小壁厚 δ
50	54	2.0
65	67	2.0
80	85	2.5
100	108	3.5
125	133	3.5
150	159	4.0
200	219	6.0
250	267	6.0
300	325	6.0

（2）铜管安装一般规定。

1）管道安装工程施工前应具备下列条件：

① 设计施工图和其他设计文件齐全。

② 已确定详细的施工方案。

③ 施工场地的用水、用电、材料贮放场地等临时设施能满足施工需要。

④ 工程使用的铜管、管件、阀门和焊接材料等具有质量合格证书，其规格、型号及性能检测报告符合国家现行标准或设计的要求。

2）建筑给水铜管施工人员应经专业培训上岗。

3）施工前应了解建筑物的结构，并根据设计图纸和施工方案制订与土建等其他工种的配合措施。

4）在施工过程中，应防止铜管与酸、碱等有腐蚀性液体、污物接触。

5）管道安装前，应检查铜管的外观质量和外径、壁厚尺寸。有明显伤痕的管道不得使用，变形管口应采用专用工具整圆。受污染的管材、管件，其内外污垢和杂物应清理干净。

6）采用胀口或翻边连接的管材，施工前应每批抽 1% 且不少于两根进行胀口或翻边试验。当有裂纹时，应在退火处理后，重做试验。如仍有裂纹，则该批管材应逐根退火、试验，不合格者不得使用。

7）管道安装前应调直管材。管材调直后不应有凹陷现象。

8）管材、管件在运输、装卸和搬运时应小心轻放、排列整齐，不得受尖锐物品碰撞，不得抛、摔、拖、压。管道不得作为吊、拉、攀件使用。

9）管道支承件宜采用铜合金制品。当采用钢件支架时，管道与支架之间应设软性隔垫，隔垫不得对管道产生腐蚀。

10) 管径不大于 $DN25$ 的半硬态铜管可采用专用工具冷弯。管径大于 DN25 的铜管转弯时,宜使用弯头。

（3）铜管钎焊连接。

1) 铜管钎焊宜采用氧-乙烯火焰或氧-丙烷火焰。软钎焊也可用丙烷-空气火焰和电加热。

2) 焊接前应采用细砂纸或不锈钢丝刷等将钎焊处外壁和管件内壁的污垢与氧化膜清除干净。

3) 硬钎焊可用于各种规格铜管与管件的连接,钎料宜选用含磷的脱氧元素的铜基无银、低银钎料。铜管硬钎焊可不添加钎焊剂,但与铜合金管件钎焊时,应添加钎焊剂。

4) 软钎焊可用于管径不大于 $DN25$ 的铜管与管件的连接,钎料可选用无铅锡基、无铅锡银钎料。焊接时应添加钎焊剂,但不得使用含氨钎焊剂。

5) 塑覆铜管焊接时,应将钎焊接头处的铜管塑覆层剥离,剥离长度应不小于 $200mm$,并在连接点两端缠绕湿布冷却,钎焊完成后复原塑覆层。

6) 钎焊时应根据工件大小选用合适的火焰功率,对接头处铜管与承口实施均匀加热,达到钎焊温度时即向接头处添加钎料,并继续加热,钎焊时钎料填满钎缝后应立即停止加热,保持自然冷却。

7) 铜管钎焊不得使用含铅钎料、含氨钎焊剂。

8) 钎焊完成后,应将接头处的残留钎焊剂和反应物用干布擦拭干净。

（4）铜管卡套连接。

1) 对管径不大于 $DN50$、需拆掉的铜管可采用卡套连接。

2) 连接时应选用活动扳手或专用扳手,不宜使用管钳旋紧螺母。

3) 连接部位宜采用二次装配。第二次装配时,拧紧螺母应从力矩激增点起再将螺母拧紧 1/4 圈。

4) 一次完成卡套连接时,拧紧螺母应从力矩激增点起再旋转 $1\sim1\frac{1}{4}$ 圈,使卡套刃口切入管子,但不可旋得过紧。

（5）铜管卡压连接。

1) 管径不大于 $DN50$ 的铜管可采用卡压连接。

2) 应采用专用的与管径相匹配的连接管件和卡压机具。

3) 在铜管插入管件的过程中,管件内密封圈不得扭曲变形,管材插入管件到底后应轻轻转动管子,使管材与管件的结合段保持同轴后再卡压。

4) 卡压时,卡钳端面应与管件轴线垂直,达到规定的卡压力后应保持 $1\sim2s$ 方可松开卡钳。

5) 卡压连接应采用硬态铜管。

（6）铜管沟槽连接。

1）管径不小于 $DN50$ 的铜管可采用沟槽连接。

2）当沟槽连接件为非铜材质时，其接触面应采取必要的防腐措施。

3）铜管沟槽连接的槽口尺寸应满足表 4-5 的要求。

表 4-5　铜管槽口尺寸　　　　　　　　（单位：mm）

公称直径 DN	铜管外径 D_e	管口至沟槽边（前边）	槽宽	槽深
50	54			
65	67	14.5		
80	85		9.5	2.2
100	108			
125	133	16.0		
150	159			
200	219			2.5
250	267	19.0	13.0	
300	325			3.3

3. 给水硬聚氯乙烯管管道安装

（1）一般规定。

1）管道连接宜采用承插式粘接连接、承插式弹性橡胶密封圈柔性连接和过渡性连接。

2）公称外径 $d_n<63mm$ 时，宜采用承插式粘接连接；公称直径 $d_n\geqslant63mm$ 时，宜采用承插式弹性橡胶密封圈柔性连接。

3）对下列情况，宜采用下列过渡性连接方式：

① 硬聚氯乙烯给水管与公称直径 $d_n\geqslant100mm$ 其他金属管材的连接、与法兰式阀门等管道附件的连接，宜采用法兰连接。

② 管道与卫生器具配件、丝扣式阀门等管道附件的连接，宜采用内嵌铜丝接头的注塑管件或在管口用不锈钢圈加固的注塑管件丝扣连接。

（2）粘接连接。

1）胶粘剂应呈流动状态，在未搅动情况下不得有分层现象和析出物。冬季有结冻现象时可用热水温热，不得用明火烘烤。

2）胶粘剂粘接接头不得在雨中或水中施工，不宜在 0℃ 以下的环境温度下操作。

3）施工操作步骤应符合下列要求：

① 将管材按要求的尺寸，垂直切割，并按安装图集的要求在连接端加工倒角。

② 将插口表面和承口内表面的灰尘、污物、油污清洗干净,应采用棉纱蘸丙酮等清洁剂擦净。

③ 根据承口深度在插口端划出插入深度标线。

④ 粘接前进行试插,检验承口与插口的紧密程度,插入深度宜为 1/2～1/3 承口深度。

⑤ 涂抹胶粘剂时应先涂承口,后涂插口,转圈涂抹,要求涂抹均匀、适量,不得漏涂和涂抹过量。

⑥ 找正方向对准轴线,立即将管端插入承口,并推挤到插入深度标线后将管转动,但不超过 1/4 圈,最后抹去管外多余的粘接剂。

⑦ 粘接完毕后,应避免受力或强行加载,其静止固化时间不宜少于表 4-6 规定的时间。

表 4-6　静止固化时间　　　　　　　　（单位:min）

公称外径 d_n/mm	管材表面温度	
	≥18℃	<18℃
≤50	20	30
63～90	45	60
110	60	80

（3）弹性橡胶密封圈连接。

施工操作步骤应符合下列要求:

1）检查管材、管件和橡胶密封圈的质量,清理承口和插口的污物,然后将胶圈安装在承口凹槽内,不得扭曲,异型胶圈应安装正确,不得装反。

2）管端插入长度应留出温差产生的伸缩量,其值应按施工时的闭合温差计算确定,可按表 4-7 的数值采用。

表 4-7　管长 6m 时管端的温差伸缩量

插入时最低环境温度/℃	设计最大升温/℃	伸缩量/mm
＞15	25	10.5
10～15	30	12.6
5～9	35	14.7

3）插入深度确定后,应在管端画出插入深度标线。

4）在胶圈上和插口插入部分涂滑润剂。滑润剂必须无毒、无臭,且不会滋生细菌,对管材和橡胶密封圈无任何损害作用。

5）将插口插入承口,对准轴线,用紧线器等专用拉力工具均匀用力一次插入至标线。当插入困难时,将管道退出,检查橡胶圈是否放置到位。

6）插入到位后,用塞尺顺接口间隙沿管圆周检查胶圈位置是否正确。

（4）过渡连接。

1）法兰连接应符合下列要求：

① 采用过渡件使两端不同材质的管材、阀门等附件连接在一起时,过渡件两端的接头构造应与两端连接接头的形式相适应。

② 过渡件宜采用工厂制作的产品,并优先采用硬聚氯乙烯注塑成型的产品。

③ 法兰的螺栓孔径和中距,应与相连接的阀门等附件的法兰螺栓孔径、中距相一致。

④ 可采用松套法兰的连接方法,也可采用加固的硬聚氯乙烯过渡管件、涂塑钢制管件或铸铁管件相连接。

2）丝扣连接时,嵌入注塑丝接管件的金属件的螺纹,应符合国标管螺纹的要求。

4. 给水聚丙烯管道安装

1）管材和管件之间,应采用热熔连接,专用热熔机具应由管材供应厂商提供或确认。安装部位狭窄处,采用电熔连接。直埋敷设的管道不得采用螺纹或法兰连接。

2）建筑给水聚丙烯管与金属管件或其他管材连接时应采用螺纹或法兰连接。

3）热熔连接应按下列步骤进行：

① 热熔机具接通电源,到达工作温度（260±10℃）指示灯亮后方能用于接管。

② 连接前管材端部宜去掉 40～50mm,切割管材时,应使端面垂直于管轴线。管材切割宜使用管子剪或管道切割机,也可使用钢锯,切割后的管材断面应去除毛边和毛刺。

③ 管材与管件连接端面应清洁、干燥、无油。

④ 用卡尺和笔在管端测量并标绘出承插深度,承插深度不应小于表 4-8 的要求。

表 4-8 热熔连接技术要求

公称外径/mm	最小承插深度/mm	加热时间/s	加工时间/s	冷却时间/min
20	11.0	5	4	3
25	12.5	7	4	3
32	14.6	8	4	4
40	17.0	12	6	4

续表

公称外径/mm	最小承插深度/mm	加热时间/s	加工时间/s	冷却时间/min
50	20.0	18	6	5
63	23.9	24	6	6
75	27.5	30	10	8
90	32.0	40	10	8
110	38.0	50	15	10

注:本表适用的环境温度为 20℃。低于该环境温度,加热时间适当延长;若环境温度低于 5℃,加热时间宜延长 50%。

⑤ 加热时间、加工时间及冷却时间应按热熔机具生产厂家的要求进行。如无要求时,可参照表 4-8。

⑥ 熔接弯头或三通时,按设计图纸要求,应注意其方向,在管件和管材的直线方向上,用辅助标志标出其位置。

⑦ 连接时,无旋转地把管端导入加热套内,插入到所标志的深度,同时,无旋转地把管件推到加热头上,达到规定标志处。

⑧ 达到加热时间后,立即把管材与管件从加热套与加热头上同时取下,迅速无旋转地直线均匀对插入到所标深度,使接头处形成均匀凸缘。

⑨ 在规定的加工时间内,刚熔接好的接头还可校正,但不得旋转。

4) 当管道采用电熔连接时,应符合下列规定:

① 应保持电熔管件与管材的熔合部位不受潮。

② 电熔承插连接管件的连接端应切割垂直,并应用洁净棉布擦净管材和管件连接面上的污物,标出承插深度,刮除其表皮。

③ 校直两对应的连接件,使其处于同一轴线上。

④ 电熔连接机具与电熔管件的导线连通应正确。连接前,应检查通电加热的电压。

⑤ 在熔合及冷却过程中,不得移动、转动电熔管件和熔合的管道,不得在连接件上施加任何外力。

⑥ 电熔连接的标准加热时间应由生产厂家提供,并应随环境温度的不同而加以调整。电熔连接的加热时间与环境温度的关系应符合表 4-9 的规定。

表 4-9　电熔连接的加热时间与环境温度的关系

环境温度/℃	加热时间/s
−10	$t+12\%t$
0	$t+8\%t$
+10	$t+4\%t$

续表

环境温度/℃	加热时间/s
+20	标准加热时间 t
+30	$t-4\%t$
+40	$t-8\%t$
+50	$t-12\%t$

注:若电熔机具有温度自动补偿功能,则不需调整加热时间。

5)当管道采用法兰连接时,应符合下列规定:

① 法兰盘套在管道上。

② 聚丙烯法兰连接件与管道热熔连接步骤应按 3)要求。

③ 校直两对应的连接件,使连接的两片法兰垂直于管道中心线,表面相互平行。

④ 法兰的衬垫,应符合《生活饮用水输配水设备及防护材料的安全性评价标准》GB/T 17219—1998 的要求。

⑤ 应使用相同规格的螺栓,安装方向一致。螺栓应对称紧固。紧固好的螺栓应露出螺母。螺栓螺帽应采用镀锌件。

⑥ 连接管道的长度应精确,当紧固螺栓时,不应使管道产生轴向拉力。

⑦ 法兰连接部位应设置支、吊架。

5. 支、吊架的安装

为了固定室内管道的位置,避免管道在自重、温度和外力影响下产生位移,水平管道和垂直管道都应每隔一定的距离装设支、吊架。

1)常用的支吊架有立管管卡、托架和吊环等,管卡和托架固定在墙梁柱上,吊环吊于楼板下,如图 4-2、图 4-3 所示。

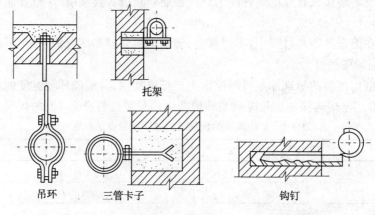

托架

吊环　三管卡子　钩钉

图 4-2　支、吊架

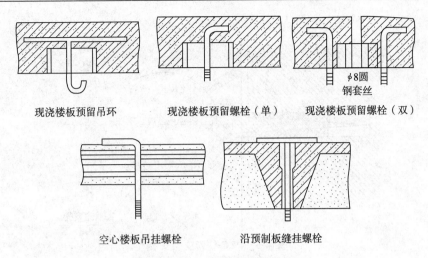

现浇楼板预留吊环　　　现浇楼板预留螺栓（单）　　　现浇楼板预留螺栓（双）

空心楼板吊挂螺栓　　　　沿预制板缝挂螺栓

图 4-3　预埋吊环、螺栓的做法

2）托架、吊架栽入墙体或顶棚后，在混凝土没有达到强度要求之前严禁受外力，更不准登、踏和摇动，不准安装管道。各类支架安装前应完成防腐工序。

3）楼层高度不超过 4m 时，立管只需设一个管卡，通常设在 1.5～1.8m 高度处。水平钢管的支架、吊架间距根据管径大小而定，见表 4-10。

表 4-10　管径 15～150mm 的水平钢管支吊架间距

管径/mm		15	20	25	32	40	50	70	80	100	125	150
支架最大间距/m	保温	1.5	2	2	2.5	3	3	3.5	4	4.5	5	6
	不保温	2	2.5	3	3.5	4	4.5	5	5.5	6	6.5	7

4）由于硬聚氯乙烯管强度低、刚度小，支承管子的支、吊架间距要小。管径小、工作温度或大气温度较高时，应在管子全长上用角钢支托，防止管子向下挠曲，并要注意防振。

PVC-U 管常用支架形式如图 4-4、图 4-5 所示。

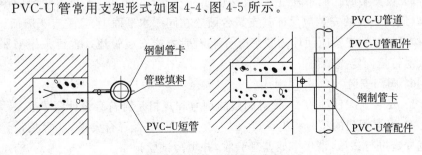

图 4-4　PVC-U 管固定支架

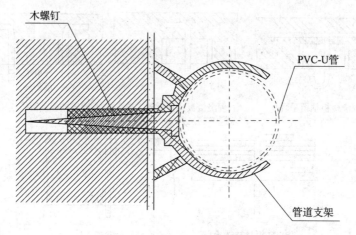

图 4-5　PVC-U 管支架安装

支架间距在设计未规定时,可按表 4-11 中的规定进行敷设。

表 4-11　硬聚氯乙烯管支架间距

管路外径/mm	最大支撑间距/m	
	立管	横管
40	——	0.4
50	1.5	0.5
75	2.0	0.75
110	2.0	1.10
160	2.0	1.60

5)管道支架一般在地面预制,支架上的孔眼宜用钻床钻得。若钻孔有困难而采用氧割时,必须将孔洞上的氧化物清除干净,以保证支架的洁净美观和安装质量。

支架的断料宜采用锯断的方法,如用氧割则应保证美观和质量。

6)栽支架的孔洞不宜过大,且深度不得小于 120mm。支架的安装应牢固可靠,成排支架的安装应保证其支架台面处在同一水平面上,且垂直于墙面。

7)栽好的支架应使埋固砂浆充分牢固后才能安装管道。也可采用膨胀螺栓或射钉枪固定支架。

6. 阀门安装

1)安装前应仔细检查,核对阀门的型号和规格是否符合设计要求。

2)根据阀门的型号和出厂说明书,检查它们是否符合要求,并且按设计和规范规定进行试压,请甲方或监理验收,并填写试验记录。

3)检查填料及压盖螺栓,必须有足够的节余量,并要检查阀杆是否转动灵活,有无卡涩现象和歪斜情况。法兰和螺栓连接的阀门应加以关闭。

4)不允许安装不合格的阀门。

5)在安装阀门时应根据管道介质流向确定其安装方向。

6)安装截止阀时,使介质自阀盘下面流向上面,简称"低进高出"。安装闸阀和旋塞时,允许介质从任意一端流入流出。

7)安装止回阀时,必须特别注意阀体上箭头指向与介质的流向相一致,才能保证阀盘能自由开启。对于升降式止回阀,应保证阀盘中心线与水平面相互垂直。对于旋启式止回阀,应保证其摇板的旋转枢轴装成水平。

8)安装杠杆式安全阀和减压阀时,必须使阀盘中心线与水平面互相垂直,发现斜倾时应予以校正。

9)安装法兰阀门时,应保证两法兰端面相互平行和同心。尤其是安装铸铁等材质较脆弱的阀门时,应避免因强力连接或受力不均引起的损坏。拧螺栓应对称或十字交叉进行。

10)螺纹阀门应保证螺纹完整无缺,并按不同介质要求涂以密封填料物,拧紧时,必须用扳手咬牢拧入管道一端的六棱体上,以保证阀体不致拧变形或损坏。

7. 水表安装

(1)水表结点的组成及安装要求。水表结点是由水表及其前后的阀门和泄水装置等组成,如图 4-6 所示。为了检修和拆换水表,水表前后必须设阀门,以便检修时切断前后管段。在检测水表精度以及检修室内管路时,还要放空系统的水,因此需在水表后装泄水阀或泄水丝堵三通。对于设有消火栓或不允许间断供水,且只有一条引入管时,应设水表旁通管,其管径与引入管相同,如图 4-7所示,以便水表检修或一旦发生火灾时用,但平时应关闭,需加以铅封。

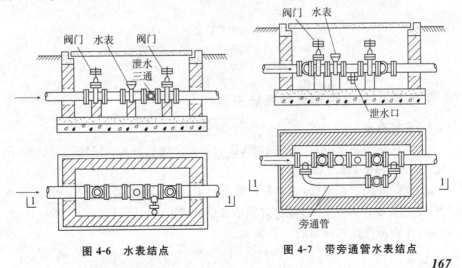

图 4-6　水表结点　　　　　　　图 4-7　带旁通管水表结点

　　水表结点应设在便于查看和维护检修、不受振动和碰撞的地方,可装在室外管井内或室内的适当地方。在炎热地区,要防止曝晒,在寒冷地区必须有保温措施,防止冻结。水表应水平安装,方向不能装反,螺翼式水表与其前面的阀门间应有 8～10 倍水表直径的直线管段,其他水表的前后应有不少于 0.3m 的直线长度。

　　（2）水表安装地点。水表的安装地点应选择在查看管理方便、不受冻、不受污染和不易损坏的地方。分户水表一般安装在室内给水横管上;住宅建筑总水表安装在室外水表井中;南方多雨地区也可在地上安装。如图 4-8 所示为水表安装示意图,水表外壳上箭头方向应与水流方向一致。

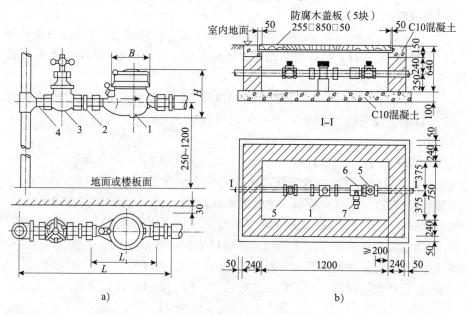

a)　　　　　　　　　　　　　　　　　b)

图 4-8　水表安装图

a)室内地上水表安装　b)室内水表井安装

1—水表　2—补心　3—铜阀　4—短管　5—阀门　6—三通　7—水龙头

业务要点 2:室内消火栓系统安装

1. 安装准备

1）认真熟悉图纸,根据施工方案、技术和安全交底的具体措施选用材料,测量尺寸,绘制草图,预制加工。

2）核对有关专业图纸,查看各种管道的坐标和标高是否有交叉或排列位置不当,及时与设计人员研究解决,办理洽商手续。

3）检查预埋件和预留洞是否准确。

4）检查管材、管件、阀门、设备及组件等是否符合设计要求和质量标准。

5）要安排合理的施工顺序,避免工种交叉作业干扰,影响施工。

2. 室内消火栓箱安装

室内消火栓均安装在消火栓箱内,安装消火栓应首先安装消火栓箱。消火栓箱分明装、半明装和暗装三种形式,如图4-9所示。其箱底边距地面高度为1.08m。常用的消火栓箱尺寸见表4-12。

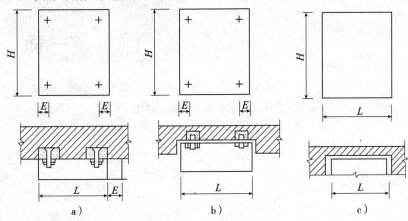

图 4-9　消火栓箱安装图

a)明装　b)半明装　c)暗装

表 4-12　消火栓箱尺寸　　　　　　　　　（单位:mm）

箱体尺寸(L×H)	箱宽 C	安装孔距 E
650×800		50
700×1000	200、240、320 三种规格	50
750×1200		50
1000×700		250

在土建工程施工时,暗装和半明装均要预留箱洞,安装时将消火栓箱放入洞内,找平找正,找好标高,再用水泥砂浆塞满箱的四周空隙,将箱固定。采用明装时,先在墙上栽好螺栓,按螺栓的位置,在消火栓箱背部钻孔,将箱子就位、加垫,拧紧螺母固定。消火栓箱安装在轻质隔墙上时,应有加固措施。

图4-10分别为室内消火栓箱箱门的开启示意图及室内消火栓安装图,图4-11和图4-12是室内消火栓箱安装尺寸图。

1）安装消火栓箱时,在其四周与墙体接触部分,应考虑进一步采取防锈措施(如涂沥青漆),并用防潮、干燥物质填塞四周空隙,以防箱体锈蚀。

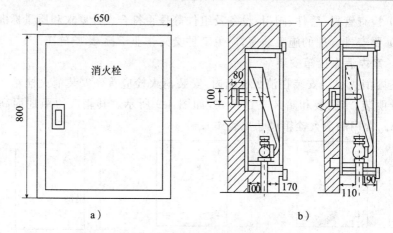

图 4-10　室内消火栓箱安装图

a)消火栓箱正面图　b)明装式消火栓箱剖面图

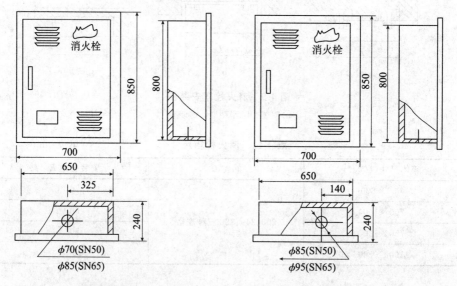

图 4-11　室内消火栓箱安装尺寸图(一)　　　图 4-12　室内消火栓箱安装尺寸(二)

2)为了便于栓箱的安装,对于暗装和半暗装,在土建时预留栓箱位置的尺寸应比栓箱外形尺寸各边加大 10mm 左右。

3)栓箱没有备制敲落孔,以保证栓箱外形完整,在外接电气线路时,可在现场按所需位置用手电钻钻孔解决。

4)在给水管上安装消火栓时,应使水管端面紧贴消火栓接口内的大垫圈。系统试水压时,不得有渗漏现象。

5)栓箱根据需要,可采用地脚螺栓加固,地脚螺栓选用规格为 M6×80。

6）安装完毕，应起动消防泵进行水压试验，消火栓及其管路不得渗漏。

7）火警紧急按钮的试验，击碎火警紧急按钮盒玻璃盖板，应能将信号送至消防控制室（消防控制中心）并自动起动消防泵。

3. 室内消火栓安装

如图 4-13 所示，消火栓安装时，栓口必须朝外，消火栓阀门中心距地面为 1.2m，允许偏差为 20mm；距箱侧面为 140mm，距箱后内表面为 100mm，允许偏差为 5mm。

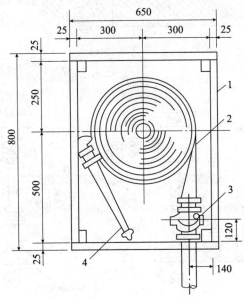

图 4-13　室内消火栓安装
1—消火栓箱　2—水带　3—消火栓　4—消防水箱

消防水带折好放在挂架上或卷实、盘紧放在箱内，消防水枪竖放在箱内，自救式水枪和软拉管应置于挂钩上或放在箱底。消防水带与水枪、快速接头连接时，采用 14 号钢丝缠两道，每道不少于两圈；使用卡箍连接时，在里侧加一道钢丝。消火栓安装应平整牢固，各零件齐全可靠。安装完毕后，按规定进行强度试验和严密性试验。

4. 消防水泵接合器安装

消防水泵接合器有墙壁式、地上式和地下式之分。组装时，按接口、本体、连接管、止回阀、安全阀、放空管、控制阀的顺序进行。止回阀的安装方向应使消防用水能从消防水泵接合器进入系统，为防消防车加压过高而破坏室内管网和部件，安全阀必须按系统工作压力进行压力整定。

（1）墙壁式消防水泵接合器的安装。如图 4-14 所示，墙壁式消防水泵接合器安装在建筑物外墙上,其安装高度距地面为 1.1m,与墙面上的门、窗、孔、洞的净距离不应小于 2.0m,且不应安装在玻璃幕墙下方。墙壁式水泵接合器应设明显标志,与地上式消火栓应有明显区别。

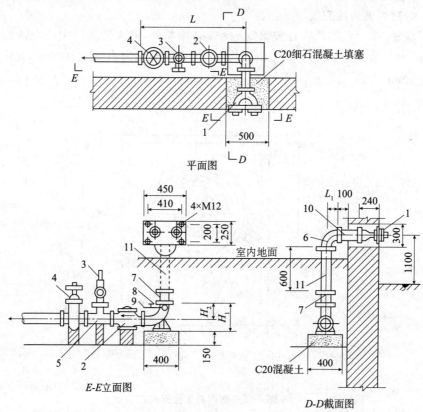

图 4-14 墙壁式消防水泵接合器安装
1—消防接口 2—止回阀 3—安全阀 4—闸阀 5—三通
6—90°弯头 7—法兰接管 8—截止阀 9—镀锌管 10、11—法兰直管

(2)地上式消防水泵接合器安装。地上式消防水泵接合器安装如图 4-15 所示,接合器一部分安装在阀门井中,另一部分安装在地面上。为防止阀门井内部件锈蚀,阀门井内应建有积水坑,积水坑内积水定期排除,对阀门井内活动部件应进行防腐处理,接合器入口处应设置与消火栓区别的固定标志。

(3)地下式消防水泵接合器的安装。地下式消防水泵接合器的安装如图 4-16 所示,地下式消防水泵接合器设在专用井室内,井室用铸有"消防水泵接合器"标志的铸铁井盖,在附近设置指示其位置的固定标志,以便识别。安装时,注意使地下消防水泵接合器进水口与井盖底面的距离大于井盖的半径且小于 0.4m。

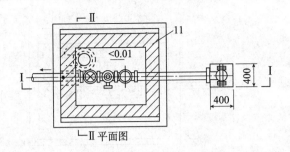

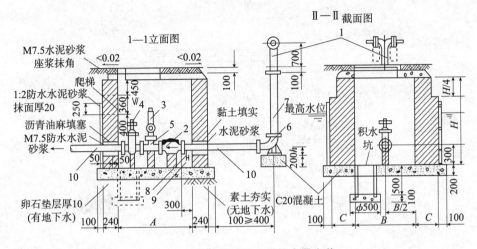

图 4-15 地上式消防水泵接合器安装

1—消防接口、本体 2—止回阀 3—安全阀 4—闸阀 5—三通 6—90°弯头
7—法兰接管 8—截止阀 9—镀锌钢管 10—法兰直管 11—阀门井

业务要点 3：自动喷水灭火系统安装

1. 喷头安装

（1）喷头布置。

1）喷头的商标、型号、公称动作温度、响应时间指数（RTI）、制造厂及生产日期等标志应齐全；喷头的型号、规格等应符合设计要求；外观应无加工缺陷和机械损伤；感温包无破碎和松动，易熔片无脱落和松动；螺纹密封面应无伤痕、毛刺、缺丝或断丝现象。

2）除吊顶型喷头及吊顶下安装的喷头外，直立型、下垂型标准喷头，其溅水盘与顶板的距离，不应小于 75mm，不应大于 150mm。

① 当在梁或其它障碍物底面下方的平面上布置喷头时，溅水盘与顶板的距离不应大于 300mm，同时溅水盘与梁等障碍物底面的垂直距离不应小于 25mm、不应大于 100mm。

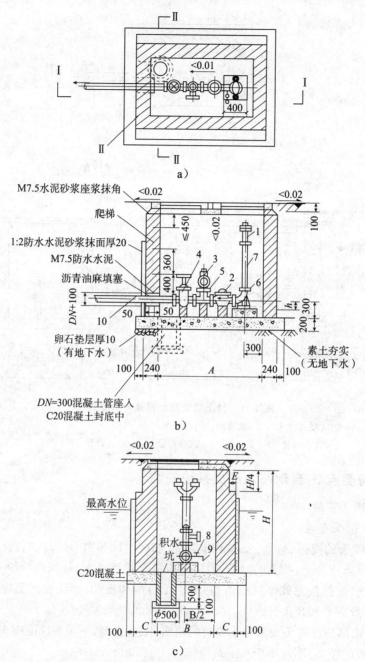

图 4-16　地下式消防水泵接合器安装

a)平面图　b)Ⅰ—Ⅰ立面图　c)Ⅱ—Ⅱ截面图

1—消防接口、本体　2—止回阀　3—安全阀　4—闸阀　5—三通

6—90°弯头　7—法兰接管　8—截止阀　9—镀锌钢管　10—法兰直管

② 当在梁间布置喷头时,应符合《自动喷水灭火系统设计规范》GB 50084—2001(2005 年版)第 7.2.1 条的规定。确有困难时,溅水盘与顶板的距离不应大于 550mm。

梁间布置的喷头,喷头溅水盘与顶板距离达到 550mm 仍不能符合《自动喷水灭火系统设计规范》GB 50084—2001(2005 年版)第 7.2.1 条规定时,应在梁底面的下方增设喷头。

③ 密肋梁板下方的喷头,溅水盘与密肋梁板底面的垂直距离,不应小于 25mm、不应大于 100mm。

④ 净空高度不超过 8m 的场所中,间距不超过 4×4(m)布置的十字梁,可在梁间布置 1 只喷头,但喷水强度仍应符合表 4-13 的规定。

表 4-13 民用建筑和工业厂房的系统设计参数

火灾危险等级		净空高度/m	喷水强度/(L/min · m²)	作用面积/m²
轻危险级		≤8	4	
中危险级	Ⅰ级		6	160
	Ⅱ级		8	
严重危险级	Ⅰ级		12	260
	Ⅱ级		16	

注:系统最不利点处喷头的工作压力不应低于 0.05MPa。

3) 直立型、下垂型喷头与不到顶隔墙的水平距离,不得大于喷水溅水盘与不到顶隔墙顶面垂直距离的 2 倍。

4) 闭式系统的喷头,其公称动作温度宜高于环境最高温度 30℃。

5) 湿式系统的喷头选型应符合下列规定:

① 不作吊顶的场所,当配水支管布置在梁下时,应采用直立型喷头。

② 吊顶下布置的喷头,应采用下垂型喷头或吊顶型喷头。

③ 顶板为水平面的轻危险级、中危险级Ⅰ级居室和办公室,可采用边墙型喷头。

④ 自动喷水—泡沫联用系统应采用洒水喷头。

⑤ 易受碰撞的部位,应采用带保护罩的喷头或吊顶型喷头。

6) 干式系统、预作用系统应采用直立型喷头或干式下垂型喷头。

7) 水幕系统的喷头选型应符合下列规定:

① 防火分隔水幕应采用开式洒水喷头或水幕喷头。

② 防护冷却水幕应采用水幕喷头。

8) 下列场所宜采用快速响应喷头:

① 公共娱乐场所、中庭环廊。

② 医院、疗养院的病房及治疗区域,老年、少儿、残疾人的集体活动场所。

③ 超出水泵接合器供水高度的楼层。

④ 地下的商业及仓储用房。

9) 同一隔间内应采用相同热敏性能的喷头。

10) 雨淋系统的防护区内应采用相同的喷头。

11) 自动喷水灭火系统应有备用喷头,其数量不应少于总数的1‰,且每种型号均不得少于10只。

(2) 喷头的安装。

1) 喷头安装应在系统试压、冲洗合格后进行。喷头安装时,不得对喷头进行拆装、改动,并严禁给喷头附加任何装饰性涂层。喷头安装应使用专用扳手,严禁利用喷头的框架施拧;喷头的框架、溅水盘产生变形或释放原件损伤时,应采用规格、型号相同的喷头更换。安装在易受机械损伤处的喷头,应加设喷头防护罩。

2) 喷头管径一律为25mm,末端用25mm×15mm的异径管箍口,拉线安装。支管末端的弯头处100mm以内应加卡件固定,防止喷头与吊顶接触不牢,上下错动。支管装完,预留口用丝堵拧紧。

3) 吊顶上的喷洒头须在顶棚安装前安装,并做好隐蔽记录,特别是装修时要做好成品保护。吊顶下喷洒头须等顶棚施工完毕后方可安装,安装时注意型号使用正确,丝接填料用聚氟乙烯生料带,以防污染吊顶。吊顶下的喷头须配有直径 $DN65mm$ 可调式镀铬黄铜盖板,安装高度低于2.1m时要加保护套。

4) 喷洒管道的固定支架安装应符合设计要求:

① 支吊架的位置以不妨碍喷头喷洒效果为原则。一般吊架距喷头应大于300mm,对圆钢吊架可小到70mm。

② 为防止喷头喷水时管道产生大幅度晃动,干管、立管均应加防晃固定支架。干管或分层干管可设在直管段中间,距立管及末端不宜超过12m,单杆吊架长度小于150mm时,可不加防晃固定支架。

③ 防晃固定支架应能承受管道、零件及管内水的总重和50%水平方向推动力而不损坏或产生永久变形。立管要设两个方向的防晃固定支架。

5) 当喷头溅水盘高于附近梁底或高于宽度小于1.2m的通风管道、排管、桥架腹面时,喷头溅水盘高于梁底、通风管道、排管、桥架腹面的最大垂直距离应符合表4-14~表4-20的规定(见图4-17)。

表 4-14　喷头溅水盘高于梁底、通风管道腹面的最大垂直距离(直立与下垂喷头)

喷头与梁、通风管道、排管、桥架的水平距离 a/mm	喷头溅水盘高于梁底、通风管道、排管、桥架腹面的最大垂直距离 b/mm
$a<300$	0
$300\leqslant a<600$	90
$600\leqslant a<900$	190
$900\leqslant a<1200$	300
$1200\leqslant a<1500$	420
$a\geqslant1500$	460

表 4-15　喷头溅水盘高于梁底、通风管道腹面的最大垂直距离(边墙型喷头,与障碍物平行)

喷头与梁、通风管道、排管、桥架的水平距离 a/mm	喷头溅水盘高于梁底、通风管道、排管、桥架腹面的最大垂直距离 b/mm
$a<150$	25
$150\leqslant a<450$	80
$450\leqslant a<750$	150
$750\leqslant a<1050$	200
$1050\leqslant a<1350$	250
$1350\leqslant a<1650$	320
$1650\leqslant a<1950$	380
$1950\leqslant a<2250$	440

表 4-16　喷头溅水盘高于梁底、通风管道腹面的最大垂直距离(边墙型喷头,与障碍物垂直)

喷头与梁、通风管道、排管、桥架的水平距离 a/mm	喷头溅水盘高于梁底、通风管道、排管、桥架腹面的最大垂直距离 b/mm
$a<1200$	不允许
$1200\leqslant a<1500$	25
$1500\leqslant a<1800$	80
$1800\leqslant a<2100$	150
$2100\leqslant a<2400$	230
$a\geqslant2400$	360

表 4-17 喷头溅水盘高于梁底、通风管道腹面的最大垂直距离(扩大覆盖面直立与下垂喷头)

喷头与梁、通风管道、排管、 桥架的水平距离 a/mm	喷头溅水盘高于梁底、通风管道、 排管、桥架腹面的最大垂直距离 b/mm
$a<450$	0
$450\leqslant a<900$	25
$900\leqslant a<1350$	125
$1350\leqslant a<1800$	180
$1800\leqslant a<2250$	280
$a\geqslant2250$	360

表 4-18 喷头溅水盘高于梁底、通风管道腹面的最大垂直距离(扩大覆盖面边墙型喷头)

喷头与梁、通风管道、排管、 桥架的水平距离 a/mm	喷头溅水盘高于梁底、通风管道、 排管、桥架腹面的最大垂直距离 b/mm
$a<2440$	不允许
$2440\leqslant a<3050$	25
$3050\leqslant a<3350$	50
$3350\leqslant a<3660$	75
$3660\leqslant a<3960$	100
$3960\leqslant a<4270$	150
$4270\leqslant a<4570$	180
$4570\leqslant a<4880$	230
$4880\leqslant a<5180$	280
$a\geqslant5180$	360

表 4-19 喷头溅水盘高于梁底、通风管道腹面的最大垂直距离(大水滴喷头)

喷头与梁、通风管道、排管、 桥架的水平距离 a/mm	喷头溅水盘高于梁底、通风管道、 排管、桥架腹面的最大垂直距离 b/mm
$a<300$	0
$300\leqslant a<600$	80
$600\leqslant a<900$	200
$900\leqslant a<1200$	300
$1200\leqslant a<1500$	460
$1500\leqslant a<1800$	660
$a\geqslant1800$	790

表 4-20　喷头溅水盘高于梁底、通风管道腹面的最大垂直距离(ESFR 喷头)

喷头与梁、通风管道、排管、桥架的水平距离 a/mm	喷头溅水盘高于梁底、通风管道、排管、桥架腹面的最大垂直距离 b/mm
$a<300$	0
$300 \leqslant a<600$	80
$600 \leqslant a<900$	200
$900 \leqslant a<1200$	300
$1200 \leqslant a<1500$	460
$1500 \leqslant a<1800$	660
$a \geqslant 1800$	790

6) 当梁、通风管道、排管、桥架宽度大于 1.2m 时,增设的喷头应安装在其腹面以下部位。当喷头安装在不到顶的隔断附近时,喷头与隔断的水平距离和最小垂直距离应符合表 4-21～表 4-23 的规定(见图 4-18)。

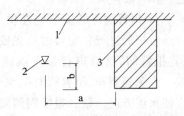

图 4-17　喷头与梁等障碍物的距离
1—天花板或屋顶　2—喷头　3—障碍物

表 4-21　喷头与隔断的水平距离和最小垂直距离(直立与下垂喷头)

喷头与隔断的水平距离 a/mm	喷头与隔断的最小垂直距离 b/mm
$a<150$	75
$150 \leqslant a<300$	150
$300 \leqslant a<450$	240
$450 \leqslant a<600$	320
$600 \leqslant a<750$	390
$a \geqslant 750$	460

表 4-22　喷头与隔断的水平距离和最小垂直距离(扩大覆盖面喷头)

喷头与隔断的水平距离 a/mm	喷头与隔断的最小垂直距离 b/mm
$a<150$	80
$150 \leqslant a<300$	150
$300 \leqslant a<450$	240
$450 \leqslant a<600$	320
$600 \leqslant a<750$	390
$a \geqslant 750$	460

表 4-23　喷头与隔断的水平距离和最小垂直距离（大水滴喷头）

喷头与隔断的水平距离 a/mm	喷头与隔断的最小垂直距离 b/mm
$a<150$	40
$150{\leqslant}a<300$	80
$300{\leqslant}a<450$	100
$450{\leqslant}a<600$	130
$600{\leqslant}a<750$	140
$750{\leqslant}a<900$	150

2. 组件安装

（1）报警阀组安装。

1）报警阀组的安装应在供水管网试压、冲洗合格后进行。安装时应先安装水源控制阀、报警阀，然后进行报警阀辅助管道的连接。水源控制阀、报警阀与配水干管的连接，应使水流方向一致。报警阀组安装的位置应符合设计要求；当设计无要求时，报警阀组应安装在便于操作的明显位置，距室内地面高

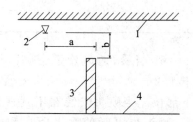

图 4-18　喷头与隔断障碍物的距离
1—天花板或屋顶　2—喷头
3—障碍物　4—地板

度宜为 1.2m；两侧与墙的距离不应小于 0.5m；正面与墙的距离不应小于 1.2m；报警阀组凸出部位之间的距离不应小于 0.5m。安装报警阀组的室内地面应有排水设施。

2）报警阀组附件的安装应符合下列规定：

① 压力表应安装在报警阀上便于观测的位置。

② 排水管和试验阀应安装在便于操作的位置。

③ 水源控制阀安装应便于操作，且应有明显开闭标志和可靠的锁定设施。

④ 在报警阀与管网之间的供水干管上，应安装由控制阀、检测供水压力、流量用的仪表及排水管道系统流量压力检测装置，其过水能力应与系统过水能力一致；干式报警阀组、雨淋报警阀组应安装检测时水流不进入系统管网的信号控制阀门。

3）湿式报警阀组的安装应符合下列要求：

① 应使报警阀前后的管道中能顺利充满水；压力波动时，水力警铃不应发生误报警。

② 报警水流通路上的过滤器应安装在延迟器前，且便于排渣操作的位置。

4）干式报警阀组的安装应符合下列要求：

① 应安装在不发生冰冻的场所。

② 安装完成后,应向报警阀气室注入高度为 50～100mm 的清水。

③ 充气连接管接口应在报警阀气室充注水位以上部位,且充气连接管的直径不应小于 150mm;止回阀、截止阀应安装在充气连接管上。

④ 气源设备的安装应符合设计要求和国家现行有关标准的规定。

⑤ 安全排气阀应安装在气源与报警阀之间,且应靠近报警阀。

⑥ 加速器应安装在靠近报警阀的位置,且应有防止水进入加速器的措施。

⑦ 低气压预报警装置应安装在配水干管一侧。

⑧ 下列部位应安装压力表:

a. 报警阀充水一侧和充气一侧。

b. 空气压缩机的气泵和储气罐上。

c. 加速器上。

⑨ 管网充气压力应符合设计要求。

5)雨淋阀组的安装应符合下列要求:

① 雨淋阀组可采用电动开启、传动管开启或手动开启,开启控制装置的安装应安全可靠。水传动管的安装应符合湿式系统有关要求。

② 预作用系统雨淋阀组后的管道若需充气,其安装应按干式报警阀组有关要求进行。

③ 雨淋阀组的观测仪表和操作阀门的安装位置应符合设计要求,并应便于观测和操作。

④ 雨淋阀组手动开启装置的安装位置应符合设计要求,且在发生火灾时应能安全开启和便于操作。

⑤ 压力表应安装在雨淋阀的水源一侧。

(2)其他组件安装。

1)水流指示器的安装应符合下列要求:

① 水流指示器的安装应在管道试压和冲洗合格后进行,水流指示器的规格、型号应符合设计要求。

② 水流指示器应使用电器元件部位竖直安装在水平管道上侧,其动作方向应和水流方向一致;安装后的水流指示器桨片、膜片应动作灵活,不应与管壁发生碰擦。

2)控制阀的规格、型号和安装位置均应符合设计要求;安装方向应正确,控制阀内应清洁、无堵塞、无渗漏;主要控制阀应加设启闭标志;隐蔽处的控制阀应在明显处设有指示其位置的标志。

3)压力开关应竖直安装在通往水力警铃的管道上,且不应在安装中拆装改动。管网上的压力控制装置的安装应符合设计要求。

4)水力警铃应安装在公共通道或值班室附近的外墙上,且应安装检修、测试用的阀门。水力警铃和报警阀的连接应采用热镀锌钢管,当镀锌钢管的公称直径为 20mm 时,其长度不宜大于 20m;安装后的水力警铃启动时,警铃声强度应不小于 70dB。

5)末端试水装置和试水阀的安装位置应便于检查、试验,并应有相应排水能力的排水设施。

6)信号阀应安装在水流指示器前的管道上,与水流指示器之间的距离不宜小于 300mm。

7)排气阀的安装应在系统管网试压和冲洗合格后进行;排气阀安装在配水干管顶部、配水管的末端,且应确保无渗漏。

8)节流管和减压孔板的安装应符合设计要求。

9)压力开关、信号阀、水流指示器的引出线应用防水套管锁定。

10)减压阀的安装应符合下列要求:

① 减压阀安装应在供水管网试压、冲洗合格后进行。

② 减压阀安装前应检查:其规格型号应与设计相符;阀外控制管路及导向阀各连接件不应有松动;外观应无机械损伤,并应清除阀内异物。

③ 减压阀水流方向应与供水管网水流方向一致。

④ 应在进水侧安装过滤器,并宜在其前后安装控制阀。

⑤ 可调式减压阀宜水平安装,阀盖应向上。

⑥ 比例式减压阀宜垂直安装;当水平安装时,单呼吸孔减压阀其孔口应向下,双呼吸孔减压阀其孔口应呈水平位置。

⑦ 安装自身不带压力表的减压阀时,应在其前后相邻部位安装压力表。

11)多功能水泵控制阀的安装应符合下列要求:

① 安装应在供水管网试压、冲洗合格后进行。

② 在安装前应检查:其规格型号应与设计相符;主阀各部件应完好;紧固件应齐全,无松动;各连接管路应完好,接头紧固;外观应无机械损伤,并应清除阀内异物。

③ 水流方向应与供水管网水流方向一致。

④ 出口安装其他控制阀时应保持一定间距,以便于维修和管理。

⑤ 宜水平安装,且阀盖向上。

⑥ 安装自身不带压力表的多功能水泵控制阀时,应在其前后相邻部位安装压力表。

⑦ 进口端不宜安装柔性接头。

12)倒流防止器的安装应符合下列要求:

① 应在管道冲洗合格以后进行。

② 不应在倒流防止器的进口前安装过滤器或者使用带过滤器的倒流防

止器。

③ 宜安装在水平位置,当竖直安装时,排水口应配备专用弯头。倒流防止器宜安装在便于调试和维护的位置。

④ 倒流防止器两端应分别安装闸阀,而且至少有一端应安装挠性接头。

⑤ 倒流防止器上的泄水阀不宜反向安装,泄水阀应采取间接排水方式,其排水管不应直接与排水管(沟)连接。

⑥ 安装完毕后,首次启动使用时,应关闭出水闸阀,缓慢打开进水闸阀,待阀腔充满水后,缓慢打开出水闸阀。

3. 通水调试

(1) 系统试压和冲洗。

管网安装完毕后,应对其进行强度试验、严密性试验和冲洗。强度试验和严密性试验宜用水进行。干式喷式灭火系统、预作用喷水灭火系统应做水压试验和气压试验。

系统试压前应具备下列条件:

1) 埋地管道的位置及管道基础、支墩等经复查应符合设计要求。

2) 试压用的压力表不应少于 2 只,精度不应低于 1.5 级,量程应为试验压力值的 1.5～2 倍。

3) 试压冲洗方案已经批准。

4) 对不能参与试压的设备、仪表、阀门及附件应加以隔离或拆除;加设的临时盲板应具有突出于法兰的边耳,且应做明显标志,并记录临时盲板的数量。

系统试压过程中,当出现泄漏,应停止试压,并应放空管网中的试验介质;消除缺陷后,重新再试。

(2) 系统调试。

1) 准备工作。

系统调试应在系统施工完成后进行,且具备下列条件:

① 消防水池、消防水箱已储存设计要求的水量。

② 系统供电正常。

③ 消防气压给水设备的水位、气压符合设计要求。

④ 湿式喷水灭火系统管网内已充满水;干式、预作用喷水灭火系统管网内的气压符合设计要求;阀门均无泄漏。

⑤ 与系统配套的火灾自动报警系统处于工作状态。

2) 调试内容。

① 水源测试。

a. 按设计要求核实消防水箱、消防水池的容积,消防水箱设置高度应符合设计要求;消防储水应有不作它用的技术措施。

b. 按设计要求核实消防水泵接合器的数量和供水能力,并通过移动式消防水泵做供水试验进行验证。

② 消防水泵调试。

a. 以自动或手动方式启动消防水泵时,消防水泵应在 30s 内投入正常运行。

b. 以备用电源切换方式或备用泵切换启动消防水泵时,消防水泵应在 30s 内投入正常运行。

③ 稳压泵调试。稳压泵应按设计要求进行调试。当达到设计启动条件时,稳压泵应立即启动;当达到系统设计压力时,稳压泵应自动停止运行;当消防主泵启动时,稳压泵应停止运行。

④ 报警阀调试。

a. 湿式报警阀调试时,在试水装置处放水,当湿式报警阀进口水压大于 0.14MPa、放水流量大于 1L/s 时,报警阀应及时启动;带延迟器的水力警铃应在 5~90s 内发出报警铃声,不带延迟器的水力警铃应在 15s 内发出报警铃声;压力开关应及时动作,并反馈信号。

b. 干式报警阀调试时,开启系统试验阀,报警阀的启动时间、启动点压力、水流到试验装置出口所需时间,均应符合设计要求。

c. 雨淋阀调试宜利用检测、试验管道进行。自动和手动方式启动的雨淋阀,应在 15s 之内启动;公称直径大于 200mm 的雨淋阀调试时,应在 60s 之内启动。雨淋阀调试时,当报警水压为 0.05MPa,水力警铃应发出报警铃声。

⑤ 调试过程中,系统排出的水应通过排水设施全部排走。

⑥ 联动试验。

a. 湿式系统的联动试验,启动 1 只喷头或以 0.94~1.5L/s 的流量从末端试水装置处放水时,水流指示器、报警阀、压力开关、水力警铃和消防水泵等应及时动作,并发出相应的信号。

b. 预作用系统、雨淋系统、水幕系统的联动试验,可采用专用测试仪表或其他方式,对火灾自动报警系统的各种探测器输入模拟火灾信号,火灾自动报警控制器应发出声光报警信号并启动自动喷水灭火系统;采用传动管启动的雨淋系统、水幕系统联动试验时,启动 1 只喷头,雨淋阀打开,压力开关动作,水泵启动。

c. 干式系统的联动试验,启动 1 只喷头或模拟 1 只喷头的排气量排气,报警阀应及时启动,压力开关、水力警铃动作并发出相应信号。

◎ 业务要点 4:气体灭火系统安装

1. 安装准备

1) 气体灭火系统工程施工前应具备下列条件:

①　经批准的施工图、设计说明书及其设计变更通知单等设计文件应齐全。

②　成套装置与灭火剂储存容器及容器阀、单向阀、连接管、集流管、安全泄放装置、选择阀、阀装置、喷嘴、信号反馈装置、检漏装置、减压装置等系统组件，灭火剂输送管道及管道连接件的产品出厂合格证和市场准入制度要求的有效证明文件应符合规定。

③　系统中采用的不能复验的产品，应具有生产厂出具的同批产品检验报告与合格证。

④　系统及其主要组合的使用、维护说明书应齐全。

⑤　给水供电供气等条件满足连续施工作业要求。

⑥　设计单位已向施工单位进行了技术交底。

⑦　系统组件与主要材料齐全，其品种、规格、型号符合设计要求。

⑧　防护区、保护对象及灭火剂储存容器间的设置条件与设计相符。

⑨　系统所需的预埋件及预留孔洞等工程建设条件符合设计要求。

2) 施工前系统组件的外观检查：

①　系统组件无碰撞变形及其他机械性损伤。

②　组件外露非机械加工表面保护涂层完好。

③　组件所有外露接口均设有防护堵、盖，且封闭良好，接口螺纹和法兰密封面无损伤。

④　铭牌清晰、牢固、方向正确。

⑤　同一规格的灭火剂储存容器，其高度差不宜超过 20mm。

⑥　同一规格的驱动气体储存容器，其高度差不宜超过 10mm。

3) 灭火剂储存容器内的充装量、充装压力及充装系数、装量系统应符合下列规定：

①　灭火剂储存容器的充装量、充装压力应符合设计要求，充装系数或装量系数应符合设计规范规定。

②　不同温度下灭火剂的储存压力应按相应标准确定。

2. 系统安装要点

（1）灭火剂储存装置的安装。

1) 储存装置的安装位置应符合设计文件的要求。

2) 灭火剂储存装置安装后，泄压装置的泄压方向不应朝向操作面。低压二氧化碳灭火系统的安全阀应通过专用的泄压管接到室外。

3) 储存装置上压力计、液位计、称重显示装置的安装位置应便于人员观察和操作。

4) 储存容器的支、框架应固定牢靠，并应做防腐处理。

5) 储存容器宜涂红色油漆，正面应标明设计规定的灭火剂名称和储存容器的编号。

6)安装集流管前应检查内腔,确保清洁。

7)集流管上的泄压装置的泄压方向不应朝向操作面。

8)连接储存容器与集流管间的单向阀的流向指示箭头应指向介质流动方向。

9)集流管应固定在支、框架上。支、框架应固定牢靠,并做防腐处理。

10)集流管外表面宜涂红色油漆。

(2)选择阀及信号反馈装置的安装。

1)选择阀操作手柄应安装在操作面一侧,当安装高度超过1.7m时应采取便于操作的措施。

2)采用螺纹连接的选择阀,其与管网连接处宜采用活接。

3)选择阀的流向指示箭头应指向介质流动方向。

4)选择阀上应设置标明防护区或保护对象名称或编号的永久性标志牌,并应便于观察。

5)信号反馈装置的安装应符合设计要求。

(3)阀驱动装置的安装。

1)拉索式机械驱动装置的安装应符合下列规定:

①拉索除必要外露部分外,应采用经内外防腐处理的钢管防护。

②拉索转弯处应采用专用导向滑轮。

③拉索末端拉手应设在专用的保护盒内。

④拉索套管和保护盒应固定牢靠。

2)安装以重力式机械驱动装置时,应保证重物在下落行程中无阻挡,其下落行程应保证驱动所需距离,且不得小于25mm。

3)电磁驱动装置驱动器的电气连接线应沿固定灭火剂储存容器的支、框架或墙面固定。

4)气动驱动装置的安装应符合下列规定:

①驱动气瓶的支、框架或箱体应固定牢靠,并做防腐处理。

②驱动气瓶上应有标明驱动介质名称、对应防护区或保护对象名称或编号的永久性标志,并应便于观察。

5)气动驱动装置的管道安装应符合下列规定:

①管道布置应符合设计要求。

②竖直管道应在其始端和终端设防晃支架或采用管卡固定。

③水平管道应采用管卡固定。管卡的间距不宜大于0.6m。转弯处应增设1个管卡。

6)气动驱动装置的管道安装后应做气压严密性试验,并合格。

（4）灭火剂输送管道的安装。

1）灭火剂输送管道连接应符合下列规定：

① 采用螺纹连接时，管材宜采用机械切割；螺纹不得有缺纹、断纹等现象；螺纹连接的密封材料应均匀附着在管道的螺纹部分，拧紧螺纹时，不得将填料挤入管道内；安装后的螺纹根部应有 2～3 条外露螺纹；连接后，应将连接处外部清理干净并做防腐处理。

② 采用法兰连接时，衬垫不得凸入管内，其外边缘宜接近螺栓，不得放双垫或偏垫。连接法兰的螺栓，直径和长度应符合标准，拧紧后，凸出螺母的长度不应大于螺杆直径的 1/2 且保证有不少于 2 条外露螺纹。

③ 已经防腐处理的无缝钢管不宜采用焊接连接，与选择阀等个别连接部位需采用法兰焊接连接时，应对被焊接损坏的防腐层进行二次防腐处理。

2）管道穿过墙壁、楼板处应安装套管。套管公称直径比管道公称直径至少应大 2 级，穿墙套管长度应与墙厚相等，穿楼板套管长度应高出地板 50mm。管道与套管间的空隙应采用防火封堵材料填塞密实。当管道穿越建筑物变形缝时，应设置柔性管段。

3）管道支、吊架的安装应符合下列规定：

① 管道应固定牢靠，管道支、吊架的最大间距应符合表 4-24 的规定。

表 4-24　支、吊架之间最大间距

DN/mm	15	20	25	32	40	50	65	80	100	150
最大间距/m	1.5	1.8	2.1	2.4	2.7	3.0	3.4	3.7	4.3	5.2

② 管道末端应采用防晃支架固定，支架与末端喷嘴间的距离不应大于 500mm。

③ 公称直径大于或等于 50mm 的主干管道，垂直方向和水平方向至少应各安装 1 个防晃支架。当穿过建筑物楼层时，每层应设 1 个防晃支架。当水平管道改变方向时，应增设防晃支架。

4）灭火剂输送管道安装完毕后，应进行强度试验和气压严密性试验，并合格。

5）灭火剂输送管道的外表面宜涂红色油漆。

在吊顶内、活动地板下等隐蔽场所内的管道，可涂红色油漆色环，色环宽度不应小于 50mm。每个防护区或保护对象的色环宽度应一致，间距应均匀。

（5）喷嘴的安装。

1）安装喷嘴时，应按设计要求逐个核对其型号、规格及喷孔方向。

2）安装在吊顶下的不带装饰罩的喷嘴，其连接管管端螺纹不应露出吊顶；安装在吊顶下的带装饰罩的喷嘴，其装饰罩应紧贴吊顶。

（6）预制灭火系统的安装。

1）柜式气体灭火装置、热气溶胶灭火装置等预制灭火系统及其控制器、声光报警器的安装位置应符合设计要求，并固定牢靠。

2）柜式气体灭火装置、热气溶胶灭火装置等预制灭火系统装置周围空间环境应符合设计要求。

（7）控制组件的安装。

1）灭火控制装置的安装应符合设计要求，防护区内火灾探测器的安装应符合现行国家标准《火灾自动报警系统施工及验收规范》GB 50166—2007 的规定。

2）设置在防护区处的手动、自动转换开关应安装在防护区入口便于操作的部位，安装高度为中心点距地（楼）面 1.5m。

3）手动启动、停止按钮应安装在防护区入口便于操作的部位，安装高度为中心点距地（楼）面 1.5m；防护区的声光报警装置安装应符合设计要求，并应安装牢固，不得倾斜。

4）气体喷放指示灯宜安装在防护区入口的正上方。

3. 系统的试验

（1）管道强度试验和气密性试验方法。

1）水压强度试验应按下列规定取值：

① 对高压二氧化碳灭火系统，应取 15.0MPa；对低压二氧化碳灭火系统，应取 4.0MPa。

② 对 IG 541 混合气体灭火系统，应取 13.0MPa。

③ 对卤代烷 1301 灭火系统和七氟丙烷灭火系统，应取 1.5 倍系数最大工作压力，系统最大工作压力可按表 4-25 取值。

表 4-25　系统储存压力、最大工作压力

系统类别	最大充装密度/(kg/m³)	储存压力/MPa	最大工作压力（50℃时）/MPa
混合气体（IG 541）灭火系统	—	15.0	17.2
	—	20.0	23.2
卤代烷 1301 灭火系统	1125	2.50	3.93
		4.20	5.80
七氟丙烷灭火系统	1150	2.50	4.20
	1120	4.20	6.70
	1000	5.60	7.20

2）进行水压强度试验时，以不大于 0.5MPa/s 的升压速率缓慢升压至试验压力，保压 5min，检查管道各处无渗漏、无变形为合格。

3）当水压强度试验条件不具备时，可采用气压强度试验代替。气压强度试验压力取值：二氧化碳灭火系统取 80％水压强度试验压力，IG 541 混合气体灭火系统取 10.5MPa，卤代烷 1301 灭火系统和七氟丙烷灭火系统取 1.15 倍最大工作压力。

4）气压强度试验应遵守下列规定：

试验前，必须用加压介质进行预试验，预试验压力宜为 0.2MPa。

试验时，应逐步缓慢增加压力，当压力升至试验压力的 50％时，如未发现异状或泄漏，继续按试验压力的 10％逐级升压，每级稳压 3min，直至试验压力。保压检查管道各处无变形、无泄漏为合格。

5）灭火剂输送管道经水压强度试验合格后还应进行气密性试验，经气压强度试验合格且在试验后未拆卸过的管道可不进行气密性试验。

6）灭火剂输送管道在水压强度试验合格后，或气密性试验前，应进行吹扫。吹扫管道可采用压缩空气或氮气，吹扫时，管道末端的气体流速不应小于 20m/s，采用白布检查，直至无铁锈、尘土、水渍及其他异物出现。

7）气密性试验压力应按下列规定取值：

① 对灭火剂输送管道，应取水压强度试验压力的 2/3。

② 对气动管道，应取驱动气体储存压力。

8）进行气密性试验时，应以不大于 0.5MPa/s 的升压速率缓慢升压至试验压力，关断试验气源 3min 内压力降不超过试验压力的 10％为合格。

9）气压强度试验和气密性试验必须采取有效的安全措施。加压介质可采用空气或氮气。气动管道试验时应采取防止误喷射的措施。

（2）系统调试。

1）一般规定。

① 气体灭火系统的调试应在系统安装完毕，并宜在相关的火灾自动报警系统和开口自动关闭装置、通风机械和防火阀等联动设备的调试完成后进行。

② 调试前应检查系统组件和材料的型号、规格、数量以及系统安装质量，并应及时处理所发现的问题。

③ 进行调试试验时，应采取可靠措施，确保人员和财产安全。

④ 调试项目应包括模拟启动试验、模拟喷气试验和模拟切换操作试验。调试完成后应将系统各部件及联动设备恢复正常状态。

2）调试。

① 模拟启动试验方法。

a. 手动模拟启动试验可按下述方法进行：

按下手动启动按钮，观察相关动作信号及联动设备动作是否正常（如发出声、光报警，启动输出负载响应，关闭通风空调、防火阀等）。

人工使压力信号反馈装置动作,观察相关防护区门外的气体喷放指示灯是否正常。

b. 自动模拟启动试验可按下述方法进行:

将灭火控制器的启动输出端与灭火系统相应防护区驱动装置连接。驱动装置应与阀门的动作机构脱离。也可以用一个启动电压、电流与驱动装置的启动电压、电流相同的负载代替。

人工模拟火警使防护区内任意一个火灾探测器动作,观察单一火警信号输出后,相关报警设备动作是否正常(如警铃、蜂鸣器发出报警声等)。

人工模拟火警使该防护区内另一个火灾探测器动作,观察复合火警信号输出后,相关动作信号及联动设备动作是否正常(如发出声、光报警,启动输出端的负载,关闭通风空调、防火阀等)。

c. 模拟启动试验结果应符合下列规定:

延迟时间与设定时间相符,响应时间满足要求。

有关声、光报警信号正确。

联动设备动作正确。

驱动装置动作可靠。

② 模板喷气试验方法。

模拟喷气试验的条件应符合下列规定:

a. IG 541混合气体灭火系统及高压二氧化碳灭火系统应采用其充装的灭火剂进行模拟喷气试验。试验采用的储存容器数应为选定的防护区或保护对象设计用量所需容器总数的5%,且不得少于1个。

b. 低压二氧化碳灭火系统应采用二氧化碳灭火剂进行模拟喷气试验。

试验应选定输送管道最长的防护区或保护对象进行,喷放量不应小于设计用量的10%。

c. 卤代烷灭火系统模拟喷气试验不应采用卤代烷灭火剂,宜采用氮气,也可采用压缩空气。氮气或压缩空气储存容器与被试验的防护区或保护对象用的灭火剂储存容器的结构、型号、规格应相同,连接与控制方式应一致,氮气或压缩空气的充装压力按设计要求执行。氮气或压缩空气储存容器数不应少于灭火剂储存容器数的20%,且不得少于1个。

d. 模拟喷气试验宜采用自动启动方式。

模拟喷气试验结果应符合下列规定:

a. 延迟时间与设定时间相符,响应时间满足要求。

b. 有关声、光报警信号正确。

c. 有关控制阀门工作正常。

d. 信号反馈装置动作后,气体防护区外的气体喷放指示灯应工作正常。

e. 储存容器间内的设备和对应防护区或保护对象的灭火剂输送管道无明显晃动和机械性损坏。

f. 试验气体能喷入被试防护区内或保护对象上,且应能从每个喷嘴喷出。

业务要点 5:给水设备安装

1. 水泵安装

水泵机组分带底座和不带底座两种形式,一般小型水泵出厂时与电动机装配在同一铸铁底座上。口径较大的泵出厂时不带底座,水泵和动力电动机直接安装在基础上。

(1)水泵机组布置。水泵机组的布置应使管线最短、弯头最少、管路便于连接,并留有一定的走道和空地。以便于维护、管理、检修和起吊设备。机组的平面布置主要有横向排列、纵向排列和双行排列三种形式。

1)横向排列布置跨度小、配件简单、水力条件好、起重装卸方便,适用于地面式泵房,如图 4-19 所示。

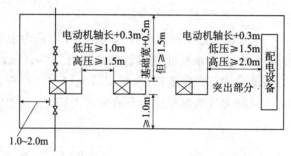

图 4-19 水泵横向排列

2)纵向排列布置紧凑,适用于地下泵房,如图 4-20 所示。

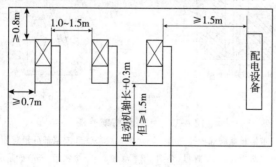

图 4-20 水泵纵向排列

3)双行排列布置紧凑,占地面积较小,适用于大型的地下式泵房,如图 4-21所示。

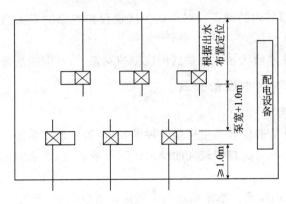

图 4-21　水泵双行排列

（2）施工准备。在泵就位前,应先检查基础尺寸、位置及标高是否符合设计要求;设备配件是否齐全、损坏或锈蚀等;盘车应灵活,无阻滞、卡住现象,无异常声音。

（3）水泵的安装。

1）安装要求。地脚螺栓必须埋设牢固,如图 4-22 所示为水泵地脚螺栓图。泵座与基座应接触严密,多台水泵并列时各种高程必须符合设计要求;水泵附属的真空表、压力表的位置应安装准确;水泵安装允许偏差应符合表 4-26 中的规定;水泵安装基准线的允许偏差和检验方法见表 4-27。

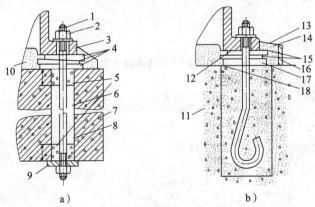

a)　　　　　　　　　　　　b)

图 4-22　水泵地脚螺栓图

a)带锚板地脚螺栓孔浇灌　b)地脚螺栓垫铁和灌浆部分示意图

1—地脚螺栓　2—螺母、垫圈　3—底座　4—垫铁组　5—砂浆层

6—预留孔　7—基础　8—干砂层　9—锚板　10—二次灌浆层

11—地坪或基础　12—底座底面　13—灌浆层斜面　14—灌浆层

15—成对斜垫铁　16—外模板　17—平垫铁　18—麻面

表 4-26 水泵安装允许偏差

序号	项目		允许偏差/mm	检验频率		检验方法
				范围	点数	
1	基座水平度		±2	每台	4	用水准仪测量
2	地脚螺栓位置		±2	每只	1	用尺量
3	泵体水平度		每米 0.1		2	用水准仪测量
4	联轴器同心度	轴向倾斜	每米 0.8	每台	2	在联轴器互相垂直的四个位置上用水平仪、百分表、测微螺钉和塞尺检查
		径向位移	每米 0.1		2	
5	皮带传动	轮宽中心平面位移 平皮带	1.5		2	在主、从动皮带轮端面拉线用尺检查
		三角皮带	1.0		2	

表 4-27 水泵安装基准线的允许偏差和检验方法

项次	项目		允许偏差/mm	检验方法
1	安装基准线	与建筑物轴线距离	±20	用钢卷尺检查
2		与设备 平面位置	±10	用水准仪、钢板尺检查
3		标高	+20 -10	

2）水泵安装工艺流程。水泵安装工艺流程如下：

基础施工→机组布置→水泵机组安装→水泵配管→水泵清洗检查→管路附加安装→水泵机组管道安装→试运转。

3）水泵找正。水平找正，以加工面为基准，用水平仪进行测量。泵的纵、横面水平度不应超过万分之一；小型整体安装的泵不应有明显的倾斜。大型水泵水平找正可用水准仪或吊垂法进行测量。水泵中心线找正，以使水泵摆放的位置正确、不歪斜。标高找正，检查水泵轴中心线高程是否符合设计要求，以保证水泵能在允许的吸水高度内工作。

水泵安装过程中，应同时填写水泵安装记录表，见表 4-28。

表 4-28 水泵安装记录

工程名称：　　　　　　　　　　　　　　　　　　　　　　　年　月　日

水泵	水泵名称	
	水泵型号	
	流量/(t/h)	
	压头/(mH₂O)	
	转速/(r/min)	

续表

水泵名称				
水泵	制造厂名			
	出厂编号			
	轴承型号			
电动机	电动机型号			
	功率/kW			
	制造厂名			
	出厂编号			
	轴承型号			
安装基准线	与设计平面位置偏差			
	与设计标高偏差			
泵体水平度偏差				
泵体铅垂度偏差				
轴承间隙	泵侧			
	对轮侧			
同轴度	A_1 B_1			
	A_2 B_2			
	A_3 B_3			
	A_4 B_4			
备注				

技术负责人：　　　　　　　　质检员：　　　　　　　　班组长：

4）水泵的试运转。试运转前应作全面检查。水泵试运转过程应填入"水泵试运转记录"表中，见表 4-29。

表 4-29　水泵试运转记录

工程名称：　　　　　　　　　　　　　　　　　　　　年　月　日

水泵名称										
试运转	水泵本体				电动机				电流/A	出口压力/MPa	记录人
项目\时间	推力端		膨胀端		轴伸端		非轴伸端				
	温度/℃	振动	温度/℃	振动	温度/℃	振动	温度/℃	振动			

备注：

2. 水箱安装

(1) 水箱安装。

1) 验收基础,并填写"设备基础验收记录"。

2) 作好设备检查,并填写"设备开箱记录"。水箱如在现场制作,应按设计图纸或标准图进行。

3) 设备吊装就位,进行校平找正工作。

4) 现场制作的水箱,按没计要求制作成水箱后须作盛水试验或煤油渗透试验。

5) 盛水试验后,内外表面除锈,刷红丹漆两遍。

6) 整体安装或现场制作的水箱,按设计要求其内表面刷汽包漆两遍,外表面如不作保温再刷油性调用漆两遍,水箱底部刷沥青漆两遍。

7) 水箱支架或底座安装,其尺寸及位置应符合设计规范规定;埋设平整牢固。美观大方,防腐良好。

8) 按图纸安装进水管、出水管、溢流管、排污管、水位讯号管等。水箱溢流管和泄放管应设置在排水地点附近但不得与排水管直接连接。

9) 水箱水位计下方应设置带冲洗的角阀,生活给水系统总供水管上应设置消毒设施。

(2) 消防水箱安装。

1) 消防水箱的容积、安装位置应符合设计要求。消防水箱问的主要通道宽度不应小于 0.7m;消防水箱顶部至楼板或梁底的距离不得小于 0.6m。

2) 消防水箱的溢流管、泄水管不得与生产或生活用水的排水系统直接相连。

(3) 消防气压给水设备安装。

1) 消防气压给水设备的气压罐、其容积、气压、水位及工作压力应符合设计要求。

2) 消防气压给水设备上的安全阀、压力表、泄水管、水位指示器等的安装应符合产品使用说明书的要求。

3) 消防气压给水设备安装位置,进水管及出水管方向应符合设计要求、安装时其四周应检修通道,其宽度不应小于 0.7m,消防气压给水设备顶部至楼台板或梁底的距离不得小于 1.0m。

第二节 室内排水系统安装

本节导读

本节主要介绍室内排水系统安装,内容包括排水管道及配件安装、雨水管道及配件安装等。其内容关系如图 4-23 所示。

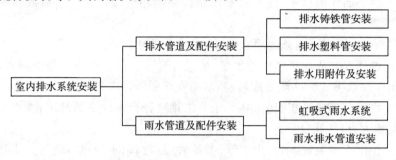

图 4-23 本节内容关系图

业务要点 1:排水管道及配件安装

1. 排水铸铁管安装

(1)柔性接口承插式铸铁管连接。

1)承插式柔性接口排水铸铁管宜在有下列情况时采用:

① 要求管道系统接口具有较大的轴向转角和伸缩变形能力。

② 对管道接口安装误差的要求相对较低时。

③ 对管道的稳定性要求较高时。

2)建筑排水用柔性接口承插式铸铁管的连接应按下列步骤进行:

① 安装前,应将直管和管件内外污垢和杂物,承口、插口、法兰压盖工作面上的泥沙等附着物清除干净。

② 连接前,应按插入长度在插口外壁上画出安装线。插入长度应比承口实际深度小 5mm,安装线所在平面应与管的轴线垂直。

③ 插入前,在插口端先套法兰压盖,再套入橡胶密封圈,橡胶密封圈右侧边缘与安装线对齐(图 4-24)。

④ 插入过程中,插入管的轴线与承口管的轴线应在同一直线上,橡胶密封圈应均匀紧贴在承口的倒角上。

⑤ 拧紧螺栓时,三耳压盖的三个角应交替拧紧。四耳和四耳以上压盖应按对角位置交替拧紧。拧紧应分多次交替进行,使橡胶密封圈均匀受力,不得一次拧完。

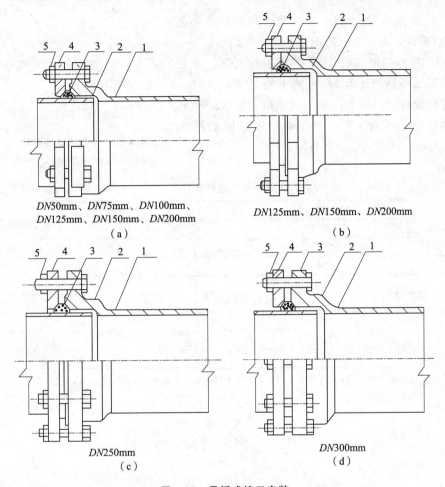

DN50mm、DN75mm、DN100mm、
DN125mm、DN150mm、DN200mm
（a）

DN125mm、DN150mm、DN200mm
（b）

DN250mm
（c）

DN300mm
（d）

图 4-24 承插式接口安装

(a)3 耳接口型式　(b)4 耳接口型式　(c)6 耳接口型式　(d)8 耳接口型式

1—承口　2—插口　3—橡胶密封圈　4—法兰压盖　5—螺栓螺母

（2）卡箍式铸铁管连接。

1）卡箍式柔性接口排水铸铁管宜在下列情况时采用：

① 安装要求的平面位置小,需设置在尺寸较小的管道井内或需紧贴墙面安装时。

② 需各层同步安装和快速施工时。

③ 需分期修建或有改建、扩建要求的建筑。

2）建筑排水用卡箍式铸铁管的连接应按下列步骤进行：

① 安装前,应将直管和管件内外污垢和杂物,接口处工作面上的泥沙等附着物清除干净。

② 连接时,取出卡箍内橡胶密封套。卡箍为整圈不锈钢套环时,可将卡箍先套在接口一端的管材(管件)上。卡箍式接口安装(图 4-25)和密封区长度(表 4-30),橡胶密封圈的形式(图 4-26)和尺寸(表 4-31)。

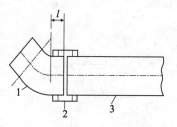

图 4-25 卡箍式连接安装

1—管件 2—不锈钢卡箍 3—直管

表 4-30 密封区长度 (单位:mm)

公称直径 DN	密封区长度 l
50	30
75	35
100	40
125	45
150	50
200	60
250	70
300	80

注:密封区长度 l 为卡箍连接接头对各类管件平口端要求的最小直线段长度。

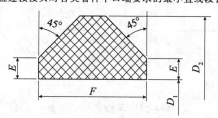

图 4-26 橡胶密封圈截面

表 4-31 橡胶密封圈尺寸 (单位:mm)

公称直径 DN	橡胶密封圈内径 D_1	橡胶密封圈外径 D_2	F	E
50	60	80	24	4.0
75	85	105	24	4.0
100	110	130	24	4.0
125	135.5	159	28	4.5
150	160	184	28	4.5
200	212	244	34	4.6
250	263.5	310	38	9.0
300	297	317.5	38	12.0

③ 在接口相邻管端的一端套上橡胶密封套,使管口达到并紧贴在橡胶密封套中间肋的侧边上,钢带型卡箍橡胶密封套的形式(图 4-27)和尺寸(表 4-32)。将橡胶密封套的另一端向外翻转。

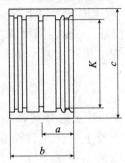 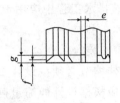

图 4-27　钢带型卡箍橡胶密封套

表 4-32　钢带型卡箍橡胶密封套尺寸　　　　　　　　（单位:mm）

公称直径 DN	a	b	c	k	e	f	g
50	27	54	57	50	2.5	2.4	4.5
75	27	54	82	74	2.5	2.4	4.5
100	27	54	109	101	3	2.4	4.5
125	37.5	75	134	125	4	2.4	4.5
150	37.5	75	159	150	4	2.4	4.5
200	50	100	208	198	5	2.4	4.5
250	50	100	272	248	5	2.4	4.5
300	50	100	324	298	5	3	5

④ 将连接管的管端固定,并紧贴在橡胶密封套中间肋的另一侧边上,再将橡胶密封套翻回套在连接管的管端上。

⑤ 安装卡箍前应将橡胶密封套擦拭干净。当卡箍产品要求在橡胶密封套上涂抹润滑剂时,可按产品要求涂抹。润滑剂应由卡箍生产厂配套提供。

⑥ 在拧紧卡箍上的紧固螺栓前应校准接头轴线,使两管轴线在同一直线上。拧紧螺栓时应分多次交替进行,使橡胶密封套均匀紧贴在管端外壁上。

(3) 钢带型卡箍连接。

钢带型卡箍可用于高、低层建筑物的平口铸铁管排水管道系统。管道系统下列部位和情况的接头宜采用加强型卡箍:

1) 生活排水管道系统立管管道的转弯处。

2) 屋面雨水排水系统的雨水斗接口处和管道转弯处。

3) 管道末端堵头处。

4) 无支管接入的排水立管和雨落管,且管道不允许出现偏转角时。

2. 排水塑料管安装

建筑排水用硬聚氯乙烯管件(即 UPVC 或 PVC-U,以下简称排水塑料管),其具有质轻、易于切断、施工方便和水力条件好的特点,因而在建筑排水工程,尤其是民用建筑排水工程中应用十分广泛,它适用于水温小于等于 40℃的生活污水和工业废水的排放。

(1) 伸缩节安装。

1) 塑料管伸缩节必须按设计要求的位置和数量进行安装。

① 横干管应根据设计伸缩量确定。横支管上合流配件至立管超过 2m 时应设伸缩节,但伸缩节之间的最大距离不得超过 4m。

② 管端插入伸缩节处预留的间隙夏季应为 5~10mm、冬季为 15~20mm。

③ 伸缩节一般宜逐层设置。扫除口带伸缩节的可设置在每层地面以上 1m 的位置。

2) 安装伸缩节时,应按制造厂说明书的要求设置好固定管卡,在伸缩节中安放好橡胶密封圈,在管子承插口粘接固定后,应拆除限位装置,以利热胀冷缩。

(2) 塑料管的粘接。排水塑料管的切断宜选用细齿锯或割管机具,端面应平整并垂直于轴线,且应清除端面毛刺,管口端面处不得有裂痕和凹陷。插口端可用中号板锉锉成 15°~30°坡口,坡口厚度宜为管壁厚度的 1/3~1/2。

在粘接前应将承口内面和插口外面擦拭干净,无灰尘和水迹。若表面有油污,要用丙酮等清洁剂擦净。插接前要根据承口深度在插口上划出插入深度标记。

胶粘剂应先涂刷承口内面,后涂插口外面所作插入深度标记范围以内。注意胶粘剂的涂刷应迅速、均匀、适量且无漏涂。插口涂刷胶粘剂后,应即找正方向将管子插入承口,施加一定压力使管端插入至预先画出的插入深度标记处,并将管子旋转约 90°,把挤出的胶粘剂擦净,让接口在不受外力的条件下静置固化,低温条件下应适当延长固化时间。

安全使用胶粘剂的注意事项如下:

1) 胶粘剂和清洁剂的瓶盖应随用随开,不用时盖严,禁止非操作人员使用。

2) 管道、管件集中粘接的预制场所严禁明火,场内应通风。

3) 冬季施工,环境温度不宜低于-10℃;当施工环境温度低于-10℃时,应采取防寒、防冻措施。施工场所应保持空气流通,不得密闭。

4) 粘接管道时,操作人员应站在上风处,且宜佩戴防护手套、防护眼镜和口罩。

（3）干管安装。

1）首先根据设计图纸要求的坐标和标高预留槽洞或预埋套管。埋入地下时，按设计坐标、标高、坡向和坡度开挖槽沟并夯实。采用托吊管安装时应按设计坐标、标高和坡向做好托、吊架。

2）施工条件具备时，将预制加工好的管段，按编号运至安装部位进行安装。各管段粘连时也必须按粘接工艺依次进行。全部粘连后，管道要直，坡度要均匀，各预留口位置应准确。

3）安装立管需装伸缩节，伸缩节上沿距地坪或蹲便台 70～100mm。干管安装完后应做闭水试验，出口用充气橡胶堵封闭，达到不渗漏、水位不下降为合格。地下埋设管道应先用细砂回填至管上皮 100mm，上覆过筛土，夯实时勿碰损管道。托吊管粘牢后再按水流方向找坡度。最后将预留口封严和堵洞。

（4）立管安装。

1）首先按设计坐标要求，将洞口预留或后剔，洞口尺寸不应过大，更不可损伤受力钢筋。

2）安装前清理场地，根据需要支搭操作平台，将已预制好的立管运到安装部位。首先清理已预留的伸缩节，将锁母拧下，取出 U 形橡胶圈，清理杂物，并复查上层洞口是否合适。立管插入端应先划好插入长度标记，然后涂上肥皂液，套上锁母及 U 形橡胶圈。

3）安装时先将立管上端伸入上一层洞口内，垂直用力插入至标记为止（一般预留胀缩量为 20～30mm）。合适后即用自制 U 形钢制抱卡紧固在伸缩节上沿，然后找正找直，并测量顶板与三通口中心的距离，检查是否符合要求，若无误后，即可堵洞，并将上层预留伸缩节封严。

（5）支管安装。首先剔出吊卡孔洞或复查预埋件是否合适，然后清理场地，按需要支搭操作平台，并将预制好的支管按编号运至场地。支管安装时，可将支管水平初步吊起，擦除粘接部位的污物及水分，然后涂抹粘接剂，用力推入预留管口。根据管段长度调整好坡度，合适后固定卡架，封闭各预留管口和堵洞。

3. 排水用附件及安装

（1）存水弯安装。存水弯是设置在卫生器具排水管上和生产污废水受水器的泄水口下方的排水附件（坐便器除外），其构造如图 4-28 所示。在弯曲段内存有 60～70mm 深的水，称作水封，其作用是利用一定高度的静水压力来抵抗排水管内气压变化，隔绝和防止排水管道内所产生的难闻有害气体、

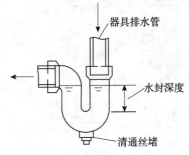

器具排水管

水封深度

清通丝堵

图 4-28　带清通丝堵的
P 型存水弯水封

可燃气体及小虫等通过卫生器具进入室内而污染环境。存水弯有两种,即带清通丝堵和不带清通丝堵的,按外形的不同,还可分为 P 型和 S 型。水封高度与管内气压变化、水蒸发率、水量损失、水中杂质的含量及比重有关,不能太大也不能太小。若水封高度太大,污水中固体杂质容易沉积在存水弯底部,堵塞管道;水封高度太小,管内气体容易克服水封的静水压力进入室内,污染环境。

(2)检查口安装。检查口是一个带盖板的开口短管(图 4-29),拆开盖板即可进行疏通工作。检查口设在排水立管上及较长的水平管段上,可双向清通。其设置规定为立管上除建筑最高层及最底层必须设置外,可每隔两层设置一个,平顶建筑可用伸顶通气管顶口代替最高层检查口。当立管上有乙字管时,在乙字管的上部应设检查口。若为两层建筑,可在底层设置。检查口的设置高度一般距地面 1m,并应高出该层卫生器具上边缘 0.15m,与墙面呈45°夹角。

(3)清扫口安装。当悬吊在楼板下面的污水横管上有两个及两个以上的大便器或三个及三个以上的卫生器具时,应在横管的起端设清扫口(图 4-30),清扫口顶面宜与地面相平,也可采用带螺栓盖板的弯头和带堵头的三通配件作清扫口。清扫口仅单向清通。为了便于拆装和清通操作,横管始端的清扫口与管道相垂直的墙面距离不得小于 0.15m;采用管堵代替清扫口时,与墙面的净距不得小于 0.4m。在水流转角小于 135°的污水横管上,应设清扫口或检查口。直线管段较长的污水横管,在一定长度内也应设置清扫口或检查口,其最大间距见表 4-33。排水管道上设置清扫口时,若管径小于100mm,其口径尺寸与管道同径;管径等于或大于 100mm 时,其口径尺寸应为 100mm。

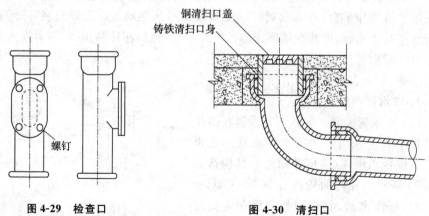

图 4-29　检查口　　　　　　图 4-30　清扫口

表 4-33 污水横管的直线管段上检查口或清扫口之间的最大间距

管径/mm	生产废水	生活污水和与生活污水成分接近的生产污水	含有大量悬浮物和沉淀物的生产污水	清扫设备的种类
	距离/m			
50~70	15	12	10	检查口
	10	8	6	清扫口
100~150	20	15	12	检查口
	15	10	8	清扫口
200	25	20	15	检查口

（4）检查井安装。为了便于启用埋地横管上的检查口，在检查口处应设置检查井，其直径不得小于 0.7m，如图 4-31所示。对于不散发有害气体或大量蒸汽的工业废水的排水管道，在管道转弯、变径、坡度改变和连接支管处，可在建筑物内设检查井。在直线管段上，排除生产废水时，检查井的距离不宜小于 30m；排除生产污水时，检查井的距离不宜大于 20m。对于生活污水排水管道，在室内不宜设检查井。

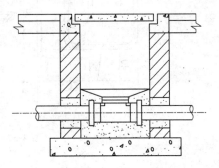

图 4-31 室内检查井

（5）地漏安装。地漏主要设置在厕所、浴室、盥洗室、卫生间及其他需要从地面排水的房间内，用以排除地面积水，如图 4-32 所示。地漏一般用铸铁或塑料制成，在排水口处盖有箅子，用来阻止杂物进入排水管道，箅子有带水封和不带水封两种，布置在不透水地面的最低处，箅子顶面应比地面低 5~10mm，水封深度不得小于 50mm，其周围地面应有不小于 0.01 的坡度坡向地漏。

（6）通气管安装。通气管是指最高层卫生器具以上至伸出屋顶的一段立管。

通气管作用是使室内外排水管道中的各种有害气体排放到大气中，保证污水流动通畅，防止卫生器具的水封受到破坏。生活污水管道和散发有害气体的生产污水管道均应设通气管。

通气管必须伸出屋面，其高度不得小于 0.3m，且应大于最大积雪厚度。在通气管出口 4m 以内有门窗时，通气管应高出窗顶 0.6m 或引向无门窗的一侧。在经常有人停留的屋面上，通气管应高出屋面 2m。如果立管接纳卫生器具的数量不多时，可将几根通气管接入一根通气管上，并引出屋顶，以减少立管穿过屋面的数量。通气管穿过屋面的做法如图 4-33 所示。

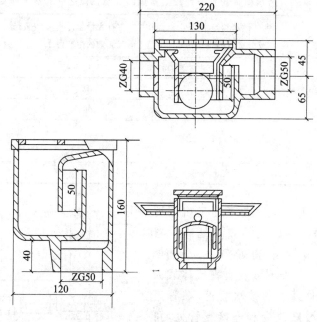

图 4-32　地漏的构造

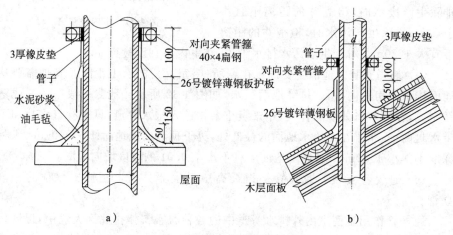

a)　　　　　　　　　　　　　　　　b)

图 4-33　通气管穿过屋面的做法

a)平屋顶　b)坡屋面

在冬季室外采暖温度高于－15℃的地区,可设钢丝球;低于－15℃的地区应设通气帽,避免结冰时堵塞通气管口。

对于卫生器具在 4 个以上,且距立管大于 12m 或同一横支管连接 6 个及 6 个以上大便器时,应设辅助通气管。辅助通气管是为了平衡排水管内的空气压力而由排水横管上接出的管段。

辅助通气管的管径有如下规定：

1）辅助通气管管径应根据污水支管管径确定，当污水支管管径为 50mm、75mm 和 100mm 时，可分别采用 25mm、32mm 和 40mm 的辅助通气管。

2）辅助通气立管管径应采用表 4-34 中的规定。

3）专用通气立管管径应比最底层污水立管管径小一号。

表 4-34　辅助通气立管管径　　　　　（单位：mm）

污水立管管径	辅助通气立管管径
50	40
75	50
100	75
125	75
150	100

业务要点 2：雨水管道及配件安装

1. 虹吸式雨水系统

（1）系统组成。

1）虹吸式雨水斗设置。虹吸式雨水斗应由防叶罩、防涡流装置、斗体等主要部件组成。

2）管材和管件。用于虹吸式屋面雨水排水系统的管道，应采用铁管、钢管（镀锌钢管、涂塑钢管）、不锈钢管和高密度聚乙烯（HDPE）管等材料。用于同一系统的管材和管件以及与虹吸雨水斗的连接管，宜采用相同的材质。这些管格除承受正压外，还应能承受负压。

3）固定件。管道安装时应设置固定件。固定件必须能承受满流管道的重量和高速水流所产生的作用力。对高密度聚乙烯（HDPE）管道系统，固定件还应能承受管道热胀冷缩时产生的轴向应力。

（2）系统设计。

1）一般规定。

① 虹吸式屋面雨水排水系统采用的设计重现期，应根据建筑物的重要程度、汇水区域性质、气象特征等因素确定。对一般建筑物屋面，其设计重现期不宜小于 2~5 年；对重要的公共建筑物屋面、生产工艺不允许渗漏的工业厂房屋面，其设计重现期应根据建筑的重要性和溢流造成的危害程度确定，不宜小于 10 年。

注：大型屋面的设计重现期宜取上限值。

② 虹吸式屋面雨水排水系统的雨水斗应采用经检测合格的虹吸式雨水斗。

③ 虹吸式屋面雨水排水系统的计算参数应与所采用系统组件的参数相一致。

④ 对汇水面积大于 5000m² 的大型屋面,宜设置不少于 2 组独立的虹吸式屋面雨水排水系统。

⑤ 虹吸式屋面雨水排水系统应设溢流口或溢流系统。虹吸式屋面雨水排水系统和溢流口或溢流系统的总排水能力,不宜小于设计重现期为 50 年、降雨历时 5min 时的设计雨水流量。

⑥ 不同高度的屋面、不同结构形式的屋面汇集的雨水,宜采用独立的系统单独排出。

注:当受条件限制必须合用一套系统时,应经计算确保每个雨水斗均同时保持虹吸满管压力流流态。

⑦ 当其他屋面雨水排水系统的管道接入虹吸式屋面雨水排水系统时,应有确保虹吸系统发挥正常功能的措施。

⑧ 与排出管连接的雨水检查井应能承受水流的冲力,应采用钢筋混凝土结构或消能井,并宜有排气措施。

2) 管道布置和敷设。

① 悬吊管可无坡度敷设,但不得倒坡。

② 管道不宜敷设在建筑的承重结构内。因条件限制管道必须敷设在建筑的承重结构内时,应采取措施避免对建筑的承重结构产生影响。

③ 管道不宜穿越建筑的沉降缝或伸缩缝。当受条件限制必须穿越时,应采取相应的技术措施。

④ 管道不宜穿越对安静有较高要求的房间。当受条件限制必须穿越时,应采取隔声措施。

⑤ 当管道表面可能结露时,应采取防结露措施。

⑥ 当管道采用 HDPE 等塑料材质时,应符合国家有关防火标准的规定。

⑦ 过渡段的设置位置应通过计算确定,宜设置在排出管上,并应充分利用系统的动能。

⑧ 过渡段下游管道应按重力流雨水系统设计,并符合现行国家标准《建筑给水排水设计规范》GB 50015—2003(2009 年版)的规定。

⑨ 虹吸式屋面雨水排水系统的最小管径不应小于 $DN40$。

⑩ 溢流口或溢流系统应设置在溢流时雨水能通畅流达的场所。

溢流口或溢流装置的设置高度应根据建筑屋面允许的最高溢流水位等因素确定。最高溢流水位应低于建筑屋面允许的最大积水水深。

3) 水力计算。

虹吸式屋面雨水排水系统的水力计算,应包括对系统中每一管路水力工况的精确计算。计算结果应包括设计暴雨强度、汇水面积、设计雨水流量、每一计算管段的管径、计算长度、流量、流速、压力等。

虹吸式屋面雨水排水系统的水力计算应符合下列规定：

① 虹吸式雨水斗的设计流量应由雨水斗产品的水力测试确定。设计流量不得大于经水力测试的最大流量。

② 虹吸式屋面雨水排水管系中，雨水斗至过渡段的总水头损失（包括沿程水头损失和局部水头损失）与过渡段流速水头之和不得大于雨水斗至过渡段的几何高差。

③ 雨水斗顶面至过滤段的高差，在立管管径不大于 $DN75$ 时，宜大于 3m；在立管管径不小于 $DN90$ 时，宜大于 5m。

④ 悬吊管设计流速不宜小于 1.0m/s；立管设计流速不宜小于 2.2m/s，且不宜大于 10m/s。

⑤ 虹吸式屋面雨水排水管系过渡段下游的流速，不宜大于 2.5m/s；当流速大于 2.5m/s 时，应采取消能措施。

⑥ 立管管径应经计算确定，可小于上游悬吊管管径。虹吸雨水系统水力计算应参考相关资料。

（3）系统安装。

1）雨水斗安装。

① 雨水斗的进水口应水平安装。

② 雨水斗的进水口高度应保证天沟内的雨水能通过雨水斗排净。

③ 雨水斗应按产品说明书的要求和顺序进行安装。

④ 在屋面结构施工时，必须配合土建工程预留符合雨水斗安装需要的预留孔。

⑤ 安装在钢板或不锈钢板天沟（檐沟）内的雨水斗，可采用氩弧焊等与天沟（檐沟）焊接连接或其他能确保防水要求的连接方式。

⑥ 雨水斗安装时，应在屋面防水施工完成、确认雨水管道畅通、清除流入短管内的密封膏后，再安装整流器、导流罩等部件。

⑦ 雨水斗安装后，其边缘与屋面相连处应严密不漏。

2）管道安装。

① 钢管安装应符合下列规定：

a. 碳素钢管应采用法兰连接或沟槽式连接，内外表面镀锌。不锈钢管应采用焊接连接、法兰连接或沟槽式连接。

b. 碳素钢管宜采用机械方法切割。当采用火焰切割时，应清除表面的氧化物。不锈钢管应采用机械或等离子方法切割。钢管切割后，切口表面应平整，并与管的中轴线垂直。

c. 法兰连接时,法兰应垂直于管道中心线,两个法兰的表面应相互平行,紧固螺栓的方向应一致,紧固后螺栓端部宜与螺母齐平。

d. 沟槽连接时,应检查沟槽加工的深度和宽度尺寸是否符合产品要求。安装橡胶密封圈时应检查是否有损伤,并涂抹润滑剂。卡箍紧固后其内缘应卡进沟槽内。

e. 螺纹连接时,对套丝扣时破坏的镀锌层表面的外露螺纹部分应做防腐处理;管径大于 100mm 的镀锌钢管应采用法兰或卡套式专用管件连接,在镀锌钢管与法兰的焊接处应二次镀锌。

② 铸铁管安装应符合下列规定:

a. 铸铁管应采用机械式接口连接或卡箍式连接。

b. 铸铁管应采用机械方法切割,切口表面应平整无裂纹。

c. 铸铁管连接时,应先清除连接部位的沥青、砂、毛刺等物。

d. 机械式接口连接时,在插口端应先套入法兰压盖,再套入橡胶密封圈,然后应将插口端推入承口内,对称交叉地紧固法兰压盖上的螺栓。

e. 卡箍式连接时,应将管道或管件的端口插入橡胶套筒和不锈钢节套内,然后拧紧节套上的螺栓。

③ 高密度聚乙烯(HDPE)管安装应符合下列规定:

a. 高密度聚乙烯(HDPE)管应采用热熔对焊连接或电熔连接。

b. 高密度聚乙烯(HDPE)管应采用管道切割机切割,切口应垂直于管中心。

c. 高密度聚乙烯(HDPE)预制管段不宜超过 10m,预制管段之间的连接应采用电熔、热熔对焊或法兰连接。

d. 在悬吊的高密度聚乙烯(HDPE)水平管上宜使用电熔连接,且与固定件配合安装。

④ 排出管安装应符合下列规定:

a. 排出管可采用铸铁管、钢管(镀锌钢管、涂塑钢管)、不锈钢管和高密度聚乙烯(HDPE)管等材料。

b. 埋地雨水管的埋设深度应考虑冰冻和外部荷载的影响。

c. 铸铁管可直接铺设在未经扰动的原土地基上。当不符合要求时,在管沟底部应铺设厚度不小于 100mm 的砂垫层。

d. 埋地雨水管在穿入检查井时,与井壁接触的管端部位应涂刷两道黏结剂,并滚上粗砂,然后用水泥砂浆砌入,防止漏水。

3) 固定件安装。

① 管道支吊架应固定在承重结构上,位置应正确,埋设应牢固。

② 钢管的支、吊架间距,对横管不应大于表 4-35 的规定;对立管应每层设

置1个。

表 4-35 钢管管道支架最大间距

公称直径/mm	50	70(80)	100	125	150	200	250	300
保温管/m	3	4	4.5	6	7	7	8	8.5
不保温管/m	5	6	6.5	7	8	9.5	11	12

③ 铸铁管的支、吊架间距,对横管不应大于2m;对立管不应大于3m。当楼层高度不大于4m时,立管可安装1个支架。

④ 钢管沟槽式接口、铸铁管机械式接口和卡箍式接口的支、吊架位置应靠近接口,但不得妨碍接口的拆装。

⑤ 卡箍式铸铁管在弯管处应安装拉杆装置进行固定。

⑥ 高密度聚乙烯(HDPE)悬吊管宜采用方形钢导管进行固定。方形钢导管的尺寸应符合表4-36的规定。方形钢导管应沿高密度聚乙烯(HDPE)悬吊管悬挂在建筑承重结构上,高密度聚乙烯(HDPE)悬吊管则宜采用导向管卡和锚固管卡连接在方形钢导管上。方形钢导管悬挂点间距和导向管卡、锚固管卡的设置间距,应符合表4-37和图4-34、图4-35的规定。

表 4-36 方形钢导管尺寸 (单位:mm)

HDPE 管外径	方形钢导管尺寸 $A \times B$
40~200	30×30
250~315	40×60

表 4-37 HDPE 横管固定件最大间距 (单位:mm)

HDPE 管外径	悬挂点间距 AA	锚固管卡间距 FA	导向管卡间距 RA (非保温管)	导向管卡间距 RA (保温管)
40	2500	5000	800	1000
50	2500	5000	800	1200
56	2500	5000	800	1200
63	2500	5000	800	1200
75	2500	5000	800	1200
90	2500	5000	800	1200
110	2500	5000	1100	1600
125	2500	5000	1200	1800
160	2500	5000	1600	2400
200	2500	5000	2000	3000

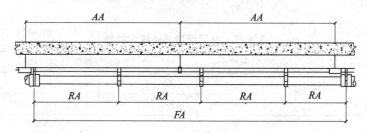

图 4-34　DN40～DN200 的 HDPE 管横管固定装置

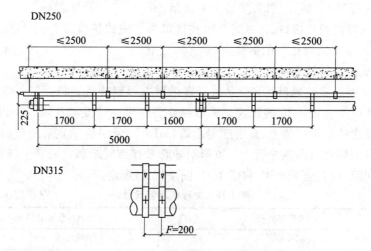

图 4-35　DN250～DN315 的 HDPE 管导向管卡布置

⑦ 高密度聚乙烯（HDPE）悬吊管的锚固管卡宜安装在管道的端部和末端，以及 Y 型支管的每个方向上，2 个锚固管卡之间和距离不应大于 5m。当雨水斗与立管之间的悬吊管长度超过 1m 时，应安装带有锚固管卡的固定件。当高密度聚乙烯（HDPE）悬吊管的管径大于 200mm 时，在每个固定点上应使用 2 个锚固管卡。

⑧ 高密度聚乙烯（HDPE）管立管的锚固管卡间距不应大于 5m，导向管卡间距不应大于 15 倍管径（图 4-36）。

⑨ 当虹吸式雨水斗的下端与悬

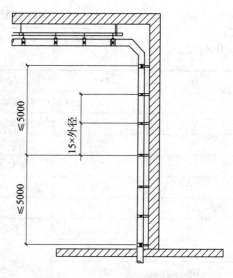

图 4-36　HDPE 管垂直固定装置

吊管的距离不小于 750mm 时,在方形钢导管上或悬吊管上应增加 2 个侧向管卡。

⑩ 在雨水立管的底部弯管处应设支墩或采取牢固的固定措施。

2. 雨水排水管道安装

(1)悬吊管安装　悬吊管通常采用铸铁管石棉水泥接口,但在管道可能受到振动的地方,或跨度过大的厂房,应采用焊接钢管焊接接口。安装时,先按施工图的位置、标高及坡度安装好支、吊架,坡度一般取 0.003,并应坡向立管。悬吊管如管径小于或等于 1.50mm、长度超过 15m 时,应设检查口;如管径为200mm、长度超过 20m 时,也应设检查口;悬吊管检查口间距不得大于表 4-38 中的规定。

表 4-38　悬吊管检查口间距

项　　次	悬吊管直径/mm	检查口间距/m
1	≤150	≤15
2	≥200	≥20

(2)雨水立管安装。雨水立管的作用是承接从悬吊管或直接从雨水斗流下来的水,并将其输送到地下排水管网中。雨水立管一般沿墙壁或柱布置,其管径不能小于与其相连接的悬吊管管径,也不宜大于 300mm。每隔 2m 应设夹箍固定。不同高、低跨的悬吊管,应单独设置立管。但当立管排泄的雨水总量(即设计泄流量)不超过表 4-39 中同管径立管最大设计泄流量时,不同高度悬吊管的雨、雪水也可排入同一根立管。立管距地面 1m 处应设检查口,以便清通。雨水管下半部因排水时处于正压状态,所以不应接入排水支管。立管管材与悬吊管相同。

表 4-39　雨水立管最大设计泄流量

管径/mm	最大设计泄流量/(L/s)
100	19
150	42
200	75

注:雨水设计泄流量 q_y(L/s)的计算公式为: $q_y = k \dfrac{F_{q_s}}{10000}$ 式中 F 为汇水面积,应按屋面的水平投影面积计算。窗井、贴近高层建筑外墙的地下汽车库出入口坡道、高层建筑裙房还应附加高层侧墙面积的1/2折算成的屋面汇水面积,单位为 m²; q_s 为当地降雨历时为 5min 的降雨强度,单位为 L/(s·ha); k 为屋面宜泄能力的系数,当设计重现期为 1 年时,屋面坡度<2.5%, $k=1$;屋面坡度≥2.5%, $k=1.5\sim2.0$。

为便于对管道进行清扫检查,在雨水立管上应设置检查口,检查口中心距地面高度一般为 1m。

立管通常采用铸铁管石棉水泥接口,在可能受到振动的地方要采用钢管焊接接口。

(3)地下雨水管安装。地下雨水管道接纳各立管流来的雨水,并将其排放到室外雨水管道中去。厂房内地下雨水管道大都采用暗管式,其管径不得小于与其连接的雨水立管管径,且不小于200mm,也不得大于600mm,因管径太大时,埋深增大且与弯支管连接困难。埋地管应有不小于3‰的坡度,坡向同水流方向。

埋地雨水管道采用混凝土管或钢筋混凝土管,也可采用带釉陶土管或石棉水泥管等。在车间内,当敷设暗管受到限制或采用明沟有利于生产工艺时,则地下雨水管道也可采用有盖板的明沟排水。

埋地横管将室内雨水管道汇集的雨、雪水,排至室外雨水管渠。其排水能力远小于立管,所以最小管径不宜小于200mm。埋地管的最小坡度和最大计算充满度分别见表4-40和表4-41。在敞开式系统中,埋地管宜采用非金属管材,如混凝土管、钢筋混凝土管、缸瓦管和石棉水泥管等。在密闭式系统中,埋地管宜采用承压铸铁管。

表4-40 室内雨水管道最小坡度表

管径/mm	150	200	250	300
最小坡度	0.005	0.004	0.0035	0.003

表4-41 埋地雨水管道的最大计算充满度

管道名称	管径/mm	最大计算充满度
密闭系统的埋地管	—	1.0
敞开系统的埋地管	≤300	0.5
	350~450	0.65
	≥500	0.80

第三节 卫生器具安装

本节导读

本节主要介绍卫生器具安装,内容包括卫生器具安装以及卫生器具给水配件安装等。其内容关系如图4-37所示。

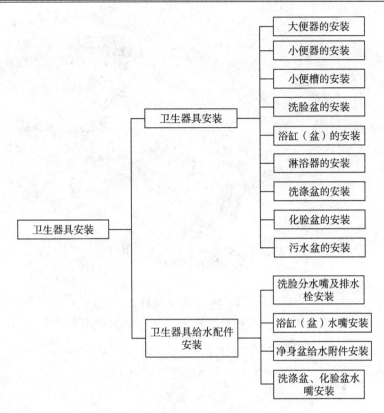

图 4-37 本节内容关系图

业务要点 1:卫生器具安装

1. 大便器的安装

目前我国在建筑业中常用的大便器有坐式和蹲式两种类型。

(1)坐式大便器的安装。坐式大便器的材质为陶瓷材料,型式分盘形和漏斗形,如图 4-38 所示。

目前国内多采用漏斗形虹吸式大便器,其安装尺寸如图 4-39 所示。

低水箱坐式大便器在安装前,应先清理排水管承口,然后抹适量的麻刀灰,把便器坐于排水管承口上,再用木螺钉固定住,装好锁口。装锁口时,将锁母套于弯头上,把锁口拔梢的一端塞进粪桶入水口,然后用锁母锁紧锁口,锁口拔梢的地方及锁母处,都应加胶皮圈。最后用砂浆把便器周围地面抹平。

安装水箱时,应根据规定的高度在墙面上放出固定水箱位置线,并将水箱出水管口中心对准坐式大便器进水管口的中心。

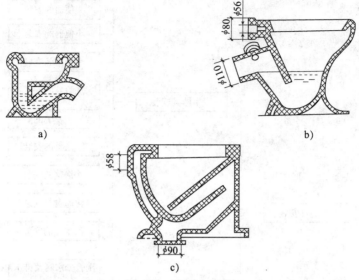

图 4-38　坐式大便器

a)盘形冲洗大便器　b)漏斗形冲洗式大便器　c)漏斗形虹吸式大便器

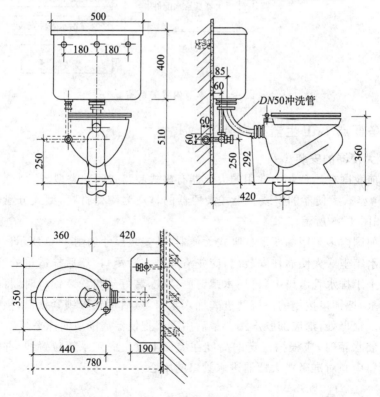

图 4-39　坐式大便器安装图

（2）蹲式大便器的安装。

1）首先，将胶皮碗套在蹲便器进水口上，要套正、套实，胶皮碗大小两头用成品喉箍紧固或用 14 号的铜丝分别绑两道，严禁压接在一条线上，铜丝拧紧要错位 90°左右。

2）将预留排水口周围清扫干净，把临时管堵取下，同时检查管内有无杂物。找出排水管口的中心线，并画在墙上，用水平尺（或线坠）找好竖线。

3）将下水管承口内抹上油灰，蹲便器位置下铺垫白灰膏，然后将蹲便器排水口插入排水管承口内稳好。同时用水平尺放在蹲便器上沿，纵横双向找平、找正。使蹲便器进水口对准墙上中心线，同时蹲便器两侧用砖砌好抹光，将蹲便器排水口与排水管承口接触处的油灰压实、抹光，最后将蹲便器的排水口用临时堵头封好。

4）稳装多联蹲便器时，应先检查排水管口的标高、甩口距墙的尺寸是否一致，找出标准地面标高，向上测量蹲便器需要的高度，用小线找平，找好墙面距离，然后按上述方法逐个进行稳装。

5）高水箱稳装：应在蹲便器稳装之后进行。首先检查蹲便器的中心与墙面中心线是否一致，如有错位应及时进行调整，以蹲便器不扭斜为准。确定水箱出水口的中心位置，向上测量出规定高度。同时结合高水箱固定孔与给水孔的距离找出固定螺栓高度位置，在墙上划好十字线，剔成 $\phi 30 \times 100$mm 深的孔眼，用水冲净孔眼内的杂物，将燕尾螺栓插入洞内用水泥捻牢。将装好配件的高水箱挂在固定螺栓上，加胶垫、眼圈，带好螺母拧至松紧适度。

6）多联高水箱应按上述做法先挂两端的水箱，然后拉线找平、找直，再稳装中间水箱。

7）远传脚踏式冲洗阀安装：将冲洗弯管固定在台钻卡盘上，在与蹲便器连接的直管上打 $D8$ 孔，孔应打在安装冲洗阀的一侧；将冲洗阀上的锁母和胶圈卸下，分别套在冲洗管直管段上，将弯管的下端插入胶皮碗内 20～50mm，用喉箍卡牢。再将上端插入冲洗阀内，推上胶圈，调直校正，将螺母拧至松紧适度。将 $D6$ 铜管两端分别与冲洗阀、控制器连接；将另一根一头带胶套的 $D6$ 的铜管其带螺纹锁母的一端与控制器连接，另一端插入冲洗管打好孔内，然后推上胶圈，插入深度控制在 5mm 左右。螺纹连接处应缠生料带，紧锁母时应先垫上棉布再用扳手紧固，以免损伤管子表面。脚踏钮控制器距后墙 500mm，距蹲便器排水管中 350mm。

8）延时自闭冲洗阀安装：根据冲洗阀至胶皮碗的距离，断好 90°弯的冲洗管，使两端合适。将冲洗阀锁母和胶圈卸下，分别套在冲洗管直管段上，将弯管的下端插入胶皮碗内 40～50mm，用喉箍卡牢。将上端插入冲洗阀内，推上胶圈，调直找正，将锁母拧至松紧适度。扳把式冲洗阀的扳手应朝向右侧，按钮式冲洗阀按钮应朝向正面。

9) 蹲便器安装常见几种形式见图4-40、图4-41。

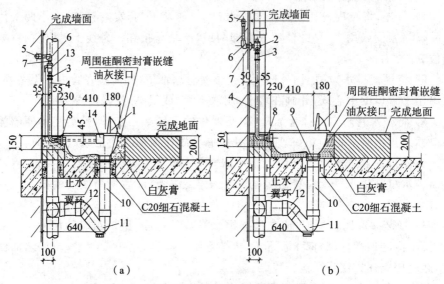

图 4-40 蹲式大便器安装(一)

(a)液压脚踏阀蹲式大便器安装图   (b)自闭式冲洗阀蹲式大便器安装图
1—蹲式大便器   2—自闭式冲洗阀   3—防污器   4—冲洗弯管   5—冷水管
6—内螺纹弯头   7—外螺纹短管   8—胶皮碗   9—便器接头   10—排水管
11—P型存水弯   12—45°弯头   13—液压脚踏阀   14—脚踏控制器

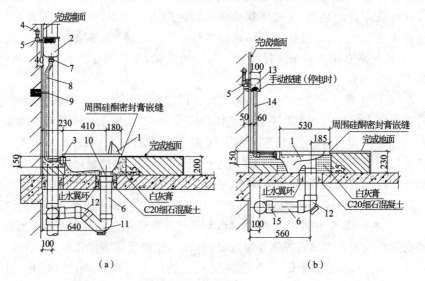

图 4-41 蹲式大便器安装(二)

(a)高水箱蹲式大便器安装图   (b)感应式冲洗阀蹲式大便器安装图
1—蹲式大便器   2—高水箱   3—胶皮碗   4—冷水管   5—内螺纹弯头
6—排水管   7—高水箱配件   8—高水箱冲洗阀   9—管卡   10—便器接头
11—P型存水弯   12—45°弯头   13—90°弯头   14—冲洗弯头   15—90°顺水三通

3. 小便器的安装

（1）挂式小便器的安装。挂式小便器悬挂在墙上，斗口边缘距地坪面为 0.6～0.5m（成人用）。成组设置时，斗间中心距为 0.6～0.7m。根据使用人数多少，小便斗的冲洗设备可采用自动冲洗水箱或小便斗龙头。设小便斗的卫生间的地板上应设地漏或排水沟，如图 4-42 所示。

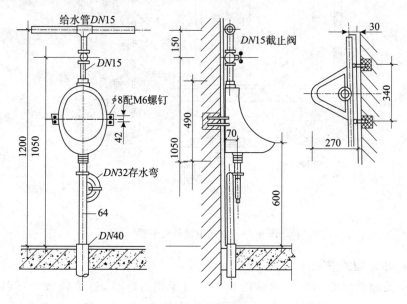

图 4-42 挂式小便器安装图

（2）立式小便器。立式小便器多为成组装置，如图 4-43 所示，立式小便器靠墙竖立在地坪面上，若采用自动冲洗水箱，宜每隔 15～20min 冲洗一次。

小便器安装时，应在墙面上弹出小便器安装中心线，根据安装高度确定耳孔的位置画出十字线，并埋入木砖。将小便器的中心对准墙面上中心线，用木螺钉通过耳孔拧在木砖上，螺钉和耳孔间垫入铅皮。

小便器的进水是用三角阀，通过铜管与小便器的进水口联接，铜管插入进水口，用铜罩将油灰压入进水口而密封。

小便器的给水管最好是暗装在墙内，使三角阀的出水口和小便器进水口在同一垂直线上，保持铜管和小便器直线联接，如给水管明装，则铜管就必须加工成灯叉弯。

小便器的存水弯是分别插入预留的排水管中及小便器的排水口内，用油灰塞填密封。

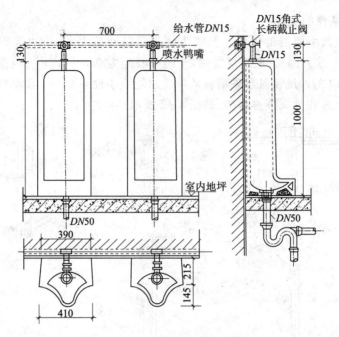

图 4-43 立式小便器安装图

4. 小便槽的安装

小便槽是用瓷砖沿墙砌筑的沟槽。由于建造简单,造价低廉,可同时容纳较多的人使用,因此广泛应用于工矿企业、集体宿舍和公共建筑的男厕所中。

1)小便槽的长度按设计而定,一般不超过 3.5m,最长不超过 6m。小便槽的起点深度应在 100mm 以上,槽底宽 150mm,槽顶宽 300mm,台阶宽 300mm,高 200mm 左右,台阶向小便槽有 0.01~0.02 的坡度。

2)小便槽的污水口可设在槽的中间,也可设于靠近污水立管的一端,但不管是中间还是在某一端,从起点到污水口,均应有 0.01 的坡度坡向污水口,污水口应设置罩式排水栓。

3)小便槽应沿墙 1300mm 高度以下铺贴白瓷砖,以防腐蚀。但也有用水磨石或水泥砂浆粉刷代替瓷砖。图 4-44 为自动冲洗小便槽安装图。

4)小便槽污水管管径一般为 75mm,在污水口的排水栓上装有存水弯。

在砌筑小便槽时,污水管口可用木头或其他物件堵住,防止砂浆或杂物进入污水管内,待土建施工完毕后再装上罩式排水栓,也可采用带隔栅的铸铁地漏。

5)小便槽的冲洗方式有自动冲洗水箱(定时冲洗)或用普通阀门控制的多孔管冲洗。

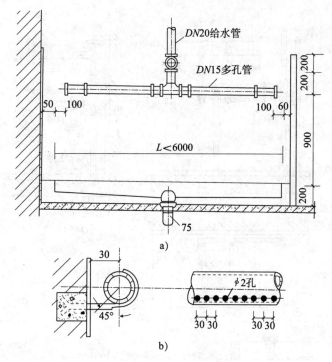

图 4-44 自动冲洗小便槽安装图

a)墙架式小便槽 b)小便槽细节图

多孔管安装在离地面 1100mm 的位置,管径不小于 20mm,管的两端用管帽封闭,喷水孔孔径为 2mm,孔距为 30mm。安装时孔的出水方向应和墙面呈45°的夹角。一般地说,多孔冲洗管较易受到腐蚀,故宜采用塑料管。

5. 洗脸盆的安装

(1)墙架式洗脸盆安装。

1)操作方法。

① 定位画线。在墙上弹出洗脸盆安装的中心线,按盆架宽度画出支架位置的十字线,并凿打沟槽,预埋防磨木砖,栽埋木砖表面应平整牢固。

② 盆架安装。把盆架用木螺钉和铅垫片牢固地安装在木砖上,也可用膨胀螺栓固定,用水平尺检查两侧支架的水平度,见图 4-45。

③ 洗脸盆及配件安装。在洗脸盆及墙面处抹油灰,把盆体安放在盆架上找平找正,用木螺钉加铅垫圈将盆体固定好。洗脸盆稳固后,将冷、热水龙头及排水栓按相应工艺要求安装在盆体上。排水栓短管可连接存水弯,进水管通过三通、铜管与水龙头连接,各接口用锁母收紧。

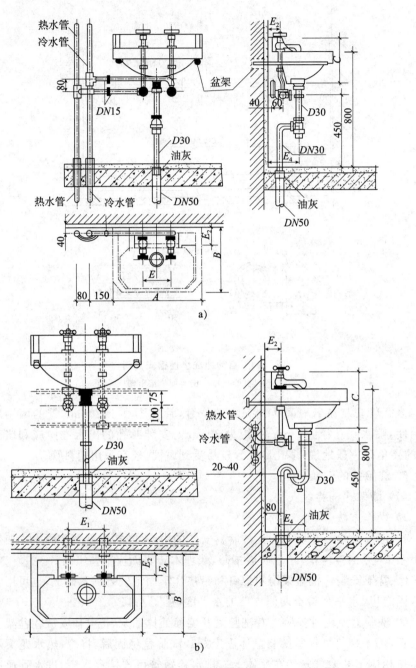

图 4-45　洗脸盆安装

a)明管安装　　b)暗管安装

④ 洗脸盆给排水管道安装。量尺配管,按塑料管粘接或熔接工艺进行接口。卸下角阀和水龙头的锁母,套至塑料管端,缠绕聚四氟乙烯生料带,插入阀端和水龙头根部,拧紧锁母至松紧适度。

2)质量要求

① 洗脸盆的支、托架必须防腐良好,安装牢固、平整,与器具接触紧密、平稳。

② 给水配件应完好无损伤,接口严密,启闭部分灵活。

③ 排水栓安装应平正、牢固,低于排水表面,周边无渗漏。

(2)立柱式洗脸盆安装。如图 4-46 所示。

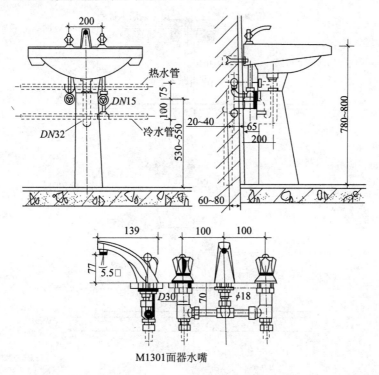

M1301面器水嘴

图 4-46 立柱式洗脸盆安装

1)定位画线。确定并画出洗脸盆安装中心线,实测盆体背部安装孔的高度及孔距,定出紧固件位置,并预埋之。

2)立瓷柱安装。按排水口中心线画出立柱的安装中心线,根据立柱下部外轮廓,在地面上铺油灰,厚度为10mm,将立柱找平找正,压实油灰层。把洗脸盆抬放在立柱上,拧紧螺栓,将支柱与洗脸盆接触处和支柱与地面接触处用白水泥勾缝抹光。

3）洗脸盆配件装配。将混合水龙头、阀门、排水栓装入盆体。把存水弯置于空心立柱内，通过立柱侧孔和排水管暗装，同时，控制排水栓启闭的手提拉杆等也从侧孔和盆体配件连接。

4）洗脸盆给、排水管道安装同墙架式施工。

（3）台式洗脸盆安装。台式洗脸盆安装方法如图 4-47 所示，施工中注意以下问题。

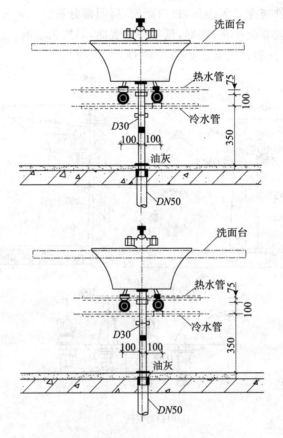

图 4-47　台式洗脸盆安装

1）大理石开洞的形状、尺寸及接冷、热水龙头或混合水龙头开关洞的位置，均应符合选定洗脸盆的产品样本尺寸要求。

2）板边与板间缝隙应打玻璃密封胶，以防止溅水从墙边渗漏。

6. 浴缸（盆）的安装

浴缸安装有带固定式淋浴器（见图 4-48）和活动式淋浴器（见图 4-49）两种形式。

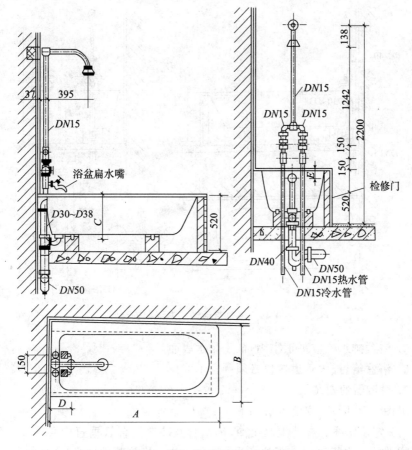

图 4-48 浴缸带固定式淋浴器安装

（1）操作方法。

1）定位画线。根据排水短管管口中心与浴缸安装高度，在墙面上画出浴缸安装中心线及高度线，并在地面上画出地砖墩位置尺寸线。

2）浴缸稳装。先在砖墩位置砌筑砖墩，强度达到要求后，在砖墩上铺一层水泥砂浆，然后将浴缸抬放在上面，用水平尺找平找正，稳装牢固。

3）浴缸配件组装。可先将溢水管、弯头、三通等管段预安装，并在浴缸上组装排水栓，把弯头安装在排水栓上。利用短管、三通将溢水口与排水栓连接，并使三通下部的短管插入预留的浴缸排水口短管口内。最后从预留的冷、热水管位置接出支管与浴缸龙头和淋浴器组装成浴缸喷头。

4）用砖、水泥砂浆砌筑浴缸挡墙。

（2）质量要求。

1）有饰面的浴盆，应留有通向浴盆排水口的检修门。

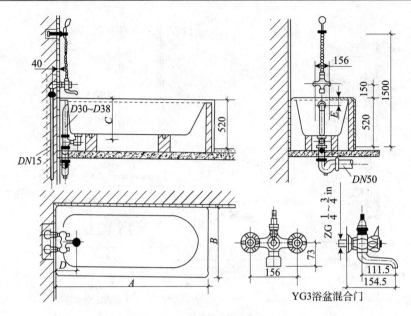

图 4-49　浴缸带活动式淋浴器安装

2) 浴盆排水栓应平正牢固,低于排水表面。

3) 浴盆给、排水管道接口必须严密不漏。

7. 淋浴器的安装

见图 4-50 所示,安装方法如下:

(1) 定位画线。在墙上画出冷、热水管及冷热混合管垂直中心线。一般连接淋浴器的冷水横管中心距地坪为 900mm,热水横管距地坪为 1000mm。

(2) 淋浴器组装。

1) 按淋浴器规定尺寸,量尺下料,加工冷水管用元宝弯,如图 4-50 中 I 节点(放大)所示。

2) 自冷、热横支管上预留口处接出淋浴器冷、热水立管截门。

3) 组装冷、热水混合立管,用管卡固定好立管,装上莲蓬头。

4) 两组以上的淋浴器成组安装时,阀门、莲蓬头、管卡应保持同一高度,两淋浴器间距一般为 0.9～1.0m。

8. 洗涤盆的安装

(1) 洗涤盆的盆架用铸铁盆架或用 40mm×5mm 的扁钢制作。固定盆架前应将盆架与洗涤盆试一下是否合适。将冷、热水预留管口之间画一条平分垂线(只有冷水时,洗涤盆中心应对准给水管口)。由地面向上量出规定的高度(洗涤盆上沿口距地面一般为 800mm),画出水平线,按照洗涤盆架的宽度由中心线左右画好固定螺栓位置十字线,打洞预埋 φ10mm×100mm 螺栓或用

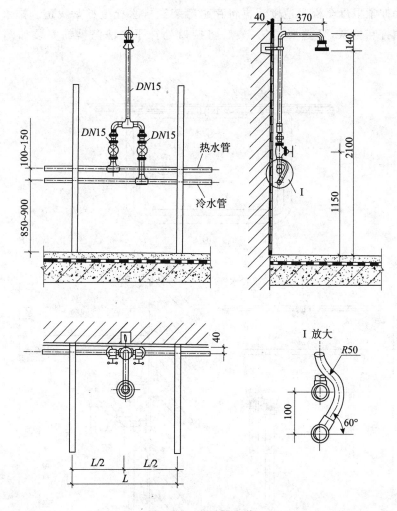

图 4-50　淋浴器安装

ϕ10mm 的膨胀螺栓,将盆架固定在墙上。把洗涤盆放于盆架上纵横方向用水平尺找平、找正。洗涤盆靠墙一侧缝隙处嵌入白水泥勾缝抹光,也可用 YJ 密封膏嵌缝。

（2）排水管的安装。先将排水栓根母松开卸下,将排水栓放入洗涤盆排水孔眼内,量出距排水预留管口的尺寸。将短管一端套好丝扣,涂铅油,缠好麻丝。将存水弯拧至外露丝扣 2～3 牙,按量好的尺寸将短管断好,插入排水管口的一端应做扳边处理。将排水栓圆盘下加 1mm 厚的胶垫,抹油灰,插入洗涤盆排水孔眼内,外面再套上胶垫、眼圈,带上根母。在排水栓丝扣处涂铅油,缠麻丝,用自制叉扳手卡住排水栓内十字筋,使排水栓溢水眼对准洗涤盆溢水孔眼,用扳手拧紧根母至松紧适度。再将存水弯装到排水栓上拧紧找正。排水管接口间隙打麻捻灰，环缝要均匀，最后将接口处抹平。洗涤盆的安装如图 4-51 所示。

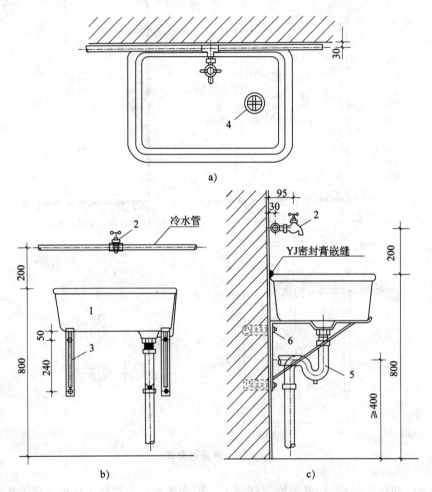

图 4-51　洗涤盆安装图

a)平面图　b)立面图　c)侧面图

1—洗涤盆　2—龙头　3—托架　4—排水栓　5—存水弯　6—螺栓

9. 化验盆的安装

（1）化验盆安装。化验盆一般安装在实验台的一端，排水管采用铸铁管，其支架可用 φ12 的圆钢焊制；排水管若采用陶土管、塑料管，其支架应用 DN15 的钢管焊制。将化验盆置于支架上，上部可用木螺丝固定在实验台上，找平、找正即可。

（2）排水管安装。化验盆内已有水封,其排水管上不需另设存水弯,直接将排水管连接在排水栓上。化验盆的排水栓和排水管的安装方法可参照洗涤盆的安装。如图 4-52 所示。

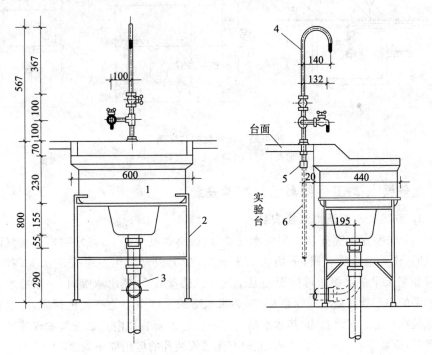

图 4-52　双联化验龙头化验盆安装图

a)立面图　b)侧面图

1—化验盆　2—支架　3—排水管　4—双联化验龙头　5—管接头　6—冷水管

10. 污水盆的安装

1）污水盆有落地式与架空式两种,落地式直接置于地坪上,盆高 500mm;架空式污水盆上沿口安装高度为 800nmm,盆脚采用砖砌支墩或预制混凝土块支墩。污水盆的安装见图 4-53 所示。

2）污水盆的排水栓口径为 DN50,先将排水栓根母松开卸下,将排水栓圆盘下抹上油灰,插入污水盆出水口处,外面再套上胶垫、眼圈,带上根母将其固定。落地式污水盆在排水栓处涂抹油灰,盆底抹水泥浆后将污水盆排水栓插入排水管口内,然后将污水盆找平、找正。架空式污水盆,先在排水栓丝扣处涂铅油,缠麻丝,装上 DN50 的管箍,再连接 DN50 钢管作排水管。排水管一头套丝后量好尺寸断好,丝扣处涂铅油,缠麻丝,和排水栓上管箍相连,另一头插入铸铁管存水弯承口内,用麻丝、水泥捻实、抹平。

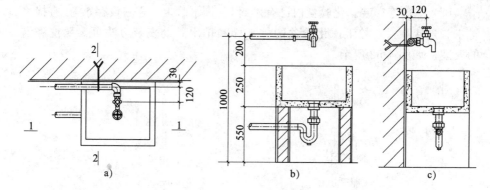

图 4-53 污水盆安装详图

a)平面图 b)1—1 剖视图 c)2—2 剖视图

业务要点 2:卫生器具给水配件安装

1. 洗脸盆水嘴及排水栓安装

(1) 洗脸盆水嘴安装。先将水嘴锁母、根母和胶垫卸下,在水嘴根部垫好油灰,插入洗脸盆水嘴孔眼,下面再套上胶垫,带上根母后用左手按住水嘴,右手用自制朝天呆扳手将根母拧至松紧适度。洗脸盆装冷、热水水嘴时,一般冷水水嘴的手柄中心处有蓝色或绿色标志,热水水嘴的手柄中心处有红色标志,冷水水嘴应装在右边的安装孔内,热水水嘴应装在左边的安装孔内。如洗脸盆仅装冷水水嘴时,应装在右边的安装孔内,左边有水嘴安装孔的应用瓷压盖涂油灰封死。

(2) 洗脸盆排水栓安装。先将排水栓根母、眼圈和胶垫卸下,将上垫垫好油灰后插入洗脸盆排水口孔内,排水栓中的溢流口要对准洗脸盆排水口中的溢流口眼。外面加上垫好油灰的胶垫,套上眼圈,带上根母,再用自制扳手卡住排水栓十字筋,用平口扳手上根母至松紧适度。

2. 浴缸(盆)水嘴安装

(1) 水嘴安装。先将冷、热水预留管口用短管找平、找正。如果暗装管道进墙较深,应先量出短管尺寸,套好短管,使冷、热水嘴安完后距墙一致,然后将水嘴拧紧找正,除净外露麻丝。

(2) 混合水嘴安装。将冷、热水管口找平、打正。在混合水嘴转向对丝上抹铅油、缠麻丝,带好护口盘,用自制扳手(俗称钥匙)插入转向对丝内,分别拧入冷、热水预留管口。校好尺寸,找平、找正后,使护口盘紧贴墙面,然后将混合水嘴对正转向对丝,加垫后拧紧锁母并找平、找正,即可用扳手拧至松紧适度。

3. 净身盆给水附件安装

1) 将混合阀门及冷、热水阀门的门盖卸下,下根母调整适当,以三个阀门装好后上根母与阀门颈丝扣基本相平为宜。将预装好的喷嘴转心阀门装在混合开关的四通下口。

将冷、热水阀门的出口锁母套在混合阀门四通横管处,加胶圈或涂缠铅油麻丝组装在一起,拧紧锁母。将三个阀门门颈处加胶垫,同时由净身盆自下而上穿过孔眼。三个阀门上加胶垫、眼圈带好根母。混合阀门上加角型胶垫及少许油灰,扣上长方形镀铬铜压盖,带好根母。然后将空心螺栓穿过压盖及净身盆,盆下加胶垫、眼圈和根母至松紧适度。

将混合阀门上根母拧紧,其根母应与转心阀门颈丝扣相平为宜。将阀门盖放入阀门挺旋转,能使转心阀门盖转动 30°即可。再将冷、热水阀门的上根母对称拧紧。分别装好三个阀门门盖,拧紧冷、热水阀门门盖上的固定螺丝。

2)喷嘴安装。将喷嘴靠瓷面处加厚为 1mm 的胶垫,抹少许油灰,将定型铜管一端与喷嘴连接,另一端与混合阀门四通下转心阀门连接,拧紧锁母。转心阀门门挺须朝向与四通平行一侧,以免影响手提拉杆的安装。

3)排水栓安装。将排水栓加胶垫,穿入净身盆排水孔眼,拧入排水三通上口。同时检查排水栓与净身盆排水孔眼的凹面是否紧密,若有松动及不严密现象,可将排水栓锯掉一部分,尺寸合适后,将排水栓圆盘下加抹油灰,外面加胶垫、眼圈,用自制叉扳手卡入排水栓内十字筋,使溢水口对准净身盆溢水孔眼,拧入排水三通上口。

4)手提拉杆安装。将挑杆弹簧珠装入排水三通中口,拧紧锁母至松紧适度。然后将手提拉杆插入空心螺栓,用卡具与横挑杆连接,调整定位后上紧固定螺丝,使手提拉杆活动自如。

5)净身盆配件装完以后,应接通临时水进行试验,无渗漏后便可进行稳装。

4. 洗涤盆、化验盆水嘴安装

(1)洗涤盆水嘴安装。将水嘴丝扣处涂铅油,缠麻丝(或缠生料带),装在给水管口内,找平、找正,拧紧后除净接口处外露填料。

(2)化验盆水嘴安装。根据使用要求,化验盆上可装设单联、双联或三联化验龙头,龙头镶接时,为防止损坏其表面镀铬层,不允许使用管钳,应用活铬扳手拧紧。安装龙头的管子穿过木质化验台时,应用锁母加以固定,台面上还应加护口盘。

第四节　室内采暖系统安装

本节导读

本节主要介绍室内采暖系统安装,内容包括采暖管道与设备安装、散热器安装、金属辐射板安装以及低温热水地板辐射采暖系统安装等。其内容关系如图 4-54 所示。

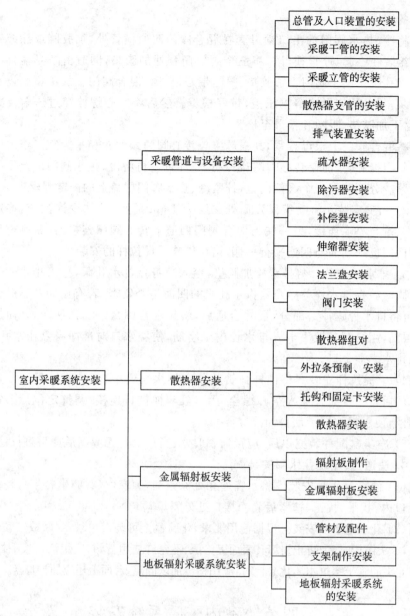

图 4-54 本节内容关系图

业务要点 1：采暖管道与设备安装

1. 总管及入口装置的安装

（1）总管安装。室内采暖总管以入口阀门为界，它由供水（汽）总管和回水（凝结水）总管两部分组成，一般通过地沟并行引入室内，入口处宜设置检查小室,井盖为活动盖板以便检修。下分式系统总管可敷设在地下室、楼板下或地沟内,上分式系统可将总管由总立管引到顶层屋面下安装。

(2)总立管的安装。总立管可在竖井内敷设或明装。一般自下而上穿预留洞安装,楼层间立管连接的焊口宜置于便于焊接的高度;安装一层总立管,应立即用立管卡或角钢U形管卡固定;立管顶部若分为两个水平分支干管时,应用羊角弯连接,并用固定支架予以固定,如图4-55所示。

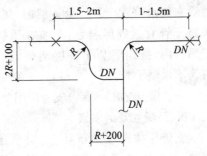

图4-55 总立管顶部与分支干管的连接

(3)采暖系统的入口装置 采暖系统的入口装置是指室内、外供热管道连接部位设有压力表、温度计、循环管、旁通阀及泄水阀等。当采暖管道穿过基础、墙或楼板时,宜按规定尺寸预留孔洞。热水采暖系统的入口装置,如图4-56所示。

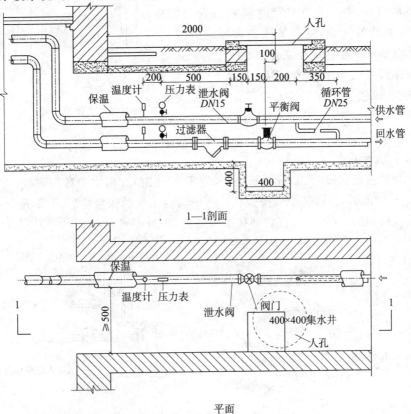

图 4-56 热水采暖系统的入口

2. 采暖干管的安装

干管安装标高、坡度应符合设计要求：敷设在地沟内、管廊内、设备层内、屋顶内的采暖干管宜做成保温管；明装在顶板下、楼层吊顶内，拖地明装于一层地面上的干管，可为不保温干管。

图 4-57　干管与立管的连接

干管做分支时，水平分支管应用羊角弯。干管与立管的连接，如图 4-57 所示。

3. 采暖立管的安装

立管穿楼层应预留孔洞，自顶层向底层吊通线，在后墙弹画出立管安装的垂直中心线作为立管安装的基线；在立管垂直中心线上确定立管卡的安装位置（距地面 1.5～1.8m），安装好各层立管卡。立管安装宜由底层到顶层逐层安装，每安装一层时，必须穿入钢套管，立管安装完毕后应将各层钢套管内填塞油麻或石棉绳，并封堵好孔洞，使套管固定牢固，然后用立管卡将管子调整固定于立管中心线上。

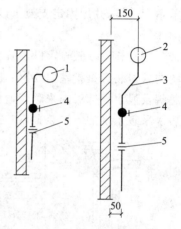

图 4-58　立管与上端干管的连接
1—蒸汽管　2—热水管　3—乙字弯
4—阀门　5—活节

采暖立管与干管的连接：干管上焊接短螺纹管头，以便于立管螺纹连接。在热水系统中，若立管总长小于、等于 15m，应采用 2 个弯头连接；立管总长大于 15m 时，宜用 3 个弯头连接，如图 4-58 所示。

如果蒸汽供暖时，立管总长小于、等于 12m 时，宜用 2 个弯头连接；立管总长大于 12m 时，宜用 3 个弯头连接。从地沟内接出的采暖立管应采用 2～3 个弯头连接，且在立管的垂直底部装泄水装置，如图 4-59 所示。

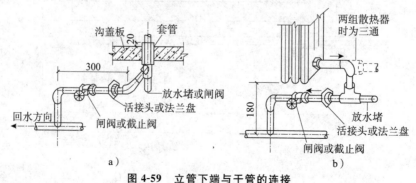

图 4-59　立管下端与干管的连接
a)地沟内立、干管的连接　b)明装立、干管的连接

4. 散热器支管的安装

散热器支管的安装需在散热器安装并经稳固、校正合格后进行。支管和散热器安装形式有单侧连接、双侧连接两类。散热器支管的安装要有良好的坡度。供水(汽)管、回水支管同散热器的连接均应是可拆卸连接。若采用支管与散热器连接,对半暗装散热器应采用直管段连接,对明装和全暗装散热器应采用搣制或弯头配制的弯管连接;若采用弯管连接,弯管中心距散热器边缘尺寸不宜超过150mm。

(1) 单管顺流式支管的安装。单管顺流式支管安装时,供暖支管从散热器上部的单侧或是双侧接入,回水支管从散热器下部接出,并在底层散热器支管上装设阀门。

(2) 跨越管的散热器支管的安装。跨越管的散热器支管安装时,局部散热器支管上的安装有跨越管的安装形式,用于局部散热器热流量调节,该支管安装形式的应用比较少。

(3) 水平串联式支管的安装。水平串联式支管的安装,如图4-60所示。供暖管由散热器下部接入,回水管从下部接出,依次串联安装。

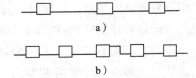

a)

b)

图4-60 水平串联式的安装
a)一般形式 b)中部伸缩补偿式安装

(4) 蒸汽采暖散热器支管的安装。蒸汽采暖散热器支管安装的特点是:在供汽支管上装阀,回水支管上装疏水器,连接形式也分为单侧和双侧连接两种,如图4-61所示。

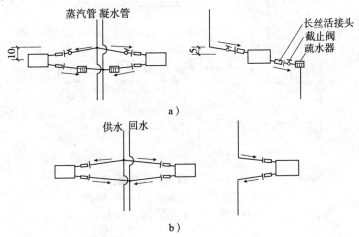

a)

供水 回水

b)

图4-61 散热器支管的安装坡度
a)蒸汽支管 b)热水支管

5. 排气装置安装

在热水采暖系统中,排气装置用于排出管道及散热设备中的不凝性气体,以防止形成空气塞,堵塞管道,破坏水循环,造成系统局部不热。

1)集气罐安装由直径为100~250mm的钢管制成,有立式和卧式两种,见图4-62。集气罐顶部连有直径为15mm的放气管,管子另一端引到附近卫生器具的上方,并在管子末端设阀门,定期排除空气。安装集气罐时应注意:集气罐宜设在系统末端最高处,并使供水干管逆坡以利于排气。

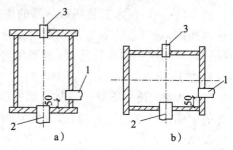

图 4-62 集气罐

a)立式集气罐 b)卧式集气罐

1—进水口 2—出水口 3—放气管

2)自动排气阀安装:自动排气阀是指依靠阀体内的启闭机构,自动排除空气的装置。它安装方便,体积小巧,避免人工操作管理的麻烦,在热水采暖系统中被广泛采用。

自动排气阀常会因水中污物堵塞而失灵,需拆下清洗或更换,故在排气阀前需装一个截止阀,此阀常年开启,只在排气阀失灵检修时,才临时关闭。ZPT-C型自动排气阀,如图4-63所示。

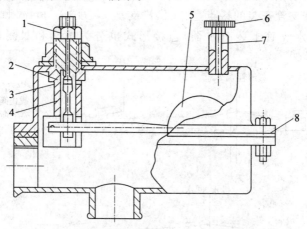

图 4-63 ZPT-C型自动排气罐(阀)

1—排气芯 2—阀芯 3—橡胶封头 4—滑动杆 5—浮球

6—手拧顶针 7—手动排气座 8—垫片

6. 疏水器安装

在螺纹连接管道系统中安装疏水器时,组装的疏水器两端均应装活接头,进口端应装过滤器,以定期清除寄存污物,保证疏水阀孔不被堵塞。当凝结水不需回收而直接进行排放时,疏水器后可不设截止阀。疏水器前应设放气管,以排放空气或不凝性气体,减少系统内气体堵塞现象。当疏水器管道水平敷设时,管道应坡向疏水器,以避免水击现象。疏水器的安装如图 4-64、图 4-65所示。

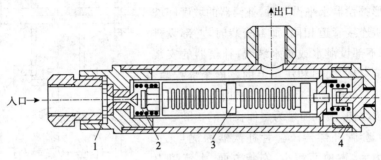

图 4-64 恒温型疏水器
1—过滤网 2—锥形阀 3—波纹管 4—校正螺钉

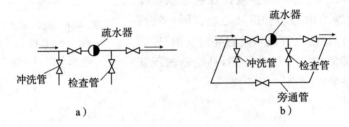

图 4-65 疏水器的安装
a)不带旁通管水平安装 b)带旁通管水平安装

7. 除污器安装

除污器的作用是截留管网中的污物和杂质,以防造成管路堵塞,常安装在用户入口的供水管道上或是循环水泵之前的回水总管上。

除污器为圆筒形钢制筒体,有卧式和立式两种,如图 4-66 所示。其工作原理是:水从进水管进入除污器内,水流速度突然减小,使水中污物沉到筒底,较清洁的水由带有大量小孔(起过滤作用)的出水管排出。除污器的安装形式,如图 4-67 所示。安装时,除污器应有单独支架(支座)支承。除污器的进出口管道上应装有压力表,旁通管上应装旁通阀。

8. 补偿器安装

在采暖系统中,金属管道会因受热而伸长。平直管道的两端被固定不能自由伸长时,管道会因伸长而弯曲,管道的管件就有可能因弯曲而破裂。管道伸缩补偿方式有自然补偿和补偿器补偿两种,前者是利用管道 L 形、Z 形转角具有的弹性变形能力补偿;后者则是利用专用的补偿器进行补偿。

（1）方形补偿器。方形补偿器多为现场加工,用无缝钢管撅制而成,安装方便,补偿能力大,无需经常维修,应用较广。方形补偿器有四种基本形式,见图4-68。

方形补偿器水平设置时,补偿器的坡度和坡向应和所连接管道相同;垂直安装时,上部设排气装置,下部设泄水或疏水装置;补偿器的安装应在固定牢靠、阀门和法兰上的螺栓全部拧紧、滑动支架全部安装好后进行;安装时可以用拉管器进行预拉伸,预拉伸量为热伸长量的1/2。

（2）套管补偿器。套管补偿器的优点是:补偿能力大、占地面积小、安装方便、水流阻力小,缺点是:需经常维修、更换填料、以免漏气漏水,见图4-69。套管补偿器应设在靠近固定支架处;补偿器的轴心和管道轴心应在同一直线上;靠近补偿器的直管段须设置导向支架,以防止管子热伸缩时产生横向位移,补偿器的压盖的螺栓应松紧度适当。

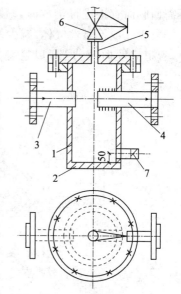

图 4-66　除污器的构造
1—筒体　2—底板　3—进水管
4—出水管　5—排气管
6—阀门　7—排污丝堵

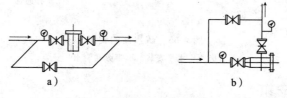

图 4-67　除污器安装
a)直通式　b)角通式

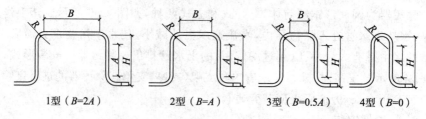

1型（B=2A）　　2型（B=A）　　3型（B=0.5A）　　4型（B=0）

图 4-68　方形补偿器

（3）波纹管补偿器。波纹管补偿器的优点是:体积小、结构紧凑、补偿量较大、安装方便。安装前应进行冷紧,定出预冷拉伸量或预冷压缩量;冷紧前,在两端接好法兰短管,用拉管器拉伸或压缩到预定值,在管道上切掉一段管长等于预拉(或预压)后补偿器及两侧短管的长度,再整体焊接在连接管道上,最后卸掉拉管器,如图 4-70 所示。

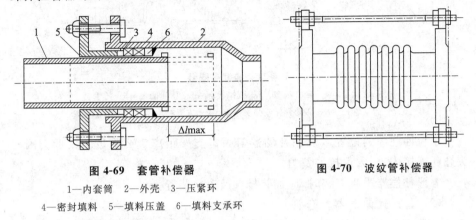

图 4-69　套管补偿器　　　　　　　　图 4-70　波纹管补偿器

1—内套筒　2—外壳　3—压紧环

4—密封填料　5—填料压盖　6—填料支承环

9. 伸缩器安装

利用管道中的弯曲部件不能吸收管道因热膨胀所产生的变形时,可在直管道上每隔一定距离设置伸缩器。补偿的方法是:用固定支架将直管路按照所选伸缩器的补偿能力分成若干段,每段管道中设一伸缩器,以吸收热伸缩,减小热应力。较常用的伸缩器有方形、套管式及坡形等几种。

(1)方形伸缩器。方形伸缩器由管子加工而成,加工的方法常采用揻制。尺寸较小的方形伸缩器可以用一根管揻成,大尺寸的可以用两根或是三根管子揻制后焊成。伸缩器作用时,其顶部受力最大,故要求顶部用一根管子揻成,顶部不允许有焊接口存在。伸缩器组对时,应在平地上连接。连接点应设置在受力较小的垂直臂中部位置。组对时要求尺寸正确,四个弯曲角在一个平面上。弯曲角必须是90°,不然会在安装时不易组对,影响使用效果,严重时还会在运行后造成横向位移,使支架偏心受力,甚至发生管道脱离支架。

伸缩器安装在管道中,应将两臂拉伸至其补偿量的一半长度,允许偏差为±10mm,这样可充分利用其补偿能力,如图 4-71 所示。

拉伸前,应先将两端的固定支架焊牢,伸缩器两端的直管与连接管道的末端间要预留一定间隙,其间隙值等于设计补偿量的1/4(焊缝间隙未包括在内),然后用拉管器安装在两个待焊接口上,收紧拉管器螺栓,拉开伸缩器直到管子接口对齐,并把它定位焊好,即可拆除拉管器。

常用的另一种方法是把方型补偿器两端的固定支架焊好,一侧的管道同补偿器焊好,另一侧留出设计补偿量的一半的预拉间隙,在接口处安装卡箍,两侧用钢丝绳绑牢,中间绑倒链,拉动倒链使两管端口逐渐合拢,等焊接间隙适合后,进行焊接。

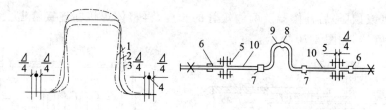

图 4-71 伸缩器安装

1—安装状态 2—自由状态 3—工作状态 4—总补偿量 5—拉管器
6、7—活动管托 8—活动管托或弹簧吊架 9—方形补偿器 10—附加直管

顶拉伸间隙的位置常设在补偿器与固定支架距离 1/2 附近。太近会因弯头翘起连接困难,太远拉伸费力。

方形补偿器垂直安装时,应加装排气及流水装置。

(2)套管式伸缩器。套管式伸缩器又称套筒补偿器、填料式补偿器,有铸铁制和钢制两种,如图 4-72 所示。常用在管径大于 100mm、工作压力小于 1.568MPa(钢制)及 1.274MPa(铸铁制)的管道中。套管式伸缩器有比较大的补偿能力,占地小、安装简单,但易漏水,需经常检修更换填料。故在遇水会发生

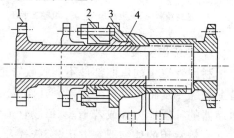

图 4-72 铸铁套管式伸缩器

1—插管 2—填料压盖 3—套管 4—填料

危险的场合或是埋地敷设的管道上,不能安装这种伸缩器。

套管式伸缩器分单向和双向伸缩器两种。单向伸缩器安装在固定支架旁边的平直管道线上,双向伸缩器安装在两固定支架中间。安装前将伸缩器拆开,检查内部零件和填料是否齐备,质量是否符合要求。安装时,要求伸缩器中心线和直管段中心线一致,不可偏斜,并在靠近伸缩器两侧各设置一个导向支架,导向支架可参照弧形板滑动支架形式进行制作,以防管道运行时偏离中心位置。

套管式伸缩器在安装时也应进行预拉,其预拉后的安装长度根据管段受热后的最大伸缩量来确定。同时还应考虑管道低于安装温度下运行的可能性,其导管支撑环和外壳支撑环间需留有一定间隙。

安装套筒式补偿器还应符合下列要求:

1)与管道保持同心,不得歪斜。

2)在靠近补偿器两侧至少各有一个导向支座,保证运行自由伸缩,不偏离中心。

3)按设计规定的安装长度并应考虑气温变化留有剩余的收缩量($\triangle$)。允

许偏差为±5mm。

4）插管应安装在介质流入端。

5）填料石棉绳应涂石棉粉,并逐圈装入、逐圈压紧,各圈接口应相互错开。

（3）波形伸缩器。波形伸缩器又叫波形补偿器,用3~4mm厚的钢板制成,因其强度较低,补偿能力小,只用于工作压力不大于0.7MPa的气体管道或是管径大于150mm的低压管道上。波形伸缩器由波节和内衬套筒组成,内衬套筒一端与波壁焊接,另一端可自由移动。安装时应注意使管道内输送介质的

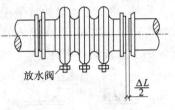

图4-73 波形补偿器

流动方向是从焊接端流向自由端,并同管道坡向一致,以防凹槽内大量积水;同时还需要在波峰的下端放置放水装置。波形伸缩器的中心线不允许偏离管道中心线。波形伸缩器,如图4-73所示。

在吊装波形伸缩器过程中,不允许将吊绳绑扎在波节上,更不允许在波节上焊接支架或其他附件。波形伸缩器在安装前,应先在其两端接好法兰短管,然后用拉管器拉伸或压缩到预定值,整体放到管道上焊接,最后再拆下拉管器。

预拉时,其偏差值不宜大于5mm。作用力分2~3次,逐次加大,应尽量使每个波节的四周均匀受力。当拉伸（或压缩）达到要求的数值时立即安装固定。

装有波形伸缩器的管路在水压试验时,不允许超过规定的试验压力,避免伸缩节被过分拉长而失去弹性。为避免拉过头,常在试压前将伸缩器用固定架夹牢。

安装波形伸缩器,应符合下列要求：

1）按设计规定进行预拉伸（或预压缩）,应使受力均匀。

2）波形伸缩器内套有焊缝的一端,水平管道宜迎介质流向安装,垂直管道置于上部。

3）应与管道保持同心,不得偏斜。

4）安装波形伸缩器时,应该设临时固定,等到管道安装固定完后再拆除临时固定。

10. 法兰盘安装

采暖管道安装,管径小于或等于32mm应采用螺纹连接;管径大于32mm应采用焊接或法兰连接,所用法兰一般为平焊钢法兰。

平焊钢法兰适用于温度不超过300℃,公称压力不超过2.5MPa,通过介质为水、蒸汽、空气、煤气等中低压管道。

管道压力为0.25~1MPa时,可采用普通焊接法兰,如图4-74a所示;压力为1.6~2.5MPa时,应采用加强焊接法兰,如图4-74b所示。加强焊接是在法

兰端面靠近管孔周边开坡口焊接。焊接法兰时,须使管子与法兰端面垂直,可用法兰靠尺度量,也可用角尺代用,如图4-75所示。检查时应从相隔90°两个方向进行。定位焊后还需要用靠尺再次检查法兰盘的垂直度,可以用手锤敲打找正。另外,插入法兰盘的管子端部距法兰盘内端面为管壁厚度的1.3~1.5倍,以便焊接。焊完后,若焊缝有高出法兰盘内端面的部分须将高出部分锉平,以保证法兰连接的严密性。

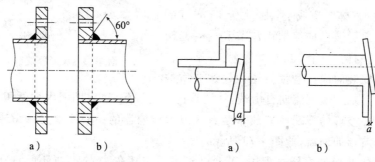

图 4-74　平焊法兰盘
a)普通焊接　b)加强焊接

图 4-75　查检法兰盘垂直度
a)用法兰靠尺检查　b)用角尺检查

　　安装法兰时,应将两法兰盘对平找正,先在法兰盘螺孔中穿几根螺栓,将制备好的垫插入两法兰之间,再穿好余下的螺栓。衬垫找正后,便可用扳手拧紧螺钉。拧紧顺序宜按对角顺序进行(图4-76a),不得将某一螺钉一次拧到底,而是分成3~4次拧到底。这样,可以使法兰衬垫受力均匀,保证法兰的严密性。

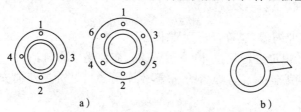

图 4-76　法兰螺栓拧紧顺序与带"柄"垫圈
a)螺栓拧紧顺序　b)带"柄"垫圈

　　采暖和热水供应管道的法兰衬垫,应采用橡胶石棉垫。

　　法兰中间不得放置斜面衬垫或几个衬垫。连接法兰的螺栓,其螺杆伸出螺母的长度应不大于螺杆直径的1/2。

　　蒸汽管道不得使用橡胶垫。垫的内径不宜小于管子直径,以免增加管道局部阻力,垫的外径不应妨碍螺栓穿入法兰孔。

　　法兰衬垫应带"柄"(图4-76b),"柄"可用在调整衬垫在法兰中间的位置,另外,还与不带"柄"的"死垫"相区别。

"死垫"是一块不开口的圈形垫料,和形状相同的铁板(约 3mm 厚)叠在一起夹在法兰中间,用法兰压紧后能起到堵板作用。但须注意:"死垫"的钢板应加在垫圈后方(从被隔离的方向算起),若把两者的位置搞颠倒,容易发生事故。

11. 阀门安装

(1) 采暖阀门安装前的检查验收。

1) 合格证明资料及外观检验。

① 各类采暖工程用的阀门均应有产品出厂合格证,并且阀体上还应有标明阀门型号、工作压力、适用温度等技术参数的标识牌,还应是上网备案产品。

阀门安装前,应按设计文件核对其型号,防止错用;按介质流向确定安装方向。

② 阀门安装前应检查填料,其压盖螺栓应留有调节裕量。

③ 阀门的外观应无超标准的制造缺陷和外伤。

2) 安装前对阀门的强度和严密性检验。

① 阀门安装前,需作强度和严密性试验。试验应在每批同牌号、同型号、同规格数量中抽查 10%,且不小少于一个。对安装在主干管上起切断作用的闭路阀门应逐个作强度和严密性试验。

② 阀门的强度和严密性试验应符合以下规定:阀门强度试验压力为公称压力的 1.5 倍,严密性试验压力为公称压力的 1.1 倍,试验压力在试验持续时间内应保持不变,且壳体填料与阀瓣密封面无渗漏。阀门试压的试验持续时间不少于表 4-42 规定。

表 4-42　阀门试验持续时间

公称直径 DN /mm	最短试验持续时间/s		
	严密性试验		强度试验
	金属密封	非金属密封	
≤50	15	15	15
65～200	30	15	60
250～450	60	30	180

③ 试验合格的阀门应及时排尽内部积水并吹干,其密封面需涂防锈油,关闭阀门封闭出入口,做明显标记,并应填写"阀门试验记录"。

(2) 阀门安装中应执行的规范条款。

1) 当阀门的管道以法兰或螺纹方式连接时,阀门应在关闭状态下安装。

2) 当阀门与管道以焊接方式连接时,阀门不得关闭,焊缝用氩弧焊打底(电焊盖面)或用焊缝氧乙炔焰焊接,以防焊接热量使管内温度升高,损坏阀内密封面。

3) 安装铸铁、硅铁阀门时,不可强力连接,应受力均匀。如紧固法兰连接时,应对称交叉紧固法兰螺栓;内螺纹连接时,紧固应力度应该适宜,以防止阀门接口胀裂。

(3) 闸阀安装。

1) 明杆闸阀应装在阀杆有开启空间和阀杆易保养的部位。

2) 双闸板闸阀座在水平管道上,应保持阀杆垂直。

(4) 截止阀安装。

1) 截止阀阀体要有明显的水流方向的箭头,安装时应注意按箭头指向安装,不要装反。

2) 如果箭头不清或没有,安装时应注意保持介质由阀座进入,也称低进高出。

(5) 排气阀的安装。

1) 安装排气阀之前,应首先安装截断阀,当系统试压、冲洗合格后才能装排气阀。

2) 安装前不应拆解或拧动排气阀端阀帽。

3) 排气阀安装后,使用前将排气阀端阀帽拧动1~2圈。

(6) 采暖温控阀安装。

1) 温控阀的相关资料。

① 温控阀也称为恒温控制阀、温度调节器、测温锁闭流量调节阀等。在多数情况下,温控阀同热计量表配套安装。

② 温控阀由阀头(恒温控制器)和阀体组成,阀头主要控制调解阀体的热水流量,使采暖用户温度稳定在6~28℃之间的某一定值。

2) 温控阀阀体安装。

① 单管跨越式采暖系统常采用非预定型(直通、角通、三通)阀体,而高层双管采暖系统中常采用预设型(直通、角通型)阀体。安装温控阀首先应确认阀体属于哪种类型,并应符合设计要求。

② 温控阀阀体必须安装在供水管上。

③ 温控阀体前或系统入口处应安装除污器或过滤器。

④ 安装温控阀体的散热器支管坡度宜顺介质流向,坡度≥1/1000。

⑤ 温控阀体与系统管道同时安装、试压、冲洗、检验。

(7) 温控阀阀头(恒温控制器)安装。

1) 温控阀头由温包(铝合金膜盒内装有热胀冷缩的气体或液体或固体)及温度传感器组成。其中,温包同传感器制成一体的称为传感器内设置阀头,两者分开的称为远程传感器阀头。安装温控阀头时首先要确认阀头属于何种类型以及是否符合设计要求。

2）传感器内置阀头应水平安装。

3）远程传感器阀头的温包同阀体连接,传感器和温包相距 2～8m 安装。

4）阀头传感器无论是内置式或远程式,所安装的部位均应在无遮挡、无热源(阳光、散热器、炉灶等)直接辐射而能正确反映室温的部位。

5）温控阀头在管道安装完成后,系统调试前安装和调试。

业务要点 2:散热器安装

1. 散热器组对

1）根据不同热源及不同的工作压力选择不同的衬垫。设计无要求时,介质为中低温热水时应采用耐热橡胶垫,介质为高温热水(过热水)时应采用高温耐热橡胶石棉垫,介质为蒸汽时应采用石棉垫且涂抹上铅油后使用。

2）将散热器片内部污物倒净,用钢刷子除净对口处及内丝的铁锈,正扣朝上,依次码放。

3）组对散热器片前,做好丝扣的试选。将炉对丝试拧入散热片接口内 3～5 扣,松紧应适度。

4）按统计表的数量、规格进行组对,组对时应每两人一组。摆好第一片,将对丝拧入一扣,套上衬垫,将第二片反扣对准对丝,找正后两人各用一手扶住散热器片,另一手将对丝钥匙插入对丝内径,先向回徐徐倒退,然后再顺转,使两端入扣,同时缓缓均衡拧紧。

5）照以上方法逐片组对至所需的片数为止,注意有腿片时必须按要求设置、组对。

6）将组成的散热器慢慢立起,用人工或运输车运至试压地点集中。

2. 外拉条预制、安装

1）20 片及 20 片以上的散热器应加外拉条。根据散热器的片数和长度,计算出外拉条长度尺寸;按该尺寸切断 $\phi 8 \sim \phi 10$ 的圆钢并调直,两端收头套好丝扣,上好螺母,除锈后刷防锈漆一遍。

2）20 片及 20 片以上的散热器应加外拉条,在每根外拉条端头套好一个骑码,从散热器上下两端外柱内穿入四根拉条,每根再套上一个骑码带上螺母;找直后用板子均匀拧紧,丝扣外露不得超过半个螺母厚度。

3. 托钩和固定卡安装

1）按照设计图纸,利用所做的统计表将不同型号、规格的经试压合格的散热器运到各自的安装地点。

2）按照散热器规格、安装位置和高度、安装孔的位置、支架形式等尺寸要求在墙上画出散热器安装中心线,并在墙面上用十字线画上散热器托钩和固定卡的安装位置。

3）从地面到散热器总高的 3/4 画水平线与散热器中心线交点画印记,此为 15 片以下的双数片散热器的固定卡位置。单数片向立管一侧错过半片。16 片以上者应栽两个固定卡,高度仍在散热器 3/4 高度的水平线上,从散热器两端各进去 4～6 片的地方栽入。

4）托钩高度应按设计要求并从散热器的距地高度上返 45mm 画水平线。托钩水平位置采用画线尺来确定,画线尺横担上刻有散热片的刻度。画线时应根据片数及托构数量分布的相应位置,画出托钩安装位置的中心线。挂装散热器的固定卡高度从托钩中心上返散热器总高的 3/4 处画水平线。其位置与安装数量与带腿片散热器的安装相同。

5）当散热器在其四角上带有安装孔时,应根据厂家提供的技术文件,按型号确定散热器的稳装方式,确定固定支架形式及安装方式,固定卡位置应与安装孔相一致。

6）按画出的位置,以十字线交叉点为中心,用錾子或冲击钻等在墙上打孔洞;固定卡孔洞的深度不少于 80mm,托钩孔洞的深度不少于 120mm. 现浇混凝土墙的深度为 100mm;用水冲净洞内杂物,填入 M20 水泥砂浆到洞深的一半时,将固定卡、托钩插入洞内,用碎石塞紧,用画线尺或管径为 70mm 的钢管放在托钩上,用水平尺找平找正,填满砂浆抹平。此外,在混凝土或预制墙板上可以先下埋件,再焊接固定件;在轻质板墙上,应用穿通螺栓加垫圈（或焊接小钢板）固定在墙上;对于现浇混凝土墙可用膨胀螺栓固定或当作固定卡使用。

7）柱型散热器的固定卡及托钩按图 4-77 加工。托钩及固定卡的数量和位置按图 4-78 安装（方格代表散热器）。柱型散热器卡子托钩安装见图 4-79,M132 型及柱型上部为卡子,下部为托钩;散热器离墙净距为 30mm。

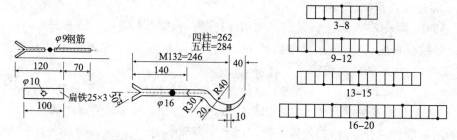

图 4-77　固定卡及托钩加工图　　图 4-78　托钩及固定卡的数量和位置

8）用上述同样的方法将各组散热器全部卡子、托钩栽好;成排托钩、卡子需将两端钩、卡栽好,定点拉线,然后再将中间钩、卡按线依次栽好。

9）辐射对流散热器托钩可参照图 4-80 加工,辐射对流散热器的安装方法同柱型散热器。固定卡尺寸见图 4-81。固定卡的高度为散热器上缺口中心。其他使用托钩的散热器的安装方法均可参照柱型散热器的安装。

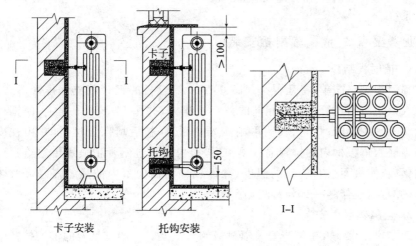

卡子安装　　　　托钩安装

图 4-79　卡子、托钩安装图

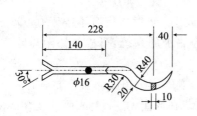

图 4-80　辐射对流散热器托钩

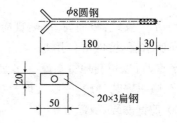

图 4-81　固定卡尺寸

4. 散热器安装

1）将柱型、柱翼型散热器包括铸铁、钢制、铜（钢）铝复合型散热器及铝制散热器和辐射对流散热器的炉堵和炉补心抹油，加相应衬垫后拧紧。

2）落地散热器稳装。炉补心正扣一侧朝着立管方向，将固定卡里边螺母上至距离符合要求的位置，套上两块夹板，固定在里柱上，带上外螺母；把散热器推到固定的位置，再把固定卡的两块夹板横过来放平正，用自制管扳子拧紧螺母到一定程度后，将散热器找直、找正，垫牢后上紧螺母。

3）挂装散热器安装。将挂装柱型散热器、辐射对流散热器、铜管铝翼散热器及铝制散热器轻轻抬起放在托钩上立直，将固定卡摆正拧紧。

4）其他形式的散热器抬起挂在固定支架上，带上垫圈和螺母，紧到一定程度后找平找正，再拧紧到位。

5）有特殊要求的散热器安装，按厂家和设计要求安装。

6）当散热器上加有暖气罩时，散热量会下降高达 30%（具体由暖气罩的形式及开口位置和尺寸决定）。

散热器安装完毕，检查散热器安装位置及立管预留口是否准确，装配支管接入系统。

业务要点 3:金属辐射板安装

1. 辐射板制作

辐射板制作简单,将几根 $DN15$、$DN20$ 等管径的钢管制成钢排管形式,然后嵌入预先压出与管壁弧度相同的薄钢板槽内,并用 U 形卡子固定;薄钢板厚度为 0.6~0.75mm 即可,板前可刷无光防锈漆,板后填保温材料,并用铁皮包严。当嵌入钢板槽内的排管通入热媒后,很快就通过钢管把热量传递给紧贴着它的钢板,使板面具有较高的温度,并形成辐射面向室内散热。辐射板散热以辐射热为主,还伴随一部分对流热。

2. 金属辐射板安装

1)按设计要求,制作与安装辐射板的支吊架。一般支吊架的形式按其辐射板的安装形式分类为三种,即垂直安装、倾斜安装、水平安装。带型辐射板的支吊架应保持3m一个。

① 水平安装:板面朝下,热量向下侧辐射。辐射板应有不小于 0.005 的坡度坡向回水管,坡度的作用是:对于热媒为热水的系统,可以很快地排除空气;对于蒸汽,可以顺利地排除凝结水。

② 倾斜安装:倾斜安装在墙上或柱间,倾斜一定角度向斜下方辐射。

③ 垂直安装:板面水平辐射。垂直安装在墙上、柱子上或两柱之间。安装在墙上、柱上的,应采用单面辐射板,向室内一面辐射;安装在两柱之间的空隙处时,可采用双面辐射板,向两面辐射。

2)辐射板用于全面采暖,如设计无要求,最低安装高度应符合表 4-43 的要求。

表 4-43　辐射板的最低安装高度　　　　　　　（单位:m）

热媒平均温度/℃	水平安装		倾斜安装与垂直面所成角度			垂直安装（板中心）
	多管	单管	60°	45°	30°	
115	3.2	2.8	2.8	2.6	2.5	2.3
125	3.4	3.0	3.0	2.8	2.6	2.5
140	3.7	3.1	3.1	3.0	2.8	2.6
150	4.1	3.2	3.2	3.1	2.9	2.7
160	4.5	3.3	3.3	3.2	3.0	2.8
170	4.8	3.4	3.4	3.3	3.0	2.8

注:1. 本表适合于工作地点固定、站立操作人员的采暖;对于坐着或流动人员的采暖,应将表中数字降低 0.3m。

　　2. 在车间外墙的边缘地带,安装高度可适当降低。

3)辐射板的安装可采用现场安装和预制装配两种方法。块状辐射板宜采用预制装配法,每块辐射板的支管上可先配上法兰,以便于和干管连接。带状辐射板如果太长可采用分段安装。

块状辐射板的支管与干管连接时应有两个90°弯管。

4)块状辐射板不需要每块板设一个疏水器。可在一根管路的几块板之后装设一个疏水器。每块辐射板的支管上也可以不装设阀门。

5)接往辐射板的送水、送汽和回水管,不宜和辐射板安装在同一高度上。送水、送汽管宜高于辐射板,回水管宜低于辐射板,并且有不少于0.005的坡度坡向回水管。

6)背面需做保温的辐射板,保温应在防腐、试压完成后施工。保温层应紧贴在辐射板上,不得有空隙,保护壳应防腐。安装在窗台下的散热板,在靠墙处,应按设计要求放置保温层。

业务要点4:地板辐射采暖系统安装

1. 管材及配件

1)根据耐用年限要求、使用条件等级、热媒温度和工作压力、系统水质要求、材料供应条件、施工技术条件和投资费用等因素来选择采用管材,常用的管材有交联铝塑复合(XPAP)管、聚丁烯(PB)管、交联聚乙烯(PE-X)管、无规共聚聚丙烯(PP-R)管等,施工时严格按设计要求来选择管材。

2)管材、管件和绝热材料,应有明显的标志,标明生产厂的名称、规格和主要技术特性,包装上应标有批号、数量、生产日期和检验代号。

3)施工、安装的专用工具,必须标有生产厂的名称,并有出厂合格证和使用说明书。

4)管材配件。

①连接件与螺纹连接部分配件的本体材料,应为锻造黄铜,使用PP-R管作为加热管时,与PP-R管直接接触的连接件表面应镀镍。

②连接件外观应完整、无缺损、无变形、无开裂。

③连接件的物理力学性能,应符合表4-44的要求。

表4-44　连接件的物理力学性能

性　能	指　标
连接件耐水压/MPa	常温:2.5,95℃:1.2,1h无渗漏
工作压力/MPa	95℃:1.0,1h无渗漏
连接密封性压力/MPa	95℃:3.5,1h无渗漏
耐拔脱力/MPa	95℃:3.0

④连接件的螺纹,应符合国家标准《55°非密封管螺纹量规》GB/T 10922—

2006 的规定。螺纹应完整,如有断丝或缺丝情况,不得大于螺纹全扣数的 10%。

5)材料的外观质量、储运和检验。

① 管材和管件的颜色应一致,色泽均匀,无分解变色。

② 管材的内外表面应当光滑、清洁,不允许有分层、针孔、裂纹、气泡、起皮、痕纹和夹杂,但允许有轻微的、局部的、不使外径和壁厚超过允许公差的划伤、凹坑、压入物和斑点等缺陷。轻微的矫直和车削痕迹、细划痕、氧化色、发暗、水迹和油迹,可不作为报废的依据。

③ 管材和绝热板材在运输、装卸和搬运时,应小心轻放,不得受到剧烈碰撞和尖锐物体冲击,不得抛、摔、滚、拖,应避免接触油污。

④ 管材和绝热板材应码放在平整的场地上,垫层高度要大于 100mm,防止泥土和杂物进入管内。塑料类管材、铝塑复合管和绝热板材不得露天存放,应储存于温度不超过硬 40℃、通风良好和干净的仓库中,要防火、避光,距热源不应小于 1m。

⑤ 材料的抽样检验方法,应符合国家标准《计数抽样检验程序 第 1 部分:按接收质量限(AQL)检索的逐批检验抽样计划》GB/T 2828.1—2012 的规定。

2. 支架制作安装

1)管道支架应在管道安装前埋设,应根据不同管径和要求设置管卡和吊架,位置应准确,埋设要平整,管卡与管道接触应紧密,不得损伤管道表面。

2)加热管的支架一般采用厂家配套的成品管卡,加热管的固定方式包括:

① 用固定卡将加热管直接固定在绝热板或设有复合面层的绝热板上。

② 用扎带将加热管固定在铺设于绝热层上的网格上。

③ 直接卡在铺设于绝热层表面的专用管架或管卡上。

④ 直接固定于绝热层表面凸起间形成的凹槽内。

3)加热管安装时应防止管道扭曲,弯曲管道时,圆弧的顶部应加以限制,并用管卡进行固定。

4)加热管弯头两端宜设固定卡;加热管固定点的间距,直管段固定点间距宜为 0.5~0.7m,弯曲管段固定点间距宜为 0.2~0.3m。

5)分、集水器安装时应先设置固定支架。

3. 地板辐射采暖系统的安装

(1)一般规定。

1)地板辐射供暖的安装工程,施工前应具备下列条件:

① 设计图纸及其它技术文件齐全。

② 经批准的施工方案或施工组织设计,已进行技术交底。

③ 施工力量和机具等,能保证正常施工。

④ 施工现场、施工用水和用电、材料储放场地等临时设施,能满足施工需要。

2)地板辐射供暖的安装工程,环境温度宜不低于 5℃。

3)地板辐射供暖施工前,应了解建筑物的结构,熟悉设计图纸、施工方案及其它工种的配合措施。安装人员应熟悉管材的一般性能,掌握基本操作要点,严禁盲目施工。

4)加热管安装前,应对材料的外观和接头的配合公差进行仔细检查,并清除管道和管件内外的污垢和杂物。

5)安装过程中,应防止油漆、沥青或其它化学溶剂污染塑料类管道。

6)管道系统安装间断或完毕的敞口处,应随时封堵。

(2)加热管的敷设。

1)按设计图纸的要求,进行放线并配管,同一通路的加热管应保持水平。

2)加热管的弯曲半径,PB 管和 PE-X 管不宜小于 5 倍的管外径,其他管材不宜小于 6 倍的管外径。

3)填充层内的加热管不应有接头。

4)采用专用工具断管,断口应平整,断口面应垂直于管轴线。

5)加热管应用固定卡子直接固定在敷有复合面层的绝热板上,用扎带将加热管绑扎在铺设于绝热层表面的钢丝网上,或将加热管卡在铺设于绝热层表面的专用管架或管卡上。

6)加热管固定点的间距,直管段不应大于 700mm,弯曲管段不应大于 350mm。

7)施工验收后,发现加热管损坏,需要增设接头时,应先报建设单位或监理工程师,提出书面补救方案,经批准后方可实施。增设接头时,应根据加热管的材质,采用热熔或电熔插接式连接,或卡套式、卡压式铜制管接头连接,并应做好密封。铜管宜采用机械连接或焊接连接。无论采用何种接头。均应在竣工图上清晰表示,并记录归档。

8)加热管弯头两端宜设固定卡;加热管固定点的间距,直管段固定点间距宜为 0.5~0.7m,弯曲管段固定点间距宜为 0.2~0.3m。

9)在分水器、集水器附近以及其它局部加热管排列比较密集的部位,当管间距小于 100mm 时,加热管外部应采取柔性套管等措施。

10)加热管或预制轻薄供暖板的输配管出地面至一次分水器、集水器连接处,弯管部分不宜露出地面装饰层。加热管或输配管出地面至分水器、集水器下部球阀接口之间的明装管段,外部应加装塑料套管或波纹管套管。套管应高出装饰面 150~200mm。

11)加热管、预制轻薄供暖板的输配管与一次分水器、集水器连接,应采用卡套式、卡压式挤压夹紧连接;连接件材料宜为铜质。

12) 加热管的环路布置不宜穿越填充层内的伸缩缝。必需穿越时,伸缩缝处应设长度不小于 200mm 的柔性套管。

13) 伸缩缝的设置应符合下列规定:

① 在与内外墙、柱等垂直构件交接处应留不间断的伸缩缝,伸缩缝填充材料应采用搭接方式连接,搭接宽度不应小于 10mm;伸缩缝填充材料与墙、柱应有可靠的固定措施,与地面绝热层连接应紧密,伸缩缝宽度不宜小于 10mm。伸缩缝填充材料宜采用高发泡聚乙烯泡沫塑料。

② 当地面面积超过 30m^2 或边长超过 6m 时,应按不大于 6m 间距设置伸缩缝,伸缩缝宽度不应小于 8mm。伸缩缝宜采用高发泡聚乙烯泡沫塑料或内满填弹性膨胀膏。

③ 伸缩缝应从绝热层的上边缘作到填充层的上边缘。

(3) 热媒集配装置的安装。

1) 热媒集配装置应加以固定。

① 当水平安装时,一般宜将分水器安装在上,集水器安装在下,中心距宜为 200mm,集水器中心距地面应不小于 300mm。

② 当垂直安装时,分、集水器下端距地面应不小于 150mm。

2) 加热管始末端出地面至连接配件的管段,应设置在硬质套管内。套管外皮不宜超出集配装置外皮的投影面。加热管与集配装置分路阀门的连接,应采用专用卡套式连接件或插接式连接件。

3) 加热管始末端的适当距离内或其它管道密度较大处,当管间距 ≤100mm 时,应设置柔性套管等保温措施。

4) 加热管与热媒集配装置牢固连接后,或在填充层养护期后,应对加热管每一通路逐一进行冲洗,至出水清净为止。

第五节 室外给水排水管网与建筑中水系统安装

本节导读

本节主要介绍室外给水排水管网与建筑中水系统安装,内容包括给水管道安装、消防水泵接合器及室外消火栓安装、管沟及井室、排水管道安装、排水管沟及井池、建筑中水系统管道及辅助设备安装等。其内容关系如图 4-82 所示。

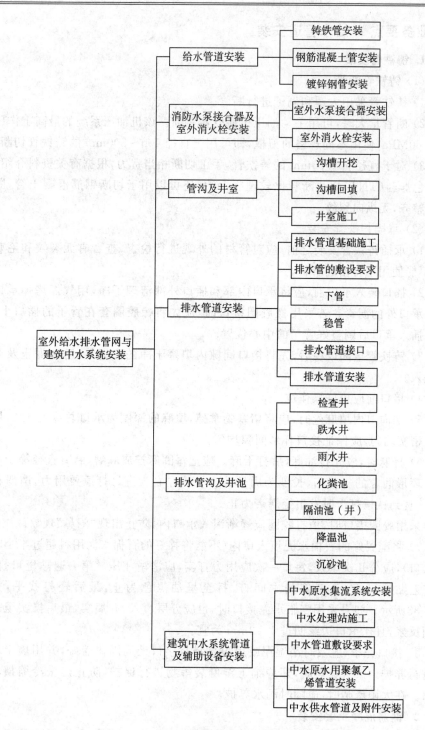

图 4-82　本节内容关系图

业务要点 1:给水管道安装

1. 铸铁管安装

(1)铸铁管断管。

1)铸铁管采用大锤和剁子进行断管。

2)断管量大时,可用手动油压钳铡管器铡断。该机油压系统的最高工作压力为 60MPa,使用不同规格的刀框,即可用于直径 100~300mm 的铸铁管切断。

3)对于直径 $\phi > 560$mm 的铸铁管,手工切断相当费力,根据有关资料介绍,用黄色炸药(TNT)爆炸断管比较理想,而且还可以用于切断钢筋混凝土管,断口较整齐,无纵向裂纹。

(2)承插铸铁管安装。

1)承插铸铁管安装之前,应对管材的外观进行检查,查看有无裂纹和毛刺等,不能使用不合格的管材。

2)插口装入承口前,应将承口内部和插口外部清理干净,用气焊烤掉承口内及承口外的沥青。若采用橡胶圈接口时,应先将橡胶圈套在管子的插口上,插口插入承口后调整好管子的中心位置。

3)铸铁管全部放稳后,先将接口间隙内填塞干净的麻绳等,防止泥土及杂物进入。

4)接口前应挖好操作坑。

5)如向口内填麻丝时,应将堵塞物拿掉,填麻的深度为承口总深的 1/3,填麻应密实均匀,应保证接口环形间隙均匀。

6)打麻时,应先打油麻,后打干麻。应把每圈麻拧成麻辫,麻辫直径等于承插口环形间隙的 1.5 倍,长度为周长的 1.3 倍左右为宜。打锤要用力,凿凿相压,一直到铁锤打击时发出金属声为止。

采用胶圈接口时,填打胶圈应逐渐滚入承口内,防止出现"闷鼻"现象。

7)将配置好的石棉水泥填入口内(不能将拌好的石棉水泥用料超过半小时再打口),应分几次填入,每填一次应用力打实,应凿凿相压。第一遍贴里口打,第二遍贴外口打,第三遍朝中间打,打至呈油黑色为止,最后轻打找平,如图 4-83 所示。如果采用膨胀水泥接口时,也应分层填入,并捣实,最后捣实至表层面反浆,且比承口边缘凹进 1~2mm 为宜。

8)接口完毕,应及时用湿泥或用湿草袋将接口处周围覆盖好,并用虚土埋好进行养护。天气炎热时,还应铺上湿麻袋等物进行保护,防止热胀冷缩损坏管口。在太阳暴晒时,应随时洒水养护。

2. 钢筋混凝土管安装

1)钢筋混凝土管具有承受内压能力强和弹性差的性质,在搬运中易损坏

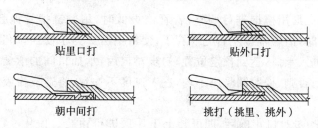

贴里口打　　　　　　　　　贴外口打

朝中间打　　　　　　　　挑打（挑里、挑外）

图 4-83　铸铁承插管打口基本操作法

（抗外压能力差）。

2）预应力钢筋混凝土管或自应力钢筋混凝土管的承插接口，除设计有特殊要求外，一般均采用橡胶圈，即承插式柔性接口。在土质或地下水对橡胶圈有腐蚀的地段，在回填土前，应用沥青胶泥、沥青麻丝或沥青锯末等材料封闭橡胶圈接口。

3）预应力钢筋混凝土管安装的方法及顺序。当地基处理好后，为了使胶圈达到预定的工作位置，必须要有产生推力和拉力的安装工具，通常采用拉杆千斤顶，即预先于横跨在已安装好的 1～2 节管子的管沟两侧安装一截横木，作为锚点，横木上拴一钢丝绳扣，钢丝绳扣套入一根钢筋拉杆，每根拉杆长度等于一节管长，安装一根管，加接一根拉杆，拉杆与拉杆间用 S 型扣连接。这样一个固定点，可以安装数十根管后再移动到新的横木固定点。然后用一根钢丝绳兜扣住千斤顶头连接到钢筋拉杆上。为了使两边钢丝绳在顶装过程中拉力保持平衡，中间应连接一个滑轮，如图 4-84 所示。

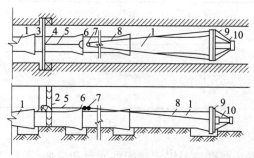

图 4-84　拉杆千斤顶法安装钢筋混凝土管

1—承插式预应力钢筋混凝土管　2—方木　3—背圆木　4—钢丝绳扣
5—钢筋拉杆　6—S 型扣　7—滑轮　8—钢丝绳　9—方木　10—千斤顶

4）拉杆千斤顶法的安装程序及操作要求：

① 套橡胶圈在清理干净管端承插口后，即可将胶圈从管端两侧同时由管下部向上套，套好后的胶圈应平直，不允许有扭曲现象。

② 初步对口。利用斜挂在跨沟架子横杆上的倒链把承口吊起，并使管段慢

慢移到承口,然后用撬棍进行调整,若管位很低时,用倒链把管提起,下面填砂捣实;若管高时,沿管轴线左右晃动管子,使管下沉。为了使插口和橡胶圈能够均匀顺利地进入承口,达到预定位置,初步对口后,承插口间的承插间隙和距离应均匀一致。否则,橡胶圈受压不均,进入速度不一致,将造成橡胶圈扭曲而大幅度的回弹。

③ 顶装初步对口正确后,即可装上千斤顶进行顶装。顶装过程中,要随时沿管四周观察橡胶圈和插口进入情况。当管下部进入较少时,可用倒链把承口端稍稍抬起;当管左部进入较少或较慢时,可用撬棍在承口右侧将管向左侧拨动。进行矫正时则应停止顶进。

④ 找正找平。把管子顶到设计位置时,经找正找平后才可松放千斤顶。相邻两管的高度偏差不超过±2cm。中心线左右偏差一般在3cm以内。

5)利用钢筋混凝土套管连接。套管连接程序及砂浆配合比操作要求如下:

① 填充砂浆配合比为水泥:砂=1:1~1:2,加水14%~17%。

② 接口步骤:先把管的一端插入套管,插入深度为套管长的一半,使管和套管之间的间隙均匀,再用砂浆充填密实,这就是上套管,做成承口。上套管做好后,放置两天左右再运到现场,把另一管插入这个承口内,再用砂浆填实,凝固后连接即告完毕。

6)直线铺管要求预应力钢筋混凝土管沿直线铺设时,其对口间隙应符合表4-45中的规定。

表 4-45　预应力钢筋混凝土管对口间隙　　　　（单位:mm）

接口形式	管径	沿直线铺设时间隙
柔性接口	300~900	15~20
	1000~1400	20~25
刚性接口	300~900	6~8
	1000~1400	8~10

3. 镀锌钢管安装

1)镀锌钢管安装要全部采用镀锌配件变径和变向,不能用加热的方法制成管件,加热会使镀锌层破坏而影响防腐能力。也不能以黑铁管零件代替。

2)铸铁管承口与镀锌钢管连接时,镀锌钢管插入的一端要翻边防止水压试验或运行时脱出,另一端要将螺纹套好。简单的翻边方法可将管端等分锯几个口,用钳子逐个将它翻成相同的角度即可。

3)管道接口法兰应安装在检查井和地区内,不得埋在土壤中,若必须将法兰埋在土壤中,应采取防腐蚀措施。

给水检查井内的管道安装,如设计无要求,井壁距法兰或承口的距离如下:

管径 $DN{\leqslant}450\mathrm{mm}$，应不小于 250mm。

管径 $DN{>}450\mathrm{mm}$，应不小于 350mm。

业务要点 2：消防水泵接合器及室外消火栓安装

1. 室外水泵接合器安装

1）水泵接合器应安装在接近主楼的一侧，安装在便于消防车接近的人行道或非机动车行驶的地段，或附近 40m 以内有可取水的室外消火栓或贮水池等地。

2）水泵接合器按管径的不同可分为 $DN100$ 和 $DN150$ 两种，按安装位置的不同可分为地下式、地上式和墙壁式三类。

3）一套水泵接合器包括法兰接管、闸阀、法兰三通、法兰安全阀、法兰止回阀、法兰弯管（带底座）、法兰弯管（不带底座——用于墙壁式）、法兰接管、接合器本体和消防接口等配件。其中法兰接管出厂长度为 340mm，施工时应根据水泵接合器栓口安装中心标高与地面标高确定，不可一概而论。

4）消防水泵接合器的安全阀及止回阀安装位置和方向应正确，阀门启闭应灵活，安全阀出口压力应校准。

5）地下式水泵接合器的顶部进水口与消防井盖底面的距离不得大于 400mm，且不应小于井盖的半径。井内应有足够的操作空间，并设爬梯。

室外地下式消防水泵接合器安装如图 4-85 所示。

6）墙壁式消防水泵接合器安装如图 4-86 所示。若安装高度设计没有要求，出水栓口中心距地面应为 1.10m，与墙面上的门、窗、孔、洞的净距离不应小于 2.0m，且不应安装在玻璃幕墙下方，其上方应设有防坠落物打击的措施。

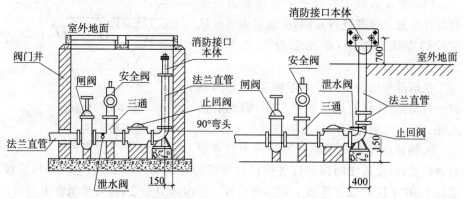

图 4-85　室外地下式消防水泵接合器安装　　图 4-86　墙壁式消防水泵接合器安装

7）消防水泵接合器的各项安装尺寸应符合设计要求，栓口安装高度允许偏差为 ±20mm。

8)消防水泵接合器的位置标志应明显,栓口的位置应方便操作。地下消防水泵接合器应用铸有"消防水泵接合器"标志的铸铁井盖,并在附近设置指示其位置的固定标志,地上消防水泵接合器应设置与消火栓区别的固定标志。

2. 室外消火栓安装

(1)作业条件。

1)安装前应检查消火栓型号、规格是否符合设计要求,阀门启闭应灵活。

2)室外地下消火栓与主管连接的三通或弯头下部,均应稳固地支承在混凝土支墩上。其安装各部尺寸应满足设计或施工质量验收规范的要求。

3)混凝土或砖墩已施工完毕,并已达到设计强度。

4)消火栓安装位置和进出口方向应符合设计要求。

(2)安装要点。

1)室外地下消火栓与主管连接的三通或弯头下部,均应稳固在混凝土支墩上。保证管底下皮距井底不小于0.2m。

2)消火栓与主管接口多为法兰连接,其法兰连接要点与阀门的连接要点相同。

3)室外地上式消火栓一般安装在高出地面450mm的地方。安装时,先将消火栓下部的带底座弯头稳固在混凝土支墩上,然后再连接消火栓本体。

4)室外地上式消火栓如设置阀门井,应将消火栓自身的放水口封堵,而在井内另设放水口。

⦿ 业务要点3:管沟及井室

1. 沟槽开挖

(1)测量放线。敷设地下直埋管道应按照设计位置及标高进行安装,一般采用埋设坡度板的方法来控制,坡度板设置如图4-87所示。

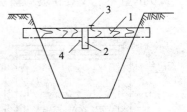

挖槽前先由测量人员测埋坡度板,给水管道一般每隔20m测设1块坡度板,若遇有消火栓、阀门、三通等管附件处应增设坡度板。

图 4-87 坡度板
1—坡度板 2—立板
3—中心钉 4—高程钉

两块坡度板之间中心钉连线即为管道中心线位置;坡度板之间高程钉连接线即为管内底的平行坡度线。安管时,从坡度线上取"下反常数"(见图4-88),垂直放入管内底中心处,即可控制管道高程。

(2)沟槽开挖

1)沟槽断面形式。常用沟槽断面形式有直槽、梯形槽和混合槽等,如图4-89所示。

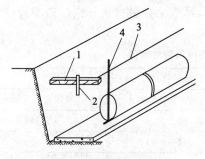

图 4-88　高程控制

1—坡度板　2—高程钉

3—坡度线　4—下反常数刻度尺

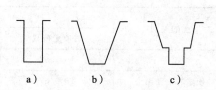

图 4-89　沟槽断面形式

a)直槽　b)梯形槽　c)混合槽

　　合理选择沟槽断面形式,可以为管道安装创造便利作业条件,保证施工安全,减少土方的开挖量,加快施工进度。选定沟槽断面应考虑以下因素:土壤的种类、沟管断面尺寸、水文地质条件、施工方法及管道埋深等。

　　2)沟槽断面尺寸的确定

　　①沟槽底部开挖宽度,可按下式确定:

$$B=D+2(b_1+b_2) \tag{4-1}$$

式中　B——沟槽底宽(mm);

　　　　D——管道结构外缘宽度(mm);

　　　　b_1——管道一侧工作面宽度(mm),见表 4-21;

　　　　b_2——管道一侧支撑厚度,一般取 150~200mm。

表 4-46　沟槽底部每侧工作面宽度

管道结构/mm	每侧工作面宽度/mm	
	非金属管道	金属管道
200~500	400	300
600~1000	500	400
1100~1500	600	600

　　②梯形槽的边坡。为了保持槽壁的稳定,槽壁应有一定的边坡,常用高宽比表示,如图 4-90 所示。

　　对于土质良好,地下水位低于槽底,槽深在 5m 以内,不加支撑的边坡最陡坡度可参见表 4-47。

　　3)沟槽的开挖。沟槽的开挖方法有机械法和人工法两种。为了减轻繁重的体力

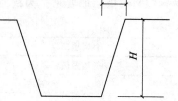

图 4-90　沟槽边坡示意图

劳动,加快施工进度,在条件允许的情况下,尽量采用机械法开槽。沟槽开挖的注意事项如下:

表 4-47　深度≤5m 沟槽最陡坡度值

土的类别	边坡坡度/($H：a$)		
	坡顶无荷载	坡顶有荷载	坡顶有动载
中密砂土	1：1.00	1：1.25	1：1.50
硬塑的中亚黏土	1：0.67	1：0.75	1：1.00
中密的碎石类土	1：0.50	1：0.67	1：0.75
硬塑的亚黏土、黏土	1：0.33	1：0.50	1：0.67
老黄土	1：0.10	1：0.25	1：0.33

① 沟槽应分段开挖,并应合理确定开挖顺序,如相邻沟槽开挖,应按先深后浅的施工顺序。

② 沟槽开挖应严格控制标高,防止槽底超挖或对槽底土的扰动。采用机械法挖土应留 0.2～0.3m 厚土层,待敷管前用人工清挖至设计标高;采用人工法挖土,暂不敷管也应留 0.15m 厚土层,待敷管前再挖至设计标高。

③ 对地下原建管线和各种构筑物,应及时和有关单位联系,预先采取措施,严加保护。

④ 采用机械法开挖,所选择的机械类型及大小要适用于工程情况和条件,两者要匹配。

⑤ 采用人工开挖,人员间距 3～5m 为宜。深槽作业,应注意沟槽边坡稳定,防止坍塌,必要时应加支撑。

⑥ 软土、膨胀土地区开挖土方或进入冬、雨期施工时,应遵照有关规定执行。

2. 沟槽回填

给水管道的沟槽应分两次回填,首次在安管之后试压之前先将管道两侧及高出管顶 0.5m 以内进行回填,其管道接口部位不得回填,以便水压试验时观察,试压合格后,再进行沟槽其余部位的回填。

(1)沟槽回填要求。沟槽回填要求见表 4-48。

表 4-48　沟槽回填要求

回填部位		压实度
管道两侧回填		压实度应达到 95%
管顶以上 0.5m 以内		压实度应达到 85%
管顶以上 0.5m 至地面	当年修路时	压实度应达到 95%
	当年不修路时	压实度应达到 90%

（2）沟槽回填方法。沟槽回填方法见表 4-49。

表 4-49　沟槽回填方法

回填部位	回填要点
管道两侧回填	1）回填清理沟内杂物，严禁带水回填 2）管顶上部 200mm 以内应采用砂子或无石及冻土块的土回填 3）只能采用人工夯实，每层厚度 150mm 以内，做到夯夯相接 4）管道两侧应对称回填，防止管道产生位移
管顶上回填	1）管顶以上 50mm 以内不得回填直径大于 100mm 的块石和冻土块；500mm 以上部分回填土中的块石和冻土块不得集中 2）管顶以上 500mm 采用人工分层回填，摊铺厚度在 200mm 以内；超过管顶 500mm 以上时，可采用蛙式打夯机，每层厚度在 300mm 以内。其压实度应达到规定要求
井室周围回填	1）路面范围内的井室周围，应采用石灰土、砂、砂烁等材料回填，其宽度不小于 400mm 2）井室周围的回填，应与管道回填同时进行，若不同时，应留台阶形接茬 3）井室回填压实应对称进行，防止井室移位

3. 井室施工

1）井室的尺寸应符合设计要求，允许偏差为±20mm（圆形井指其直径；矩形井指内边长）。

2）安装混凝土预制井圈，应将井圈端部洗干净并用水泥砂浆将接缝抹光。

3）砖砌井室。地下水位较低，内壁可用水泥砂浆勾缝；水位较高，井室的外壁应用防水砂浆抹面，其高度应高出最高水位 200～300mm。含酸性污水检查井，内壁应用耐酸水泥砂浆抹面。

4）排水检查井内需作流槽，应用砖砌筑或用混凝土浇筑，并用水泥砂浆抹光。流槽的高度等于引入管中的最大管径，允许偏差为±100mm。流槽下部断面为半圆形，其直径同引入管管径相等。流槽上部应作垂直墙，其顶面应有 0.05 的坡度。排出管同引入管直径不相等，流槽应按两个不同直径作成渐扩形。弯曲流槽同管口连接处应有 0.5 倍直径的直线部分，弯曲部分为圆弧形，管端应同井壁内表面齐平。管径大于 500mm，弯曲流槽同管口的连接形式应由设计确定。

5）在高级与一般路面上，井盖上表面应同路面相平，允许偏差为±5mm。无路面时，井盖应高出室外设计标高 500mm，并应在井口周围以 0.02 的坡度向外作护坡。如采用混凝土井盖，标高应以井口计算。

6）安装在室外的地下消火栓、给水表井及排水检查井等用的铸铁井盖，应有明显区别，重型与轻型井盖不得混用。

7）管道穿过井壁处，应严密、不漏水。

◎ 业务要点 4:排水管道安装

1. 排水管道基础施工

(1)砂土基础。砂土基础包括弧形素土基础及砂垫层基础两种,如图 4-91 所示。适用于套环及承插接口管道。

弧形素土基础是在原土层上挖一弧形管槽,管子落在弧形管槽内,如图 4-92a 所示,主要适用于干燥土壤,当使用陶土管时 $d \leqslant 400mm$,当使用承插混凝土管时 $d \leqslant 600mm$。砂垫层基础是在挖好的弧形槽内铺一层粗砂,砂垫层厚度通常为 $100 \sim 150mm$,如图 4-92b 所示,主要适用于岩石或多石土壤,当使用陶土管时 $d \leqslant 450mm$,当使用承插混凝土管时 $d \leqslant 600mm$。

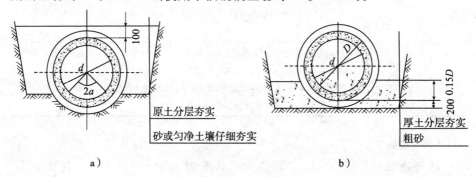

a)   b)

图 4-91 砂土基础

a)弧形素土基础 b)砂垫层基础

(2)混凝土枕基。混凝土枕基是设置在管接口处的局部基础,如图 4-92 所示。通常在管道接口下用 C7.5 混凝土做成枕状垫块,适用于管径 $d \leqslant 600mm$ 的承插接口管道及管径 $d \leqslant 900mm$ 的抹带接口管道。枕基长度取等于管子外径,宽度为 $200 \sim 300mm$。

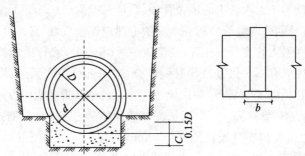

图 4-92 混凝土枕基

(3)混凝土带形基础。混凝土带形基础是沿管道全长铺设的基础。按管座形式分为 90°、135°、180°三种。图 4-93 所示为 90°混凝土带形基础。施工时,先在基础底部垫 100mm 厚的砂砾石,然后在垫层上浇灌 C10 混凝土。混凝土带形基础的几何尺寸应按施工图的要求确定。

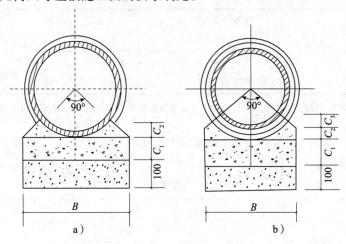

图 4-93 90°混凝土带形基础

a)抹带接口式 b)套环接口式或承插接口式

管道施工究竟选用哪种形式的基础,皆应根据施工图纸的要求而定。在管道基础施工时,同一直线管段上的各基础中心应在一直线上,并根据设计标高找好坡度。采用预制枕基时,其上表面中心的标高应低于管底皮 10mm。

2. 排水管的敷设要求

1) 排水管宜沿道路和建筑物周边平行敷设,其与建筑基础的水平净距,当管道埋深浅于或深于基础时,应分别≥1.5m 和≥2.5m。

2) 为便于管道的施工、检修应将管道尽量埋在绿地或不通行车辆的地段,且排水管与其他埋地管线和构筑物的间距应不小于表 4-50 的规定。

表 4-50 埋地管线(构筑物)间最小净距 （单位:m）

种类	给水管		污水管		雨水管	
	水平	垂直	水平	垂直	水平	垂直
给水管	0.5~1.0	0.1~0.15	0.8~1.5	0.1~0.15	0.8~1.5	0.1~0.15
污水管	0.8~1.5	0.1~0.15	0.8~1.5	0.1~0.15	0.8~1.5	0.1~0.15
雨水管	0.8~1.5	0.1~0.15	0.8~1.5	0.1~0.15	0.8~1.5	0.1~0.15
低压煤气管	0.5~1.0	0.1~0.15	1.0	0.1~0.15	1.0	0.1~0.15
直埋式热水管	1.0	0.1~0.15	1.0	0.1~0.15	1.0	0.1~0.15
热力管沟	0.5~1.0	—	1.0	—	1.0	—
乔木中心	1.0	—	1.5		1.5	

种类	给水管		污水管		雨水管	
	水平	垂直	水平	垂直	水平	垂直
电力电缆	1.0	直埋 0.5 穿管 0.25	1.0	直埋 0.5 穿管 0.25	1.0	直埋 0.5 穿管 0.25
通讯电缆	1.0	直埋 0.5 穿管 0.15	1.0	直埋 0.5 穿管 0.15	1.0	直埋 0.5 穿管 0.15

注:净距指管外壁距离,管道交叉设套管时指套管外壁距离,直埋式热力管指保温管壳外壁距离。

3)对生活污水、生产废水、雨水、生产污水管道敷设坡度的要求,应满足表 4-51的要求。

表 4-51　排水管道的最小坡度

管径 DN/mm	生活污水		生产废水、雨水	生产污水
	标准坡度	最小坡度		
50	0.035	0.025	0.020	0.020
75	0.025	0.015	0.015	0.020
100	0.020	0.012	0.008	0.012
125	0.015	0.010	0.006	0.010
150	0.010	0.007	0.005	0.006
200	0.008	0.005	0.004	0.004
250	—	—	0.0035	0.0035
300	—	—	0.003	0.003

4)为防止管道损坏,管顶应有一定的覆土厚度,当管道不受冰冻或外部荷载影响时宜≥0.3m,埋设在车行道下时宜≥0.7m。且应根据管道布置位置、地质条件和地下水位等具体情况,分别采用素土或灰土夯实、砂垫层和混凝土等基础。

3. 下管

(1)下管前的准备工作。

1)首先检查管身内、外表面有无裂缝、空鼓、露筋、缺边等缺陷,管材不合格不得使用。

2)复查管道基础的标高、中心和坡度是否符合设计要求。

3)现浇混凝土基础强度达到设计强度的 70%以上时才允许下管。

4)检查下管机具、走道及临时设施应牢靠。

5)明确劳动组织、分工明确,设专人统一指挥。

(2)下管注意事项。

1）根据管径大小、现场条件，合理选择下管方法。可采用人工下管法和机械下管法。

2）尽可能采用沿沟槽分散下管，以减少沟内运管。

3）沟内排管应将管子先放在沟槽同一侧，并留出检查井的位置。

4）承插式混凝土管，下管时承口方向与水流方向相反排放。

5）沟槽内运管，若与支撑横木矛盾时，应先倒撑，后下管。

4. 稳管

稳管是指将每节管子按照设计的标高、中心位置和坡度稳定在基础上。稳管工作包括管子对中、对高程、对管口间隙和坡度等操作环节。

（1）管轴线（对中）控制。管轴线对中方法有中心线法和边线法。

1）中线法。由测量人员将管中心测设在坡度板上，稳管时，由操作人员挂上中心线，在中心线上挂一垂球，如图 4-94 所示。

稳管时，在管内放置一块带有中心刻度的水平尺，然后移动管身，使其垂线与水平尺的中心刻度对正，不超过允许偏差值，即为对中结束。对中过程中也要满足高程和管口间隙要求。

2）边线法。当沟槽不便设置坡度板或用中线法不方便时，可采用边线对中法，如图 4-95 所示。

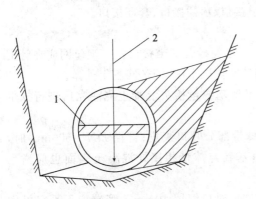

图 4-94 中线对中法
1—水平尺 2—中心垂线

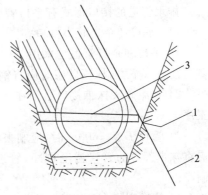

图 4-95 边线对中法
1—边桩 2—边线 3—稳管常数标尺

稳管时，在中心线一侧，钉一排边桩，其高度接近管子半径。挂边线时，使边线距中心线的距离等于管外径的 1/2 加一常数。稳管时使管外皮与边线距离等于该常数，即为对中合格。

（2）稳管高程控制。将相邻坡度板上的高程钉用小线连成坡度线，稳管时，使坡度线上任何一点至管内底的垂直距离为一常数（或称下反数），操作人员调整管子高程，使下反数的标志与坡度线重合，表明稳管高程合格，如图 4-96 所示。

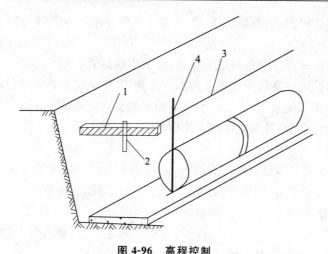

图 4-96　高程控制
1—坡度板　2—高程钉　3—坡度线　4—下反常数刻度尺

稳管工作,对高程和对中心的操作是同时进行,操作人员相互配合。稳好后,管节下部用石子垫牢,再继续稳下一节管,方法同前。但要注意管口间隙符合要求,而且两节管口外皮要平滑,无错台。

5. 排水管道接口

排水管道的接口形式有平口管道接口、承插接口、套环接口。

（1）平口和企口管道接口。

1）平口和企口管道均采用 1:2.5 水泥砂浆抹带接口。一钢丝网应在管道就位前放入下方,抹压砂浆时应将钢丝网抹压牢固,钢丝网不得外露。

2）水泥砂浆抹带接口必须在八字枕基或包接头混凝土浇注完后进行抹带工序。

3）管径 $DN \leqslant 600m$ 时,应刷去抹带部分管口浆皮;管径 $DN > 600mm$ 时,应将抹带部分的管口凿毛刷净,管道基础与抹带相接处混凝土表面也应凿毛刷净。

4）管道直径在 600mm 以上接口时,对口缝留 10mm。管端如不平以最大缝隙为准。接口时不应往管缝内填塞碎石、碎砖,必要时应塞麻绳或在管内加垫托,待抹完后再取出。

5）抹带时,应使接口部位保持湿润状态。抹带厚度不得小于管壁的厚度,宽度宜为 80~100mm。

6）当管径小于或等于 500mm 时,抹带可一次完成;当管径大于 500mm 时,应分二次抹成,抹带不得有裂纹。先在接口部位抹上一层薄薄的素灰浆,并分两次抹压,第一层为全厚的 1/3,抹完后在上面割划线槽使其表面粗糙,待初凝后再抹第二层,并赶光压实。抹好后,立即覆盖湿草袋并定时洒水养护,以防龟裂。

7）抹带时，禁止在管上站人、行走或坐在管上操作。

（2）承插接口。先将管道承口内壁及插口外壁刷净，涂冷底子油一道，在承口的 1/2 深度内，宜用油麻填严塞实，再填沥青油膏。沥青油膏的重量配合比为：6 号石油沥青：重松节油：废机油：石棉灰：滑石粉＝100：11.1：44.5：77.5：119。调制时，先把沥青加热至 120℃，加入其他材料搅拌均匀，然后加热至 140℃ 即可使用。

采用水泥砂浆作为接口填塞材料时，一般用 1：2 水泥砂浆。施工时应将插口外壁及承口内壁刷净，在承口的 1/2 深度内，用油麻填严塞实，然后将搅拌好的水泥砂浆由下往上分层填入捣实，表面抹光后覆盖湿土或湿草袋养护。

敷设小口径承插管时，可在稳好第一节管段后，在下部承口上垫满灰浆，再将第二节管插入承口内稳好。挤入管内的灰浆用于抹平里口，多余的要清除干净。接口余下的部分应填灰打严或用砂浆抹严。

按上述程序将其余管段敷完。

（3）套环接口。接口一般采用石棉水泥作填充材料，接口缝隙处填充一圈油麻，形式如图 4-97 所示。

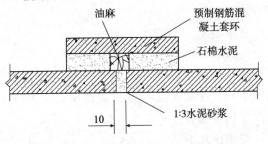

图 4-97 排水管预制套环接口

接口时，先检查管道的安装标高和中心位置是否符合设计要求，管道是否稳定。

稳好一根管道，立即套上一个预制钢筋混凝土套环，再稳好连接管。借用小木楔 3～4 块将缝垫匀，调节套环，使管道接口处于套环正中，套环与管外壁间的环形间隙应均匀。套环和管道的接合面用水冲刷干净，保持湿润。

石棉灰的配合比（质量比）为：水：石棉：水泥＝1：3：7。水泥强度等级应不低于 32.5 级，且不得采用膨胀水泥，以防套环胀裂。将油麻填入套环中心，把搅拌好的石棉灰用灰钎子自下而上填入套环缝内。

打灰口时，用錾子将灰自下而上地边填边塞，边分层打紧。管径在 600mm 以上要做到四填十六打，前三次每填 1/3 打四遍。管径在 500mm 以下采用四填八打，每填一次打两遍。打好的灰口，较套环的边凹进 2～3mm。填灰打口时,下面垫好塑料布,落在塑料布上的石棉灰,1h内可再用。

管径 $d>700$mm 的管道,对口处缝隙较大时,应在管内临时用草绳填塞,待打完外部灰口后,再取出内部草绳,用 1：3 水泥砂浆将内缝抹严。管内管外操作时间不应超过 1h。

打完的灰口应立即用潮湿草袋盖好,1h 后开始定期洒水养护 2～3d。

采用套环接口的排水管道应先作接口,后作接口处混凝土基础。

敷设在地下水位以下且地基较差、可能产生不均匀沉陷地段的排水管,在用预制套环接口时,接口材料应采用沥青砂。沥青砂的配制及接口操作方法应按施工图纸要求。

6. 排水管道安装

混凝土和钢筋混凝土排水管开槽法安装方法可归纳为平基法、垫块法和"四合一"施工法。

(1) 平基法安装。当管径 $DN\geqslant600$mm,地基不良、工人操作不熟练时,宜采用平基法安装。

1) 安装程序。支设平基模板→浇筑平基混凝土→下管和稳管→支设管座模板→浇筑管座混凝土→管口抹带→养护→砌筑检查井→闭水试验(污水管)→沟槽回填等工序。

2) 支设模板注意事项。

① 可选用木模板、钢木混合夹板。土质好时,平基也可用土模。

② 模板制作应便于分层,浇筑混凝土时尽快支搭,接缝严密,防止漏浆。

③ 平基模板沿基础边线垂直竖立,内模可用钢钎支撑,外侧用撑木撑牢。

④ 模板支设尺寸应符合设计要求并满足允许偏差范围。

3) 浇筑平基混凝土注意事项。

① 验槽合格后,尽快浇筑平基混凝土,减少扰动地基的可能性。

② 严格控制平基顶面高程,只允许低于设计高程 10mm,不得高于设计标高,以免影响稳管高程。

③ 平基混凝土强度达到 5MPa 以上,方可下管和稳管。

④ 混凝土浇筑后至终凝前,防止沟槽内积水。

4) 浇筑管座混凝土注意事项。

① 混凝土浇筑之前,平基表面先凿毛、冲洗干净。

② 管身与平基接触三角区部位,应先填满混凝土并注意振捣密实,且不得使管身移位。

③ 浇筑管座混凝土,应先从管身一侧入灰,另一侧见灰后,再入灰。振捣时,振捣棒不得接触管身。

④ 管径 $DN\leqslant500$mm,可用麻袋球拖拉管内接口处渗入灰浆拉平。

⑤ 若为钢丝网水泥砂浆抹带,在浇筑管座混凝土时,将钢丝网片插入管座混凝土接口两侧,位置符合抹带要求。

(2) 垫块法安装。

1) 安装程序。预制和安装垫块→下管和稳管→支设管基和管座模板→浇筑管基和管座混凝土→抹带→养护等安管工序。

此种安管方法的优点是平基和管座混凝土一次浇筑。整体性好,渗水可能性小,可缩短工期。此法常用于管径较大工程中。

2) 制作预制垫块注意事项。

① 垫块尺寸:边长等于 0.7 倍管径,边宽等于高度(厚度),厚度等于平基厚度。

② 每节管一般安置二块垫块。

③ 混凝土垫块强度与平基混凝土强度相同。

3) 稳管注意事项。

① 垫块安置要平稳,高程符合设计要求。

② 稳管对中、对高程和管口间隙与平基法相同。

③ 若采用套环式接口形式,应在稳管前将套环放入管身一侧,再进行稳管。

④ 稳管时,管身与垫块之间可用石子垫牢,防止管身从垫块上滚下伤人。

4) 浇筑混凝土注意事项。

① 检查模板支设是否符合要求,验收合格后,方可进行下道工序。

② 开始浇筑混凝土,应从检查井处开始为宜,先从管身一侧下混凝土,振捣后从管下部通向另一侧时,再从两侧下混凝土,保证浇筑密实。

③ 采用钢丝网水泥砂浆抹带时,及时插入管座部位的钢丝网片,要求同上。

④ 采用套环接口、沥青麻布接口及承插式接口等多种形式,接口合格后,再浇筑管座混凝土。

(3) "四合一"施工法。"四合一"施工法是在管道安装过程中,混凝土平基、管座浇筑的同时,进行稳管和抹带,四项工序连续进行操作。采用这种安装方法速度快、整体性好。适用于管径小于 500mm,水泥砂浆或钢丝网水泥砂浆抹带管道安装工程中。

1) 安管程序。验收沟槽→支模板→下管和排管→"四合一"操作→养护。

2) 支模、排管注意事项。

① 管座为 90°包角时,可用 150mm 方木支模,如图 4-98 所示。模板支设要牢固。

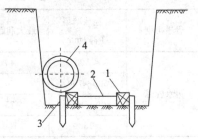

图 4-98　模板支设示意图

1—方木　2—撑杆　3—铁钎　4—管子

② 管座包角为135°时,模板可分两次支设,支设要牢固,防止排管、运管时模板位移。

③ 下管、排管宜靠近模板,便于安装操作。

3)"四合一"施工要点。

① 浇筑混凝土的坍落度控制在 20~40mm。混凝土浇筑厚度应高于平基厚度,操作者将管身搬运至平基混凝土表面管道中心位置上,用手揉动管子,一边对中、一边找高程和对口间隙,直至达到设计要求为止。

② 稳管前先将管身擦洗干净,再安装。

③ 在稳下节管子时,先将接口管口下部铺一层抹带砂浆。再稳下节管子,以使接口密实。

④ 若为钢丝网水泥砂浆抹带时,应在稳好管口位置插入钢丝网。

⑤ 在浇筑混凝土过程中应振捣密实,避免出现浇筑缺陷。

⑥ 混凝土浇筑后,抹平管座两肩,保证包角尺寸。同时将管内接口渗入砂浆用麻袋球拉平。

⑦ 抹带开始时间以与稳管相隔 3 节为宜,以免稳管操作影响抹带质量。抹带以后注意养护工作。

业务要点 5:排水管沟及井池

1. 检查井

检查井设置在管渠交汇、转弯、管渠尺寸或坡度改变、跌水等处以及相隔一定距离的直线管渠段上,以便于管渠系统作定期检查和清通。

(1)检查井的形式。按井身的平面形状,可将检查井分为圆形、矩形两种。当管径小于 600mm 时,多用圆形,直径为 600~1500mm 时,采用矩形。

(2)检查井的尺寸。检查井间的最大距离,可按表 4-52 的规定执行。如图 4-99所示,圆形检查井主要由井底(包括基础)、井身和井盖(包括井盖座)组成。井的直径取决于管径和操作方法,井身高度取决于管道的埋深。

表 4-52　检查井间的最大距离

管道类别	管径或暗渠净高/mm	最大间距/m	管道类别	管径或暗渠净高/mm	最大间距/m
污水管道	<500	40	雨水管渠和合流管渠	<500	50
	500~700	50		500~700	60
	800~1500	75		800~1500	100
	>1500	100		>1500	120

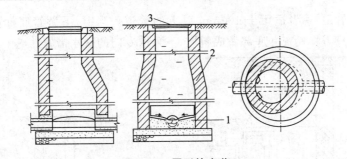

图 4-99　圆形检查井

1—井底　2—井身　3—井盖

（3）检查井的施工方法和步骤

1）检查土建开挖检查井的尺寸,平整地基。

2）采用 C10 混凝土底板,下铺 100mm 厚碎石（或碎砖）,并夯实。

3）有地下水时,井身宜用 Mu10 砖、M7.5 混合砂浆砌筑;无地下水,可用 Mu7.5 砖、M5 混合砂浆砌筑。无论有无地下水,均可采用 Q235-AF 钢筋、C20 混凝土预制或用 Q235-AF 钢筋、C15 混凝土浇筑,构件制作误差不得超过 ±5mm。

4）井身施工的同时,应安装好爬梯和井盖座。爬梯用 $\phi16$ 钢筋制作,并作防腐处理,周围孔隙用 1：2 水泥砂浆封死。盖座采用铸铁、钢筋混凝土或混凝土衬料制作均可。

5）洗刷检查井底板及井壁,进行流槽的施工。流槽两侧至检查井壁间的井台应有 0.02～0.03 的坡度,宽度为 200mm 以上。

6）井身缝隙处,应用原浆勾缝。对于砖砌污水管道或合流制管道检查井内壁应抹至工作室顶板底或管顶上 2000mm 以上,雨水管道检查井抹至流槽上 200mm;井外壁在有地下水时,可抹至最高水位以上 200mm。对于钢筋混凝土预制井筒,内外不抹面,砖砌部分内壁抹至砖砌体上 20mm,外壁在有地下水时,抹至砖砌上 100mm。抹面时,采用 1：2 水泥砂浆,抹面厚度应达 20mm。

7）检查井井盖可采用铸铁或钢筋混凝土材料,在车行道上一般采用铸铁。为防止雨水流入,盖顶略高出地面。

（4）检查井的施工注意事项

1）污水管道的检查井流槽顶部与管顶平齐,或与 0.85 倍大管管径处相平。

2）雨水管渠和合流管渠的检查井流槽顶可与 0.5 倍大管管径处相平。

3）检查井的流槽转弯角度多选用 90°～119°及 120°～135°两种。

2. 跌水井

（1）跌水井的形式。常用的跌水井有竖管式（或矩形竖槽式）和溢流堰式两类,其结构分别如图 4-100 和图 4-101 所示。前者适用于直径等于或小于

400mm 的管道,后者适用于 400mm 以上的管道。当上、下游管底标高落差小于 1m 时,只需将检查井底部做成斜坡,不采取专门的跌水措施。

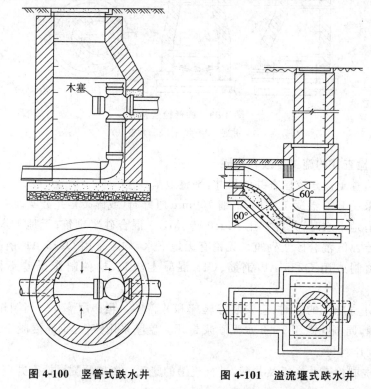

图 4-100　竖管式跌水井　　　　图 4-101　溢流堰式跌水井

（2）跌水井的施工方法和步骤。跌水井的施工可参考检查井的施工。

（3）跌水井施工注意事项

1）跌水井中,上游跌水管所使用的堵管木塞,须用热沥青浸煮。

2）跌水井中每隔 1.5m 安装一个支架,以固定立管。

施工时,其余注意事项可参考检查井。

3. 雨水井

雨水口是在雨水管渠或合流管渠上收集雨水的构筑物。

（1）雨水口的形式。雨水口构造包括进水篦、井筒和联接管三部分,如图 4-102所示。

雨水口按进水篦在街道上的设置位置可分为边沟雨水口(进水篦稍低于边沟水平放置)、边石雨水口(进水篦嵌入边石垂直放置)、联合式雨水口(在边沟底和边石侧面都安放进水篦)三种形式。

（2）雨水口施工的方法和步骤。雨水口的井筒可用砖砌或钢筋混凝土预制,也可采用预制的混凝土管;进水篦可用铸铁或钢筋混凝土、石料制成。

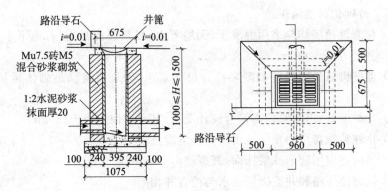

图 4-102　平箅雨水口

雨水口的施工方法和步骤可参考检查井的施工。

（3）雨水口施工注意事项。雨水口的间距一般为 25～50m，在低洼和易积水的地段，可适当增加雨水口的数量。雨水口的深度一般不大于 1m。

雨水口施工注意事项可参考检查井。

4. 化粪池

化粪池容积大小、结构尺寸、使用材料、进出水管方向和标高均由设计确定或选用标准图。

（1）砖砌化粪池的构造（图 4-103）

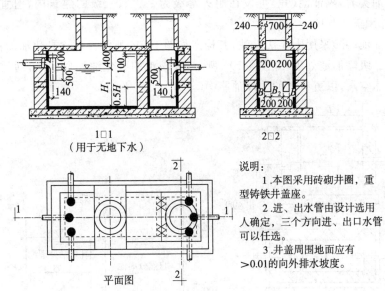

1□1
（用于无地下水）

2□2

平面图

说明：

1.本图采用砖砌井圈，重型铸铁井盖座。

2.进、出水管由设计选用人确定，三个方向进、出口水管可以任选。

3.井盖周围地面应有 >0.01的向外排水坡度。

图 4-103　砖砌化粪池构造

271

（2）砖砌化粪池施工。

1）化粪池池底均应采用混凝土（无地下水）或钢筋混凝土（有地下水）做底板，其厚度不小于 100mm，强度为 C25。

2）池壁砌筑所用机砖和砂浆符合设计要求，砌筑质量满足砌体质量验收标准。

3）化粪池进、出水管标高符合设计要求，其允许偏差为 ±15mm。

4）化粪池顶盖可用预制或现浇钢筋混凝土施工。

5）池内壁应用防水砂浆抹面，其厚度为 20mm，赶光压实。

6）化粪池井座和井盖砌筑要求与检查井相同。

7）冬期施工应按冬施要求，采取防冻措施。

5. 隔油池（井）

（1）设置场所。含有较多油脂的公共食堂和饮食业的污水，含有汽油、柴油等油类的汽车修理车间的污水和少量的其他含油生产污水，均应经隔油池（井）局部处理后再予排放。

（2）隔油池的设置。为便于利用积留油脂，粪便污水和其他污水不应排入隔油池（井）内。对夹带杂质的含油污水，应在排入隔油池（井）前，经沉淀处理或在隔油池（井）内考虑沉淀部分所需容积。隔油池（井）应有活动盖板，进水管要便于清通。当污水含挥发性油类时，隔油池（井）不能设在室内，当污水含食用油等油类时，隔油池（井）可设在耐火等级为一、二、三级的建筑内，但宜设在地下，并用盖板封闭。

隔油池（井）采用上浮法除油，其构造如图 4-104 所示。对含乳化油的污水，可采用二级除油池处理，如图 4-105 所示，在该池的乳化油处理池底，通过管道注入压缩空气，以更有效的上浮油脂。

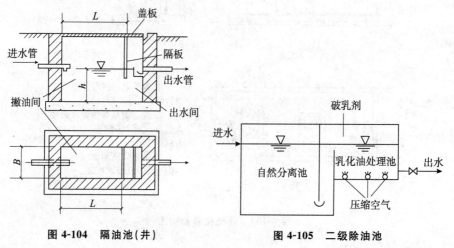

图 4-104　隔油池（井）　　　　　图 4-105　二级除油池

6. 降温池

降温池是采用冷水混合冷却法降低排水水温的构筑物。温度高于 40℃的污、废水排入城镇排水管道前,均应采取降温措施,否则会影响后继污水处理构筑物的处理效果。同时因温度变化还可能造成管道裂缝、漏水等危害。

供热锅炉房或其他小型锅炉房的排污水,温度均较高,当余热不便利用时,为减少降温池的冷水用量,可首先使污水在常压下二次蒸发,饱和蒸汽由通气管排出带走部分余热,然后再与降温池中的冷水混合。二次蒸发降温池的构造如图 4-106 所示。

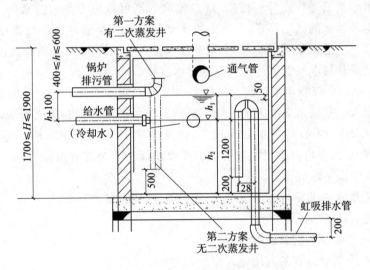

图 4-106 二次蒸发降温池

降温池一般设于室外,如设在室内,水池应密闭,并设有人孔和通向窗外的排气管。

7. 沉砂池

汽车库内冲洗汽车的污水含有大量的泥砂,在排入城市排水管道之前,应设沉砂池,以除去污水中粗大颗粒杂质。小型沉砂池的构造如图 4-107 所示。

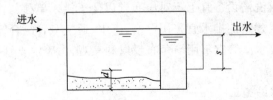

图 4-107 沉砂池

d—砂坑深度;$d \geqslant 150mm$ s—水封深度;$s \geqslant 100mm$

业务要点 6：建筑中水系统管道及辅助设备安装

1. 中水原水集流系统安装

（1）室内合流制集水系统。室内合流制集水系统也就是将生活污水和生活废水用一套排水管道排出的系统，即通常的排水系统。其支管、立管均同室内排水设计。集流干管可以根据处理间设置位置及处理流程的高程要求设计为室外集流干管或室内集流干管。室外集流干管，即通过室外检查井将其污水汇流起来，再进入污水处理站（间），这种集流形式，污水的标高降低较多，只能建地下式集水池或进行提升。相反，室内集流管则可以充分利用排水的水头，尽可能地提高污水的流出标高，但室内集流干管要选择合适位置及设置必要的水平清通口。在进入处理间前，应设超越管以便出现事故时，可直接排放。

其他设计要求及管道计算同室内排水设计。

（2）室内分流制集水系统。采用室内分流制集水系统，可以得到水质较好的中水原水。分流出来的废水一般不包括厨房的油污排水和粪便污水，有机污染较轻，BOD_5、COD 均小于 $200mg/L$，优质杂排水可小于 $100mg/L$，这样可以简化处理流程，降低处理设施造价。但需要增设一套分流管道，增加管道费用，给设计也带来一些麻烦。

分流管道的设置与卫生间的位置、卫生器具的布置有关，在不影响使用功能的前提下，应符合下列规定：

1）适于设置分流管道的建筑有：

① 有洗浴设备且和厕所分开布置的住宅。

② 有集中盥洗设备的办公楼、教学楼、招待所、旅馆、集体宿舍。

③ 洗衣房、公共浴室。

④ 大型宾馆、饭店。

以上建筑自然形成立管分流，只要把排放洗浴、洗涤废水的立管集中起来，即形成分流管系。

2）便器与洗浴设备最好分设或分侧布置以便用单独支管、立管排出。

3）多层建筑洗浴设备宜上下对应布置以便于接入单独立管。

4）高层公共建筑的排水宜采用污水、废水、通气三管组合管系。

5）明装污废水立管宜不用墙角布设以利美观、污废水支管不宜交叉以免横支管标高降低过大。

2. 中水处理站施工

（1）中水处理站的设置。

1）中水处理站应设置在所收集污水的建筑物的建筑群与中水回用地点便于连接之处，并符合建筑总体规划要求。如为单栋建筑物的中水工程可以设置在地下室或附近。

2）建筑群的中水工程处理站应靠近主要集水和用水点，并应注意建筑隐蔽、隔离和环境美化，有单独的进、出口和道路，以便于进、出设备及排除污物。

3）中水处理站的面积按处理工艺需要确定，并预留发展位置。

4）处理站除有设置处理设备的房间外，还应有化验室、值班室、贮藏室、维修间及必要的生活设施等附属房间。

5）处理间应考虑处理设备的运输、安装和维修要求。设备之间的间距不应小于 0.6m，主要通道不小于 1.0m，顶部有人孔的建筑物及设备距顶板不小于 0.6m。

6）处理工艺中采用的消毒剂、化学药剂等可能产生直接及二次污染，必须妥善处理，采取必要的安全防护措施。

7）处理间必须设有必要的通风换气设施及保障处理工艺要求的供暖、照明及给水排水设施。

8）中水处理站如在主体建筑内，应和主体建筑同时设计，同时施工，同时投入使用。

9）必须具备处理站所产生的污染、废渣及有害废水及废物的处理设施，不允许随意堆放，污染环境。

（2）中水处理站隔声降噪。中水处理站设置在建筑内部地下室时，必须与主体建筑及相邻房间严密隔开并做建筑隔声处理以防空气传声，所有转动设备其基座均应采取减振处理。用橡胶垫、弹簧或软木基础隔开所有连接振动设备的管道均应做减振接头和吊架，以防固体传声。

（3）中水处理站防臭技术措施。中水处理中散出的臭气，必须妥善处理以防对环境造成危害。

1）尽量选择产生臭气较少的工艺以及处理设备封闭性较好的设备，或对产生臭气的设备加盖、加罩使臭气尽少的逸散出来。

2）对不可避免散出的臭气及集中排出的臭气应采取防臭措施。常用的臭味处置方法有：

① 防臭法。对产生臭气的设备加盖、加罩防止散发或收集处理。

② 稀释法。把收集的臭气高空排放，在大气中稀释。设计时要注意对周围环境的影响。

③ 燃烧法。将废气在高温下燃烧除掉臭味。

④ 化学法。采用水洗、碱洗及氧气、氧化剂氧化除臭。

⑤ 吸附法。一般采用活性炭过滤吸附除臭。

⑥ 土壤除臭法。土壤除臭法的土层应采用松散透气性好的耕土，层厚为 500mm，向上通气流速为 5mm/s，上面可植草皮。其方法如下：

a. 直接覆土:在产生臭气的构筑物上面直接覆土。其结构为支承网、砾石,透气好的土壤。土壤上部植草绿化。

b. 土壤除臭装置:用风机将臭气送至土壤除臭装置。土壤除臭装置结构见图 4-108。

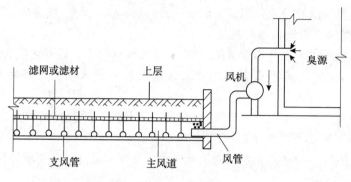

图 4-108　土层除臭结构

3. 中水管道敷设要求

1)中水管道系统分为中水原水集水系统和中水供水系统。

中水原水集水系统即为建筑室内排水系统,由支管、立管、排出管流至室外集流干管,再进入污水处理站。这一原水集水系统管道铺设要求、方法和建筑排水管道系统安装相同。

中水供水系统与室内给水供水系统相似。但因为中水含有余氯和多种盐类,具有腐蚀性,宜选用复合管、塑料管和玻璃钢管。

2)中水管道、设备及受水器具应按规定着色,以免误饮、误用。

3)管道和设备若不能用耐腐蚀材料,应做好防腐处理,使其表面光滑,易于清洗。

4)中水供水管道不得装设取水龙头。便器冲洗宜采用密闭型设备和器具。绿化、汽车冲洗、浇洒宜采用壁式或地下式的给水栓。

5)中水管道不宜暗装于墙体和楼板内。如必须暗装于墙体内时,必须在管道上有明显且不会脱落的标志。

6)中水管道与生活饮用水管道、排水管道平行埋设时,其水平净距离不得小于 0.5m;交叉埋设时,中水管道应位于生活饮用水管道下面,排水管道的上面,其净距离不小于 0.15m。

7)中水供水管道严禁与生活饮用水给水管道连接,并应采取下列措施:

① 中水管道外壁应涂浅绿色标志。

② 中水池(箱)、阀门、水表及给水栓均应有"中水"标志。

8)中水高位水箱宜与生活高位水箱分开设在不同的房间内,如条件不允许只能设在同一房间内,两者净距离应大于 2m。

4. 中水原水用聚氯乙烯管道安装

(1)预制加工。根据管道设计图纸结合现场实际,测量预留口尺寸,绘制加工草图,注明尺寸。然后选择管材和管件,进行配管和预制管段。预制管段应注意以下事项:

1)塑料管切割宜使用细齿锯,切割断面垂直于管轴线。切割后清除掉毛刺,外口铣出 15°角。

2)承插口粘合面,用棉布擦去尘土、油污、水渍或潮湿,以免影响粘结质量。

3)粘结前应对承插口试插,并在插口上标出插入深度。

4)涂抹粘结剂时,先涂抹承口后涂抹插口,随后用力沿管轴线插入。操作时可将插口端稍作转动,以利粘结剂分布均匀,粘结时间需 30~60s。粘牢后立即将溢出的粘结剂擦掉。

5)若多口粘结时,应注意预留口的方向,避免甩口方向留错。

(2)干管安装。首先根据设计图纸要求的坐标标高,预留槽洞或预埋套管。埋入地下时,按设计坐标、标高、坡向、坡度开挖槽沟并夯实。采用托、吊管安装时,应按设计坐标、标高、坡向做好托、吊架。施工条件具备时,将预制加工好的管段,按编号运至安装部位进行安装。各管段粘结时,必须按粘结工艺依次进行。全部粘结后,管道要直,坡度要均匀,各预留口位置要准确。

(3)立管安装。首先按设计坐标要求,将洞口预留或后剔。洞口尺寸不得过大,更不可损伤受力钢筋。安装前清理场地,根据需要支搭操作平台。将已预制好的立管运到安装部位。首先清理已预留的伸缩节,将锁母拧下,取出 U形橡胶圈,清理杂物。复查上层洞口是否合适。立管插入端应先划好插入长度标记,然后涂上肥皂液,套上锁母及 U 形橡胶圈。安装时,先将立管上端伸入上一层洞口内,垂直用力插入至标记为止(一般预留胀缩量为 20~30mm)。合适后即用自制 U 形钢制抱卡紧固于伸缩节上沿。然后找正找直,并测量顶板距三通口中心是否符合要求。无误后即可堵洞,并将上层预留伸缩节封严。

(4)支管安装。首先剔出吊卡孔洞或复查预埋件是否合适。清理场地,按需要支搭操作平台。将预制好的支管按编号运至场地。清除各粘结部位的污物及水分。将支管水平初步吊起,清除粘结部位的污物及水分。将支管水平初步吊起,涂抹粘结剂,用力推入预留管口。根据管段长度调整好坡度,合适后固定卡架,封闭各预留管口和堵洞。

(5)闭水试验。排水管道安装后,按规定要求必须进行闭水试验。凡属暗装管道必须按分项工序进行。卫生洁具及设备安装后,必须进行通水试验,且应在油漆粉刷最后一道工序前进行。

5. 中水供水管道及附件安装

（1）作业条件。

1）施工图纸及其有关技术文件齐全，并已经图纸会审。

2）施工方案已经批准，必要的技术培训、技术交底、安全交底已进行完毕。

3）配合土建施工进度做好预留孔洞和预埋件工作。

4）材料、设备已经检验合格、齐备，并已到达现场。

5）施工组织、劳动力配备已经落实，灵活选择依次施工、流水作业、交叉作业等组织形式进行。

（2）管道及配件安装。

1）供水塑料管和复合管可以采用粘结接口、橡胶圈接口、热熔连接、专用管件连接、螺纹连接等形式。塑料管和复合管与金属管件、阀门等的连接应使用专用管件连接，不得在塑料管上套丝。

2）采用镀锌钢管，管径小于或等于100mm时，应采用螺纹连接，被破坏的镀锌层表面及外露螺纹部位应做防腐处理；管径大于100mm时，应采用法兰或卡套式专用管件连接。镀锌钢管与法兰的焊接处应二次镀锌。

3）给水铸铁管应采用油麻石棉水泥或橡胶圈接口。

4）PVC－U管材连接方法规定：

① 管道连接有弹性密封承插式柔性接头、插入式熔剂粘结接头和法兰接头三种形式。

② 承插式橡胶圈接口适用于公称外径 d_n 不小于63mm 的管材。

③ 溶剂式粘结接口适用于公称外径 d_n 为20～200mm 的管道。在施工现场制作溶剂粘结接头时，d_n 不宜大于90mm。

④ 法兰连接一般适用于与不同材质的金属管或阀件等处过渡性连接。

⑤ 管道敷设在需要切断时，切割面要平直。插入式接头的插口端削出15°倒角，倒角坡口端厚度不小于壁厚的1/3～1/2。完成后清除干净，不留毛刺。

5）管道粘结连接要点：

① 检查管材、管件质量。粘结前将插口外侧和承口内侧擦拭干净。

② 采用承插口管时，粘结前应试插一次，使插入深度及松紧度符合要求，合格后，在插口端表面画出插入深度标志线。

③ 涂刷粘结剂时，应先涂承口内侧，后涂插口外侧。涂刷承口时应从承口内向外涂刷均匀、适量，不得漏刷或过量。

④ 应及时找正方向、对准轴线，将插口端插入承口内，用力推挤至所画标志线。插入后可将管稍加旋转。保持施加外力在60s 时间内不变，并调整好接口的直度和位置符合要求。

⑤ 插接后，及时将接口外部挤出的粘结剂清除干净。在静止固化时间内接

口不得受力。

⑥ 粘结接口不得在水中或雨中操作,也不宜在 5℃以下条件下粘结。粘结剂与被粘接管材的环境温度宜基本相同。不得用电炉或明火等方法加热粘结剂。

6）承插式胶圈接口连接要点:

① 检查管材、管件及橡胶圈质量。清理承口内侧和插口外侧,并将橡胶圈安装在承口凹槽内,不得装反。

② 管端插入长度应留有温差产生的伸量,其值参见该管材使用说明书的规定。

③ 插入深度确定后,在插口端画出一圈标线,然后将插口对准承口沿轴线用力一次插入,直至标线均匀外露在承口端部。

④ 管径较大时,应采用手动葫芦或专用拉力工具施力,不得使用土方施工机械推、顶方法插入。

⑤ 插入阻力过大时,应拔出检查胶圈是否安装有误,不得强行插入。

⑥ 采用润滑剂时,必须采用管材生产厂家提供的合格产品。

⑦ 涂刷润滑剂时,只涂在承口内的橡胶圈上和插口外表面,不得涂在承口内。

7）PVC-U 管过渡连接:过渡连接用于管道两端不同材质的管材或阀件等附件和配件的连接。过渡管件连接应符合下列规定:

① 阀门或钢管等为法兰接头时,过渡件与被连接端必须采用相应规格的法兰接头。

② 连接不同材质的管材为承插式接口时,过渡件与被连接端必须采用相应规格的承插式接头。

③ 若用于不同材质的管材为平口端时,宜采用套筒式接头连接。

④ 过渡管件的连接操作方法和给水金属管道连接相同。

第五章 通风与空调安装工程

第一节 风管制作

本节主要介绍风管制作，内容包括金属风管与配件制作、非金属与复合风管及配件制作、风阀与部件制作等。其内容关系如图 5-1 所示。

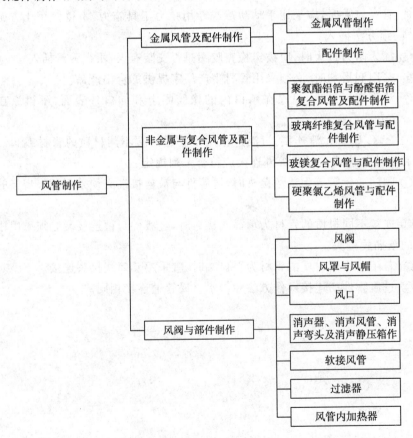

图 5-1 本节内容关系图

业务要点 1：金属风管与配件制作

1. 金属风管制作

1）选用板材或型材时，应根据施工图及相关技术文件的要求，对选用的材料进行复检，并应符合《通风与空调工程施工规范》GB 50738—2011 第 4.1.6 条的规定。

2）板材的画线与剪切应符合下列规定：

① 手工画线、剪切或机械化制作前，应对使用的材料（板材、卷材）进行线位校核。

② 应根据施工图及风管大样图的形状和规格，分别进行画线。

③ 板材轧制咬口前，应采用切角机或剪刀进行切角。

④ 采用自动或半自动风管生产线加工时，应按照相应的加工设备技术文件执行。

⑤ 采用角钢法兰铆接连接的风管管端应预留 6～9mm 的翻边量，采用薄钢板法兰连接或 C 形、S 形插条连接的风管管端应留出机械加工成型量。

3）风管板材拼接及接缝应符合下列规定：

① 风管板材的拼接方法可按表 5-1 确定。

表 5-1　风管板材的拼接方法

板厚/mm	镀锌钢板（有保护层的钢板）	普通钢板	不锈钢板	铝板
$\delta \leqslant 1.0$	咬口连接	咬口	咬口连接	咬口连接
$1.0 < \delta \leqslant 1.2$			氩弧焊或电焊	
$1.2 < \delta \leqslant 1.5$	咬口连接或铆接	电焊		铆接
$\delta > 1.5$	焊接			气焊或氩弧焊

② 风管板材拼接的咬口缝应错开，不应形成十字形交叉缝。

③ 洁净空调系统风管不应采用横向拼缝。

4）风管板材拼接采用铆接连接时，应根据风管板材的材质选择铆钉。

5）风管板材采用咬口连接时，应符合下列规定：

① 矩形、圆形风管板材咬口连接形式及适用范围应符合表 5-2 的规定。

表 5-2　风管板材咬口连接形式及适用范围

名　称	连接形式		适用范围
单咬口		内平咬口	低、中、高压系统
		外平咬口	低、中、高压系统

名　　称	连接形式	适用范围
联合角咬口		低、中、高压系统矩形风管或配件四角咬口连接
转角咬口		低、中、高压系统矩形风管或配件四角咬口连线
按扭式咬口		低、中压系统的矩形风管或配件四角咬口连接
立咬口、色边立咬口		圆、矩形风管横向连接或纵向接缝、弯管横向连接

　　② 画线核查无误并剪切完成的片料应采用咬口机轧制或手工敲制成需要的咬口形状。折方或卷圆后的板料用合口机或手工进行合缝，端面应平齐。操作时，用力应均匀，不宜过重。板材咬合缝应紧密，宽度一致，折角应平直，并应符合表 5-3 的规定。

表 5-3　咬口宽度表　　　　　　　　（单位：mm）

板厚 δ	平咬口宽度	角咬口宽度
$\delta \leqslant 0.7$	6～8	6～7
$0.7 < \delta \leqslant 0.85$	8～10	7～8
$0.85 < \delta < 1.2$	10～12	9～10

　　③ 空气洁净度等级为 1 级～5 级的洁净风管不应采用按扣式咬口连接，铆接时不应采用抽芯铆钉。

　　6）风管焊接连接应符合下列规定：

　　① 板厚大于 1.5mm 的风管可采用电焊、氩弧焊等。

　　② 焊接前，应采用点焊的方式将需要焊接的风管板材进行成型固定。

　　③ 焊接时宜采用间断跨越焊形式，间距宜为 100～150mm，焊缝长度宜为 30～50mm，依次循环。焊材应与母材相匹配，焊缝应满焊、均匀。焊接完成后，应对焊缝除渣、防腐，板材校平。

　　7）风管法兰制作应符合下列规定：

　　① 矩形风管法兰宜采用风管长边加长两倍角钢立面、短边不变的形式进行

下料制作。角钢规格,螺栓、铆钉规格及间距应符合表 5-4 的规定。

表 5-4　金属矩形风管角钢法兰及螺栓、铆钉规格　　（单位：mm）

风管长边尺寸 b	角钢规格（孔）	螺栓规格（孔）	铆钉规格（孔）	螺栓及铆钉间距	
				低、中压系统	高压系统
$b \leqslant 630$	∟25×3	M6 或 M8	$\phi4$ 或 $\phi5$	≤150	≤100
$630 \leqslant b \leqslant 1500$	∟30×4	M8 或 M10			
$1500 < b \leqslant 2500$	∟40×4	M8 或 M10	$\phi5$ 或 $\phi5.5$		
$2500 < b \leqslant 4000$	∟50×5	M8 或 M10			

② 圆形风管法兰可选用扁钢或角钢,采用机械卷圆与手工调整的方式制作,法兰型材与螺栓规格及间距应符合表 5-5 的规定。

表 5-5　金属圆形风管法兰型材与螺栓规格及间距　　（单位：mm）

风管直径 D	法兰型材规格		螺栓规格（孔）	螺栓间距	
	扁钢	角钢		中、低压系统	高压系统
$D \leqslant 140$	－20×4		M6 或 8	100～150	80～100
$140 \leqslant D \leqslant 280$	－25×4				
$280 < D \leqslant 630$		∟25×3			
$630 < D \leqslant 1250$		∟30×4	M8 或 10		
$1250 < D \leqslant 2000$		∟40×4			

③ 法兰的焊缝应熔合良好、饱满,无夹渣和孔洞;矩形法兰四角处应设螺栓孔,孔心应位于中心线上。同一批量加工的相同规格法兰,其螺栓孔排列方式、间距应统一,且应具有互换性。

8）风管与法兰组合成型应符合下列规定:

① 圆风管与扁钢法兰连接时,应采用直接翻边,预留翻边量不应小于 6mm,且不应影响螺栓紧固。

② 板厚小于或等于 1.2mm 的风管与角钢法兰连接时,应采用翻边铆接。风管的翻边应紧贴法兰,翻边量均匀、宽度应一致,不应小于 6mm,且不应大于 9mm。铆接应牢固,铆钉间距宜为 100～120mm,且数量不宜少于 4 个。

③ 板厚大于 1.2mm 的风管与角钢法兰连接时,可采用间断焊或连续焊。管壁与法兰内侧应紧贴,风管端面不应凸出法兰接口平面,间断焊的焊缝长度宜为 30～50mm,间距不应大于 50mm。点焊时,法兰与管壁外表面贴合;满焊时,法兰应伸出风管管口 4～5mm。焊接完成后,应对施焊处进行相应的防腐处理。

④ 不锈钢风管与法兰铆接时,应采用不锈钢铆钉;法兰及连接螺栓为碳素

钢时,其表面应采用镀铬或镀锌等防腐措施。

⑤ 铝板风管与法兰连接时,宜采用铝铆钉;法兰为碳素钢时,其表面应按设计要求作防腐处理。

9) 薄钢板法兰风管制作应符合下列规定:

① 薄钢板法兰应采用机械加工,薄钢板法兰应平直,机械应力造成的弯曲度不应大于5‰。

② 薄钢板法兰与风管连接时,宜采用冲压连接或铆接。低、中压风管与法兰的铆(压)接点间距宜为120~150mm;高压风管与法兰的铆(压)接点间距宜为80~100mm。

③ 薄钢板法兰弹簧夹的材质应与风管板材相同,形状和规格应与薄钢板法兰相匹配,厚度不应小于1.0mm,长度宜为130~150mm。

10) 成型的矩形风管薄钢板法兰应符合下列规定:

① 薄钢板法兰风管连接端面接口处应平整,接口四角处应有固定角件,其材质为镀锌钢板,板厚不应小于1.0mm。固定角件与法兰连接处应采用密封胶进行密封。

② 薄钢板法兰风管端面形式及适用风管长边尺寸应符合表5-6的规定。

表5-6 薄钢板法兰风管端面形式及适用风管长边尺寸 (单位:mm)

法兰端面形式		适用风管长边尺寸 b	风管法兰高度	角件板厚
普通型		$b \leqslant 2000$(长边尺寸大于1500时,法兰处应补强)		
增强型	整体	$b \leqslant 630$	25~40	≥1.0
	组合式	$2000 < b \leqslant 2500$		

③ 薄钢板法兰可采用铆接或本体压接进行固定。中压系统风管铆接或压接间距宜为120~150mm;高压系统风管铆接或压接间距宜为80~100mm。低压系统风管长边尺寸大于1500mm、中压系统风管长边尺寸大于1350mm时,可采用顶丝卡连接。顶丝卡宽度宜为25~30mm,厚度不应小于3mm,顶丝宜为M8镀锌螺钉。

11) 矩形风管C形、S形插条制作和连接应符合下列规定:

① C形、S形插条应采用专业机械轧制(图 5-2)。C形、S形插条与风管插口的宽度应匹配,C形插条的两端延长量宜大于或等于 20mm。

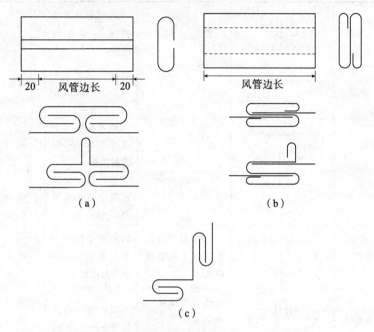

图 5-2　矩形风管 C 形和 S 形插条形式示意

(a)C形平(立)插条　(b)S形平(立)插条　(c)C形直角插条

② 采用 C 形平插条、S 形平插条连接的风管边长不应大于 630mm。S 形平插条单独使用时,在连接处应有固定措施。C 形直角插条可用于支管与主干管连接。

③ 采用 C 形立插条、S 形立插条连接的风管边长不宜大于 1250mm。S 形立插条与风管壁连接处应采用小于 150mm 的间距铆接。

④ 插条与风管插口连接处应平整、严密。水平插条长度与风管宽度应一致,垂直插条的两端各延长不应少于 20mm,插接完成后应折角。

⑤ 铝板矩形风管不宜采用 C 形、S 形平插条连接。

12) 矩形风管采用立咬口或包边立咬口连接时,其立筋的高度应大于或等于角钢法兰的高度,同一规格风管的立咬口或包边立咬口的高度应一致,咬口采用铆钉紧固时,其间距不应大于 150mm。

13) 圆形风管连接形式及适用范围应符合表 5-7 的规定。风管采用芯管连接时,芯管板厚度应大于或等于风管壁厚度,芯管外径与风管内径偏差应小于 3mm。

表 5-7　圆形风管连接形式及适用范围

连接形式		附件规格/mm	接口要求	适用范围
角钢法兰连接		按表 5-5 规定	法兰与风管连接采用铆接或焊接	低、中、高压风管
承插连接	普通	—	插入深度大于或等于 30mm，有密封措施	低压风管直径小于 700mm
	角钢加固	∟25×3 ∟30×4	插入深度大于或等于 20mm，有密封措施	低、中压风管
	加强筋	—	插入深度大于或等于 20mm，有密封措施	低、中压风管
芯管连接		芯管板厚度大于或等于风管壁厚度	插入深度每侧大于或等于 50mm，有密封措施	低、中压风管
立筋抱箍连接		抱箍板厚度大于或等于风管壁厚度	风管翻边与抱箍结合严密、紧固	低、中压风管
抱箍连接		抱箍板厚度大于或等于风管壁厚度，抱箍宽度大于或等于 100mm	管口对正，抱箍应居中	低、中压风管

14）风管加固应符合下列规定：

① 风管可采用管内或管外加固件、管壁压制加强筋等形式进行加固（图 5-3）。矩形风管加固件宜采用角钢、轻钢型材或钢板折叠；圆形风管加固件宜采用角钢。

② 矩形风管边长大于或等于 630mm、保温风管边长大于或等于 800mm，其管段长度大于 1250mm 或低压风管单边面积大于 1.2m²，中、高压风管单边面积大于 1.0m² 时，均应采取加固措施。边长小于或等于 800mm 的风管宜采用压筋加固。边长在 400～630mm 之间，长度小于 1000mm 的风管也可采用压制十字交叉筋的方式加固。

③ 圆形风管（不包括螺旋风管）直径大于或等于 800mm，且其管段长度大于 1250mm 或总表面积大于 4m² 时，均应采取加固措施。

④ 中、高压风管的管段长度大于 1250mm 时，应采用加固框的形式加固。

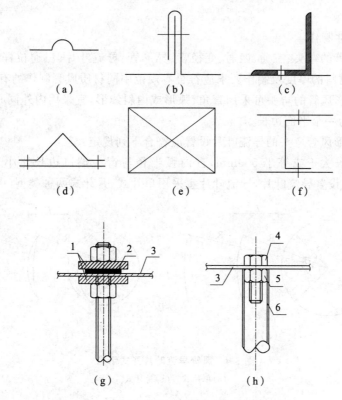

图 5-3　风管加固形式示意

(a)压筋　(b)立咬口加固　(c)角钢加固　(d)折角加固

(e)十字交叉筋　(f)扁钢内支撑　(g)镀锌螺杆内支撑　(h)钢管内支撑

1—镀锌加固垫圈　2—密封圈　3—风管壁面　4—螺栓

5—螺母　6—焊接或铆接($\phi10\times1\sim\phi16\times3$)

高压系统风管的单咬口缝应有防止咬口缝胀裂的加固措施。

⑤ 洁净空调系统的风管不应采用内加固措施或加固筋,风管内部的加固点或法兰铆接点周围应采用密封胶进行密封。

⑥ 风管加固应排列整齐,间隔应均匀对称,与风管的连接应牢固,铆接间距不应大于 220mm。风管压筋加固间距不应大于 300mm,靠近法兰端面的压筋与法兰间距不应大于 200mm;风管管壁压筋的凸出部分应在风管外表面。

⑦ 风管采用镀锌螺杆内支撑时,镀锌加固垫圈应置于管壁内外两侧。正压时密封圈置于风管外侧,负压时密封圈置于风管内侧,风管四个壁面均加固时,两根支撑杆交叉成十字状。采用钢管内支撑时,可在钢管两端设置内螺母。

⑧ 铝板矩形风管采用碳素钢材料进行内、外加固时,应按设计要求作防腐处理;采用铝材进行内、外加固时,其选用材料的规格及加固间距应进行校核

计算。

2. 配件制作

1)风管的弯头、三通、四通、变径管、异形管、导流叶片、三通拉杆阀等主要配件所用材料的厚度及制作要求应符合本规范中同材质风管制作的有关规定。

2)矩形风管的弯头可采用直角、弧形或内斜线形,宜采用内外同心弧形,曲率半径宜为一个平面边长。

3)矩形风管弯头的导流叶片设置应符合下列规定:

① 边长大于或等于 500mm,且内弧半径与弯头端口边长比小于或等于 0.25 时,应设置导流叶片,导流叶片宜采用单片式、月牙式两种类型(图 5-4)。

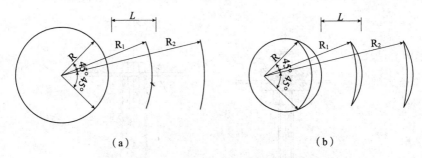

图 5-4 风管导流叶片形式示意

(a)单片式 (b)月牙式

② 导流叶片内弧应与弯管同心,导流叶片应与风管内弧等弦长。

③ 导流叶片间距 L 可采用等距或渐变设置的方式,最小叶片间距不宜小于 200mm,导流叶片的数量可采用平面边长除以 500 的倍数来确定,最多不宜超过 4 片。导流叶片应与风管固定牢固,固定方式可采用螺栓或铆钉。

4)圆形风管弯头的弯曲半径(以中心线计)及最少分段数应符合表 5-8 的规定。

表 5-8 圆形风管弯头的弯曲半径和最少分段数

风管直径 D(mm)	弯曲半径 R(mm)	弯曲角度和最少节数							
		90°		60°		45°		30°	
		中节	端节	中节	端节	中午	端节	中节	端节
80<D≤220	≥1.5D	2	2	1	2	1	2	—	2
240<D≤450	D~1.5D	3	2	2	2	1	2	—	2
480<D≤800	D~1.5D	4	2	2	2	1	2	1	2
850<D≤1400	D	5	2	3	2	2	2	1	2
1500<D≤2000	D	8	2	5	2	3	2	2	2

5)变径管单面变径的夹角宜小于 30°,双面变径的夹角宜小于 60°。圆形风管三通、四通、支管与总管夹角宜为 15°~60°。

业务要点 2:非金属与复合风管及配件制作

1. 聚氨酯铝箔与酚醛铝箔复合风管及配件制作

1)板材放样下料应符合下列规定:

① 放样与下料应在平整、洁净的工作台上进行,并不应破坏覆面层。

② 风管长边尺寸小于或等于 1160mm 时,风管宜按板材长度做成每节 4m。

③ 矩形风管的板材放样下料展开宜采用一片法、U 形法、L 形法、四片法(图 5-5)。

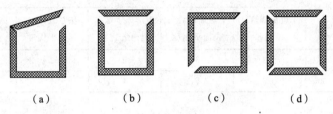

(a)   (b)   (c)   (d)

图 5-5 矩形风管 45°角组合方式示意
(a)一片法 (b)U 形法 (c)L 形法 (d)四片法

④ 矩形弯头宜采用内外同心弧型。先在板材上放出侧样板,弯头的曲率半径不应小于一个平面边长,圆弧应均匀。按侧样板弯曲边测量长度,放内外弧板长方形样。弯头的圆弧面宜采用机械压弯成型制作,其内弧半径小于 150mm 时,轧压间距宜为 20~35mm;内弧半径为 150~300mm 时,轧压间距宜为 35~50mm;内弧半径大于 300mm 时,轧压间距宜为 50~70mm。轧压深度不宜超过 5mm。

⑤ 制作矩形变径管时,先在板材上放出侧样板,再测量侧样板变径边长度,按测量长度对上下板放样。

⑥ 板材切割应平直,板材切断成单块风管板后,进行编号。

⑦ 风管长边尺寸小于或等于 1600mm 时,风管板材拼接可切 45°角直接粘接,粘接后在接缝处两侧粘贴铝箔胶带;风管长边尺寸大于 1600mm 时,板材需采用 H 形 PVC 或铝合金加固条拼接(图 5-6)。

2)风管粘接成型应符合下列规定:

① 风管粘合成型前需预组合,检查接缝准确、角线平直后,再涂胶粘剂。

② 粘接时,切口处应均匀涂满胶粘剂,接缝应平整,不应有歪扭、错位、局部开裂等缺陷。管段成型后,风管内角缝应采用密封材料封堵;外角缝铝箔断开处应采用铝箔胶带封贴,封贴宽度每边不应小于 20mm。

③ 粘接成型后的风管端面应平整,平面度和对角线偏差应符合表 5-9 的规定。风管垂直摆放至定型后再移动。

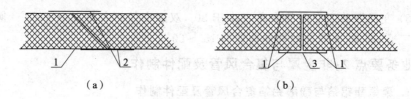

图 5-6 风管板材拼接方式示意

(a)切 45°角粘接 (b)中间加 H 形加固条拼接

1—胶粘剂 2—铝箔胶带 3—H 形 PVC 或铝合金加固条

表 5-9 非金属与复合风管及法兰制作的允许偏差　　（单位：mm）

风管长边尺寸 b 或直径 D	允许偏差				
	边长或直径偏差	矩形风管表面平面度	矩形风管端口对角线之差	法兰或端口端面平面度	圆形法兰任意正交两直径
$b(D) \leqslant 320$	±2	3	3	2	3
$320 < b(D) \leqslant 2000$	±3	5	4	4	5

3）插接连接件或法兰与风管连接应符合下列规定：

①插接连接件或法兰应根据风管采用的连接方式，按表 5-10 中关于附件材料的规定选用。

表 5-10 非金属与复合风管连接形式及适用范围

非金属与复合风管连接形式		附件材料	适用范围
45°粘接	45°	铝箔胶带	酚醛铝箔复合风管、聚氨酯铝箔复合风管，$b \leqslant 500$mm
承插阶梯粘接	δ / δ	铝箔胶带	玻璃纤维复合风管
对口粘接		—	玻镁复合风管 $b \leqslant 2000$mm
槽形插接连接		PVC 连接件	低压风管 $b \leqslant 2000$mm；中、高压风管 $b \leqslant 1500$mm
工形插接连接		PVC 连接件	低压风管 $b \leqslant 2000$mm；中、高压风管 $b \leqslant 1500$mm
		铝合金连接件	$b \leqslant 3000$mm
外套角钢法兰		∟25×3	$b \leqslant 1000$mm
		∟30×3	$b \leqslant 1600$mm
		∟40×4	$b \leqslant 2000$mm

非金属与复合风管连接形式		附件材料	适用范围
C形插接法兰	高度（25~30）mm	PVC 连接件 铝合金连接件 镀锌板连接件， 板厚≥1.2mm	b≤1600mm
"h"连接法兰		铝合金连接件	用于风管与阀部件及设备连接

注：1. b 为矩形风管长边尺寸，δ 为风管板材厚度。

　　2. PVC 连接件厚度大于或等于 1.5mm。

　　3. 铝合金连接件厚度大于或等于 1.2mm。

② 插接连接件的长度不应影响其正常安装，并应保证其在风管两个垂直方向安装时接触紧密。

③ 边长大于 320mm 的矩形风管安装插接连接件时，应在风管四角粘贴厚度不小于 0.75mm 的镀锌直角垫片，直角垫片宽度应与风管板材厚度相等，边长不应小于 55mm。插接连接件与风管粘接应牢固。

④ 低压系统风管边长大于 2000mm、中压或高压系统风管边长大于 1500mm 时，风管法兰应采用铝合金等金属材料。

4）加固与导流叶片安装应符合下列规定：

① 风管宜采用直径不小于 8mm 的镀锌螺杆做内支撑加固，内支撑件穿管壁处应密封处理。内支撑的横向加固点数和纵向加固间距应符合表 5-11 的规定。

表 5-11　聚氨酯铝箔复合风管与酚醛铝箔复合风管的支撑横向加固点数及纵向加固间距

类别		系统设计工作压力/Pa						
		≤300	301~500	501~750	751~1000	1001~1250	1251~1500	1501~2000
		横向加固点数						
风管内边长 b/mm	410<b≤600	—	—	—	1	1	1	1
	600<b≤800	—	1	1	1	1	1	2
	800<b≤1000	1	1	1	1	1	2	2
	1000<b≤1200	1	1	1	1	1	2	.2
	1200<b≤1500	1	1	1	2	2	2	2
	1500<b≤1700	2	2	2	2	2	2	2
	1700<b≤2000	2	2	2	2	2	2	3
纵向加固间距/mm								
聚氨酯铝箔复合风管		≤1000	≤800		≤600			≤400
酚醛铝箔复合风管		≤800			≤600			—

② 风管采用外套角钢法兰或 C 形插接法兰连接时,法兰处可作为一加固点;风管采用其他连接形式,其边长大于 1200mm 时,应在连接后的风管一侧距连接件 250mm 内设横向加固。

③ 矩形弯头导流叶片宜采用同材质的风管板材或镀锌钢板制作,其设置应按本节"业务要点 1:金属风管与配件制作"配件制作中 3)执行,并应安装牢固。

5)三通制作宜采用直接在主风管上开口的方式,并应符合下列规定:

① 矩形风管边长小于或等于 500mm 的支风管与主风管连接时,在主风管上应采用接口处内切 45°粘接(图 5-6a)。内角缝应采用密封材料封堵;外角缝铝箔断开处应采用铝箔胶带封贴,封贴宽度每边不应小于 20mm。

② 主风管上接口处采用 90°专用连接件连接时(图 5-7b),连接件的叫角处应涂密封胶。

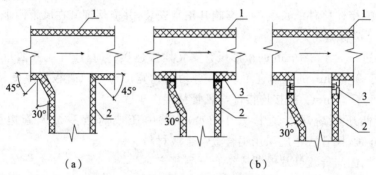

图 5-7　三通的制作示意

(a)接口内切 45°粘接　(b)90°专用连接件连接

1—主风管　2—支风管　3—90°专用连接件

2. 玻璃纤维复合风管与配件制作

1)板材放样下料噓符合下列规定:

① 放样与下料应在平整、洁净的上作台上进行。

② 风管板材的槽口形式可采用 45°角形或 90°梯形(图 5-8),其封口处宜留有不小于板材厚度的外覆面层搭接边量。展开长度超过 3m 的风管宜用两片法或四片法制作。

③ 板材切割应选用专用刀具,切口平直、角度准确、无毛刺,且不应破坏覆面层。

④ 风管板材拼接时,应在结合口处涂满胶粘剂,并应紧密粘合。外表面拼缝处宜预留宽度不小于板材厚度的覆面层,涂胶密封后,再用大于或等于 50mm 宽热敏或压敏铝箔胶带粘贴密封(图 5-9a);当外表面无预留搭接覆面层时,应采用两层铝箔胶带重叠封闭.接缝处两侧外层胶带粘贴宽度不应小于 25mm

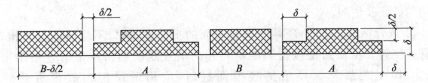

图 5-8　玻璃纤维复合风管 90°梯形槽口示意

δ—风管板厚　A—风管长边尺寸　B—风管短边尺寸

（图 5-9b），内表面拼缝处应采用密封胶抹缝或用大于或等于 30mm 宽玻璃纤维布粘贴密封。

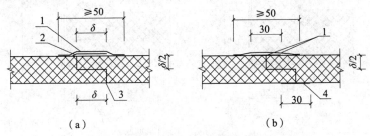

（a）　　　　　　　　　　　（b）

图 5-9　玻璃纤维复合板阶梯拼接示意

（a）外表面预留搭接覆面层　（b）外表面无预留搭接覆面层

1—热敏或压敏铝箔胶带　2—预留覆面层

3—密封胶抹缝　4—玻璃纤维布　δ—风管板厚

⑤ 风管管间连接采用承插阶梯粘接时，应在已下料风管板材的两端，用专用刀具开出承接口和插接口（图 5-10）。承接口应在风管外侧，插接口应在风管内侧。承、插口均应整齐，长度为风管板材厚度；插接口应预留宽度为板材厚度的覆面层材料。

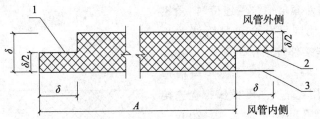

图 5-10　风管承插阶梯粘接示意

1—插接口　2—承接口　3—预留搭接覆面层

A—风管有效长度　δ—风管板厚

2）风管粘接成型应符合下列规定：

① 风管卡占接成型应在洁净、平整的工作台上进行。

② 风管粘接前，应清除管板表面的切割纤维、油渍、水渍，在槽口的切割面

293

处均匀满涂胶粘剂。

③ 风管粘接成型时，应调整风管端面的平面度，槽口不应有间隙和错口。风管外接缝宜用预留搭接覆面层材料和热敏或压敏铝箔胶带搭叠粘贴密封（图 5-11a）。当板材无预留搭接覆面层时，应用两层铝箔胶带重叠封闭（图 5-11b）。

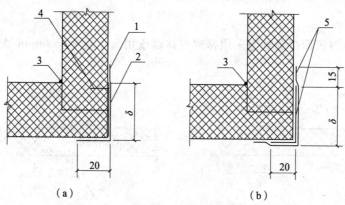

图 5-11　风管直角组合示意

（a)外表面预留搭接覆面层　（b)外表面无预留搭接覆面层

1—热敏或压敏铝箔胶带　2—预留覆面层　3—密封胶勾缝

4—扒钉　5—两层热敏或压敏铝箔胶带　δ—风管板厚

④ 风管成型后，内角接缝处应采用密封胶勾缝。

⑤ 内面层采用丙烯酸树脂的风管成型后，在外接缝处宜采用扒钉加固，其间距不宜大于 50mm，并应采用宽度大于 50mm 的热敏胶带粘贴密封。

3)法兰或插接连接件与风管连接应符合下列规定：

① 采用外套角钢法兰连接时，角钢法兰规格可比同尺寸金属风管法兰小一号，槽形连接件宜采用厚度为 1.0mm 的镀锌钢板制作。角钢外法兰与槽形连接件应采用规格为 M6 镀锌螺栓连接（图 5-12)，螺孔间距不应大于 120mm。连接时，法兰与板材间及螺栓孔的周边应涂胶密封。

② 采用槽形、工形插接连接及 C 形插接法兰时，插接槽口应涂满胶粘剂，风管端部应插入到位。

4)风管加固与导流叶片安装应符

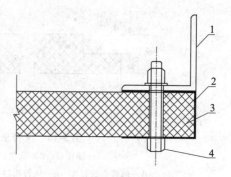

图 5-12　玻璃纤维复合风管角钢法兰连接示意

1—角钢外法兰　2—槽形连接件

3—风管　4—M6 镀锌螺栓

合下列规定：

① 矩形风管宜采用直径不小于 6mm 的镀锌螺杆做内支撑加固。风管长边尺寸大于或等于 1000mm 或系统设计工作压力大于 500Pa 时，应增设金属槽形框外加固，并应与内支撑固定牢固。负压风管加固时，金属槽形框应设在风管的内侧。内支撑件穿管壁处应密封处理。

② 风管的内支撑横向加固点数及金属槽型框纵向间距应符合表 5-12 的规定，金属槽型框的规格应符合表 5-13 规定。

表 5-12 玻璃纤维复合风管内支撑横向加固点数及金属槽型框纵向间距

类　别		系统设计工作压力/Pa				
		≤100	101～250	251～500	501～750	751～1000
		内支撑横向加固点数				
风管内边长 b/mm	300＜b≤400	—	—	—	—	1
	400＜b≤500	—	—	1	1	1
	500＜b≤600	—	1	1	1	1
	600＜b≤800	1	1	1	2	2
	800＜b≤1000	1	1	2	2	3
	1000＜b≤1200	1	2	2	3	3
	1200＜b≤1400	2	2	3	3	4
	1400＜b≤1600	2	3	3	4	5
	1600＜b≤1800	2	3	4	4	5
	1800＜b≤2000	3	4	5	6	
金属槽形框纵向间距/mm		≤600		≤400		≤350

表 5-13 玻璃纤维复合风管金属槽型框规格　　　（单位：mm）

风管内边长 b	槽型钢（宽度×高度×厚度）
b≤1200	40×10×1.0
1200＜b≤2000	40×10×1.2

③ 风管采用外套角钢法兰或 C 形插接法兰连接时，法兰处可作为一加固点；风管采用其他连接方式，其边长大于 1200mm 时，应在连接后的风管一侧距连接件 150mm 内设横向加固；采用承插阶梯粘接的风管，应在距粘接口 100mm 内设横向加固。

④ 矩形弯头导流叶片可采用 PVC 定型产品或采用镀锌钢板弯压制成，其设置应按本节"业务要点 1：金属风管与配件制作"配制制作中 3）执行，并应安装牢固。

3. 玻镁复合风管与配件制作

1）板材放样下料应符合下列规定：

① 板材切割线应平直，切割面和板面应垂直。切割后的风管板对角线长度之差的允许偏差为5mm。

② 直风管可由四块板粘接而成（图5-13）。切割风管侧板时，应同时切割出组合用的阶梯线，切割深度不应触及板材外覆面层，切割出阶梯线后，刮去阶梯线外夹芯层（图5-14）。

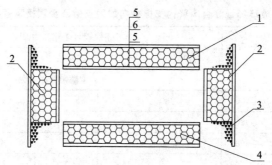

图5-13　玻镁复合矩形风管组合示意
1—风管顶板　2—风管侧板　3—涂专用胶粘剂处
4—风管底板　5—覆面层　6—夹芯层

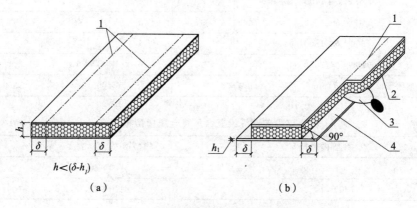

图5-14　风管侧板阶梯线切割示意
（a）板材阶梯线切割示意　（b）用刮刀切至尺寸示意
1—阶梯线　2—待去除夹芯层　3—刮刀　4—风管板外覆面层
δ—风管板厚　h—切割深度　h_1—覆面层厚度

③ 矩形弯管可采用由若干块小板拼成折线的方法制成内外同心弧型弯头，与直风管的连接口应制成错位连接形式（图5-15）。矩形弯头曲率半径（以中心线计）和最少分节数应符合表5-14的规定。

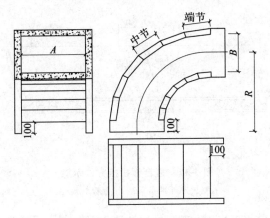

图 5-15　90°弯头放样下料示意

表 5-14　弯头曲率半径和最少分节数

弯头边长 B/mm	曲率半径 R	弯头角度和最少分节数							
		90°		60°		45°		30°	
		中节	端节	中节	端节	中节	端节	中节	端节
≤600	≥1.5B	2	2	1	2	1	2	—	2
600<B≤1200	(1.0~1.5)B	2	2	2	2	1	2	—	2
1200<B≤2000	(1.0~1.5)B	3	2	2	2	1	2	1	2

④ 三通制作下料时。应先画出两平面板尺寸线,再切割下料(图 5-16),内外弧小板片数应符合表 5-14 的规定。

⑤ 变径风管与直风管的制作方法应相同,长度不应小于大头长边减去小头长边之差。

⑥ 边长大于 2260mm 的风管板对接粘接后,在对接缝的两面应分别粘贴(3~4)层宽度不小于 50mm 的玻璃纤维布增强(图 5-17)。

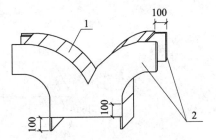

图 5-16　蝴蝶三通放样下料示意
1—外弧拼接板　2—平面板

粘贴前应采用砂纸打磨粘贴面,并清除粉尘,粘贴牢固。

2)胶粘剂应按产品技术文件的要求进行配置。应采用电动搅拌机搅拌,搅拌后的胶粘剂应保持流动性。配制后的胶粘剂应及时使用,胶粘剂变稠或硬化时,不应使用。

3)风管组合粘接成型应符合下列规定:

① 风管端口应制作成错位接口形式。

297

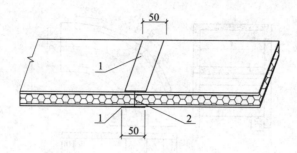

图 5-17 复合板拼接方法示意

1—玻璃纤维布 2—风管板对接处

② 板材粘接前,应清除粘接口处的油渍、水渍、灰尘及杂物等。胶粘剂应涂刷均匀、饱满。

③ 组装风管时,先将风管底板放于组装垫块上,然后在风管左右侧板阶梯处涂胶粘剂,插在底板边沿,对口纵向粘接应与底板错位 100mm,最后将顶板盖上,同样应与左右侧板错位 100mm,形成风管端口错位接口形式(图 5-18)。

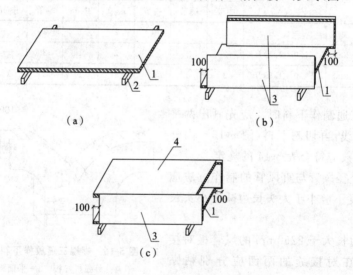

图 5-18 风管组装示意

(a)风管底板放于组装垫块上 (b)装风管侧板 (c)上顶板

1—底板 2—垫块 3—侧板 4—顶板

④ 风管组装完成后,应在组合好的风管两端扣上角钢制成的"冂"形箍,"冂"形箍的内边尺寸应比风管长边尺寸大 3～5mm,高度应与风管短边尺寸相同。然后用捆扎带对风管进行捆扎。捆扎间距不应大于 700mm,捆扎带离风管两端短板的距离应小于 50mm(图 5-19)。

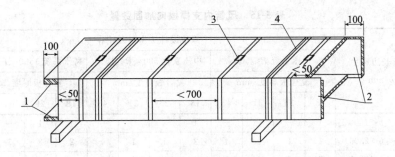

图 5-19 风管捆扎示意

1—风管上下板 2—风管侧板 3—扎带紧固 4—形箍

⑤ 风管捆扎后,应及时清除管内外壁挤出的余胶,填充空隙。风管四角应平直,其端口对角线之差应符合表 5-9 的规定。

⑥ 粘接后的风管应根据环境温度,按照规定的时间确保胶粘剂固化。在此时间内,不应搬移风管。胶粘剂固化后,应拆除捆扎带及"Ⅱ"形箍,并再次修整粘接缝余胶,填充空隙,在平整的场地放置。

4)风管加固与导流叶片安装应符合下列规定:

① 矩形风管宜采用直径不小于 10mm 的镀锌螺杆做内支撑加固,内支撑件穿管壁处应密封处理(图 5-20)。负压风管的内支撑高度大于 800mm 时,应采用镀锌钢管内支撑。

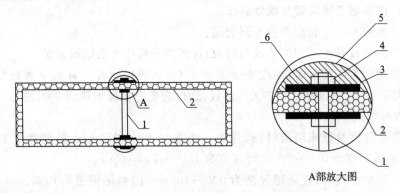

A部放大图

图 5-20 正压保温风管内支撑加固示意

1—镀锌螺杆 2—风管 3—镀锌加固垫圈
4—紧固螺母 5—保温罩 6—填塞保温材料

② 风管内支撑横向加固数量应符合表 5-15 的规定,风管加固的纵向间距应小于或等于 1300mm。

表 5-15 风管内支撑横向加固数量

风管长边尺寸 b/mm	系统设计工作压力/Pa											
	低压系统 P≤500				中压系统 500<P≤1500				高压系统 1500<P≤3000			
	复合板厚度/mm				复合板厚度/mm				复合板厚度/mm			
	18	25	31	43	18	25	31	43	18	25	31	43
1250≤b<1600	1	—	—	—	1	—	—	—	1	1	—	—
1600≤b<2300	1	1	1	1	2	1	1	1	2	2	1	1
2300≤b<3000	2	2	1	2	2	2	2	2	2	2	2	2
3000≤b<3800	3	2	2	2	3	3	3	2	4	3	3	3
3800≤b<4000	4	3	3	2	3	3	3	3	5	4	4	4

③ 距风机 5m 内的风管. 应按表 5-15 的规定再增加 500Pa 风压计算内支撑数量。

④ 矩形弯头导流叶片宜采用镀锌钢板弯压制成,其设置应按本节"业务要点 1:金属风管与配件制作"配件制作中 3)执行,并应安装牢固。

5) 水平安装风管长度每隔 30m 时,应设置 1 个伸缩节。伸缩节长宜为 400mm,内边尺寸应比风管的外边尺寸大 3~5mm,伸缩节与风管中间应填塞 3~5mm 厚的软质绝热材料,且密封边长尺寸大于 1600mm 的伸缩节中间应增加内支撑加固,内支撑加固间距按 1000mm 布置,允许偏差±20mm。

4. 硬聚氯乙烯风管与配件制作

1) 板材放样下料应符合下列规定:

① 风管或管件采用加热成型时,板材放样下料应考虑收缩余量。

② 使用剪床切割时,厚度小于或等于 5mm 的板材可在常温下进行切割;厚度大于 5mm 的板材或在冬天气温较低时,应先把板材加热到 30℃左右,再用剪床进行切割。

③ 使用圆盘锯床切割时,锯片的直径宜为 200~250mm,厚度宜为 1.2~1.5mm,齿距宜为 0.5~1mm,转速宜为 1800~2000r/min。

④ 切割曲线时,宜采用规格为 300~400mm 的鸡尾锯进行切割。当切割圆弧较小时,宜采用钢丝锯进行。

2) 风管加热成型应符合下列规定:

① 硬聚氯乙烯板加热可采用电加热、蒸汽加热或热空气加热等方法。硬聚氯乙烯板加热时间应符合表 5-16 的规定。

表 5-16 硬聚氯乙烯板加热时间

板材厚度/mm	2~4	5~6	8~10	11~15
加热时间/min	3~7	7~10	10~14	15~24

② 圆形直管加热成型时,加热箱里的温度上升到 $130℃\sim150℃$ 并保持稳定后,应将板材放入加热箱内,使板材整个表面均匀受热。板材被加热到柔软状态时应取出,放在帆布上,采用木模卷制成圆管,待完全冷却后,将管取出。木模外表应光滑,圆弧应正确,木模应比风管长 100mm。

③ 矩形风管加热成型时,矩形风管四角宜采用加热折方成型。风管折方采用普通的折方机和管式电加热器配合进行,电热丝的选用功率应能保证板表面被加热到 $150℃\sim180℃$ 的温度。折方时,把画线部位置于两根管式电加热器中间并加热,变软后,迅速抽出,放在折方机上折成 $90°$ 角,待加热部位冷却后,取出成型后的板材。

④ 各种异形管件应使用光滑木材或铁皮制成的胎模,按②、③规定的圆形直管和矩形风管加热成型方法煨制成型。

3）法兰制作应符合下列规定:

① 圆形法兰制作时,应将板材锯成条形板,开出内圆坡口后,放到电热箱内加热。加热好的条形板取出后应放到胎具上煨成圆形,并用重物压平。板材冷却定型后,进行组对焊接。法兰焊好后应进行钻孔。直径较小的圆形法兰,可在车床上车制。圆形法兰的用料规格、螺栓孔数和孔径应符合表 5-17 的规定。

表 5-17　硬聚氯乙烯圆形风管法兰规格

风管直径 D/mm	法兰(宽×厚)/mm	螺栓孔径/mm	螺孔数量	连接螺栓
$D\leqslant18$	35×6	7.5	6	M6
$180<D\leqslant400$	35×8	9.5	$8\sim12$	M8
$400<D\leqslant500$	35×10	9.5	$12\sim14$	M8
$500<D\leqslant800$	40×10	9.5	$16\sim22$	M8
$800<D\leqslant1400$	45×12	11.5	$24\sim38$	M10
$1400<D\leqslant1600$	50×15	11.5	$40\sim44$	M10
$1600<D\leqslant2000$	60×15	11.5	$46\sim48$	M10
$D>2000$	按设计			

② 矩形法兰制作时,应将塑料板锯成条形,把四块开好坡口的条形板放在平板上组对焊接。矩形法兰的用料规格、螺栓孔径及螺孔间距应符合表 5-18 的规定。

4）风管与法兰焊接应符合下列规定:

① 法兰端面应垂直于风管轴线。直径或边长大于 500mm 的风管与法兰的连接处,宜均匀设置三角支撑加强板,加强板间距不应大于 450mm。

② 焊接的热风温度、焊条、焊枪喷嘴直径及焊缝形式应满足焊接要求。

表 5-18　硬聚氯乙烯矩形风管法兰规格　　　　（单位：mm）

风管长边尺寸 b	法兰（宽×厚）	螺栓孔径 m	螺孔间距	连接螺栓
≤160	35×6	7.5		M6
160<b≤400	35×8	9.5		M8
400<b≤500	35×10	9.5		M8
500<b≤800	40×10	11.5	≤120	M10
800<b≤1250	45×12	11.5		M10
1250<b≤1600	50×15	11.5		M10
1600<b≤2000	60×18	11.5		M10

③ 焊缝形式宜采用对接焊接、搭接焊接、填角或对角焊接。焊接前，应按表 5-19 的规定进行坡口加工，并应清理焊接部位的油污、灰尘等杂质。

表 5-19　硬聚氯乙烯板焊缝形式和坡口尺寸及使用范围

焊缝形式	图形	焊缝高度 /mm	板材厚度 /mm	坡口角度 α (°)	使用范围
V 形对接焊缝		2～3	3～5	70～90	单面焊的风管
X 形对接焊缝		2～3	≥5	70～90	风管法兰及厚板的拼接
搭接焊缝		≥最小板厚	3～10	—	风管和配件的加固
角焊缝（无坡口）		2～3	6～18	—	
		≥最小板厚	≥3	—	风管配件的角部焊接
V 形单面角焊缝		2～3	3～8	70～90	风管的角部焊接
V 形双面角焊缝		2～3	6～15	70～90	厚壁风管的角部焊接

④ 焊接时，焊条应垂直于焊缝平面，不应向后或向前倾斜，并应施加一定压力，使被加热的焊条与板材粘合紧密。焊枪喷嘴应沿焊缝方向均匀摆动，喷嘴

距焊缝表面应保持 5～6mm 的距离。喷嘴的倾角应根据被焊板材的厚度按表 5-20 的规定选择。

表 5-20 焊枪喷嘴倾角的选择

板厚/mm	≤5	5～10	>10
倾角(°)	15～20	25～30	30～45

⑤ 焊条在焊缝中断裂时,应采用加热后的小刀把留在焊缝内的焊条断头修切成斜面后,再从切断处继续焊接。焊接完成后,应采用加热后的小刀切断焊条,不应用手拉断。焊缝应逐渐冷却。

⑥ 法兰与风管焊接后,凸出法兰平面的部分应刨平。

5) 风管加固宜采用外加固框形式,加固框的设置应符合表 5-21 的规定,并应采用焊接将同材质加固框与风管紧固。

表 5-21 硬聚氯乙烯风管加固框规格 （单位:mm）

圆 形				矩 形				
风管直径 D	管壁厚度	加固框		风管长边尺寸 b	管壁厚度	加固框		
		规格(宽×厚)	间距			规格(宽×厚)		间距
D≤320	3	—		b≤320	3	—		
320<D≤500	4	—		320≤b<400	4	—		
500<D≤630	4	40×8	800	400≤b<500	4	35×		800
630<D≤800	5	40×8	800	500≤b<800	5	40×8		800
800<D≤1000	5	45×10	800	800≤b<1000	6	45×10		400
1000<D≤1400	6	45×10	800	1000≤b<1250	6	45×10		400
1400<D≤1600	6	50×12	400	1250≤b<1600	8	50×12		400
1600<D≤2000	6	60×12	400	1600≤b<2000	8	60×15		400

6) 风管直管段连续长度大于 20m 时,应按设计要求设置伸缩节(图 5-21)或软接头(图 5-22)。

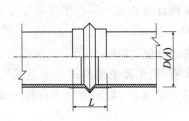

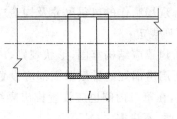

图 5-21 伸缩节示意   图 5-22 软接头示意

业务要点 3:风阀与部件制作

1. 风阀

1) 成品风阀质量应符合下列规定:

① 风阀规格应符合产品技术标准的规定,并应满足设计和使用要求。

② 风阀应启闭灵活,结构牢固,壳体严密,防腐良好,表面平整,无明显伤痕和变形,并不应有裂纹、锈蚀等质量缺陷。

③ 风阀内的转动部件应为耐磨、耐腐蚀材料,转动机构灵活,制动硬定位装置可靠。

④ 风阀法兰与风管法兰应相匹配。

2) 手动调节阀应以顺时针方向转动为关闭,调节开度指示应与叶片开度相一致,叶片的搭接应贴合整齐,叶片与阀体的间隙应小于 2mm。

3) 电动、气动调节风阀应进行驱动装置的动作试验,试验结果应符合产品技术文件的要求,并应在最大设计工作压力下工作正常。

4) 防火阀和排烟阀(排烟口)应符合国家现行有关消防产品技术标准的规定。执行机构应进行动作试验,试验结果应符合产品说明书的要求。

5) 止回风阀应检查其构件是否齐全,并应进行最大设计工作压力下的强度试验,在关闭状态下阀片不变形,严密不漏风;水平安装的止回风阀应有可靠的平衡调节机构。

6) 插板风阀的插板应平整,并应有可靠的定位固定装置;斜插板风阀的上下接管应成一直线。

7) 三通调节风阀手柄开关应标明调节的角度;阀板应调节方便,且不与风管相碰擦。

2. 风罩与风帽

1) 风罩与风帽制作时,应根据其形式和使用要求,按施工图对所选用材料放样后,进行下料加工,可采用咬口连接、焊接等连接方式,制作方法可按"业务要点 1:金属风管与配件制作"的有关规定执行。

2) 现场制作的风罩尺寸及构造应满足设计及相关产品技术文件要求,并应符合下列规定:

① 风罩应结构牢固,形状规则,内外表面平整、光滑,外壳无尖锐边角。

② 厨房锅灶的排烟罩下部应设置集水槽;用于排出蒸汽或其他潮湿气体的伞形罩,在罩口内侧也应设置排出凝结液体的集水槽;集水槽应进行通水试验.排水畅通,不渗漏。

③ 槽边侧吸罩、条缝抽风罩的吸入口应平整,转角处应弧度均匀,罩口加强板的分隔间距应一致。

④ 厨房锅灶排烟罩的油烟过滤器应便于拆卸和清洗。

3) 现场制作的风帽尺寸及构造应满足设计及相关技术文件的要求,风帽应结构牢固,内、外形状规则,表面平整,并应符合下列规定:

① 伞形风帽的伞盖边缘应进行加固,支撑高度一致。

② 锥形风帽锥体组合的连接缝应顺水,保证下部排水畅通。

③ 筒形风帽外筒体的上下沿口应加固,伞盖边缘与外筒体的距离应一致,挡风圈的位置应正确。

④ 三叉形风帽支管与主管的连接应严密,夹角一致。

3. 风口

1) 成品风口应结构牢固,外表面平整,叶片分布均匀,颜色一致,无划痕和变形,符合产品技术标准的规定。表面应经过防腐处理,并应满足设计及使用要求。风口的转动调节部分应灵活、可靠,定位后应无松动现象。

2) 百叶风口叶片两端轴的中心应在同一直线上,叶片平直,与边框无碰擦。

3) 散流器的扩散环和调节环应同轴,轴向环片间距应分布均匀。

4) 孔板风口的孔口不应有毛刺,孔径一致,孔距均匀,并应符合设计要求。

5) 旋转式风口活动件应轻便灵活,与固定框接合严密,叶片角度调节范围应符合设计要求。

6) 球形风口内外球面间的配合应松紧适度、转动自如、定位后无松动。

4. 消声器、消声风管、消声弯头及消声静压箱

1) 消声器、消声风管、消声弯头及消声静压箱的制作应符合设计要求,根据不同的形式放样下料,宜采用机械加工。

2) 外壳及框架结构制作应符合下列规定:

① 框架应牢固,壳体不漏风;框、内盖板、隔板、法兰制作及铆接、咬口连接、焊接等可按"业务要点1:金属风管与配件制作"的有关规定执行;内外尺寸应准确,连接应牢固,其外壳不应有锐边。

② 金属穿孔板的孔径和穿孔率应符合设计要求。穿孔板孔口的毛刺应锉平,避免将覆面织布划破。

③ 消声片单体安装时,应排列规则,上下两端应装有固定消声片的框架,框架应固定牢固,不应松动。

3) 消声材料应具备防腐、防潮功能,其卫生性能、密度、导热系数、燃烧等级应符合国家有关技术标准的规定。消声材料应按设计及相关技术文件要求的单位密度均匀敷设,需粘贴的部分应按规定的厚度粘贴牢固,拼缝密实,表面平整。

4) 消声材料填充后,应采用透气的覆面材料覆盖。覆面材料的拼接应顺气流方向、拼缝密实、表面平整、拉紧,不应有凹凸不平。

5）消声器、消声风管、消声弯头及消声静压箱的内外金属构件表面应进行防腐处理，表面平整。

6）消声器、消声风管、消声弯头及消声静压箱制作完成后，应进行规格、方向标识，并通过专业检测。

5. 软接风管

1）软接风管包括柔性短管和柔性风管，软接风管接缝连接处应严密。

2）软接风管材料的选用应满足设计要求，并应符合下列规定：

① 应采用防腐、防潮、不透气、不易霉变的柔性材料。

② 软接风管材料与胶粘剂的防火性能应满足设计要求。

③ 用于空调系统时，应采取防止结露的措施，外保温软管应包覆防潮层。

④ 用于洁净空调系统时，应不易产尘、不透气、内壁光滑。

3）柔性短管制作应符合下列规定：

① 柔性短管的长度宜为 150～300mm，应无开裂、扭曲现象。

② 柔性短管不应制作成变径管，柔性短管两端面形状应大小一致，两侧法兰应平行。

③ 柔性短管与角钢法兰组装时，可采用条形镀锌钢板压条的方式，通过铆接连接（图 5-23）。压条翻边宜为 6～9mm，紧贴法兰，铆接平顺；铆钉间距宜为 60～80mm。

④ 柔性短管的法兰规格应与风管的法兰规格相同。

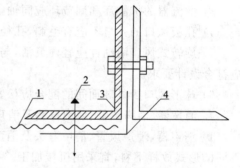

图 5-23 柔性短管与角钢法兰连接示意
1—柔性短管 2—铆钉
3—角钢法兰 4—镀锌钢板压条

4）柔性风管的截面尺寸、壁厚、长度等应符合设计及相关技术文件的要求。

6. 过滤器

成品过滤器应根据使用功能要求选用。过滤器的规格及材质应符合设计要求；过滤器的过滤速度、过滤效率、阻力和容尘量等应符合设计及产品技术文件要求；框架与过滤材料应连接紧密、牢固，并应标注气流方向。

7. 风管内加热器

1）加热器的加热形式、加热管用电参数、加热量等应符合设计要求。

2）加热器的外框应结构牢固、尺寸正确，与加热管连接应牢固，无松动。

3）加热器进场应进行测试，加热管与框架之间应绝缘良好，接线正确。

第二节　风管和部件的安装

本节导读

本节主要介绍风管和部件的安装,内容包括金属风管安装、非金属与复合风管安装、软接风管安装、风口安装、风阀安装以及风帽安装等。其内容关系如图 5-24 所示。

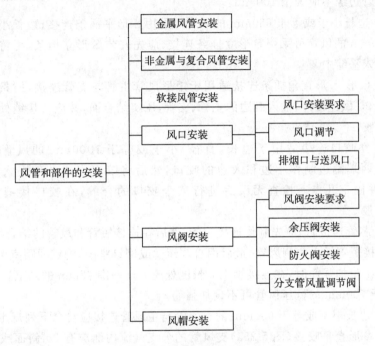

图 5-24　本节内容关系图

业务要点 1:金属风管安装

1)风管安装前,应先对其安装部位进行测量放线,确定管道中心线位置。

2)风管支吊架的安装应符合《通风与空调工程施工规范》GB 50738—2011 第 7 章的有关规定。

3)风管安装前,应检查风管有无变形、划痕等外观质量缺陷,风管规格应与安装部位对应。

4)风管组合连接时,应先将风管管段临时固定在支、吊架上,然后调整高度,达到要求后再进行组合连接。

5)金属矩形风管连接宜采用角钢法兰连接、薄钢板法兰连接、C 形或 S 形

插条连接、立咬口等形式;金属圆形风管宜采用角钢法兰连接、芯管连接。风管连接应牢固、严密,并应符合下列规定:

① 角钢法兰连接时,接口应无错位;法兰垫料无断裂、无扭曲,并在中间位置。螺栓应与风管材质相对应,在室外及潮湿环境中,螺栓应有防腐措施或采用镀锌螺栓。

② 薄钢板法兰连接时,薄钢板法兰应与风管垂直、贴合紧密,四角采用螺栓固定,中间采用弹簧夹或顶丝卡等连接件,其间距不应大于150mm,最外端连接件距风管边缘不应大于100mm。

③ 边长小于或等于630mm的风管可采用S形平插条连接;边长小于或等于1250mm的风管可采用S形立插条连接,应先安装S形立插条,再将另一端直接插入平缝中。

④ C形、S形直角插条连接适用于矩形风管主管与支管连接,插条应从中间外弯90°做连接件,插入翻边的主管、支管,压实结合面,并应在接缝处均匀涂抹密封胶。

⑤ 立咬口连接适用于边长(直径)小于或等于1000mm的风管。应先将风管两端翻边制作小边和大边的咬口,然后将咬口小边全部嵌入咬口大边中,并固定几点。检查无误后进行整个咬口的合缝,在咬口接缝处应涂抹密封胶。

⑥ 芯管连接时,应先制作连接短管,然后在连接短管和风管的结合面涂胶,再将连接短管插入两侧风管,最后用自攻螺丝或铆钉紧固,铆钉间距宜为100~120mm。带加强筋时,在连接管1/2长度处应冲压一圈$\phi8$mm的凸筋,边长(直径)小于700mm的低压风管可不设加强筋。

6) 边长小于或等于630mm的支风管与主风管连接应符合下列规定:

① S形直角咬接(图5-25a)支风管的分支气流内侧应有30°斜面或曲率半径为150mm的弧面,连接四角处应进行密封处理。

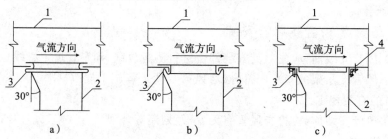

图 5-25 支风管与主风管连接方式

a)S形直角咬接 b)联合式咬接 c)法兰连接

1—主风管 2—支风管 3—接口 4—扁钢垫

② 联合式咬接(图 5-24b)连接四角处应作密封处理。

③ 法兰连接(图 5-24c)主风管内壁处应加扁钢垫,连接处应密封。

7) 风管安装后应进行调整,风管应平正,支、吊架顺直。

业务要点 2:非金属与复合风管安装

1) 风管安装前,应先对其安装部位进行测量放线,确定管道中心线位置。

2) 风管支吊架的安装应符合《通风与空调工程施工规范》GB 50738—2011 第 7 章的有关规定。

3) 风管安装前,应检查风管有无破损、开裂、变形、划痕等外观质量缺陷,风管规格应与安装部位对应,复合风管承插口和插接件接口表面应无损坏。

4) 非金属风管连接应符合下列规定:

① 法兰连接时,应以单节形式提升管段至安装位置,在支、吊架上临时定位,侧面插入密封垫料,套上带镀锌垫圈的螺栓。检查密封垫料无偏斜后,做两次以上对称旋紧螺母,并检查间隙均匀一致。在风管与支吊架横担间应设置宽于支撑面、厚 1.2mm 的钢制垫板。

② 插接连接时,应逐段顺序插接,在插口处涂专用胶,并应用自攻螺钉固定。

5) 复合风管连接宜采用承插阶梯粘接、插件连接或法兰连接。风管连接应牢固、严密,并符合下列规定:

① 承插阶梯粘接时(图 5-26),应根据管内介质流向,上游的管段接口应设置为内凸插口,下游管段接口为内凹承口,且承口表层玻璃纤维布翻边折成90°。清扫粘接口结合面,在密封面连续、均匀涂抹胶粘剂,晾干一定的时间后,将承插口粘合,清理连接处挤压出的余胶,并进行临时固定;在外接缝处应采用扒钉加固,间距不宜大于 50mm,并用宽度大于或等于 50mm 的压敏胶带沿接合缝两边宽度均等进行密封,也可采用电熨斗加热热敏胶带粘接密封。临时固定应在风管接口牢固后再拆除。

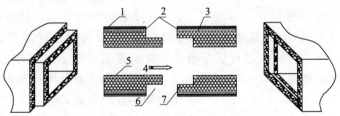

图 5-26　承插阶梯粘接接口示意

1—铝箔或玻璃纤维布　2—结合面　3—玻璃纤维布90°折边
4—介质流向　5—玻璃纤维布　6—内凸插口　7—内凹承口

② 错位对接粘接(图 5-27)时,应先将风管错口连接处的保温层刮磨平整,然后试装,贴合严密后涂胶粘剂,提升到支、吊架上对接,其他安装要求同承插阶梯粘接。

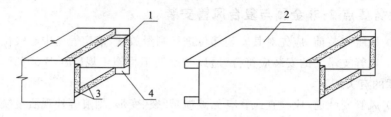

图 5-27　错位对接粘接示意
1—垂直板　2—水平板　3—涂胶粘剂　4—预留表面层

③ 工形插接连接时,应先在风管四角横截面上粘贴镀锌板直角垫片,然后涂胶粘剂粘接法兰。胶粘剂凝固后,插入工形插件,最后在插条端头填抹密封胶,四角装入护角。

④ 空调风管采用 PVC 及铝合金插件连接时,应采取防冷桥措施。在 PVC 及铝合金插件接口凹槽内可填满橡塑海绵、玻璃纤维等碎料,应采用胶粘剂粘接在凹槽内。碎料四周外部应采用绝热材料覆盖,绝热材料在风管上搭接长度应大于 20mm。中、高压风管的插接法兰之间应加密封垫料或采取其他密封措施。

⑤ 风管预制的长度不宜超过 2800mm。

6) 风管安装后应进行调整,使风管平正,支、吊架顺直。

业务要点 3:软接风管安装

1) 柔性短管的安装宜采用法兰接口形式。

2) 风管与设备相连处应设置长度为 150～300mm 的柔性短管,柔性短管安装后应松紧适度,不应扭曲,并不应作为找正、找平的异径连接管。

3) 风管穿越建筑物变形缝空间时,应设置长度为 200～300mm 的柔性短管(图 5-28);风管穿越建筑物变形缝墙体时,应设置钢制套管,风管与套管之间应采用柔性防水材料填塞密实。穿越建筑物变形缝墙体的风管两端外侧应设置长度为 150～300mm 的柔性短管,柔性短管距变形缝墙体的距离宜为 150～200mm(图 5-29)。柔性短管的保温性能应符合风管系统功能要求。

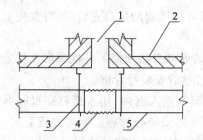
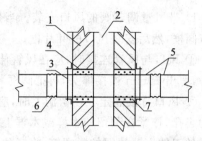

图 5-28　风管过变形缝空间的安装示意　　图 5-29　风管穿越变形缝墙体的安装示意

1—变形缝　2—楼板　　　　　　　　1—墙体　2—变形缝　3—吊架

3—吊架　4—柔性短管　5—风管　　　4—钢制套管　5—风管　6—柔性短管

7—柔性防水填充材料

4）柔性风管连接应顺畅、严密,并应符合下列规定：

① 金属圆形柔性风管与风管连接时,宜采用卡箍(抱箍)连接(图 5-30),柔性风管的插接长度应大于 50mm。当连接风管直径小于或等于 300mm 时,宜用不少于 3 个自攻螺钉在卡箍紧固件圆周上均布紧固;当连接风管直径大于 300mm 时,宜用不少于 5 个自攻螺钉紧固。

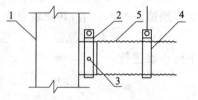

图 5-30　卡箍(抱箍)连接示意

1—主风管　2—卡箍　3—自攻螺钉

4—抱箍吊架　5—柔性风管

② 柔性风管转弯处的截面不应缩小,弯曲长度不宜超过 2m,弯曲形成的角度应大于 90°。

③ 柔性风管安装时长度应小于 2m,并不应有死弯或塌凹。

业务要点 4：风口安装

风口一般敷设在顶棚和墙上。各类风口安装应横平、竖直、严密、牢固,表面平整。在无特殊要求情况下,露于室内部分应与室内线条平行。各种散流器的风口面应与顶棚平行。顶棚孔与风口大小要合适,并保持严密。有调节和转动装置的风口,安装后要求保持原来的灵活程度。

室内安装的同类型风口应对称分布,以使风口在室内保持整齐。同一方向的风口,其调节装置应在同一侧。风口在墙上敷设时,应安装木框。风口通过木框水平安在墙外,水平偏差为 3mm。木框与风口应有 5mm 间隙,并用镀锌螺钉将风口固定。

1. 风口安装要求

（1）矩形联动可调百叶风口安装。矩形联动可调百叶风口可根据是否带风量调节阀来确定安装方法。

1) 带风量调节阀的风口安装。当带风量调节阀的风口安装时,应首先安装调节阀框,然后安装风口的叶片框。

① 风口与风管连接时,应在风管伸出墙面部分按照阀的外框条形孔位置及尺寸,剪出 10mm 连接榫头,再把阀框装上,然后安装叶片框。

② 风口直接固定在预留洞上时,应将阀框插入洞内,用木螺钉穿过阀框四壁的小孔,拧紧在预留的木榫或木框上,然后再安装叶片框。叶片框安装时,应将螺丝刀伸入叶片间拧紧螺钉,将叶片框固定在阀框内壁的连接卡子上。

2) 不带风量调节阀的风口安装。当不带风量调节阀的风口安装时,应在风管内或预留洞内的木框上,采用铆接或拧紧角形连接卡子,然后再安装叶片框。

风口的风量调节是将螺丝刀由叶片架的叶片间伸入,卡进调节螺钉的凹槽内旋转,即可带动连杆,以调节外框上叶板的开启度,达到调节风量的目的。

(2) 方、圆形散流器安装。方、圆形散流器可与风管直接连接,也可直接固定在预留洞的木框上,其安装方法与百叶风口的安装方法相同。

(3) 管式条缝散流器安装。管式条缝散流器的安装,如图 5-31 所示,应按下列步骤进行:

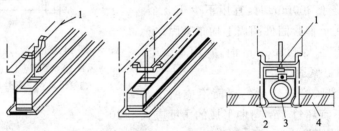

图 5-31 管式条缝散流器的安装方法

1—吊卡 2—管道 3—旋钮 4—顶棚

1) 把内藏的圆管卸下,即可将旋钮向风口中部用力旋转取下。

2) 在风口壳上装吊卡及螺栓,将吊卡旋转成顺风口方向,整体进入风管;再将吊卡旋转 90°搁在风管台上,旋紧固定螺栓;再将内藏圆管装入风口壳内。

(4) FSQ 球形旋转风口安装。FSQ 球形旋转风口与静压箱、顶棚的连接方法,可采用自攻螺丝、拉铆钉、螺栓、膨胀螺栓等。连接后要牢固,球形旋转头要灵活而不得空阔晃动。

2. 风口调节

多数风口是可调节的,有的甚至是可旋转的。凡是有调节、旋转部分的风口都要保证活动件轻便灵活,叶片应平直,同边框不应有碰擦。风口调节不灵活有以下几方面原因:

1) 加工制作粗糙,或运输中不慎使风口变形而造成不灵活。所以加工时应注意各部位的尺寸。

2）活动部分如轴、轴套的配合尺寸应松紧适当，为防止生锈，装配好后应加注润滑油；百叶式风口两端轴的中心应在同一直线上；散流器的扩散环和调节环应同轴，轴向间距分布均匀。

3）把活动部位漆住而影响调节，涂漆最好在装配前进行。

4）插板式活动箅板式风口，其插板、箅板应平整，边缘光滑，抽动灵活。活动箅板式风口组装后应能达到完全开启和闭合。

5）由于在运输过程中和安装过程中都可能变形，即使微小的变形也可能影响调节。因此在风口安装前和安装后应扳动一下调节柄或杆。

3. 排烟口与送风口

排烟口安装在排烟系统中，平时呈关闭状态，发生火灾时借助于感烟、感温器能自动开启排烟阀门。

1）排烟口与送风口在竖井墙上安装。排烟口与送风口在竖井墙上安装前，在混凝土框内应预埋角钢框。

排烟口与送风口安装时应先制作钢板安装框，安装框与预留混凝土角钢框连接，最后将排烟风口与送风口插入安装框中，并固定。排烟口和送风口如与风管连接时，钢板安装框一侧应将风管法兰钻孔后配钻连接。

2）排烟口在吊顶内安装时，在易检查阀门开闭状态和进行手动复位的位置开设检查口。检查口应设在顶棚面或在靠墙面处。

业务要点 5：风阀安装

风阀安装与安装风管相同。安装前应检查框架结构是否牢固，调节制动、定位等装置应准确灵活。在安装时，将风阀的法兰与风管或设备上的法兰对正，加上密封垫片上紧螺丝，使其连接的牢固、严密。

1. 风阀安装要求

1）通风空调系统的多叶调节阀、三通阀、蝶阀、插板阀、防火阀、排烟阀、止回阀等调节装置，应安装在便于操作部位。安装在高处的阀门也要使其操作装置处于离地面或平台 1～1.5m 处。

2）安装前，应检查框架结构是否牢固，调节、制动、定位等装置应准确、灵活。

3）安装时，应注意风阀的气流方向，应按风阀外壳标准的方向安装，不得装反。

4）排烟阀及手控装置的位置应符合设计要求，预埋管不得有死弯及瘪陷。排烟阀安装后应作动作试验，手动、电动操作应灵敏、可靠，阀板关闭时应严密。

5）止回阀宜安装在风机的压出管段上，开启方向必须与气流方向一致。止回阀阀轴必须灵活,阀板关闭应严密,铰链和转动轴应采用不易锈蚀的材料制作。

6)防爆系统的部件必须严格按照设计要求制作,所用的材料严禁代用。

7)输送灰尘和粉屑的风管,可采用密闭式斜插板阀,不应使用蝶阀。

除尘系统的斜插板阀应安装在不积尘的部位。水平管安装时,插板应顺气流安装;垂直管安装时,插板应逆气流安装。

8)分支管风量调节阀是作为各送风口的风量平衡之用,在安装时应该特别注意调节阀所处的部位,其正确的安装部位如图 5-32 所示。

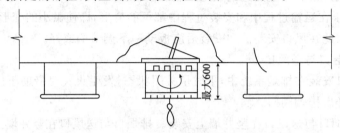

图 5-32   分支管风量调节阀安装的正确部位

9)风阀在安装完毕后,应在阀体外部明显地标出"开"和"关"方向及开启程度。对保温系统为便于调试和管理,应在保温层外面设法做标志。

2. 余压阀安装

余压阀是保证洁净室内静压能维持恒定的重要部件。为使室内气流当静压升高时而流出,应注意阀板的平整和重锤调节杆不受撞击变形,使重锤调整灵活。余压阀应装在洁净室的墙壁下方,并保证阀体与墙壁连接后严密性,而且注意阀板位置处于洁净室的外墙。

余压阀的安装如图 5-33 所示。

3. 防火阀安装

防火阀是通风空调系统中的安全装置,在发生火灾时,为切断气流,应立即关闭,以免烟气或火焰从风管或风道中传播蔓延。

1)防火阀安装特殊要求。

① 外壳应能防止失火时变形失效,其厚度不应小于 2mm。

② 转动零件在任何时候都能转动灵活,应采用耐腐蚀材料制作,如黄铜、青铜、不锈钢与镀锌铁件等,以防止防火阀失效。

③ 易熔件应为批准的正规产品,检验以水浴中测试为主。其熔点温度应符合设计要求,允许偏差为 -2℃。易熔件应设置在阀板迎风面,在安装前应试验阀板关闭是否灵活和严密。为防止损坏,易熔件则应在安装工作完成后再装。

④ 防火阀有水平安装与垂直安装两种,并有左式和右式之分,在安装时务必注意不能装反。

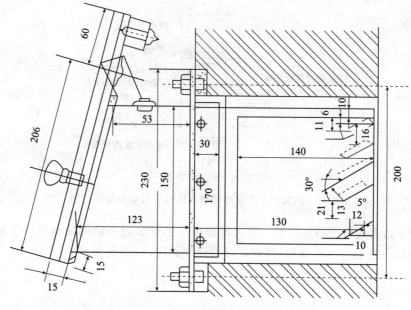

图 5-33 余压阀的安装

⑤ 防火阀安装要独立设立吊杆、支撑与支座,而且必须采用双吊杆。吊杆、支撑与支座应牢固可靠,为防止阀体转动、零件卡涩、失灵,安装后的防火阀应横平竖直,不得歪扭。

2) 风管垂直或水平穿过防火区时防火阀安装。风管垂直或水平穿过防火区时,其防火阀安装的方法应按图 5-34 和图 5-35 进行,即风管与防火阀连接部分必须用角钢与墙或楼板固定,并将风管外表面涂抹 35mm 厚的水泥砂浆,防止在高温的情况下风管变形,影响防火阀的性能。此外,风管穿过墙体或楼板时,同样用水泥砂浆密封充填。

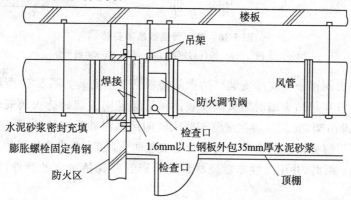

图 5-34 风管垂直方向穿过防火区时防火阀安装示意图

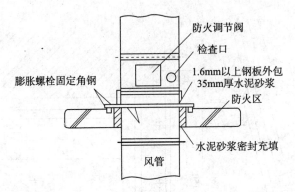

图 5-35 风管水平方向穿过防火区时防火阀安装示意图

3) 防火阀楼板吊架安装。防火阀楼板吊架安装时一定要使双吊杆生根牢固,保证吊杆调节螺杆质量,且有足够的调节长度,如图 5-36 所示。

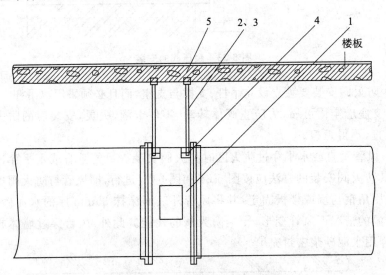

图 5-36 防火阀楼板吊架安装
1—防火阀 2、3—吊杆与螺帽 4—吊耳 5—楼板吊件

4) 防火阀楼板钢支座安装。防火阀楼板钢支座安装如图 5-37 所示。

5) 风管穿越防火墙时防火阀安装。风管穿越防火墙时防火阀安装要求防火阀单独设吊架,安装后应在墙洞与防火阀间用水泥砂浆密封,如图 5-38 所示。

6) 变形缝处防火阀安装。变形缝处安装防火阀时,要求穿墙风管与墙之间保持 50mm 距离,并用柔性非燃烧材料充填密封并保持一定的弹性,如图 5-39 所示。

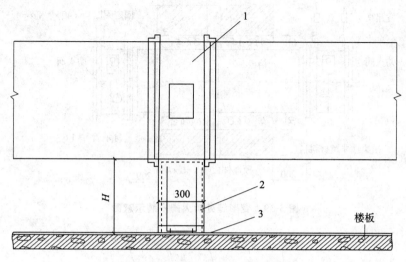

图 5-37　防火阀楼板钢支座安装
1—防火阀　2—钢支座　3—膨胀螺栓

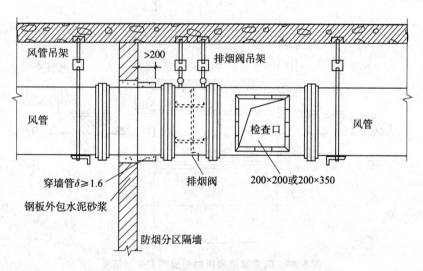

图 5-38　穿越防火墙风管防火阀安装示意图

7) 风管穿越楼板时防火阀安装。风管穿越楼板防火阀安装时,要求穿越楼板的风管与楼板的间隙用玻璃棉或矿棉填充,外露楼板上的风管用铁丝网和水泥砂浆抹保护层,如图 5-40 所示。

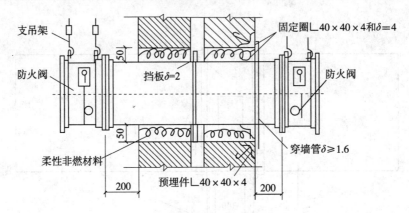

图 5-39   变形缝处防火阀安装示意图

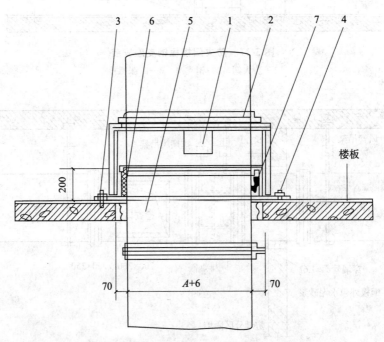

图 5-40   风管穿越楼板时防火阀安装示意图

1—防火阀   2—固定支座   3—膨胀螺栓   4—螺帽
5—穿楼板风管   6—玻璃棉或矿棉   7—保护层

4. 分支管风量调节阀

分支管风量调节阀是作为各送风口的风量平衡之用，因为阀板的开启程度靠柔性钢丝绳的弹性来调节，所以在安装时应该特别注意调节阀所处的部位。分支管风量调节阀安装部位，如图 5-41 所示。但往往因设计或安装单位对分支管风量调节阀性能不甚了解，错误地安装，使风阀的阀板处于全关状态，如

图 5-42 所示。

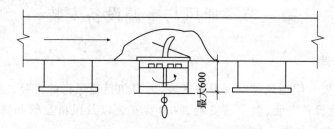

图 5-41 分支管风量调节阀安装部位

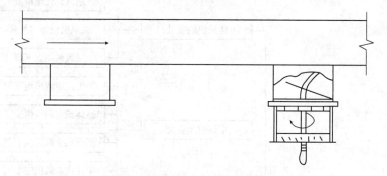

图 5-42 分支管风量调节阀安装的错误部位

业务要点 6：风帽安装

风帽安装有两种形式，一种是在室外沿墙绕过檐口伸出屋面，另一种则是在室内直接穿过屋面板伸出屋顶，如图 5-43 所示。

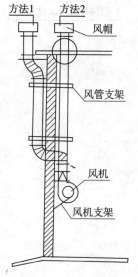

1）为防止使用时雨水漏入室内，穿过屋面板安装的风管，必须完好无损，不能有钻孔或其他创伤。风管安装好后，屋面处应装设防雨罩，为防止漏水，防雨罩与接口应紧密。

2）不连接风管的筒形风帽，可用法兰固定在屋面板上的混凝土或木底座上。当排送湿度较大的空气时，应在底座下设有滴水盘并有排水装置，以避免产生的凝结水滴漏入室内。

3）风帽装设高度高出屋面 1.5m 时，为避免被风吹倒，应用镀锌钢丝或圆钢拉索固定，拉索不应少于三根，以便固定风帽，拉索可加花篮螺栓拉紧并在屋面板上预留的拉索座上固定。

图 5-43 风帽安装

第三节　通风与空调设备安装

📡 本节导读

　　本节主要介绍通风与空调设备安装，内容包括通风机的安装、空调机组安装、空气净化设备安装、消声器安装、除尘器安装以及风机盘管和诱导器安装等。其内容关系如图 5-44 所示。

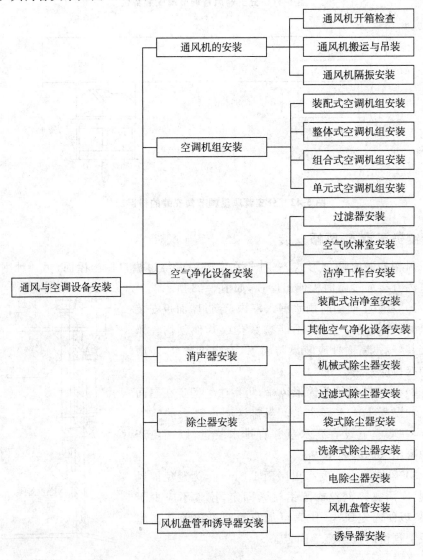

图 5-44　本节内容关系图

业务要点 1:通风机的安装

1. 通风机开箱检查

通风机开箱检查时,根据设计图纸按照通风机的完整名称,校对名称、型号、机号、传动方式、叶轮旋转方向与风口位置等六部分。等符合设计要求后,应当对通风机进行如下检查:

1) 根据设备装箱单,核对叶轮、机壳以及其他部位的主要尺寸是否符合设计要求。

2) 叶轮旋转方向应当符合设备技术文件的规定。

3) 为防止尘土与杂物进入,进、排风口应当有盖板严密遮盖。

4) 检查风机外露部分各加工面的防锈情况以及转子是否发生明显的变形或者严重锈蚀、碰伤等,如有以上情况,应当会同有关单位研究处理。

5) 检查通风机叶轮和进气短管的间隙,用手盘动叶轮,旋转时叶轮不应与进气短管相碰。

6) 通风机安装所使用的减振器等部件均要有出厂合格证或质量鉴定文件。

2. 通风机搬运与吊装

1) 整体安装的通风机,搬运与吊装的绳索不能捆绑于机壳和轴承盖的吊环上。与机壳边接触的绳索,为了防止磨损机壳或者绳索被切断,在棱角处应当垫好柔软材料。

2) 解体安装的通风机,绳索捆绑不得损坏主轴、轴承表面、机壳与叶轮等部件。

3) 输送特殊介质的通风机叶轮和机壳内应当涂敷保护层,在搬运吊装过程中不得损坏保护层。

4) 通风机吊装时,为了避免与建筑物碰撞,应当用牵引绳控制方向,保持平稳。

5) 搬动时不得将叶轮与叶轮轴等直接放在地面上滚动或移动。

通风机在运转过程中,由于叶片离心力的作用,会引起振动且产生噪声。这些振动与噪声通常会对精密设备、建筑结构以及人体产生不良影响。因此,一般将通风机安装在减振台座上,在台座与楼板或者

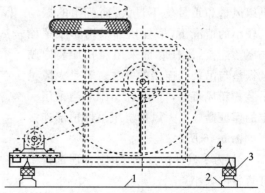

图 5-45　通风机安装在隔振台座上
1—支撑结构　2—混凝土支墩　3—隔振器　4—型钢支架

基础之间放置减振器或减振衬垫,如图 5-45 所示。

3. 通风机隔振安装

(1)隔振支架安装。减振支、吊架的结构形式与外形尺寸应符合设计要求或者设备技术文件规定。减振钢支架焊接应当符合《钢结构工程施工质量验收规范》GB 50205—2001 的有关规定,且焊接后必须校正。减振支架应当水平安装于减振器上,各组减振器承受荷载的压缩量应均匀,高度误差应小于 2mm。

(2)隔振器安装。隔振器安装时,要求地面平整,按设计要求选择与布置隔振器。各组隔振器承受荷载后的压缩量应当均匀,不得偏心。安装后若发现隔振器的压缩量或受力不均匀,应及时调整。

弹簧减振器安装时,首先在风机底座的地脚螺栓孔处焊接圆形钢板,钢板下再焊圆钢插入杆,使插入杆中心对准风机地脚螺栓孔并且焊接垂直,最后将插入杆插入弹簧减振器安装孔即可。

⊙ 业务要点 2:空调机组安装

1. 装配式空调机组安装

装配式空调器按照其空调系统的不同,可以分为一般装配式空调机组、新风机组空调机组和变风量调节机组等三组。

(1)吊顶式新风机组空调机组安装。新风机组空调机组主要由空气过滤器、冷热交换器以及送风机组成。常用的新风机组空调器有立式、卧式及吊顶式三种。

1)安装之前,应当先阅读生产厂家所提供的产品样本及安装使用说明书,详细了解其结构特点与安装要点;确认楼板的混凝土强度等级是否合格,承重能力是否满足要求。

2)确定吊装方案。在一般情况下,在机组风量和重量均不过大,而机组的振动又较小的情况下,吊杆顶部采用膨胀螺栓与屋顶连接,吊杆底部采用螺扣加装橡胶减振垫与吊装孔连接的办法。若是大风量吊装式新风机组,重量较大,则应当采用一定的保证措施。大风量机组吊杆顶部连接图如图 5-46 所示。

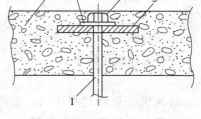

图 5-46 大风量机组吊杆顶部连接图
1—吊杆 2—楼板
3—垫圈 4—螺帽 5—钢板

3)为了确保吊挂安全,应合理选择吊杆直径的大小。

4)合理考虑机组的振动,采取适当的减振措施。一般情况下,新风机组空调器内部的送风机与箱体底架间已经加装了减振装置。如果是小规格的机组,可以直接将吊杆与机组吊装孔采用螺扣加垫圈连接,如果进行试运转机组本身振动较大,则应当考虑加装减振装置。

5) 在机组安装时为了防止出现错误,应当特别注意机组的进出风方向、进出水方向、过滤器的抽出方向等是否正确。

6) 安装时应当防止管路连接处漏水,同时应当保护好机组凝结水盘的保温材料,不要使凝结水盘有裸露等情况;且特别注意保护好进出水管、冷凝水管的连接丝扣,缠好密封材料。

7) 为保持机组的水平,机组安装后应当进行调节。

8) 为使冷凝水顺利排出,在连接机组的冷凝水管时应当有一定的坡度。

9) 机组的送风口与送风管道连接时,应当采用帆布软管连接形式。

10) 机组安装完毕后应当检查送风机运转的平衡性,风机运转方向是否正确,同时冷热交换器应无渗漏,且要进行通水试压。进行通水试压时,为了保证系统压力与水系统畅通,应通过冷热交换器上部的放气阀将空气排放干净。

(2) 风机盘管空调机组安装。风机盘管空调机组的安装要求如下:

1) 安装明装立式机组时,为便于凝结水的排出,要求通电侧稍高于通水侧,在安装卧式机组时,通常应使机组的冷凝水管保持一定的坡度。

2) 为防止夏季使用时产生凝结水,机组进出水管应当加保温层,进出水管的水管螺纹应有一定锥度,螺纹连接处应当采取密封措施。进出水管与外接管路连接时须对准,最好是采用挠性接管(软接头)或者铜管连接。为防止造成盘管弯扭而漏水,连接时切忌用力过猛或者别着劲。

3) 机组凝结水盘的排水软管不得压扁、折弯,以保证凝结水排出畅通。

4) 在安装时应当保护好换热器翅片与弯头,不得倒坍或者碰漏。安装卧式机组时,应当合理选择好吊杆与膨胀螺栓。卧式明装机组安装进出水管时,为避免产生冷凝水,可以在地面上先将进出水管接出机外,再于吊装后与管道相连接;也可以在吊装后,将面板和凝结水盘取下,再进行连接,然后将水管保温。立式明装机组安装进出水管时,可以将机组的风口面板拆下进行安装,并将水管进行保温。

5) 机组回水管备有手动放气阀,运行前需要将放气阀打开,待盘管以及管路内空气排净后再关闭放气阀。机组壳体上备接地螺栓,供安装时与保护接地系统连接。其电源额定电压是 $220V\pm22V$,$50Hz$。线路连接按生产厂家所提供的《电气连接线路图》连接,要求连接导线颜色与接线标牌一致。

6) 因各生产厂家所生产的风机盘管空调器的进、送风口尺寸并不相同,因此制作回风格栅与送风口时应当注意不要出现差错。

7) 带温度控制器的机组控制面板上有冬夏转换开关,夏季使用时置于夏季,冬季使用时则置于冬季。

8) 安装时不能损坏机组的保温材料,若有脱落的则应重新粘牢,同时与送回风管及风口的连接处应连接严密。

(3) 节流型变风量调节水系统安装。

1) 送、回风阀门安装应灵活,动作要准确,阀门不得有扭曲与摩擦现象。

2) 温度控制器安装位置要合理,一般装于回流区域,与送回风阀门的动作要协调。

3) 末端部分的风道制作要精细,不应有漏风现象,几何尺寸要求严格,安装准确。

(4) 诱导型变风量空调系统安装。诱导型变风量空调系统安装时,应当符合安装使用说明书的要求。一次风进口与送风管道的连接要紧密,不得有漏风现象。二次风的进风通道应当通畅。温度控制器与一次风和二次风的调节阀门动作要协调。吊装应当牢固可靠,安装时应当避免碰撞设备现象。阀门动作应灵活准确。

2. 整体式空调机组安装

整体式空调机组是将制冷压缩冷凝机组、蒸发器、通风机、加热器、加湿器、空气过滤器以及自动调节与电气控制装置等组装在一个箱体内。制冷量的范围一般为 6978~116300W。

1) 空调机组安装的位置须平整,可放置于基座上,一般应高出地面 100~150mm。空调机组安装时,坐标、位置要正确,基础应达到安装强度。

2) 空调机组在没有设计防振要求时,可放在一般木底座或混凝土基础上。有防振要求时,需按设计要求安装在防振基础上或者垫 10mm 厚的橡皮垫,安装减振器及减振垫等。机组减振器与基础间出现有悬空状态的,应用钢板垫块垫实。按照设计数量及位置布置,安装后应检查空调机组是否水平,如果不平,应适当调整减振器的位置。

3) 电加热器若安装于风管上,与风管连接的衬垫材料、加热器及加热器前后各 800mm 风管的保温材料均要使用石棉板或石棉泥等耐热材料。

4) 两台以上的柜式空调机并列安装,其沿墙中心线应在同一直线上,凝结水盘也要有坡度,其出水口应当设在水盘最低处。

5) 为了防止将换热器水路堵死,必须将外接管路的水路清洗干净后才可与空调机组的进出水管相连。为了防止损坏换热器,与机组管路相接时不能用力过猛。

6) 机组内部一般安装有换热器的放气以及泄水口,也可以在机组外部的进出水管上安装放气及泄水阀门以便操作。通水时旋开放气阀门排气,然后将阀门旋紧,停机后通过泄水阀门排出换热器水管内的积水。

7) 空调机的进出风口与风道间用软接头连接。机组的四周,特别是检查门及外接水管一侧应留有充分空间,以便于维护设备使用。

8）为了便于冷凝水排放或者清洗机组时排放污水,机房内应当设地漏。

9）为确保冷凝水顺利排放,机组最下部的水管为冷凝水排放管,与外管路正确连接。

3. 组合式空调机组安装

组合式空调机组是由制冷压缩冷凝机与空调器两部分组成。

组合式空调机组与整体式空调机组的不同之处在于组合式空调机组是将制冷压缩冷凝机组由箱体内移出,安装于空调器附近。电加热器一般分为三组或者四组进行手动或自动调节,安装于送风管道内。电气装置与自动调节元件安装在单独的控制箱内。

（1）压缩冷凝机组安装。

1）压缩冷凝机组应当安装在混凝土达到养护强度,表面平整,位置、尺寸、标高、预留孔洞以及预埋件等符合设计要求的基础上。

2）设备吊装时,为防止设备变形应当注意用衬垫将设备垫妥。在捆扎过程中,为了避免起吊时倾斜,主要承力点应当高于设备重心,还应当防止机组底座产生扭曲与变形。

3）吊索的转折处与设备接触部位,为了避免设备、管路、仪表及附件等受损和擦伤漆面,应使用软质材料衬垫。

4）设备就位后,应当进行找正找平。机身纵横向不水平度不应大于 0.2/1000,测量部位应在立轴外露部分或者其他基准面上。对于公共底座的压缩冷凝机组,可以在主机结构选择适当位置作基准面。

5）压缩冷凝机组与空气调节器管路的连接,压缩机吸入管可以用紫铜管或者无缝钢管与空调器引出端的法兰连接;如果采用焊接,不得有裂缝、砂眼等渗漏现象。

6）压缩冷凝机组的出液管可以用紫铜管与空调器上的蒸发器膨胀阀连接。

（2）空气调节器安装。组合式空调机组的空气调节器的安装与整体式空调机组相同,可参照进行安装。

（3）风管内电加热器安装。采用一台空调器,用来控制两个恒温房间,一般除了主风管安装电加热器外,还要在控制恒温房间的支管上安装电加热器,这种电加热器叫微调加热器或者收敛加热器,它受恒温房间的干球温度控制。

电加热器安装后,为了防止由于系统在运转出现不正常情况下因过热而引起燃烧,在电加热器前后 800mm 范围内的风管隔热层应当采用石棉板、岩棉等不燃材料。

（4）漏风量测试。现场组装的空调机组应当做漏风量测试。空调机组静压为 700Pa 时,漏风率不应大于 3%;用于空气净化系统的机组,静压应为

1000Pa。当室内洁净度低于1000级时，漏风率不应大于2％；洁净度高于或等于1000级时，漏风率不应大于1％。

4. 单元式空调机组安装

（1）分体式空调机组安装。分体式空调机组安装应按照下列要求进行：

1）安装位置应当选择在室内外机组尽量靠近，便于安装、操作与维修的部位，室内机组位置的选择应当使气流组织合理，并考虑装饰效果，室外机组不应受太阳直射，排风通畅，正面不能面向强风处。

2）安装前必须将连接管慢慢地一次一小段地展开，应当防止由于猛拉而将连接管损坏。其展开的方法，如图5-47所示。

3）连接管应当尽量减少弯曲，必须弯曲时，应当按预定管路走向来弯曲连接管，并且将管端对准室内外机组的接头。弯曲时不得折断或者弄弯管道，管道弯曲半径应当尽量要大一些，其弯曲半径不得小于100mm。其管道的弯曲方法，如图5-48所示。

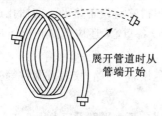

图5-47 连接管的展开

图5-48 连接管的弯曲

4）室内外机组的连接管采用喇叭口接头形式。连接之前应在喇叭口接头内滴入少量的冷冻油，然后连接并紧固。连接后应当排除管道内的空气，排除空气时可以利用室内机组或室外机组截止阀上的辅助阀。连接管内的空气排除后，可以开足截止阀进行检漏。确认制冷剂无泄漏，再用制冷剂气体检漏仪进行检漏；在无检漏仪的情况下，也可以使用肥皂水涂在连接部位处进行检漏。

5）以上工作完成后，便可在管螺帽接头处包上保温材料。

（2）水冷柜式空调机组安装。水冷柜式空调机组安装时其四周要留有足够空间，才能满足冷却水管道连接与维修保养的要求。机组安装应当平稳。冷却水管连接应严密，不得有渗漏现象，应按设计要求设有排水坡度。

（3）窗式空调器安装。窗式空调器有单冷型、热泵型及电热型三种，其安装要点如下：

1）窗式空调器一般安装于窗户上，也可以穿墙安装。安装位置不要受阳光直射，应通风良好，远离热源，并且排水（冷凝水）顺利。安装的高度以1.5m左右为宜，如果空调器的后部（室外侧）有墙或者其他障碍物，其间距离必须在1m以上。

2）空调器左、右两侧的通风百叶口不能受阻，两侧必须有相应的通风空间。空调器必须侧装在室外，而不允许在内窗上安装，室外侧不允许在楼道或者走廊内，也不可以在走廊内安风管。

3）用木板制作窗式空调器的支架时，可以选用厚度为20mm的木板，按空调器的实际尺寸，作长方形框架与三角形室外支撑架（80mm×80mm木料）。木框架与三角支架应涂调和漆。用角钢制作窗式空调器的支架时，可以选用40mm×40mm的角钢焊接而成。需要遮阳防雨板时，可以用扁钢焊成三角形支架，上面设置镀锌钢板或者玻璃钢瓦楞板。角钢支架必须焊接牢固，外面涂上防锈漆。空调器的支架固定于墙上或者窗上的方法可以根据实际情况而定。钢支架可以用射钉枪钉入墙内，也可用膨胀螺栓固定，用穿墙螺栓联接也可。

4）图5-49为在墙内设木框架，其尺寸与空调器的外形尺寸匹配。安装时，将空调器的机壳置于架内，机壳底部与木框之间可以用螺钉固定。

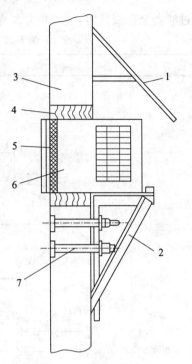

图 5-49　安装支架及遮挡板
1—遮挡板　2—三脚架　3—墙
4—木框　5—橡胶密封圈
6—空调器　7—铁皮

5）在机壳与木框之间的缝隙内应当用 U 形胶带或者厚泡沫塑料带密封，以便于密封防振。

🌀 业务要点 3：空气净化设备安装

1. 过滤器安装

（1）粗效过滤器安装。粗效过滤器比较常用，它主要是处理空气中的 $10\mu m$ 以上沉降性颗粒与异物。它的种类较多，根据使用滤料可以分为聚氨酯泡沫塑料过滤器、金属网格浸油过滤器及自动浸油过滤器等。在安装时，应当考虑便于拆卸与更换滤料，并且使过滤器与框架、空调器之间保持严密。

（2）高效过滤器安装。高效过滤器是空气洁净系统的重要部件，目前国内采用的滤料为超细玻璃纤维纸和超细石棉纤维纸。其安装工作是整个系统安装的工作重点，对工程质量等级的最后评定起决定性作用。

高效过滤器的安装方法有两种，即顶紧法和压紧法，见表5-22。高效过滤器安装时，应保证气流方向与外框上箭头标志方向一致，用波纹板组装的高效过滤器竖向安装时,波纹板必须垂直地面,不得反向。

表 5-22　高效过滤器安装方法

方法	示意图	特　点
顶紧法	拉杆　连接风管　静压箱　密封垫　高效过滤器　密封垫　轻质吊顶　风口翻边　压块　扩散板	能在洁净室内安装和更换高效过滤器
压紧法	密封垫　柔性短管　螺母　螺杆　高效过滤器　锚固钢筋　预埋短管　钢筋混凝土顶板　扩散板	只能在吊顶内或技术夹层内安装和更换高效过滤器

2. 空气吹淋室安装

空气吹淋室是吹除工作人员以及其衣服上附着尘粒的净化设备。工作人员在进入洁净室之前,先经过吹淋室内的空气吹淋,利用经过处理的高速洁净气流,把身上的灰尘进行吹除,以减少洁净室免受尘埃的污染。空气吹淋室安装于洁净室入口处,还能起到气闸作用,防止污染的空气进入洁净室。按照进入洁净室工作人员的多少,可以分为通道式与小室式两种,通道式可以供多人连续吹淋,小室式只容一人吹淋。

空气吹淋室的安装应当根据设备说明书进行,并应注意下列事项:

1) 根据设计的坐标位置或者土建施工预留的位置进行就位。

2) 设备的地面应当水平、平整,在设备的底部与地面接触的平面,应当根据设计要求垫隔振层,使设备保持纵向垂直、横向水平。

3) 设备与围护结构连接的接缝,应当配合土建施工做好密封处理。

4) 设备的机械、电气联锁装置,应当处于正常状态,即风机与电加热、内外门及内门与外门的联锁等。

5) 吹淋室内的喷嘴角度,应按要求的角度调整好。

3. 洁净工作台安装

洁净工作台是使局部空间形成无尘无菌环境的操作台,以提高操作环境的洁净要求;洁净工作台是造成局部洁净空气区域的设备。

洁净工作台安装时,为了保护工作台内高效过滤器的完整性,应当轻运轻放,不能有激烈的振动。洁净工作台的安放位置应当尽量远离振源与声源,以避免环境振动及噪声对它的影响。为确保正常运行,使用过程中应当定期检查风机、电动机,定期更换高效过滤器。

4. 装配式洁净室安装

装配式洁净室由围护结构与净化设备两部分组成。装配式成套洁净设备由围护结构、送风系统、空调机组、空气吹淋室、传递窗、控制箱、余压阀、照明灯具、杀菌系统以及安装在空调系统中的多级空气过滤器、消声器等部件组成。装配式洁净室具有设备配套性好,施工机动灵活、使用方便等优点。但是它不适用于洁净度要求较高的场所。

装配式洁净室安装施工包括地面的铺设、壁板的安装以及吊顶顶棚的安装等内容。装配式洁净室安装如图 5-50 所示。

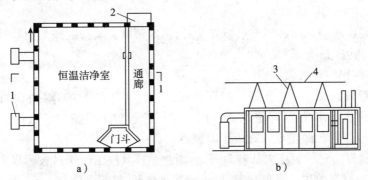

图 5-50　装配式洁净室安装示意图

a)平面图　b)1—1 剖面

1—空调器　2—吹淋器　3—吊杆　4—10 号工字钢

(1)洁净室地面铺设安装。

1)装配式洁净室地面材料的选择主要是由气流组织形式决定的。垂直单向流洁净室的地面,采用格栅铝合金活动地板;而水平单向流与乱流洁净室,则采用塑料贴面活动地板或者现场铺设的塑料地板。塑料地面通常选用抗静电聚氯乙烯卷材。

2)地面平整度对安装墙板下马槽、缩小缝隙十分重要。因此,为确保涂料涂抹与卷材的铺贴质量,铺设卷材的水泥地面应当无疏松、麻面以及蜂窝等缺陷,用 2m 直尺与楔型塞尺检验,不平整度应当不大于 0.1%;基层材料含水率应不大于 6%～8%。

3) 地面面层的铺设应当与墙板踢脚板形成密封的整体。地面若有缺陷及不平整处,可以用不低于 M10 水泥砂浆修补找平。

4) 铺贴地面的胶粘剂可以按设计要求选用,一般常用 88 号胶。

5) 铺贴时,先将地面清理干净再放线,然后用 30% 的 88 号胶与 70% 的稀料混合液在地面上薄薄地刷一层,等干后再均匀地刷一层 88 号胶,其厚度可以控制在 1mm 左右。然后在塑料卷材上刷一层胶,等胶干至不黏手时将卷材铺贴在地面上,并用压辊赶出里面的空气。

6) 铺贴顺序应当从中间向四周进行。每块卷材要预留约 1～1.5mm 的间隙用来做焊缝。

7) 铺贴完后即可以进行焊接。可将焊机放于角钢制作的导轨上,塑料焊条选用三角形断面的焊条以保证塑料焊缝的平面。焊接前为了保证焊接强度,可用三角刮刀坡口,并用丙酮或者稀料将焊缝内的胶洗掉。

焊接时应当将导轨调好,使焊机在前进过程中的焊嘴对准焊缝。焊条由输送压辊引出,经焊机的热空气将焊条以及焊缝加热呈黏滞流动状态,最终由压辊加压使之成为一整体。

8) 踢脚板的铺贴必须待壁板安装后,将地面靠近墙壁的预留的卷材边反上来铺贴于板壁上,形成弧形的墙角及踢脚板。

(2) 洁净室壁板安装。

1) 壁板的安装是根据铺设地面放线尺寸的要求进行的,墙角应当垂直交接,先画好底马槽线,且将密封条与底马槽线连接好。马槽与壁板间接缝要相互错开,以防累积误差导致壁板歪斜扭曲。

2) 壁板的安装顺序先从转角开始,两边企口处应使用密封条。当安装到一定长度时,应当预扣一段顶马槽,以加强其整体性。

3) 壁板(包括夹心材料)应为不燃材料,壁板的封口处应设在开口或转角地方。洁净室壁板装好后,屋角与顶马槽预装,并使其平行与垂直,其接缝与壁板接缝要相互错开。

4) 装配后的壁板间、壁板与顶板间的拼缝应当平整严密,壁板垂直度的允许偏差为 2/1000,装配后每个单间的几何尺寸与设计要求的允许偏差为 2/1000。

(3) 顶棚安装。

1) 顶棚结构是根据空气流动形式来确定的。对于垂直平行气流洁净室的顶棚需要安装高效过滤器;水平平行气流洁净室的顶棚,则不需要安装高效过滤器,而采用密封结构;紊乱气流洁净室顶棚应当设有局部送风口。

2) 洁净室的顶棚通常由顶棚骨架、顶棚块板及吊杆等组成。

3) 顶棚的安装顺序:

① 根据顶棚骨架施工图,先对骨架进行装配,顶棚的块材与高效过滤器等要在指定的位置安装到位,以使其达到水平、垂直及方正的要求。

② 为增加稳固性,洁净室套间的工字梁设置的吊点,是通过吊杆、吊钳、吊片、螺栓等部件与顶棚骨架相连接。

③ 顶棚的骨架内侧应当贴好密封条,同时要将顶棚块材嵌入骨架内,并予以固定。安装高效过滤器顶棚时,应当在室内与通风系统清理干净达到标准要求后,才准予进行。

④ 顶棚在承受荷载后应保持平直,压条应全部紧贴。若有上、下槽形板时,其接头应整齐、严密。

5. 其他空气净化设备安装

各种空气净化设备的安装条件基本相同,总的要求内容如下:

1)安装设备的地面应当平整,环境应当清洁。设备安装之前应擦去内外表面的尘土与油污,设备经检验合格后应当立即安装,尽快完工。

2)与洁净室围护结构相连的设备或者其排风、排水管道在须与围护结构同时施工安装时,与围护结构连接的接缝应当采取密封措施,做到严密而清洁;设备或者其管道的送、回、排风(水)口应当暂时封闭,每台设备安装完毕后,洁净室投入运行前,都应将设备的送、回、排风口封闭。

3)设备在安装就位后应当保持其纵轴垂直、横轴水平并有防移位措施。安装机械式余压阀时,阀体、阀板的转轴均应水平,允许偏差为 2/1000。余压阀的安装位置应当在室内气流的下风侧,并不应在工作面高度范围内。

4)传递窗的安装,应当牢固、垂直,与墙体的连接处应密封。

5)带有风机的气闸室或者空气吹淋室与地面之间应垫隔振层。

6)凡有机械联锁或者电气联锁的设备,安装调试后应当保证联锁处于正常状态。

7)凡有风机的设备,安装完毕后风机应进行试运转,试运转时叶轮旋转方向必须正确。试运转时间按照设备的技术文件要求确定,当无规定时,则不应少于 2h。

8)净化空调设备的安装还应符合下列规定:

① 净化空调设备与洁净室围护结构相连的接缝必须密封。

② 风机过滤器单元(FFU 与 FMU 空气净化装置)应当在清洁的现场进行外观检查,目测不得有变形、锈蚀及漆膜脱落、拼接板破损等现象;在系统试运转时,必须在进风口处加装临时中效过滤器作为保护。

业务要点 4:消声器安装

消声器通常是用吸声材料根据不同的消声原理设计而成的消声装置。在通风、空调系统中通常安装于风机出口水平总风管上,用来降低风机产生的空气动力性噪声,阻止或者降低噪声传播到空调房间内。在空调系统中也有的将消声器安装于干管、支管以及各个送风口前的弯头内,这种消声装置常称为消声弯头。空气洁净系统一般不设置消声器;避免由吸声材料内的灰尘污染洁净系统,应当尽量采取其他综合措施,来满足空气洁净系统的要求。若必须使用消声器,应选用不易产尘与积尘的结构及消声材料,如穿孔板消声器等。

消声器的安装与风管的连接方法相同,应当连接牢固、平直、不漏风,同时还要满足下列要求:

1) 消声器等消声设备运输时,为避免外界冲击破坏消声性能,不能有变形现象与过大振动。

2) 消声器在安装之前应检查支、吊架等固定件的位置是否正确,预埋件或者膨胀螺栓是否安装牢固、可靠。支、吊架必须保证所承担的荷载。消声器、消声弯管应当单独设支架,不得由风管来支撑。

3) 消声器支、吊架的横托板穿吊杆的螺孔距离,应当比消声器宽 40~50mm。为了便于调节标高,可以在吊杆端部套 50~80mm 的螺纹,以便找平、找正,且加双螺帽固定。

4) 消声器的安装方向必须正确,与风管或者管件的法兰连接应保证严密、牢固。

5) 当通风、空调系统有恒温、恒湿要求时,消声器等消声设备外壳与风管同样做保温处理。

6) 消声器等安装就位后,可以用拉线或者吊线尺量的方法进行检查,对位置不正、扭曲、接口不齐等不符合要求的部位进行修整,达到设计及使用的要求。

消声器在系统中,应当尽量安装于靠近使用房间的部位,若必须安装在机房内,则应对消声器外壳及消声器之后位于机房内的部分风管采取隔声处理。

◎ 业务要点 5:除尘器安装

除尘器是净化空气的一种设备,其种类很多,按作用于除尘器的外力或者作用原理可以分为机械式除尘器、过滤式除尘器、袋式除尘器、洗涤式除尘器以及电力除尘器等五个类型。

1. 机械式除尘器安装

1) 组装时,除尘器各部分的相对位置与尺寸应准确,各法兰的连接处应当垫石棉垫片,并将螺栓拧紧。

2) 除尘器应当保持垂直或水平,并稳定牢固,与风管连接必须严密不漏风。

3) 除尘器安装后,在联动试车时应当考核其气密性,若有局部渗漏应进行修补。

2. 过滤式除尘器安装

1) 外壳、滤材与相邻部件的连接必须严密,不能使含尘气流短路。

2）对于袋式滤材,起毛的一面必须迎气流方向。组装后的滤袋,垂直度与张紧力须保持一致。与滤袋连接接触的短管与袋帽应无毛刺。

3）机械回转扁袋式除尘器的旋臂,转动应当灵活可靠。净气上部的顶盖,应密封不漏气,旋转灵活,无卡阻现象。

4）脉冲袋式除尘器的喷吹孔,应当对准管中心,同心度允许偏差为 2mm。

5）凸轮的转动方向应当与设计要求一致,所有凸轮应按次序进行咬合,不能卡住或者断开,而且能保证每组滤袋必要的振动次数。

6）振动杠杆上的吊梁应当升降自如,不得出现滞动现象。

7）清灰机构动作灵活可靠。

8）吸气阀与反吹阀的启闭应灵活,关闭时须严密,脉冲控制系统动作可靠。

3. 袋式除尘器安装

1）布袋接口应当牢固,各部件连接处要严密。分室反吹袋式除尘器的滤袋安装必须平直,每条滤袋的拉紧力保持在 25～35N/m。与滤袋接触的短管、袋帽应当光滑无毛刺。

2）机械回转扁袋除尘器的旋臂转动应当灵活可靠,净气室上部顶盖应密封不漏气、旋转灵活。

3）脉冲除尘器喷吹孔的孔眼对准文丘里管的中心,同心度允许偏差为 ±2mm。

4. 洗涤式除尘器安装

1）水浴式、水膜式除尘器,应保证液位系统的准确。

2）喷淋式的洗涤器,喷淋均匀无死角,液滴细密,耗水量少。

5. 电除尘器安装

1）放电极部分的零件表面应当无尖刺、焊疤,电晕线的张紧力均匀一致。组装以后的放电极与两侧沉降极的间距保持一致。

2）电除尘器必须具有良好的气密性,不得有漏气现象。高压电源必须绝缘良好。

3）清灰装置动作灵活可靠,不能与周围其他部件相碰。

4）电除尘器壳体及辅助设备均匀接地,在各种气候条件下接地电阻应小于 4Ω。

5）不属于电晕部分的外壳、安全网等,都有可靠的接地。

6）电除尘器的外壳应作保温层。

业务要点 6：风机盘管和诱导器安装

1. 风机盘管安装

风机盘管是空调系统的末端装置,由风机与盘管组成。其设于空调房间内靠开动风机把室内空气（回风）与部分新风吹进机组，经盘管冷却或者加热处理后又送入房间，使之达到空气调节的目的。

风机盘管安装应注意以下几点：

1）风机盘管安装之前，应检查每台电动机壳体及表面交换器有无损伤、锈蚀等缺陷。

2）风机盘管应当每台进行通电试验检查，机械部分不得摩擦，电气部分不得漏电。

3）风机盘管应当逐台进行水压试验，试验强度应为工作压力的 1.5 倍，定压后观察 2～3min，不渗不漏。

4）卧式吊装风机盘管，吊架安装平整牢固，位置正确。吊杆不能自由摆动，吊杆与托盘相连要用双螺帽紧固找平正。暗装卧式的风机盘管应当由支、吊架固定，并使其便于拆卸与维修。

5）水管与风机盘管连接宜采用软管，接管要平直，严禁渗漏。目前常用的是金属软管与非金属软管。橡胶软管只能用于管压较低且是单冷工况的场合。紧固螺栓时为避免损坏设备，应当注意不要用力过大，同时要用双套工具两人对称用力。凝结水管宜选用透明塑料管，并用卡子卡住设备凝水盘一端，另一端应插入 $DN20$ 的凝结水支管，要找好坡度。凝结水应当畅通地流到指定位置，凝水盘不得有积水现象，或者设紫铜管接头。

6）风机盘管与风管、回风室及风口连接处应严密。

7）为防止堵塞热交换器，风机盘管同冷热媒管道应在管道清洗排污后连接。

2. 诱导器安装

诱导器与风机盘管机一样属于风机的末端设备。诱导式空调系统是将空气集中处理与局部处理结合起来的混合式空调系统中的一种形式。这种系统在一定程度上兼有集中式与局部式空调系统的优点。它是一种利用集中式空调器引来的初次风（即一次风）作为诱导动力，就地吸入室内回风（即二次风）且加以局部处理的设备，用以代替集中式系统的送风口。被输送的初次风风量要减少很多，且采用 15～25m/s 的高风速输送空气，可以大大缩小送风管道尺寸，使回风管道的尺寸大大缩小，甚至取消。适用于建筑空间较小而装饰要求较高的旧建筑改造、地下建筑及船舶等特定场所。

（1）诱导器安装检查。

诱导器安装前应当对其进行质量检验，其内容如下：

1）诱导器各联结部分不能有松动、变形与破裂等现象。

2）喷嘴不得脱落与堵塞。

3）静压箱封头的缝隙密封材料，不应有裂痕和脱落。

4）为方便安装后系统调试，一次风量调节阀必须灵活可靠，且调至全开位置。

（2）诱导器安装。

1）按照设计要求的型号就位安装，并注意喷嘴的型号。

2）诱导器与一次风管连接处要密闭，为防止漏风必要时应当在连接处涂以密封胶或包扎密封胶带。

3）诱导器水管接头方向与回风面的朝向应符合设计要求。立式双面回风诱导器，为利于回风应将靠墙一面留 50mm 以上的空间，卧式双回风诱导器要保证靠楼板一面留有足够的空间。

4）诱导器的出风口或者回风口的百叶格栅有效通风面积不能小于 80%，凝结水盘为保证排水畅通应有足够的排水坡度。

5）诱导器的进出水管接头与排水管接头不得漏水；为避免产生凝结水，进出水管必须保温。

第三节　空调制冷系统的安装

本节导读

本节主要介绍空调制冷系统的安装，内容包括冷水机组安装、附属设备安装以及空调制冷管道安装等。其内容关系如图 5-51 所示。

图 5-51　本节内容关系图

业务要点 1:冷水机组安装

1. 离心式冷水机组安装

离心式冷水机组安装方法与活塞式冷水机组安装方法大致相同,可参照进行,并且应注意下列事项:

1)拆箱应当按自上而下的顺序进行。拆箱时应当注意保护机组的管路、仪表以及电器设备不受损,拆箱后清点附件的数量以及机组充气有无泄漏等现象。机组充气内压应当符合设备技术文件规定的压力。

2)拆箱后应当连同原有的底排子,拖到安装地点,吊装钢丝绳要设在蒸发器与冷凝器筒体支座外侧,并且注意不要使钢丝绳在仪表板、油水管路上受力,钢丝绳与设备接触点应当垫以软木板。如图 5-52 所示。

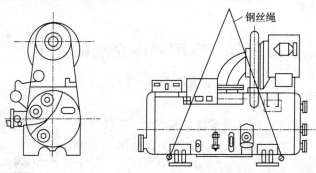

钢丝绳

图 5-52 离心式冷水机组吊装示意图

3)机组吊装就位后,设备中心应当与基础轴线重合。两台以上并列的机组,应当在同一基准标高线上,允许偏差为±10mm。

4)机组找平要点。

① 制冷机组应当在与压缩机底面平行的其他加工平面上找正找平,其纵、横向水平度不应超过 0.01%。

② 离心式制冷压缩机应当在主轴上找正纵向水平,其水平度不应超过 0.03%;压缩机在机壳中分面上找平,横向的水平度不应超过 0.01%。

5)机组在连接压缩机进气管之前,应从吸气口观察导向叶片与执行机构、叶片开度与指示位置,按照设备技术文件的要求调整一致并定位,最后连接电动执行机构。机组法兰连接处,应使用高压耐油石棉橡胶垫片。螺纹连接处,应当使用氧化铅、甘油、聚四氟乙烯薄膜等填料。

2. 溴化锂吸收式冷(热)水机组安装

溴化锂吸收式制冷(热)机组可以分为蒸汽热水型溴化锂制冷机组,燃油或燃气自燃式溴化锂制冷机组。

1)根据设计要求,设备应安放于垫有硬橡胶板的基础上,硬橡胶板可以按地脚位置分布安放,其厚度为 10mm 为宜。

2）设备就位后,应当按设备技术文件规定的基准面（如管板上的测量标记孔或者其他加工面）找正找平,其纵向、横向水平度均不应超过 0.05％。对于双筒吸收式制冷装置,应当分别找正上下筒的水平,以确保水盘与发生器加热管浸入溶液中,使蒸发器、吸收器及热交换器外表面保持良好流态。

3）真空泵就位后,应找正找平。抽气连接管应当采用金属管,其直径应与真空泵的进口直径相同;若采用橡胶管做吸气管,为确保胶管不被抽瘪,应当采用专用真空胶管,并对接头处采取密封措施。

4）屏蔽泵就位后,应找正找平,电线接线端子处,应当做防水处理。

5）热交换器安装时,为了保证排放溶液时易于排尽,应使装有放液阀的一端比另一端低约 20～30mm。

6）制冷系统安装后,应当对设备内部进行清洗。清洗时,将清洁水加入设备内,开动发生器泵、吸收器泵及蒸发器泵,使水在系统中循环,经过反复多次,并观察水的颜色,直至设备内部清洁为止。

3. 螺杆式冷水机组安装

螺杆式冷压缩机属于新型制冷设备,它是以一对互相啮合的转子在转动过程中所产生的周期性的容积变化,实现吹气、压缩及排气的过程。螺杆式冷水机组有风冷式与水冷式两种,其主机有全封闭立式螺杆压缩机与半封闭卧式螺杆压缩机。

1）螺杆式冷水机组的安装,如图 5-53 所示。基础要求与就位、找正找平的方法,与活塞式冷水机组相同。机组的纵、横向水平度偏差应小于 0.1％。

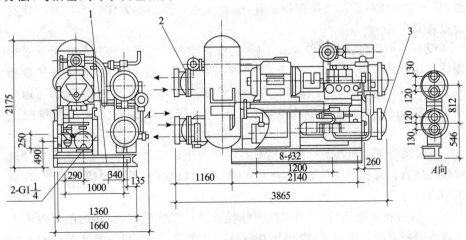

图 5-53　螺杆式冷水机组图

1—主电机与控制箱线源处　2—冷凝器　3—蒸发器

2) 机组就位以后，应当将联轴器孔内橡胶传动芯子拆卸，使电动机与压缩机脱离，安装电器部分并且接通电动机的电源，启动电动机，确认电动机的旋转方向与机组技术文件相吻合。

3) 设备地脚螺栓孔的灌浆强度达到要求后，应当对设备进行精平，利用百分表在联轴器的端面与圆周上进行测量、找正，其允许偏差应符合设备技术文件的规定。

4. 活塞式冷水机组安装

活塞式冷水机组是活塞式制冷成套设备组装在公共底座上，用以计取空调或工艺用的 0℃ 以上的冷水整体装置，通常用于中、小型空调系统。常用的形式有单机头冷水机组、多机头冷水机组以及模块式冷水机组等。

(1) 搬运与吊装。安装之前，应当使用衬垫将设备垫好以防止变形和受潮。在吊装过程中应当防止受力点低于设备重心而倾斜，设备要捆扎稳固。对于共用底座机组的吊装，其受力点不得使底座产生扭曲与变形。吊索与设备接触部位，要用软质材料衬垫，防止设备机体、管路、仪表以及其他附件受损或擦伤表面油漆。

(2) 放线就位。设备基础检查验收合格以后，即可以在设备基础上放出纵横中心线。然后将制冷机组或者制冷压缩机吊放在基础上，并调整设备使之与中心线相符，再用垫铁粗平设备。对于两台以上的同型号机组，应当在同一标高上，其允许偏差为 ±10mm。

(3) 设备找平与初平。设备找平是将设备就位到规定的部位，使设备的纵横中心线与基础的中心线对正。如果设备不正，可以用撬杠轻轻撬动进行调整，使两中心线对正。设备在找正时，应当注意设备上的管座等部件方向应符合设备要求。

设备初平是在设备就位及找正后，初步将设备的水平度调整到接近要求的程度。在设备的精加工水平面上，用水平仪测量其不平的状况，如果水平度相差悬殊，可以将低的一侧平垫铁更换一块厚垫铁；如果水平度相差不大，可以采用打入斜垫铁的方法逐步找平，使其纵向与横向的水平度偏差不得超过 1/1000。

(4) 设备精平和基础抹面。精平是设备安装的重要工序，是为达到质量验收规范或者设备技术文件要求，在初平基础上对设备水平度的精确调整，在施工中应当注意：

1) 设备初平合格后，应当对地脚螺栓孔进行二次灌浆，所用的细石混凝土或者水泥砂浆的强度等级，应当比基础强度等级高 1～2 级。灌浆前应对孔内的污物、泥土等杂物进行清理。每个孔洞灌浆必须一次完成，分层捣实，并且保持螺栓处于垂直状态。待其强度达到 70% 以上时，方能拧紧地脚螺栓。

2）设备找平后要及时定位焊垫铁，设备底座与基础表面间的空隙应当用混凝土填满，并将垫铁埋在混凝土内。为避免油、水流入设备底座，灌浆层上表面应稍有坡度，抹面砂浆应密实、表面光滑美观。

3）利用水平仪法或者铅垂线法在汽缸加工面、底座或与底座平行的加工面上测量，对设备进行精平，使机身纵、横向水平度的允许偏差为 1/1000，并且应符合设备技术文件的规定。

（5）拆卸和清洗。对于整体安装的制冷压缩式冷水机组，通常仅进行外表清洗，内部零件不进行拆卸与清洗。但是当超过设备出厂后的保质期或者有明显缺陷时，应当进行清洗。

设备拆卸与清洗时，应当测量设备的原始装配数据，并做好记录存档。不合格的零件应予更换，不符合设备技术文件规定的间隙应当进行调整，并作好记录，作为运行维修的参考。

（6）设备装配。设备装配应当注意下列事项：

1）装配顺序为先拆后装，先内后外，先装部件后总装的次序。

2）装配的零部件要涂冷冻油。装配好后应转动灵活。

3）各部位间隙的测量，可以用千分尺、千分表（百分表）、塞尺等量具直接测得，也可以用透光、着色等方法间接测得。

4）所有紧固件应均匀紧固，所有锁紧件应锁紧。开口销、弹簧卡、石棉垫片，都应按原规格更换。螺纹联接可以用氧化铅、甘油或者聚四氟乙烯带、密封胶等密封。

5）供液阀、电磁阀、膨胀阀部件应清洁干净，开启灵活可靠，各种指标调节仪表应经过校验。

6）设有减振基础的机组，冷却水管、冷冻水管以及电气管路也必须设置减振装置。

7）油箱内注入符合设备技术文件上所要求的冷冻油。

8）机组组装完毕后，应盘动灵活，油、气、水路畅通。

业务要点 2：附属设备安装

1. 冷凝器安装

（1）立式冷凝器安装。

1）一般立式冷凝器安装于混凝土的水池上，可以分为单台或多台安装。立式冷凝器安装在浇筑的钢筋混凝土集水池顶部时，可以在预埋螺栓的位置预埋套管，等吊装冷凝器后，将地脚螺栓与垫圈穿入套管中，以防止预埋的螺栓与冷凝器底座螺孔偏差过大而影响安装。

2）立式冷凝器找正方法，如图 5-54 所示。测量上、中、下三点，a、b 位置各测一次,a_1、a_2、a_3 的值差不大于 1/1000。

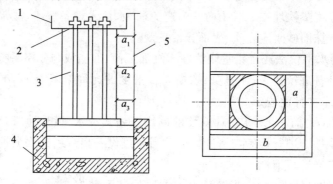

图 5-54　立式冷凝器找正

1—水槽　2—导流器　3—冷凝器　4—水池　5—垂线

3) 冷凝器找平找正后,再拧紧螺帽定位。

4) 立式冷凝器安装于集水池顶的工字钢或者槽钢上时,先将工字钢或者槽钢与集水池顶预埋的螺栓固定在一起,然后将冷凝器吊装安放于工字钢或槽钢上。

5) 立式冷凝器安装于集水池顶部钢板上时,钢板与钢筋混凝土池顶的钢筋应当焊接在一起。安装冷凝器时,先按冷凝器底座螺孔位置,将工字钢或者槽钢置于预埋的钢板上。等冷凝器找平找正后,将工字钢或者槽钢与预埋的钢板焊牢。

6) 在焊接冷凝器的平台与钢梯时,应当注意不能损伤冷凝器本体,焊接后要检验有无损伤的现象。

(2) 卧式冷凝器安装。

1) 卧式冷凝器通常在室内安装。为使冷凝器的冷却水系统正常运转,便于冷却水系统运转时排除空气,应当在封头盖顶部装设排气阀。为了在设备检修时能将冷却水排出,应当在封头盖底部设排水阀门。

2) 卧式冷凝器在机房内布置时,为便于更换或者检修管束,应当留出相当于冷凝器内管束尺度的空间。如果机房的面积较小,也可以在冷凝器端面对应位置的墙上开设门窗,利用门窗室外空间更换装入管束。

3) 卧式冷凝器的安装基础,应当根据厂家提供的技术文件进行。卧式冷凝器可以安装在贮液器之上,以节省设备占地面积。

2. 贮液器安装

1) 就位前,检查设备基础的平面位置、标高、表面平整度、预埋地脚螺栓的尺寸是否符合设备和设计要求,并且清理基孔中的杂物。

2) 设备吊装就位后,应当找平找正,如图 5-55 所示。在壳体上最少测量三点,用以确定贮液桶的水平度。无集油器与集油器在中间的贮液桶,应当水平安装,水平度允许偏差为 1/1000;集油器在一端的,应以 1/1000 的坡度坡向集油器。

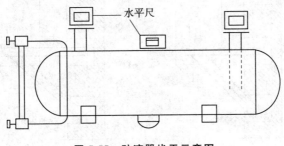

图 5-55 贮液器找平示意图

3)将地脚螺栓灌好混凝土,等混凝土强度达到 75% 后,进行精平并紧固地脚螺栓。

4)两台以上时,为了保证排列整齐、标高一致,应当同时放好纵横中心线。

5)为避免不能供液,进、出液管不得装错(进液管是焊于壳体表面的,出液管是插入桶内的)。

3. 分离器安装

(1)氨油分离器安装。氨油分离器是将压缩后的氨气借油、氨密度的不同,使混合气体经过直径较大的容器时降低流速,改变流动方向,从而使油从中沉降且分离。

目前,常用的氨油分离器主要有洗涤式、填料式与离心式等几种。

氨油分离器安装应当注意以下几点:

1)应当做好设备就位前的有关工作,并且核对与冷凝器的相对标高。一般氨油分离器的进液口应当低于冷凝器出液口 200~250mm。

2)确定好连接管口的方向并且将设备就位。

3)氨油分离器应当垂直安装,铅垂度允许偏差为 1.5/1000,进出口不能接错,洗涤式、填料式为上进旁出,离心式为上进、旁进上出。

4)浮球阀应当清洗检查加油后进行安装。

5)填料式氨油分离器的冷却水管,下口为进水口,上口为出水口,不能接错。

(2)液氨分离器安装。液氨分离器是用于分离自蒸发器产生的氨气中所夹带的液氨,以防止液氨进到氨压缩机产生液力冲击造成事故的。

液氨分离器安装方法如下:

1)安装支架。将支架安装于墙上,标高按照设计规定安装;设计无规定时,其标高应当使设备底部高于排管顶部 1~2m 为宜,如图 5-56 所示。

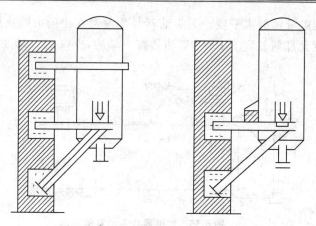

图 5-56　立式液氨分离器安装示意图

2) 找平找正。立式液氨分离器应当垂直安装,铅垂度允许偏差为 1.5/1000。设备支腿与支架接触处应当加防腐绝缘垫木,厚度为 50～100mm,面积不小于支腿面积。

3) 设备上的附件均应装在保温层外,靠墙安装时,支架的尺寸应当加上保温层的厚度,连接管口不应靠墙。

4) 用浮球阀供液时,浮球阀的中心标高不应高于氨液分离器的进液管。

(3) 空气分离器安装。空气分离器将制冷系统中不凝缩气体与氨气分离开后,将不凝缩气体排出制冷系统外,以提高制冷效果与安全运转。目前常用的空气分离器有立式与卧式两种形式,通常安装在距离地面 1.2m 左右墙壁上,用螺栓与支架固定,如图 5-57 所示。

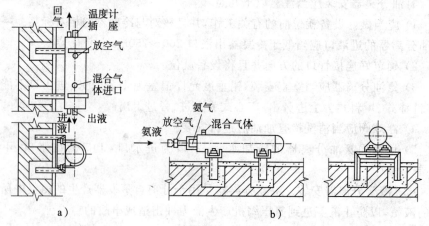

图 5-57　空气分离器的安装

a)立式空气分离器安装　b)卧式空气分离器安装

4. 集油器安装

集油器又称贮油器,用于收集氨油分离器以及其他设备放出的润滑油,并且将油中的制冷剂回收,以减少制冷剂的损失,同时保证工作人员的安全。

集油器安装方法如下:

1)检查核对基础孔的尺寸与设备尺寸是否相符。集油器通常安装在地面上,为便于收集各设备中排放出的润滑油,应当低于系统中各设备。

2)设备就位后,集油器应当垂直安装,并装于便于操作的地方,如图 5-58 所示。

3)对设备进行找正,地脚螺栓灌好混凝土,等达到强度后再安装附件。

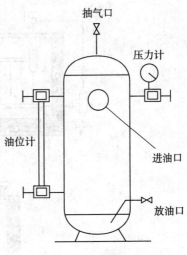

图 5-58 集油器安装

5. 蒸发器安装

蒸发器在准备安装之前,应当做水槽注水试验,以不渗漏为合格。蒸发器组用 1.2MPa 压力的压缩空气或者氮气做严密性试验,稳压 12h 无渗漏为合格;用 0.6MPa 压力的压缩空气做排污工作,到无污物时为止。

(1)立式蒸发器安装。

1)立式蒸发器用于制冷系统中,使氨液蒸发造成低温。立式蒸发器的安装,如图 5-59 所示。

2)压立式蒸发器的平面布置过程中,三台以及少于三台的蒸发器可以靠墙布置,多于三台时,可以连成一片或分组安装以便于运行维护。

3)立式蒸发器安装时,先将水箱吊装到预先做好的上部垫有绝热层的基础上,再把蒸发器管组放入箱内。蒸发器管组要垂直,并稍倾斜于放油端,各管组的间距应相等。基础绝缘层中应放置于与保温材料厚度相同、宽 200mm 经防腐处理的木梁上。蒸发器管组装好,并在气密性试验合格后,即可对水箱保温。

4)搅拌机安装前应当清洗检查,将润滑油加好,填料且调整好,转动轻便不碰外壳,纵向水平度允许偏差为 0.1/1000。

5)立式搅拌器安装时,应当将刚性联轴器分开,清除内孔中的铁锈及污物,使孔与轴能正确地配合,再进行连接。

6)搅拌机安装好后,应当注水检查法兰与填料处,以无渗漏为合格。

7)全部附件安装完毕后,经试验合格后进行冷水槽的保温工作。

(2)卧式蒸发器安装。卧式蒸发器通常安装于室内的混凝土基础上,用地脚螺栓与基础连接。为了避免冷桥的产生,蒸发器支座与基础之间应当垫以

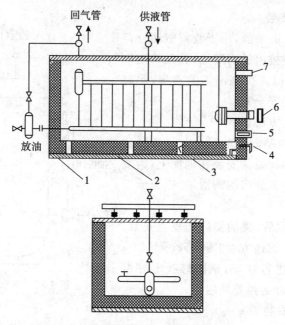

图 5-59　立式蒸发器安装

1—基础　2—保温层　3—枕木　4—放水管

5—出水管　6—搅拌机　7—溢水管

50mm 厚的防腐垫木,垫木的面积不得小于蒸发器支座的面积。卧式蒸发器的水平度要求与卧式冷凝器相同,可以用水平仪在筒体上直接测量。图 5-60 为卧式蒸发器安装示意图。

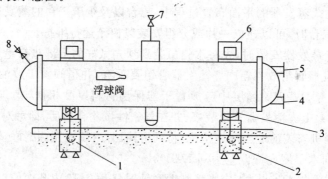

图 5-60　卧式蒸发器安装示意图

1—地脚螺栓　2—混凝土基础　3—垫木　4—冷水进

5—冷水出　6—水平尺　7—回气　8—放气

(3) 螺旋管式蒸发器安装。螺旋管式蒸发器有单头与双头两种类型。这种蒸发器优点为传热系数高,并具有载冷剂贮蓄量大、冷量贮存较多、热稳定性好以及操作管理方便等特点,因此,广泛应用于制冷系统中。

其安装方法可以参考立式与卧式蒸发器的安装。

(4)排管式蒸发器安装。排管式蒸发器多用于冷库,有顶排管、墙排管及搁架排管等,具体安装方法如下:

1)在库房内搭一个简易平台,在平台上焊制成组。但是组焊前要对管道进行内外除锈至露出金属光泽,将管段外刷漆。为便于焊接,刷漆时将管端留出100mm不刷漆。组焊好后,用1.2MPa的压缩空气或者氮气做严密性试验,稳压12h无渗漏为合格。为了方便检查泄漏,若有条件,可在水槽中试验。

2)试压合格后,将焊口部分补刷油漆。

3)用起吊方法把排管吊装在支架上,墙排管可就地立起,靠墙与固定支架连接。搁架排管可以先将架子组装好,然后在架子上组对排管。

4)试压前,应对排管进行排污清扫,将管内杂物吹净后再做严密性试验。

5)在冬季,蒸发器做严密性试验时,为了避免肥皂水冻结影响检漏,可以在肥皂水中加入一定比例的酒精或者白酒。试压介质不宜用水。

6. 紧急泄氨器安装

制冷系统中有大量液氨存在的容器(如贮氨器、蒸发器)管路与紧急泄氨器联接,当情况紧急时,可以将紧急泄氨器的液氨排出阀与通往紧急泄氨器的自来水阀打开排出。

紧急泄氨器通常垂直安装于机房门口便于操作的外墙上,用螺栓、支架与墙壁连接。其安装方法与立式空气分离器相同,但是应注意阀门高度一般不要超过1.4m,进氨管、进水管及排出管均不得小于设备的接管直径,排出管必须直接通入下水道中。

业务要点3:空调制冷管道安装

1. 制冷管道清洗

制冷管道与压缩机、冷凝器及蒸发器等连接后形成一密闭的循环制冷系统。若管道系统内有细小杂物存在,会被带入压缩机汽缸内,磨损活塞及汽缸壁,因此,在安装前要将管道内外壁的铁锈、污物清除干净。不同管道的清洗方法也不同。

(1)钢管的清洗。

1)对于一般钢管可以用人工方法用钢丝刷子在管道内部拖拉数十次,直到将管内污物与铁锈等物彻底清除,再用干净的抹布蘸煤油擦净。然后用干燥的压缩空气吹洗管道内部,直到管口喷出的空气在白纸上无污物时为合格。对清洗后的干净管子,必须将管口封闭好,待安装时启用。

2)对小口径的管道、弯头或者弯管,可以用干净的抹布浸蘸煤油将管道内壁擦净。

3)对大直径的钢管可以用化学清洗法。可灌入四氯化碳溶液处理,经15～20min后,倒出四氯化碳溶液(以后再用),再按照以上方法将管内擦净、吹干,然后封存。

4)对钢管内残留的氧化皮等污染物用上法不能完全清除时,可用20%的硫酸溶液使其在温度40～50℃的情况下进行酸洗,一直酸洗至氧化皮完全清除为止,一般情况所需时间为10～15min。

5)酸洗后对管道进行光泽处理。光泽处理溶液成分如下:

铬干——100g;硫酸——50g;水——150g。

溶液的温度不应低于15℃,处理时间通常为0.5～1min。

6)光泽处理后的管道,必须先进行冷水冲洗,再用3%～5%的碳酸钠溶液中和,然后再用冷水冲洗干净。最后对管道进行加热、吹干及封存。

(2)紫铜管清洗。紫铜管在煨弯时应当进行烧红退火。退火后紫铜管内壁产生的氧化皮,要用酸洗或者用纱头拉洗。

1)酸洗。将紫铜管放在浓度为98%的硝酸(占30%)与水(占70%)的混合液中浸泡数分钟,取出后再用碱中和,并且用清水洗净烘干。

2)用纱头拉洗。将纱布绑扎于铁丝上,浸上汽油,从管子一端穿入再由另一端拉出,纱头要在管内进行多次拉洗,每拉一次均要将纱头在汽油中清洗过,直到洗净为止,最后用干纱头再拉净一次。

2. 制冷管道安装

(1)制冷管道敷设。

1)架空敷设。

①架空管道敷设除了设置专用支架外,通常应沿墙、柱、梁布置。制冷系统的吸气管与排气管布置在同一支架,吸气管应当布置在排气管的下部。多根平行的管道间应当留有一定的间距,一般间距不小于200mm。

②在管道与支架间设置用油浸处理过的木块,以防止吸气管道与支架接触产生"冷桥"现象。

③敷设制冷剂的液体管道,为防止产生"气囊"与"液囊"增加管路阻力,影响系统正常运转,不能有局部向上凸起的管段,气体管道不能有局部向下凹陷的管段,从液体主管接出支管时,一般应当从主管的上部接出。

④制冷管道的三通接口,不能使用T形三通,要制成顺流三通。当支管与主管的管径相同且$DN<50mm$时,主管应当局部加大一个规格制成扩大管后,再开顺流三通。

⑤为防止热煨弯生成氧化皮或者嵌在管壁上的砂子增加系统的污物,制冷管道弯管应当采用冷煨弯。弯管的曲率半径一般不小于管子外径的3.5倍。

制冷管道不得采用焊接弯管、皱褶弯管以及压制弯管。

2) 地下敷设。地下敷设分为通行地沟敷设、半通行地沟敷设以及不通行地沟敷设。通行地沟通常净高不小于 1.8m。若地沟为多管敷设,低温管道应当敷设在远离其他管道并在其下部位置。半通行地沟净高一般为 1.2m,不能冷热管同沟敷设。不通行地沟常采用活动式地沟盖板,低温管道单独敷设。

(2) 阀门安装。

1) 阀门安装要求。

① 氨制冷系统制冷管道用的各种阀门(截止阀、节流阀、止回阀、浮球阀和电磁阀等)必须采用专用产品。

② 安装之前阀门应逐个拆卸清洗,除去油污与铁锈。并且应检查密封效果,必要时应作研磨,并检查填料密封是否良好,对密封性不好的填料应当更换或修理。阀门清洗装配好后,应启闭 4～5 次,然后关闭阀门注入煤油进行试漏,经过 2h 后若无渗漏现象认为合格。

③ 阀门的安装位置、方向及高度应符合设计要求。应当注意各种阀门的进出口与介质流向,切勿装错。若阀门上有流向标记则应当按标记方向安装,若无标记则以"低进高出"的原则安装。安装时,阀门不得歪斜。禁止将阀门手轮朝下或者置于不易操作的部位。

④ 安装带手柄的手动截止阀,手柄不能向下。电磁阀、调节阀、热力膨胀阀、升降式止回阀等的阀头都应向上竖直安装。

⑤ 热力膨胀阀的安装位置应当高于感温包。感温包应安装于蒸发器末端的回气管上,与管道接触良好、绑扎紧密,并且用隔热材料密封包扎,其厚度与保温层相同。

⑥ 安全阀安装之前,应检查阀门铅封情况与出厂合格证件,不得随意拆启。如果其规定压力与设计要求不符,应当按有关规程进行调整,做出记录,然后再行铅封。

安全阀放空管末端宜做成 S 形或者 Z 形,排放口应当朝向安全地带。安全阀与设备间若设关断阀门,在运转中必须处于全开位置,并予以铅封。

2) 热力膨胀阀的安装。热力膨胀阀是制冷系统中重要阀件之一,不仅起减压节流与隔断作用,而且还是制冷系统中不可缺少的调节装置。

热力膨胀阀安装方法如下:

① 安装前的检查。安装之前要首先检查阀门各部分是否完好,感温包有无泄漏,密封盖是否严密,如果无异常现象才能安装。否则,要先进行修理、试压、校验,合格后方能安装,并且将这部分资料归入竣工资料中。

② 阀体安装。热力膨胀阀应当安装在蒸发器进液口的供液管段上,为了减少环境温度的影响,保证足够灵敏度,它的感温包应当紧贴在蒸发器出气口的

回气管段上，并与管道一起保温，不能隔开。热力膨胀阀的装设部位，如图 5-61
所示。

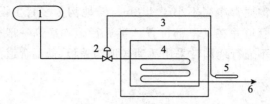

图 5-61　热力膨胀阀的装设部位
1—高压贮液器　2—热力膨胀阀　3—冷间
4—蒸发器　5—感温包　6—回气管

膨胀阀在管道中安装时应当使液体制冷剂从装有过滤网的接口一端进入
阀体。膨胀阀的调节杆要垂直向下，在可能发生振动时，阀体应当固定在支架
上。阀体不得倒装。

③ 感温包安装形式。感温包安装有三种形式，见表 5-23。

表 5-23　感温包安装形式

形　　式	具体方法
将感温包包扎在吸气管道上	这种方法安装和拆卸都很方便，但温度传感较慢，因而降低了膨胀阀的灵敏度。多数制冷装置采用此法 首先将包扎感温包的吸气管道段上的氧化皮清除干净，以露出金属本色为宜，并涂上一层铝漆作保护层，可减少腐蚀。然后用两块厚度为 0.5mm 的铜片将吸气管和感温包紧紧包住，并用螺钉拧紧，以增强传热效果（对于管径较小的吸气管也可用一块较宽的金属片固定）。当吸气管直径小于 25mm 时，可将感温包包扎在吸气管上面；当吸气管直径大于 25mm 时，应将感温包绑扎在吸气管水平轴线以下与水平线成 30°左右的位置上，以免吸气管内积液（或积油）而使感温包的传感温度不正确。感温包外面包裹一层软性泡沫塑料作隔热层
将感温包直接插入吸气管内	使感温包和过热蒸汽直接接触，其温度传感速度最快，但安装和拆卸都很困难，非特殊要求一般不宜采用此法
将感温包安装在套管内	对于 -60℃ 以下的低温设备，为提高感温包灵敏度，可采用此法

④ 感温包安装。安装时，感温包的位置要低于热力膨胀阀本体，感温包所
感受的过热度饱和压力可通过毛细管传递到膜片上方。当感温包高于膨胀阀
时，会使感温包内的流体倒流入膨胀阀的薄膜上方，则薄膜上方承受的力是液
体重量；而温包内液体减少，便不能正确反映回气管过热度的变化。因此，热力

膨胀阀的位置应当高于感温包。

空调系统感温包一般是扎在蒸发器出口水平以及平直的回气管段口,不得放于有集液的吸气管处,否则会引起膨胀阀的误操作,并且应尽可能接近蒸发器。此感温包用金属片固定在吸气管上以后,用不吸水的隔热材料将两管扎紧,使之与环境隔热,以提高感温包灵敏度。

(3)仪表安装。

1)安装要求。所有测量仪表,按照设计要求都需采用专用产品。压力测量仪表须用标准压力表作校正,温度测量仪表须用标准温度计校正,校正时均应做好记录。所有仪表应安装于照明良好、便于观察且不妨碍操作检修的部位。装于室外的仪表为避免日光暴晒与雨淋,应增设保护罩。压力继电器与温度继电器应装在不受振动的地方。

2)U形管压力计安装。U形管压力计的安装位置力求避免振动及高温影响,并且应便于观察和维护。安装时必须使压力计垂直,以减少压力指示的迟缓,引压管的根部阀与U形管压力计之间的连接软管不宜过长。

3)弹簧管压力表。弹簧管压力表应当经过校验,并且带有铅封才允许安装。安装应当便于观察、维护,并力求避免振动和高温影响。

① 为确保测值准确应安装在与介质流向呈平行方向的管道上,不能安装在管道弯曲、拐角、死角与流线呈漩涡状态处。

② 取压管与管道或者设备连接处的内壁应保持平齐,不应有凸出物或毛刺。

③ 压力表与被测介质之间应当装有盘管或者U形管,以此起缓冲作用。在压力表与盘管之间要安装三通旋塞,以便通大气与切断。

④ 对有腐蚀性的介质,应加装有中性介质的隔离罐以及切断阀,并且根据介质的不同性质采取相应的防热、防腐、防冻及防堵等措施。

⑤ 为保证孔边无毛刺、光滑、平整,应当在管道试压、吹洗前将压力表安装孔钻好。

第四节　空调水系统管道与附件安装

本节导读

本节主要介绍空调水系统管道与附件安装,内容包括管道连接、管道安装以及阀门与附件安装等。其内容关系如图5-62所示。

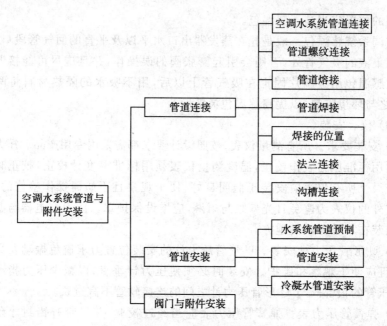

图 5-62　本节内容关系图

业务要点 1：管道连接

1. 空调水系统管道连接

空调水系统管道连接应满足设计要求,并应符合下列规定:

1）管径小于或等于 $DN32$ 的焊接钢管宜采用螺纹连接;管径大于 $DN32$ 的焊接钢管宜采用焊接。

2）管径小于或等于 $DN100$ 的镀锌钢管宜采用螺纹连接;管径大于 $DN100$ 的镀锌钢管可采用沟槽式或法兰连接。采用螺纹连接或沟槽连接时,镀锌层破坏的表面及外露螺纹部分应进行防腐处理;采用焊接法兰连接时,对焊缝及热影响区的表面应进行二次镀锌或防腐处理。

3）塑料管及复合管道的连接方法应符合产品技术标准的要求,管材及配件应为同一厂家的配套产品。

2. 管道螺纹连接

1）管道与管件连接应采用标准螺纹,管道与阀门连接应采用短螺纹,管道与设备连接应采用长螺纹。

2）螺纹应规整,不应有毛刺、乱丝,不应有超过 10% 的断丝或缺扣。

3）管道螺纹应留有足够的装配余量可供拧紧,不应用填料来补充螺纹的松紧度。

4）填料应按顺时针方向薄而均匀地紧贴缠绕在外螺纹上。上管件时,不应将填料挤出。

5）螺纹连接应紧密牢固。管道螺纹应一次拧紧,不应倒回。螺纹连接后管螺纹根部应有 2～3 扣的外露螺纹。多余的填料应清理干净,并做好外露螺纹的防腐处理。

3. 管道熔接

1）管材连接前,端部宜去掉 20～30mm,切割管材宜采用专用剪和割刀,切口应平整、无毛刺,并应擦净连接断面上的污物。

2）承插热熔连接前,应标出承插深度,插入的管材端口外部宜进行坡口处理,坡角不宜小于 30°,坡口长度不宜大于 4mm。

3）对接热熔连接前,检查连接管的两个端面应吻合,不应有缝隙,调整好对口的两连接管间的同心度,错口不宜大于管道壁厚的 10%。

4）电熔连接前,应检查机具与管件的导线连接正确,通电加热电压满足设备技术文件的要求。

5）熔接加热温度、加热时间、冷却时间、最小承插深度应满足热熔加热设备和管材产品技术文件的要求。

6）熔接接口在未冷却前可校正,严禁旋转。管道接口冷却过程中,不应移动、转动管道及管件,不应在连接件上施加张拉及剪切力。

7）热熔接口应接触紧密、完全重合,熔接圈的高度宜为 2～4mm,宽度宜为 4～8mm,高度与宽度的环向应均匀一致,电熔接口的熔接圈应均匀地挤在管件上。

4. 管道焊接

1）管道坡口应表面整齐、光洁,不合格的管口不应进行对口焊接;管道对口形式和组对要求应符合表 5-24 和表 5-25 的规定。

表 5-24　焊条电弧焊对口形式及组对要求

接头名称	对口形式	接头尺寸/mm			
		壁厚 δ	间隙 C	钝边 P	坡口角度 $\alpha(°)$
对接不开坡口		1～3	0～1.5	—	—
		3～6 双面焊	1～2.5		
对接 V 形坡口		6～9	0～2	0～2	65～75
		9～26	0～3	0～3	55～65
T 形坡口		2～30	0～2	—	—

表 5-25　氧—乙炔焊对口形式及组对要求

接头名称	对口形式	接头尺寸/mm			
		壁厚 δ	间隙 C	钝边 P	坡口角度 $\alpha(°)$
对接不开坡口		<3	1~2	—	—
对接 V 形坡口		3~6	2~3	0.5~1.5	70~90

2) 管道对口、管道与管件对口时,外壁应平齐。

3) 管道对口后进行定位焊,定位焊高度不超过管道壁厚的 70%,其焊缝根部应焊透,定位焊位置应均匀对称。

4) 采用多层焊时,在焊下层之前,应将上一层的焊渣及金属飞溅物清理干净。各层的引弧点和熄弧点均应错开 20mm。

5) 管材与法兰焊接时,应先将管材插入法兰内,先定位焊 2~3 点,用角尺找正、找平后再焊接。法兰应两面焊接,其内侧焊缝不应凸出法兰密封面。

6) 焊缝应满焊,高度不应低于母材表面,并应与母材圆滑过渡。焊接后应立刻清除焊缝上的焊渣、氧化物等。焊缝外观质量不应低于现行国家标准《现场设备、工业管道焊接工程施工规范》GB 50236—2011 的有关规定。

5. 焊接的位置

1) 直管段管径大于或等于 $DN150$ 时,焊缝间距不应小于 150mm;管径小于 $DN150$ 时,焊缝间距不应小于管道外径。

2) 管道弯曲部位不应有焊缝。

3) 管道接口焊缝距支、吊架边缘不应小于 100mm。

4) 焊缝不应紧贴墙壁和楼板,并严禁置于套管内。

6. 法兰连接

1) 法兰应焊接在长度大于 100mm 的直管段上,不应焊接在弯管或弯头上。

2) 支管上的法兰与主管外壁净距应大于 100mm,穿墙管道上的法兰与墙面净距应大于 200mm。

3) 法兰不应埋入地下或安装在套管中,埋地管道或不通行地沟内的法兰处应设检查井。

4) 法兰垫片应放在法兰的中心位置,不应偏斜,且不应凸入管内,其外边缘宜接近螺栓孔。除设计要求外,不应使用双层、多层或倾斜形垫片。拆卸重新连接法兰时,应更换新垫片。

5)法兰对接应平行、紧密,与管道中心线垂直,连接法兰的螺栓应长短一致,朝向相同,螺栓露出螺母部分不应大于螺栓直径的一半。

7. 沟槽连接

1)沟槽式管接头应采用专门的滚槽机加工成型,可在施工现场按配管长度进行沟槽加工。钢管最小壁厚、沟槽尺寸、管端至沟槽边尺寸应符合表 5-26 的规定。

表 5-26　钢管最小壁厚和沟槽尺寸　　　　　　（单位:mm）

公称直径	钢管外径	最小壁厚	管端至沟槽边尺寸 (偏差-0.5~0)	沟槽宽度 (偏差 0~0.5)	沟槽深度 (偏差 0~0.5)
20	27	2.75			1.5
25	33	3.25	14	8	
32	43	3.25			1.8
40	48	3.50			
50	57	3.50			
50	60	3.50	14.5		
65	76	3.75			
80	89	4.00			
100	108	4.00			
100	114	4.00			2.2
125	133	4.50			
125	140	4.50	16		
150	159	4.50		13	
150	165	4.50			
150	168	4.50			
200	219	6.00			
250	273	6.50	19		2.5
300	325	7.50			
350	377	9.00			
400	426	9.00			
450	480	9.00	25		5.5
500	530	9.00			
600	630	9.00			

2) 现场滚槽加工时,管道应处在水平位置上,严禁管道出现纵向位移和角位移,不应损坏管道的镀锌层及内壁各种涂层或内衬层,沟槽加工时间不宜小于表 5-27 的规定。

表 5-27 加工一个沟槽的时间

公称直径 DN/mm	50	65	80	100	125	150	200	250	300	350	400	450	500	600
时间/min	2	2	2.5	2.5	3	3	4	5	6	7	8	10	12	16

3) 沟槽接头安装前应检查密封圈规格正确,并应在密封圈外部和内部密封唇上涂薄薄一层润滑剂,在对接管道的两侧定位。

4) 密封圈外侧应安装卡箍,并应将卡箍凸边卡进沟槽内。安装时应压紧上下卡箍的耳部,在卡箍螺孔位置穿上螺栓,检查确认卡箍凸边全部卡进沟槽内,并应均匀对称拧紧螺母。

业务要点 2:管道安装

1. 水系统管道预制

1) 管道除锈防腐应按《通风与空调工程施工规范》GB 50738—2011 第 13 章有关规定执行。

2) 下料前应进行管材调直,可按管道材质、管道弯曲程度及管径大小选择冷调或热调。

3) 预制前应先按施工图确定预制管段长度。螺纹连接时,应考虑管件所占的长度及拧进管件的内螺纹尺寸。

4) 切割管道时,管道切割面应平整,毛刺、铁屑等应清理干净。

5) 管道坡口加工宜采用机械方法,也可采用等离子弧、氧乙炔焰等热加工方法。采用热加工方法加工坡口后,应除去坡口表面的氧化皮、熔渣及影响接头质量的表面层,并应将凹凸不平处打磨平整。管道坡口加工应符合表 5-3 和表 5-4 的规定。

6) 螺纹连接的管道因管螺纹加工偏差使组装管段出现弯曲时,应进行调直。调直前,应先将有关的管件上好,再进行调直,加力点不应离螺纹太近。

7) 管道上直接开孔时,切口部位应采用校核过的样板画定,用氧炔焰切割,打磨掉氧化皮与熔渣,切断面应平整。

8) 管道预制长度宜便于运输和吊装。

9) 预制的半成品应标注编号,分批分类存放。

2. 管道安装

1) 管道安装位置、敷设方式、坡度及坡向应符合设计要求。

2）管道与设备连接应在设备安装完毕，外观检查合格，且冲洗干净后进行；与水泵、空调机组、制冷机组的接管应采用可挠曲软接头连接，软接头宜为橡胶软接头，且公称压力应符合系统工作压力的要求。

3）管道和管件在安装前，应对其内、外壁进行清洁。管道安装间断时，应及时封闭敞开的管口。

4）管道变径应满足气体排放及泄水要求。

5）管道开三通时，应保证支路管道伸缩不影响主干管。

3. 冷凝水管道安装

1）冷凝水管道的坡度应满足设计要求，当设计无要求时，干管坡度不宜小于 0.8%，支管坡度不宜小于 1%。

2）冷凝水管道与机组连接应按设计要求安装存水弯。采用的软管应牢固可靠、顺直，无扭曲，软管连接长度不宜大于 150mm。

3）冷凝水管道严禁直接接入生活污水管道，且不应接入雨水管道。

业务要点 3：阀门与附件安装

1）阀门与附件的安装位置应符合设计要求，并应便于操作和观察。

2）阀门安装应符合下列规定：

① 阀门安装前，应清理干净与阀门连接的管道。

② 阀门安装进、出口方向应正确；直埋于地下或地沟内管道上的阀门，应设检查井（室）。

③ 安装螺纹阀门时，严禁填料进入阀门内。

④ 安装法兰阀门时，应将阀门关闭，对称均匀地拧紧螺母。阀门法兰与管道法兰应平行。

⑤ 与管道焊接的阀门应先定位焊，再将关闭件全开，然后施焊。

⑥ 阀门前后应有直管段，严禁阀门直接与管件相连。水平管道上安装阀门时，不应将阀门手轮朝下安装。

⑦ 阀门连接应牢固、紧密，启闭灵活，朝向合理；并排水平管道设计间距过小时，阀门应错开安装；并排垂直管道上的阀门应安装于同一高度上，手轮之间的净距不应小于 100mm。

3）电动阀门安装尚应符合下列规定：

① 电动阀安装前，应进行模拟动作和压力试验。执行机构行程、开关动作及最大关紧力应符合设计和产品技术文件的要求。

② 阀门的供电电压、控制信号及接线方式应符合系统功能和产品技术文件的要求。

③ 电动阀门安装时，应将执行机构与阀体一体安装，执行机构和控制装置

应灵敏可靠,无松动或卡涩现象。

④ 有阀位指示装置的电磁阀,其阀位指示装置应面向便于观察的方向。

4) 安全阀安装应符合下列规定:

① 安全阀应由专业检测机构校验,外观应无损伤,铅封应完好。

② 安全阀应安装在便于检修的地方,并垂直安装;管道、压力容器与安全阀之间应保持通畅。

③ 与安全阀连接的管道直径不应小于阀的接口直径。

④ 螺纹连接的安全阀,其连接短管长度不宜超过 100mm;法兰连接的安全阀,其连接短管长度不宜超过 120mm。

⑤ 安全阀排放管应引向室外或安全地带,并应固定牢固。

⑥ 设备运行前,应对安全阀进行调整校正,开启和回座压力应符合设计要求。调整校正时,每个安全阀启闭试验不应少于 3 次。安全阀经调整后,在设计工作压力下不应有泄漏。

5) 过滤器应安装在设备的进水管道上,方向应正确且便于滤网的拆装和清洗;过滤器与管道连接应牢固、严密。

6) 制冷机组的冷冻水及冷却水管道上的水流开关应安装在水平直管段上。

7) 补偿器的补偿量和安装位置应满足设计及产品技术文件的要求,并应符合下列规定:

① 应根据安装时施工现场的环境温度计算出该管段的实时补偿量,进行补偿器的预拉伸或预压缩。

② 设有补偿器的管道应设置固定支架和导向支架,其结构形式和固定位置应符合设计要求。

③ 管道系统水压试验后,应及时松开波纹补偿器调整螺杆上的螺母,使补偿器处于自由状态。

④ "□"形补偿器水平安装时,垂直臂应呈水平,平行臂应与管道坡向一致;垂直安装时,应有排气阀和泄水阀。

8) 仪表安装前应校验合格;仪表应安装在便于观察、不妨碍操作和检修的地方;压力表与管道连接时,应安装放气旋塞及防冲击表弯。

第六章　电梯工程施工

第一节　电力驱动的曳引式或强制式电梯安装

本节导读

　　本节主要介绍电力驱动的曳引式或强制式电梯安装,内容包括土建交接检验、驱动主机、导轨、门系统、轿厢、对重(平衡重)、安全部件、悬挂装置、随行电缆、补偿装置、电气装置以及整机调试等。其内容关系框图如图 6-1 所示。

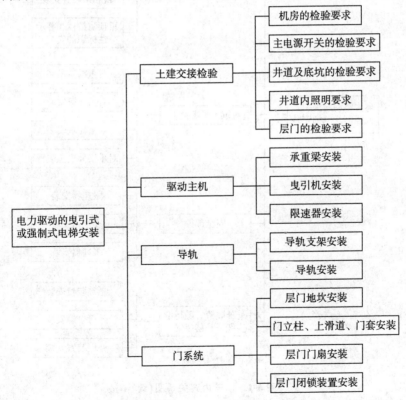

图 6-1　本节内容关系图

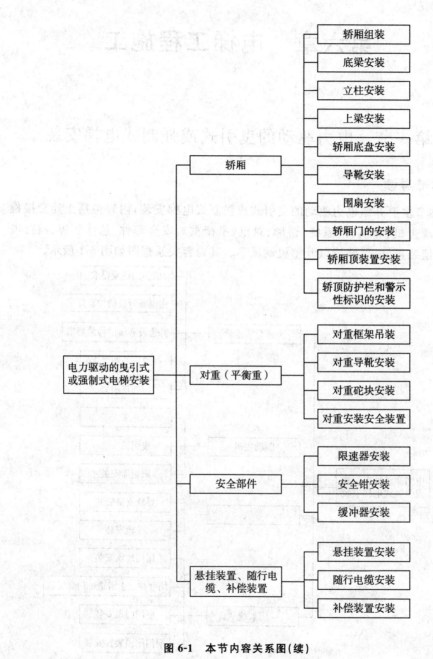

图 6-1　本节内容关系图(续)

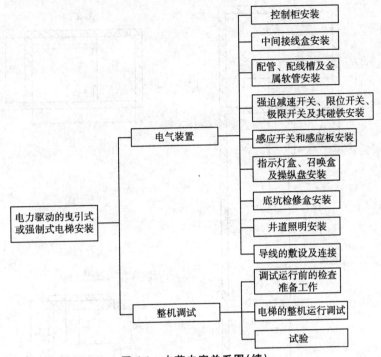

图 6-1　本节内容关系图(续)

业务要点 1:土建交接检验

1. 机房的检验要求

电梯机房的检验要求如下:

1)机房地板应能承受 6865Pa 的压力。

2)机房地面应采用防滑材料。

3)曳引机承重梁如果埋入承重墙内,则支承长度应超过墙厚中心 20mm,且不应小于 75mm。

4)机房地面应平整,门窗应防风雨,机房入口楼梯或爬梯应设扶手,通向机房的道路应畅通,机房门应加锁,门的外侧应设有包括下列简短字句的须知,如"电梯曳引机——危险,未经许可禁止入内"。

5)机房内钢丝绳与楼板孔洞每边间隙应为 20~40mm,通向井道孔洞四周应筑一高 50mm 以上、宽度适当的台阶(图 6-2)。

6)当机房地面包括各个不同高度并相差大于 0.5m 时,应设置楼梯或台阶和护栏。

7)当机房地面有任何深度大于 0.5m、宽度小于 0.5m 坑或任何槽坑时,均应盖住。

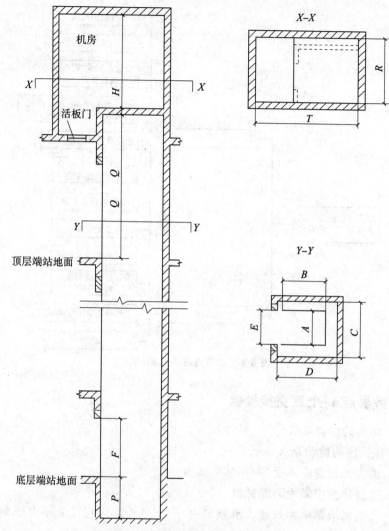

图 6-2 载货电梯井道机房剖面图

注:1. 图中的封闭阴影面积表示门洞和门套之间的后填部分。

   2. 虽然示意图上并未示出机房门,但应设置此门。

   3. 如需设置活板门,应按图示位置。

8)当建筑物(如住宅、旅馆、医院、学校、图书馆等)的功能有要求时,机房的墙壁、地板和房顶应能大量吸收电梯运行时产生的噪声。

9)机房必须通风,从建筑物其他部分抽出的陈腐空气,不得排入机房内。

10)机房应符合设计图纸要求,须有足够的面积、高度、承重能力。吊钩的位置应正确,且应符合设计的载荷承受要求,承重梁和吊钩上应标明最大允许载荷。

11）以电梯井道顶端电梯安装时设立的样板架为基准,将样板架的纵向、横向中心轴线引入机房内,并有基准线来确定曳引机设备的相对位置,用其来检查机房地坪上曳引机、限速器等设备定位线的正确程度。各机械设备离墙距离应大于 300mm,限速器离墙应大于 100mm 以上。

12）按照图纸要求来检查预留孔、吊钩的位置尺寸,曳引钢丝绳、限速钢丝绳在穿越楼板孔时,钢丝绳边与孔四边的间距均应有 20～40mm 的间隙。在机内通井道的孔应在四周筑有台阶,台阶的高度应在 50mm 以上,以防止工具、杂物、零部件、油、水等落入井道内。

2. 主电源开关的检验要求

1）每台电梯应有独立的能切断主电源的开关,其开关容量应能切断电梯正常使用情况下的最大电源,一般不小于主电机额定电流的 2 倍。

2）主电源开关安装位置应靠近机房入口处,并能方便、迅速地接近,安装高度宜为 1.3～1.5m 处。

3）电源开关与线路熔断丝应相匹配,不应盲目用铜丝替代。

4）电梯动力电源线和控制线路应分别敷设,微信号及电子线路应按产品要求隔离敷设。

5）电梯动力电源应与照明电源分别敷设。

6）电梯主电源开关不应切断下列供电电源:

① 轿厢照明与通风。

② 机房与滑轮间的照明。

③ 机房内电源插座。

④ 轿顶与底坑的电源插座。

⑤ 电梯井道照明。

⑥ 报警装置。

7）如果机房内安装多台电梯时,各台电梯的主电源开关对该台电梯的控制装置及主电机应有相应的识别标志,且应检查单相三眼检修插座是否有接地线,接地线应接在上方,左零右相接线是否正确。

8）对无机房电梯的主电源除按上述条款外,该主电源开关应设置在井道外面并能使工作人员较为方便地接近的地方,且应有安全防护措施,要有专人负责。

9）机房内应有固定式照明,用照度仪测量机房地表面上的照度,其照度应大于 $200l_x$；在机房内靠近入口(或设有多个入口)的适当高度设有一个开关,以便于进入机房时能控制机房照明;在机房内应设置一个或多个电源检修插座,这些插座应是 2P+PE 型 250V。

10）机房内零线与接地线应始终分开,不得串接,接地电阻值不应大于 4Ω。

11) 通往机房的通道和楼梯应有充分的照明,需使用楼梯运主机等时,应能承受主机的重量,并能方便地通过,此时楼梯宽度应不小于 1.2m,坡度应不大于 45°。

3. 井道及底坑的检验要求

1) 每一台电梯的井道均应由无孔的墙、底板和顶板完全封闭起来,只允许有下述开口:

① 层门开口。

② 通往井道的检修门、安全门及检修活板门的开口。

③ 火灾情况下,排除气体和烟雾的排气孔。

④ 通风孔。

⑤ 井道与机房之间的永久出风口。

2) 井道的墙、底面和顶板应具有足够的机械强度,应用坚固、非易燃材料制造。而这些材料本身不应助长灰尘产生。

3) 当相邻两层门地坎间的距离超过 11m 时,其间应设置安全门。安全门的高度不得小于 1.8m,宽度不得小于 0.35m;检修门的高度不得小于 1.4m,宽度不得小于 0.6m。且它们均不得朝里开启。检修门、安全门、活板门均应是无孔的,并具有与层门一样的机械强度。

4) 门与活板门均应装有用钥匙操纵的锁,当门与活板门开启后不用钥匙亦能将其关闭和锁住时,检修门和安全门即使在锁住的情况下,也应能不用钥匙从井道内部将门打开。井道检修门近旁应设有一须知,指出"电梯井道——危险,未经许可严禁入内。"

5) 规定的电梯井道水平尺寸是用铅垂测定的最小净空尺寸,其允许偏差值:

对高度≤30m 的井道为 0~+25mm;

对 30m<高度≤60m 的井道为 0~+35mm;

对 60m<高度<90m 的井道为 0~+50mm。

6) 采用膨胀螺栓安装电梯导轨支架应满足下列要求:

① 混凝土墙应坚固结实,其耐压强度应不低于 24MPa。

② 混凝土墙壁的厚度应在 120mm 以上。

③ 所选用的膨胀螺栓必须符合国标要求。

7) 当同一井道装有多台电梯时(简称通井道),在井道底部各电梯间应设置安全防护隔离栏,隔离栏底部离地坑地面的间距不应大于 0.3m,上方至少应延伸到最底层站楼面 2.5m 以上的高度,隔离栏宽度离井道壁的间距不应大于 0.15m。

8) 在井道底部,不同的电梯运动部件(轿厢或对重装置)之间应设置安全护栏,高度从轿厢或对重行程最低点延伸到底坑地面以上 2.5m 的高度。

9) 当轿顶边缘与相邻电梯的运动部件(轿厢或对重装置)水平距离在小于 0.5m 时,应加装安全护栏,且护栏应贯穿整个井道,其有效宽度应不小于被防护的运动部件(或其他部分)的宽度每边各加 0.1m。

10) 当相邻两扇层门地坎间距大于 11m 时,其中间必须设置安全检修门。此门严禁向内开启,且必须装有电气安全开关,只有在处于检修门关闭的情况下电梯才能起动。

11) 施工人员在进场安装电梯前,应对每层层门加装安全围护栏,其高度应大于 1.2m,且应有足够的强度。

12) 井道顶部应设置通风孔,其面积不应小于井道水平断面面积的 1%。通风孔可直接通向室外,或经机房通向室外。除为电梯服务的房间外,井道不得用于其他房间的通风。

13) 井道应为电梯专用,井道不得装有与电梯无关的设备、电缆等(井道内允许装置取暖设备,但不能用热水或蒸汽作为热源。取暖设备的控制与调节装置应设置在井道外面)。

14) 井道内应设置永久性照明,在距井道最高或最低点 0.5m 处各设一盏灯,中间每隔 7m(最大值)设一盏灯,其照明度应用照度仪测出其照度,井道内照度不应小于 50lx。其控制开关应分别设置在机房与底坑内。

15) 电梯井道最好不设置在人们能到达的空间上面。如果轿厢或对重之下确有人能到达的空间存在,底坑的底面应至少按 5000Pa 载荷设计,并且将对重缓冲器安装在一直延伸到坚固地面上的实心桩墩上或对重侧应装有安全钳装置。

16) 底坑内应设有一个单相三眼检修插座。

17) 底坑底部与四周不得渗水与漏水,且底部应光滑平整。

18) 每一个层楼的土建应标有一个最终地平面的标高基准线,以便于安装层门地坎时识别。

4. 井道内照明要求

电梯井道内必须设置带有防护罩,并且电源电压不大于 36V 的灯具进行照明。每台电梯应单独供电,并在井道入口处设电源开关,井道照明灯应每隔 3~7m 设一盏灯,顶层和底坑应有两个或两个以上的照明灯,机房照明灯数量应不小于两倍电梯台数。

5. 层门的检验要求

1) 在层门附近、层站的自然或人工照明,在地面上应至少为 50lx。

2) 电梯各层站的候梯厅深度,至少应保持在整个井道宽度范围内符合下列条款规定。这些尺寸没有考虑不乘电梯的人员在穿越层站时对交通过道的要求。候梯厅深度是指沿轿厢深度方向测得的候梯厅墙与对面墙之间的距离。

① 住宅楼用的电梯的候梯厅（采用Ⅰ类电梯）：单台电梯或多台并列成排布置的电梯，候梯厅深度不应小于最大的轿厢深度（这类电梯最多台数为 4 台），可以并列成排布置；服务于残疾人的电梯候梯厅深度不应小于 1.5m。

② 客梯、住宅电梯（Ⅰ类电梯）、两用电梯（Ⅱ类电梯）、病床电梯（Ⅲ类电梯）的候梯厅：单台电梯或多台并列成排布置的电梯候梯厅深度不应小于 1.5 乘以最大的轿厢的深度（这类多台并列成排布置的群控电梯最多台数为 4 台）。除Ⅲ类电梯外，当电梯群为 4 台时，候梯厅深度不应小于 2400mm。

多台面对面排列的群控电梯最多台数为 8 台（4×2）。候梯厅深度不小于相对电梯的轿厢深度之和。除Ⅲ类电梯之外，此距离不得大于 4500mm。

③ 货梯（Ⅳ类电梯）的候梯厅：

单台电梯的候梯厅深度不应小于 1.5 乘以最大的轿厢的深度。

多台并列成排的候梯厅深度不应小于 1.5 乘以最大轿厢的深度。

多台面对面排列的候梯厅深度应不小于相对轿厢深度之和。

业务要点 2：驱动主机

1. 承重梁安装

（1）承重梁的安装位置。采用上置式传动方式时，电梯承重梁都设在机房，承受电梯的全部动载荷和静载荷，对于有减速器的曳引机，采用三根承重梁支撑。因建筑结构的原因，承重梁的安装位置有所不同，一般有以下三种：

1）当建筑物顶层有足够的高度时，承重梁可根据安装平面位置于楼板下面，并与楼板连为一体，如图 6-3 所示。

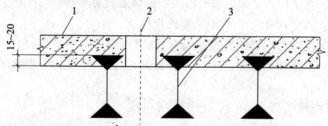

图 6-3　承重梁埋设机房楼板下面示意图
1—机房楼板　2—轿厢架中心线　3—承重梁

2）当顶层不太高时，可将承重梁根据电梯安装平面图置于机房楼板上面，并在安装导向轮的地方留出方形安装预留孔，如图 6-4 所示。

3）当建筑物顶层不太高且机房有足够的高度时，为避免承重梁与其他设备在安装布局上相互冲突，可在机房楼板上筑两个高出楼板 600mm 的钢筋混凝土台，将承重梁架在台上。采用这种方法时，一般都在承重梁下部焊上钢板并在钢板上钻出导向轮轴孔，并把导向轮固定在承重梁上，如图 6-5 所示。

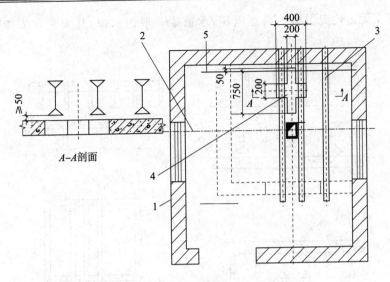

图 6-4 承重梁安装在楼板上示意图

1—机房楼板 2—轿厢架中心线 3—承重梁 4—预留十字孔 5—对重中心线

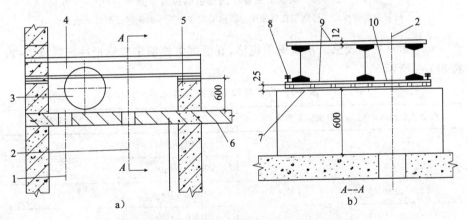

图 6-5 承重梁在机房楼板上混凝土台阶的架设

1—对重中心线 2—轿厢架中心线 3—导向轮 4—承重梁 5—混凝土台阶
6—机房楼板 7—垫板 8—地脚螺栓 9—连接板 10—橡胶垫

根据垫起的高度,所用型钢及钢材尺寸见表 6-1。

表 6-1 选用型钢及钢板尺寸 （单位:mm）

垫起高度	300	450	600
选用型钢名称	等边角钢	槽钢	槽钢
型钢规格	100×100×10	$h=160$	$h=200$ $\delta=9$
钢板宽度	300	450	同构架长度

对于无齿轮曳引机的高速电梯,承重梁一般为六根,其安装方法如图 6-6 所示。

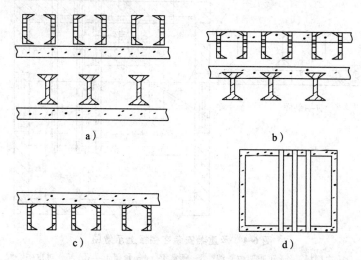

图 6-6 钢梁架设在机房楼板的位置示意图
a)钢梁在楼板上 b)钢梁在楼板中 c)钢梁在楼板下 d)钢梁在井道墙壁上

(2)承重梁的规格。承重梁的规格,要根据电梯额定载重量进行选择,一般按表 6-2 所示。

表 6-2 曳引机和承重钢梁选配表

额定载重量/kg	曳引机额定速度/(m/s)	曳引机型号	承重钢梁型号
500	1.0	BWL～500	20a
700～1000	1.75	BWL～1500	30a
750～1000	1.0	BWL～1000	27a
750～1000～1500	1.5	BWL～1500	30a
750～2000	1.0	BWL～1500	30a
2000	0.5	BWL～1000	27a

(3)安装承重梁。机房承重梁是承载曳引机、轿厢和额定载荷、对重装置等总重量的构件。因此,承重梁的两端必须牢固地埋入墙内或稳固在对应井道墙壁的机房地板上。

承重梁的规格尺寸与电梯的额定载荷和额定速度有关。在一般情况下,承重梁由制造厂提供。如制造厂提供不了,需由用户自备时,其规格尺寸应按电梯随机技术文件的要求配备。

安装承重梁时,应提供电梯的不同运行速度、曳引方式、井道顶层高度、隔声层、机房高度、机房内各部件的平面布置,以确定不同的安装方法。对于有减速器的曳引机和无减速器的曳引机,其承重梁的安装方法略有差异。

1)承重梁安装在机房楼板下。此方法由土建施工负责,承重梁必须与楼板浇筑成一体,如图 6-6c 所示。

2)承重梁安装在机房楼板上。由于土建施工时承重梁未能及时埋设,或梯井上缓冲距离不符合要求的情况下,可采取将承重梁安装在楼板上的方法。这种方法首先采取承重梁沿地面安装,如图 6-6a 所示。如仍不能满足要求,允许采取将承重梁架起的安装方法,架起的高度应以抗绳轮底面与机房楼板底面取平的限度,不可再高,一般以 300mm 为限。但无论采取哪种方法,均应事先对曳引机的检修高度要求进行审核。钢梁两端必须架于承重结构上。沿地坪安装时,两端用钢板焊成一整体,并浇混凝土台与楼板连成一整体,如图 6-7 所示。

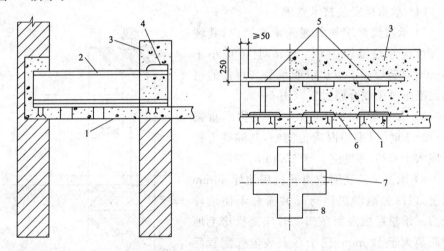

图 6-7　钢梁沿地面安装方法示意图
1—机房楼板　2—承重钢梁　3—混凝土台　4—钢板　5—钢板焊接处
6—钢板或垫铁　7—导向轮中心　8—楼板预留十字孔

3)机房高度在 2.5m 以上时,还可以把 3 根钢梁预先组成一个整体,放在预先做好的两端的混凝土台座上,台座高度以 500mm 左右为宜,台座内的钢筋要与楼板内的钢筋连接,如图 6-8 所示。这种做法施工简便,有利于曳引机安装位置的调整,减少安装误差,还可以采取预制方法安装,但此种做法在机房高度为 2.5m 以下者不宜采用。

4)无齿轮变速的高速电梯(一般在 2m/s 以上),承重钢梁可放在楼板下面或上面,也可放在楼板内,如图 6-6 所示。但必须符合以上有关的要求。

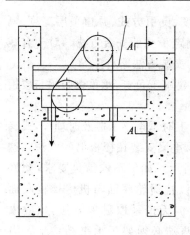

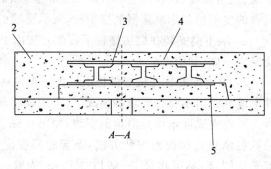

图 6-8 用混凝土台钢梁方法示意图

1—承重梁　2—混凝土台　3—焊接　4—钢板　5—预埋钢板

(4)承重梁安装技术要求。

1)承重梁两端如需埋入承重墙内,其埋入深度应超过墙厚中心 20mm,且不应小于 75mm(对砖墙梁下应垫以能承受其重量的钢筋混凝土过梁或金属过梁)(图 6-9)。

2)承重梁两端应支架在建筑物承重梁(或墙)上时,可采用混凝土浇制,其混凝土标号应大于 C20,厚度应大于 100mm。

3)承重梁的底面应离开机房地坪 50mm 以上,以减轻电动机运行时共振和不使地坪受力。承重梁的底面在施工时应离机房毛地坪距离大于 120mm,便于在安装电气配管后再浇地坪时,能保持承重梁底面距地坪高度大于 50mm。

4)机组如直接安装在地坪上时,其混凝土地坪厚度应大于 300mm,并应有减振橡胶垫装置。

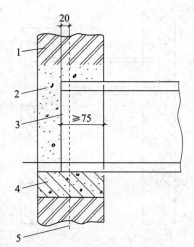

图 6-9 承重梁的埋设

1—砖墙　2—混凝土　3—承重梁
4—钢筋混凝土过梁或金属过梁
5—墙中心线

5)承重梁水平度在长度方向应小于 2‰。

6)承重梁上如要开孔,不得采用气割,必须采用钻孔的方式。

2. 曳引机安装

(1)曳引机的规格。曳引机的规格按拖动量划分,以电梯载重量代表有 0.5t、0.75t、1t、1.5t、2t、3t 等。运行速度分别有 0.5m/s、1m/s、1.5m/s、

1.75m/s 等。

（2）曳引机组附件。

1）摇车手轮（盘车手轮）见图 6-10。在停电或因其他事故而不能开车时，用摇车手轮套在电机后轴上，可将轿厢摇动至乘客能走出轿厢的门厅门层站。

2）松闸扳手见图 6-11，用于在摇车时松开抱闸。

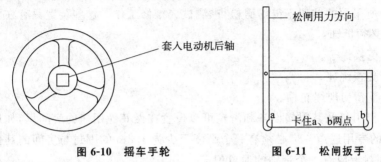

图 6-10　摇车手轮　　　　　图 6-11　松闸扳手

3）橡皮砖垫用于防震和减低噪音，曳引机底座下面要铺垫均布的橡皮砖垫。

4）挡板和压板的作用是防止曳引机在长期运行中移位，一般是在曳引机底座上用压板和挡板固定。

5）导向轮（引绳轮）的作用是把主绳轮的钢丝绳引向平衡砣（对重）方向，保持平衡砣与轿厢的距离。导向轮的位置一般装在机房的钢梁上，它与主绳轮的距离随平衡砣的位置而定。主绳轮绳槽对轿厢中心，导向轮的绳槽对着平衡轮的中心。

（3）曳引机安装对机房及滑轮间的要求。

1）曳引机及其附属设备应放在一个专用的房间里，该房间应有实体的墙壁、房顶门板或活板门。

2）机房内钢丝绳与梯板孔洞每边间隙均应为 20～40mm；通向井道的孔洞四周应筑一高 50mm 以上、宽度适当的台阶。

3）对上述"1）"项的例外情况：

①导向滑轮可以安装在井道的顶部空间，其条件是它们位于轿顶凸出部分外面，并且检查和测试、维修工作能够完全地从轿顶或从井道外面进行。

但是，单绕或复绕的导向滑轮可以安装在轿顶上方，以便导向对重方向，其条件是从轿顶上能够完全安全地触及它们的轮轴。

②曳引轮可以安装在井道内，其条件是：

a. 能够从机房进行检验、测试工作。

b. 机房与井道间的开孔应尽可能小。

③如果检验、测试和维修工作能够在井道外进行，则限速器可以安装在井

道内。

④ 在井道内的导向滑轮和曳引轮必须设置避免发生下列情况的装置：

a. 伤害人体。

b. 曳引绳或链条如果松弛时会脱离轮槽。

c. 杂物落入绳或绳槽的间隙。

⑤ 所采用的装置不得妨碍检查、测试或维修工作。这些装置只有在下述情况下才必须拆卸：

a. 更换绳子。

b. 更换绳轮。

c. 重新切削绳轮槽。

4）曳引机及其附属设备和滑轮可以设置在做其他用途的房间里，如通往屋顶平台的专用通道。但必须有一个高度至少为 1.8m 的围封与房间的其他部分隔开，围封上应有一个带锁的通道门。

5）机房或滑轮间或"4)"中所述及的围封内，不得作为电梯以外的其他用途，也不得放有非电梯用的线槽、电缆或装置。但这些房间可以放置：

① 杂物电梯或自动扶梯的曳引机。

② 这些房间的空调设备或采暖设备，但不包括热水或蒸气采暖设备。

③ 具有高的动作温度、适用于电气设备在一段时期内稳定且有防止意外碰撞的火灾探测器和灭火器。

6）机房最好设置在井道的上面。

7）机房的结构要求如下。

① 机械强度、地板表面和隔声要求：

a. 机房必须能承受正常状况下所受的载荷力（一般为：机房地板要求承受 6kPa、杂物梯为 4kPa 的均布载荷）。机房要用经久耐用和不易产生灰尘的材料建造。

b. 机房地板应采用防滑材料。

c. 当建筑的功能有专门要求时（如住宅、旅馆、医院、学校、图书馆等），机房的墙壁、地板和房顶应能大量吸收电梯运行时产生的噪声。

② 尺寸：

a. 机房的尺寸必须足够大，以允许维修人员安全并易于接近所有装置的部件，特别是电气设备。具体地说，应提供下列必要的空间：

（a）在控制屏和控制柜前面的一块水平净空面积，此面积规定如下：

深度。从围壁的外表面测定时至少为 0.7m；在凸出装置（拉手）的前面时，此距离可以减少到 0.6m。

宽度。取下列数值中的较大者：0.5m 或者控制屏、控制柜的全宽度。

(b) 为了对各运动部件进行维修和检查,在必要的地点以及需要进行人工紧急操作(如果向上移动具有额定载荷的轿厢,所需的手操作力不超过 400N。曳引机应装设手动紧急操作装置,以便借用平滑的盘车手轮将轿厢移动到一个层站)的地方,要有一块至少为 0.5m×0.6m 的水平净空面积。

(c) 通往净空场地的宽度,至少应为 0.5m。对没有运动部件的地方,此值可减少到 0.4m。

b. 供活动和工作的净高度在任何情况下不应小于 1.8m。

供活动和工作的净高度从屋顶结构横梁下面算起测量到:

(a) 通道场地的地面。

(b) 工作场地的地面。

c. 曳引机旋转部件的上方至少应有 0.3m 的净空距离。

d. 当机房地面包括几个不同高度并相差大于 0.5m 时,应设置楼梯或台阶和护栏。

e. 当机房地面有任何深度大于 0.5m、宽度小于 0.5m 的凹坑或任何槽坑时,均应盖严。

f. 机房面积一般至少为井道截面积的 2 倍以上,具体规定如下:

(a) 交流电梯:2~2.5 倍左右。

(b) 直流电梯:3~3.5 倍左右。

g. 机房地面至顶板的垂直距离一般为:

(a) 客梯、病房梯:2.2~2.8m 以上。

(b) 货梯:2.2~2.4m 以上。

③ 门和活板门:

a. 通道门的宽度最小为 0.6m,高度最低为 1.8m。这些门不得向房内开启。

b. 供人员进出的活板门,其净通道至少应为 0.8m×0.8m,并应予以平衡。

当活板门关闭后,应能支撑两个人的重量,即在该门的任何位置上,均能承受 2000N 的垂直作用力而不产生永久变形。

活板门不得朝下开启,除非它们与可伸缩的梯子连接。如果门上装有铰链,应使用不能脱钩形式的铰链。

当活板门在开启位置时,应采取预防措施(如设置护栏),防止人员或材料从中坠落。

c. 门或活板门应装带有钥匙的锁,但可以从房间内不用钥匙而将门打开。

只供运送器材用的活板门,只能在房间内部锁住。

④ 通风:

a. 机房必须通风,以保护电动机、设备以及电缆等,使其尽可能地不受灰尘及有害气体和潮气的损害。

b. 从建筑物其他部分抽出的陈腐空气,不得排入机房内。

⑤ 机房内的环境温度应保持在 5～40℃之间。

照明和电源插座:

机房应设有固定式电气照明。地板表面上的照度应不小于 200lx。机房照明电源要与曳引机电源分开。

⑥ 在曳引机的上方,机房顶板或横梁上,应设吊钩,以便在安装和维修及更新设备时吊运重的设备。钩的承重能力如下:

对额定载重 3～5kN 的电梯,应为 20kN。

对额定载重 50kN 的电梯,应不小于 30kN。

8) 机房标高位置要求。机房位于电梯井道的最上方或最下方,供装设曳引机、控制柜、限速器、选层器、地震检测仪、配线板、总电源开关及通风设备等。

① 机房设在井道底部:这种方式称为下置式曳引方式,见图 6-12。由于结构复杂,钢丝绳弯折次数较多,缩短了使用期限,增加了井道承重,且保养困难,故一般不采用;只有机房不可能设在井道顶部时才采用。

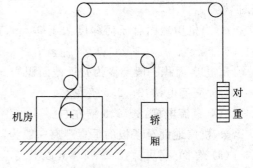

图 6-12　机房下置式

② 机房上置式曳引方式:见图 6-13,因设备简单、钢丝绳弯曲次数少,因而成本低,维护简单,故较多采用这种方法。

③ 机房侧置式:如果机房既不能设置在底部,也不可能设置在顶部,可考虑选用液压式电梯,即机房为侧置式,见图 6-14。

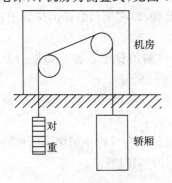

图 6-13　机房上置式

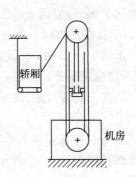

图 6-14　机房侧置式

（4）曳引机的固定方法。

1）刚性固定。曳引机直接与承重钢梁或楼板接触，用螺栓固定。这种方法简单方便，但曳引机工作时，其振动直接传给楼板。由于工作时振动和噪声较大，只限用于低速电梯。

2）弹性固定。常见的形式是曳引机先装在用槽钢焊制的钢架上，在机架与承重梁或楼板之间加有减震的橡胶垫（图 6-15 和图 6-16），能有效地减小曳引机的振动及其传播，使其工作平稳。因此这种方法应用广泛。

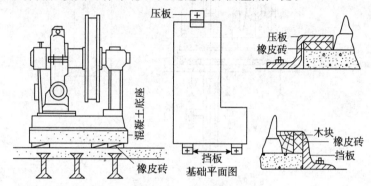

图 6-15　曳引机弹性固定之一

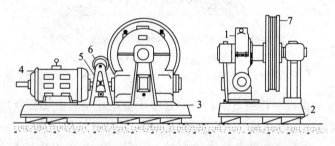

图 6-16　曳引机弹性固定之二

1—蜗轮、蜗杆减速机　2—减震器（橡皮砖）　3—机座　4—电动机
5—制动器（直流抱闸）　6—制动电磁铁　7—主绳轮

（5）曳引机安装（图 6-15、图 6-16）。承重梁经安装、稳固和检查符合要求后，方能开始安装曳引机。曳引机的安装方法与承重梁的安装形式有关。

1）若承重梁安装在机房楼板下时，多按曳引机的外轮廓尺寸，先制作一个高 250～300mm 的混凝土台座，然后把曳引机稳固在台座上。

制作台座时，在台座上方对应曳引机底盘上各固定螺栓孔处，预埋下地脚螺栓，然后按安装平面布置图和随机技术文件的要求，在承重梁的上方摆设好减震橡皮，待混凝土台座凝固后，将其吊放在减震橡皮上，并经调整校正校平后，把曳引机吊装在混凝土台座上，再经调整校正校平后把固定螺栓上紧，使台座和曳引机连成一体即可。

　　为防止电梯在运行过程中台座和曳引机产生位移,台座和曳引机两端还需用压板、挡板、橡皮等将台座和曳引机定位,如图 6-17 所示。

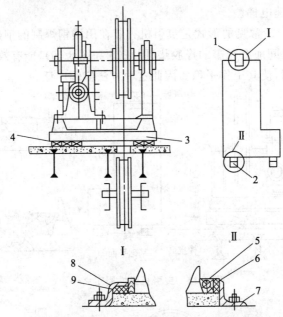

图 6-17　承重梁在楼板下的曳引机安装示意图

1、8—压板　2—挡板　3—混凝土台座

4、6、9—减震橡皮垫　5—木块　7—挡板

　　2)承重梁在机房楼板上时,当 2～3 根承重梁在楼板上安装妥当后,对于噪声要求不太高的杂物电梯、货梯、低速病梯等,可以通过螺栓把曳引机直接固定在承重梁上。对于噪声要求严格的病梯、乘客电梯,在曳引机底盘下面和承重梁之间还应设置减震装置。老式减震装置主要由上、下两块与曳引机底盘尺寸相等、厚度为 16～20mm 的钢板和减震橡皮垫构成。下钢板与承重梁焊成一体,上钢板通过螺栓与曳引机连成一体,中间摆布着减震橡皮垫。为了防止电梯在运行时曳引机产生位移,同样需要在曳引机和上钢板的两端用压板、挡板、橡皮垫等将曳引机定位,如图 6-18 所示。新式减震装置是在曳引机和承重梁之间,用 4 只 100mm×50mm 的特制橡胶块,通过螺栓把曳引机稳装在承重梁上,结构简单,安装方便,效果也很好。

　　承重梁在机房楼板上时,曳引机的安装步骤如下:

　　① 按要求将承重钢梁安装好,钢梁安装水平度误差不超过 1.5/1000。

　　② 安装曳引机:将曳引机吊到承重钢梁上,把铅垂线挂在曳引轮中心绳槽

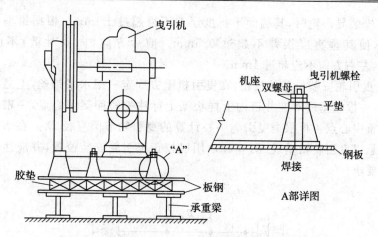

图 6-18　承重梁在楼板上的曳引机安装示意图

内。当电梯为单绕式有导向轮时,调整机座,使图 6-19 中 A 点对准轿厢中线,B 点对准轿厢与对重的中心联线。再用钢尺测量,使之在前后(向着对重)方向上偏差不超过 $\pm 2mm$;左右偏差不超过 $\pm 1mm$。校正完后,在承重钢梁上画出机座固定螺栓孔的位置。开螺孔的误差不大于 $1mm$。也不得损坏承重钢梁的主筋。

③ 将螺栓、垫铁、垫圈及橡胶垫垫好,并戴上螺母。待导向轮安装好后,再紧固螺栓,见图 6-18。

④ 若电梯为复绕式无导向轮时,其吊线方法如图 6-20 所示。

⑤ 若电梯为复绕式有导向轮,其吊线方法如图 6-21 所示。

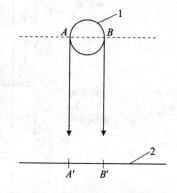

图 6-19　单绕式有导向轮吊线方法

A—轿厢中心　1—曳引绳轮
2—轿厢和对重的中心线联线

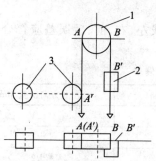

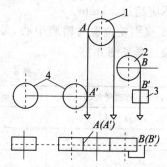

图 6-20　复绕式无导向轮曳引机吊线方法

1—曳引轮　2—对重轮　3—轿厢轮

图 6-21　复绕式有导向轮曳引机吊线方法

1—曳引轮　2—导向轮　3—对重轮　4—轿厢轮

⑥ 安装导向轮时,其端面平行度误差不得超过±1mm。根据铅垂线调整导向轮,使其垂直度误差不超过 0.5mm。前后方向(向着对重)不应超过±3mm,左右方向不应超过 1mm。

3) 曳引轮安装位置的校正:在曳引机上方固定一根水平铅丝,上悬挂两根铅垂线,一根铅垂线对准井道内上样板架上标注的轿厢架中心点,一根铅垂线对准对重中心点。再根据曳引绳中心计算的曳引轮节圆直径 D_{CP},在水平线铅丝上另悬以曳引轮铅垂线(图 6-22),用以校正曳引轮安装位置,并应达到设计或规范要求。

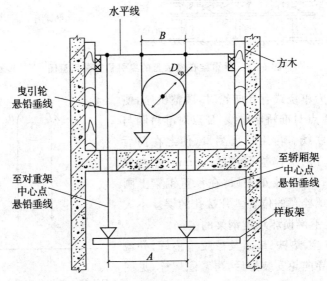

图 6-22 曳引机轮安装位置校正示意图

(6) 曳引机安装技术规定。

1) 曳引轮的位置偏差,在前、后(向着对重)方向不应超过±2mm,在左、右方向不应超过±1mm。

2) 曳引轮位置与轿厢中心,及轿厢中心线左、右、前、后误差应符合表 6-3 的要求。参见图 6-23。

表 6-3 曳引轮位置偏差

轿厢运行速度范围	前后方向误差/mm	左右方向误差/mm
2m/s 以上	±2	±1
1~1.75m/s	±3	±2
1m/s 以下	±4	±2

3) 曳引轮垂直方向偏摆度最大偏差应不大于 0.5mm,见图 6-24。

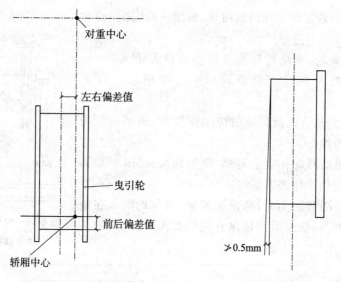

图 6-23　曳引轮位置偏差　　　图 6-24　曳引轮垂直偏摆度

4）在曳引轮轴方向和蜗杆方向的不水平度均不应超过 1/1000。

蜗杆与电动机联结后的不同心度，刚性联结为 0.02mm，弹性联结为 0.1mm，径向跳动不超过制动轮直径的 1/3000。如发现不符合本要求，必须严格检查测试，并调整电动机垫片以达到要求，见图 6-25。

调整方法：拆开联结器螺栓，用专用工具测试，将专用工具固定在电动机法兰盘上，调节两个测试螺栓，使尖端对准

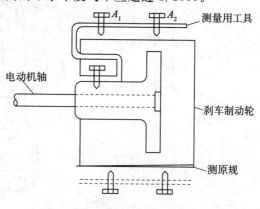

图 6-25　曳引轮轴校平

刹车制动轮，间隙为 A_1、A_2，旋转电动机轴（同时旋转联轴节）在 0°、90°、180°、270°四个不同位置时，误差要在允许范围内。

5）制动器闸瓦和制动轮间隙均匀。当闸瓦松开后间隙应均匀，且不大于 0.7mm，动作灵敏可靠。制动器上各转动轴两端的垫圈及销钉必须装好，并将销钉尾部劈开；弹簧调整后，轴端双母必须背紧。

6）曳引机横向水平度可在测定曳引轮垂直误差及曳引轮横向水平度的同时进行找平，纵向水平度可测铸铁座露出的基准面或蜗轮箱上、下端盖分割处，使其误差不超过底座长和宽的 1/1000，然后紧固螺栓，见图 6-26。

7）曳引轮在水平面内的扭转（偏摆）（a、b 之间的差值，见图 6-27）不应超过 ±0.5mm。

8）导向轮、复绕轮垂直度偏差不得大于 0.5mm，且曳引轮与导向轮或复绕轮的平行度偏差不得大于 1mm。

9）复引电动机及其风机应工作正常；轴承应使用规定的润滑油。

10）制动器动作灵活可靠，销轴润滑良好，制动器闸瓦与制动轮工作表面须清洁。

11）制动器制动时，两闸瓦紧密、均匀地贴靠在制动轮工作面上；松闸时两侧闸瓦应同时离开，其间隙不大于 0.7mm。

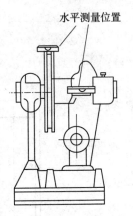

图 6-26 曳引机横向水平度校验

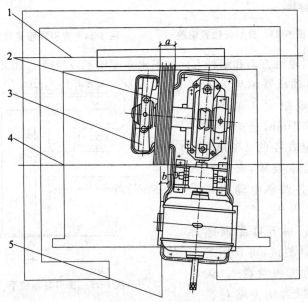

图 6-27 曳引轮在水平面内的扭转

1—对重中心线　2—曳引轮　3—曳引机
4—轿厢中心线　5—轿厢架中心至对重中心的中心联线

12）制动器手动开闸扳手应挂在容易接近的墙上；松闸时两侧闸瓦应同时离开，其间隙不大于 0.7mm。

13）在曳引机或反绳轮上应有与电梯升降方向相对应的标志。

（7）导向轮安装。导向轮的后缘一般安装在对重导轨的中心上。在 1∶1 的直线式电梯中，应使曳引轮的轮宽中点垂直方向对准轿厢中心点，导向轮轮

宽中心应对准对重架中点。在 2∶1 的复绕式
传动方式中,曳引轮缘的轮宽中点应对准轿厢
反绳轮的相对位置,导向轮轮缘的轮宽中点应
对准对重架反绳轮缘轮宽的中点。导向轮侧面
应平行于曳引轮侧面,两侧面平行度偏差严禁
大于±1mm。可采用拉线法测量平行度。测量
时注意:如导向轮和曳引轮轮宽不一致,须使两
轮轮宽中线重合后测量。两端面不平行度测
量,见图 6-28。

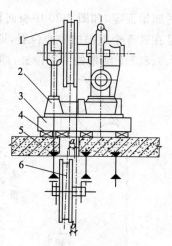

图 6-28　两端面的
不平行度的测量

1—曳引轮　2—曳引机
3—曳引机机座　4—橡胶垫
5—机房楼板　6—导向轮

　1) 单绕式曳引机、导向轮位置确定。在机
房上方沿对重中心和轿厢中心拉一水平线,见
图 6-29。在这根线上的 A、B 两点对准样板上
的轿厢中心和对重中心分别吊下两根垂线,并
在 A' 点吊下另一垂线(AA' 距离为曳引轮两边
线槽中心与垂线切点 C 及 C' 之间的距离),则曳
引机位置确定,并予固定。将导向轮就位,使垂
线 BP 与导向轮中心 D'(相切处)吊一垂线 $D'S$,转动导向轮,使此垂线垂直于
对重中心及轿厢中心的连线上的交点,则导向轮位置确定,并加以固定。

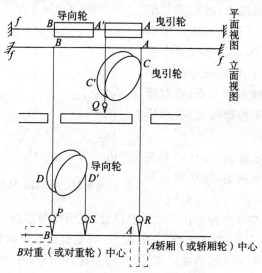

图 6-29　单绕式曳引机、导向轮位置的确定

　2) 复绕式曳引机和导向轮安装位置确定

　① 首先确定曳引轮和导向轮的拉力作用中心点。需根据引向轿厢或对重

的绳槽而定,如图 6-30 中引向轿厢的绳槽 2、4、6、8、10,因曳引轮的作用中心点是在这 5 个绳槽的中心位置,即第 6 槽的中心 A' 点。导向轮的作用中心点是在 1、3、5、7、9 绳槽的中心位置,即第 5 绳槽的中心点 B'。

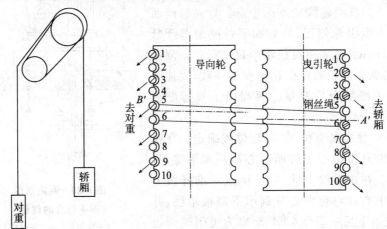

图 6-30　复绕式曳引机和导向轮安装位置的确定

②安装位置的确定。

a. 若导向轮及曳引机已由制造厂家组装在同一底座上,确定安装位置则极为方便,只要移动底座使曳引轮作用中心点 A' 吊下的垂线对准轿厢(或轿轮)中心点 A;导向轮作用中心点 B' 吊下的垂线对准对重(或对重轮)中心 B,这项工作即可完成,然后将底座固定,见图 6-31。

这种情况在电梯出厂时,轿厢与对重中心距已完全确定,放线时应与图纸尺寸核对。

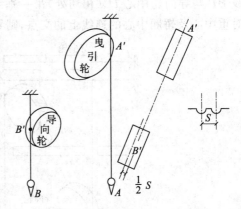

图 6-31　导向轮、曳引轮位置确定

b. 若曳引机与导向轮需在工地组装成套,曳引机与导向轮的安装定位需要同时进行(如分别定位,非常困难)。方法为:当曳引机及导向轮上位后,使由曳引轮作用中心点 A' 吊下的垂线对准轿厢(或轿轮)中心点 A,使由导向轮作用中心点 B' 吊下的垂线对准对重(或对重轮)中心点 B,并且始终保持不变,然后水平转动曳引机及导向轮,使两个轮平行,且相距 $S/2$,并进行固定。

c. 若曳引轮与导向轮的宽度及外形尺寸完全一样,此项工作也可以通过找两轮的侧面延长线进行,见图 6-32。

3. 限速器安装

1）限速器应装在井道顶部的楼板上，并应在楼板上用厚度不小于 12mm 的钢板制作一个底座（图 6-33），将限速器和底座用螺栓固定。如楼板厚度小于 120mm，应在楼板下再加一块钢板，采用对穿螺栓固定，见图 6-34。

也可在限速器底座设一块钢板为基础板，固定在承重钢梁上，基础钢板与限速器底座用螺栓固定。该钢板与承重钢梁可用螺栓或焊接固定，如图 6-35。

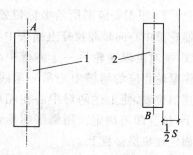

图 6-32　曳引轮、导向轮侧线定位
1—曳引轮　2—导向轮

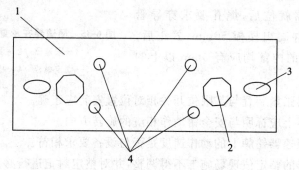

图 6-33　限速器底座
1—钢板　2—绳孔　3—膨胀螺栓孔　4—螺栓孔（连接限速器用）

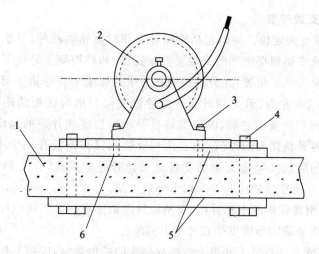

图 6-34　限速器在楼板上的固定
1—楼板　2—限速器　3—固定螺栓　4—穿钉螺栓　5—钢板　6—焊接

2）根据安装图所给坐标位置,由限速器轮槽中心向轿厢拉杆上绳头中心吊一垂线,同时由限速轮另一边绳槽中心直接向张紧轮相应的绳槽中心吊一垂线,调整限速器位置,使上述两对中心在相应的垂线上,位置即可确定。用膨胀螺栓将限速器固定在机房楼板上。

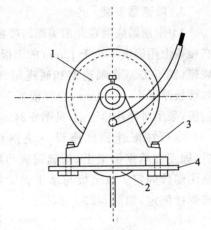

3）限速器轮的垂直偏差不得大于0.5mm,可在限速器底面与底座间加垫片进行调整。

4）限速器就位后,绳孔要求穿导管(钢管)固定,并高出楼板50mm,找正后,钢丝绳和导管的内壁均应有5mm以上的间隙。

图 6-35　限速器在承重梁上的固定
1—限速器　2—承重梁
3—固定螺栓　4—基础钢板

5）限速器张紧装置与其限位开关相对位置安装应正确。

6）限速器上应标明与安全钳动作相应的旋转方向。

7）查验限速器铭牌上的动作速度是否与设备要求相符。

8）限速器的整定值现场施工不得调整,并对整定封记进行必要的保护。若机件有损坏或运行不正常,通知制造厂更换。

业务要点3:导轨

1. 导轨支架安装

(1)导轨支架定位。导轨包括轿厢导轨和对重导轨两种;导轨固定在导轨支架上。导轨支架根据电梯的安装平面布置图,和样板架上悬挂下放的导轨和导轨支架铅垂线确定位置,并分别稳固在井道的墙壁上。导轨支架之间的距离一般为1.5～2m左右,但上端最后一个导轨支架与机房楼板的距离不得大于500mm。稳固导轨支架之前,应根据每根导轨的长度和井道的高度,计算左右两列导轨中各导轨接头的位置,而且两列导轨的接头不能在一个水平面上,必须错开一定的距离。导轨支架的位置必须让开导轨接头,让开的距离必须在200mm以上。每根导轨应有2个以上导轨支架。

1）没有预埋铁件的电梯井壁,要按设计图纸要求的支架间距尺寸及安装导轨支架的垂线来确定导轨支架在井壁上的位置。

2）当图纸上没有最下和最上一排导轨支架的位置时,应按下列规定确定:

最下一排导轨支架安装在底坑装饰地面上方1000mm的相应位置。最上一排导轨支架安装在井道顶板下面不大于500mm的位置。

3) 在确定导轨支架位置的同时，还要考虑导轨连接板（接道板）与导轨支架不能相碰。错开的净距离不小于30mm，见图6-36。

4) 若图纸没有明确规定时，以最下层导轨支架为基点，往上每隔2000mm为一排导轨支架。个别处有特殊情况时，如遇到接道板，间距可适当放大，但不应大于2500mm。

5) 长度为4m及以上的轿厢导轨，每根至少有两个导轨支架。一般情况下支架间距不得大于2m。

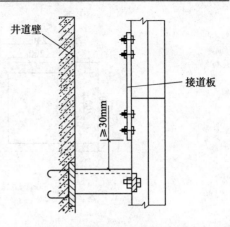

图6-36　导轨连接板与导轨支架间距

(2) 导轨支架安装。导轨支架在墙壁上的稳固方法有埋设法、地脚螺栓或膨胀螺栓固定法、预埋钢板法、对穿螺栓法等几种，分别如图6-37所示。

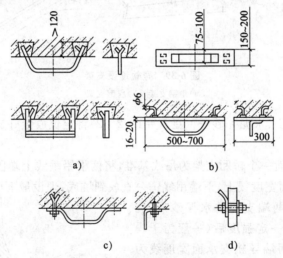

a)　　　　　　　　　b)

c)　　　　　　　　　d)

图6-37　导轨架稳固示意图

a)埋设法　b)预埋钢板法　c)地脚螺栓或膨胀螺栓固定法　d)对穿螺栓法

1) 埋设支架法。

① 固定支架可预留孔或现场凿孔，其孔洞尺寸见图6-38，要做成内大外小。

② 将支架表面清扫干净。预埋支架的形状做成图6-39所示形状，埋入墙内部分的端部要加工成燕尾形。

③ 根据井道顶及木样板的铅垂线位置，埋好最上面的一个支架。先用水冲洗洞内壁，将尘渣清理并冲出，使洞壁洇湿。

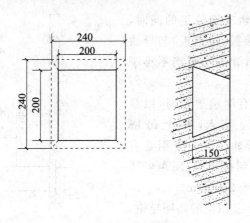

图 6-38　导轨架预留孔

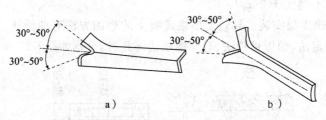

图 6-39　导轨埋设支架

a)角钢支架　b)扁钢支架

④ 用混凝土（水泥∶砂子∶豆石＝1∶2∶2）将定位放置好支架的孔洞填实抹平。

⑤ 以最上面一个轿厢支架为吊线基准，将两根铅垂线上端固定在最上面支架的导轨支承面宽度线上，下端用线锤一直放到坑底，埋设最下面一个支架。

⑥ 待上下两端支架的水泥砂浆（豆石混凝土）达到一定强度后（一般为干燥后），再以上下两端导轨支承面宽度线为基准，拉两根平行线，埋设其余支架。

⑦ 对重导轨支架的埋设方法同上述。

⑧ 由于待混凝土完全干固后才能进行导轨安装，因此这种方法存在工效低的缺点。

2）地脚螺栓法安装导轨支架。这种方法是预先将尾部开叉的地脚螺栓埋入井壁中，如图 6-40 所示。为了保证牢固，

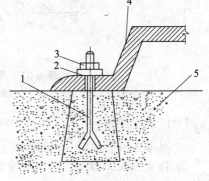

图 6-40　地脚螺栓安装法

1—地脚螺栓　2—垫圈　3—螺母
4—机座　5—混凝土基础

螺栓埋入深度一般不应小于120mm。这类方法要求螺栓埋入位置应准确,施工麻烦,因此已逐渐被膨胀螺栓法代替。

3）膨胀螺栓法。这种方法用膨胀螺栓代替了地脚螺栓。它不需预先埋入,只需在安装时现场打孔(孔的大小按膨胀螺栓的直径),放入膨胀螺栓后拧紧固死即可。这种方法具有简单、方便和灵活可靠的特点,是目前常用的方法。

使用膨胀螺栓的规格要符合图纸要求。若厂家没有要求,膨胀螺栓规格不小于ϕ16。

① 钻膨胀螺栓孔,位置要准确且要垂直于墙面,深度要适当。一般以膨胀螺栓被固定后,防套外端面和墙表面相平为宜。

② 墙面垂直度误差较大时,可采取局部剔修方法,使之和导轨支架接触面间隙不大于1mm,然后用薄钢垫片垫实。

③ 对导轨支架,按实际情况进行编号加工。

④ 导轨支架按号就位,找平找正,将膨胀螺栓紧固。

4）预埋钢板法。这种方法与预埋地脚螺栓法相似。它是预先将钢板按照导轨架的安装位置埋在井壁上,然后将导轨支架焊在钢板上。为了保证连接强度,焊缝应双面焊。采用这种方法,可随着预埋钢板的大小,有一定的位置调整余地。这是一种较好的方法,因此应用较多。

5）对穿螺栓法。

① 若电梯井壁较薄,不宜用膨胀螺栓固定导轨支架,又没有预埋件,可采用井壁打透眼,用穿钉固定钢板,钢板厚度≥16mm。穿钉处井壁外侧靠墙壁要加100mm×100mm×12mm 的钢板垫,以增加强度,见图6-41,将导轨支架焊接在钢板上。

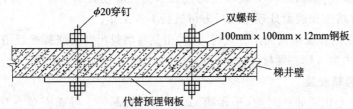

图 6-41　井壁薄时用对穿螺栓加钢板过渡法

② 当井壁厚度小于 100mm 时,采用图 6-42 所示的对穿螺栓法。将螺栓穿过井壁,在外部加垫尺寸不小于 100mm×100mm×10mm 的钢板。

6）导轨支架安装技术要求。埋设或焊接导轨支架时,首先安装每边最下面的一挡,然后把工作线绑扎在支架上,使其与顶部样板架尺寸一致。所有支架应依照工作线埋设,支架面允许离工作线 0.5～1mm,安装导轨时在支架面上加垫片,以便调整轨距。

① 导轨架的不水平度(图 6-43),无论其长度及种类,其两端的差值应小于 5mm。

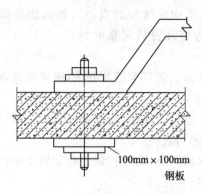

图 6-42 井壁薄时直接用对穿螺栓法

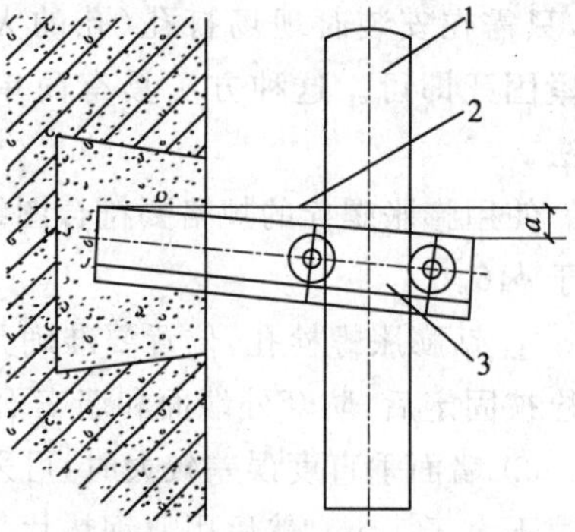

图 6-43 导轨架的不水平度
1—导轨 2—水平线 3—导轨架

② 由井道底坑向上第一个导轨支架距底坑地面应不大于 1000mm,井道顶部向下第一个导轨支架距楼板不大于 500mm。

③ 导轨架埋入深度不小于 120mm。

④ 当墙厚小于 100mm 时,应采用大于 M16 的螺栓和厚度不小于 16mm 的钢板,将支架与井壁固定,也称穿墙方式。

⑤ 允许用等于导轨架宽度的方形铁片调整,调整垫的总厚度一般不应超过 5mm。调整垫超过两片时,应焊接为一整体。

⑥ 用 1:2:3 的混凝土灌注导轨支架埋入孔时,应先用水冲净埋入孔内的杂物,混凝土应选用 32.5 级以上的优质水泥。灌注后阴干 3~4 天,待支架水泥牢固并将支架表面处理平光后方可进行下步工作。

⑦ 采用膨胀螺栓固定方式时,用冲击钻将墙打出与膨胀螺栓规格相匹配的孔,在孔内放入膨胀螺栓,将支架固定即可。图 6-44 是导轨架装配图。

2. 导轨安装

导轨是供轿厢和对重(平衡重)运行导向的部件。导轨安装在建筑物(井道)上(内),将电梯与建筑物相联系。电梯安装工程中,导轨安装分项工程是电梯系统的基础工程,是层门、轿厢、对重(平衡重)的安装基准。正确地安装导轨,可防止与导轨相关的分项工程[如:层门、轿厢、对重(平衡重)等]的相对位置发生错误,避免不必要的调整、返工;也可防止因出现严重错误而造成电梯运行中开门机、轿门上的部件与层门上的部件相互碰撞,引发安全事故或损坏设备。

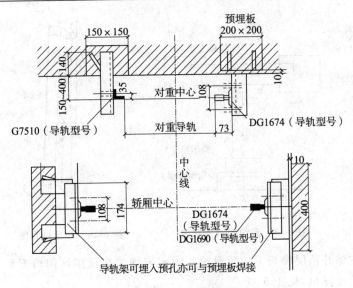

图 6-44　导轨架装配图

（1）导轨检查与预配。

1）由于运输、装卸、保管等原因，在安装导轨前，应检查每根 T 型导轨的直线偏差，导轨导向二侧面的平面度应小于或等于 0.5mm，全长偏差应不大于 0.7mm，如有超过时应及时进行更换或调直。

2）导轨安装前应进行预配，将轨道接口处清洗干净，使导轨的接榫密合，局部缝隙不应大于 0.5mm；接口加工面有毛刺的要用锉刀修光；表面有缺陷的导轨应进行修正，并尽可能地配置于顶部或底部。预配后的导轨应进行安装顺序位置编号，导轨接头与导轨的支架须错开；轨道搬入井道内，应在底坑铺以木板，以保护轨道端面不至受到损伤。

（2）导轨安装施工。

1）由样板放基准线至底坑，基准线距导轨端面中心为 2～3mm，并进行固定。

2）底坑架设导轨槽钢基础座时，必须找平垫实，其水平误差不大于1/1000。槽钢基础位置确定后，用混凝土将其四周灌实抹平。槽钢基础座两端用来固定导轨的角钢架，先用导轨基准线找正，再进行固定，见图 6-45。

3）若导轨下无槽钢基础座，可在导轨下面垫一块厚度 $\delta \geqslant 12$mm、尺寸为 200mm×200mm 的钢板，并与导轨用电焊定位焊。

4）对于用油润滑且无槽钢底座的导轨，需在立基础导轨前将其下端距地坪高的一段工作面部分锯掉，以留出接油盒的位置，见图 6-46。

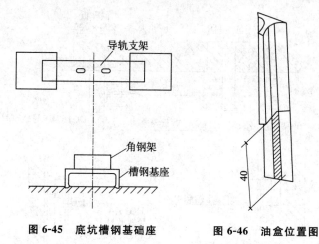

图 6-45　底坑槽钢基础座　　　　图 6-46　油盒位置图

5）在梯井顶层楼板下挂一滑轮并固定牢固。在顶层厅门口安装并固定一台 0.5t 的卷扬机，见图 6-47。

6）吊装导轨时要采用双钩勾住导轨连接板，见图 6-48。

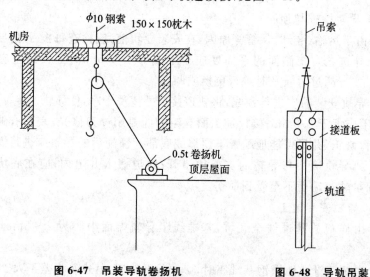

图 6-47　吊装导轨卷扬机　　　　图 6-48　导轨吊装

若导轨较轻，且提升高度又不大，可采用人力吊装，使用 $\phi \geqslant 16mm$ 尼龙绳代替卷扬机吊装钢轨。

7）采用人力提升时，须由下而上逐根立起。若采用小型卷扬机（图 6-47）提升，可将导轨提升到一定高度（使能方便地连接导轨），连接另一根导轨。采用多根导轨整体吊装就位的方法时，要注意吊装用具的承载能力，一般吊装总重不超过 3kN（≈300kg）。整条轨道可分几次吊装就位。

8）若采用小型卷扬机提升，可将导轨提升到一定高度，与另一根导轨连接，

388

安装导轨时应注意,每节导轨的凸榫头应朝上,并清洁干净,以保证导轨接头处的缝隙符合规范的要求。导轨吊运时应扶正导轨,避免与脚手架碰撞。导轨在逐根立起时就用连接板相互连接牢固,并用导轨压板将其与导轨支架略加压紧,待调轨校正后再紧固。

(3) 调整导轨。导轨吊装完后,不管是轿厢导轨还是对重导轨,都必须进行认真的调整校正,尤其是轿厢导轨的加工精度和安装质量的好坏,对电梯运行时的舒适感和噪声等性能都有着直接关系,而且电梯的运行速度越快,影响就越大。而电梯的对重导轨也是加工精度和安装质量越高越好,特别是快速梯和高速梯的对重导轨要求是很严格的。因此,除低速梯的对重导轨采用空心导轨外,1.0m/s 以上的客、病梯均采用 T 形导轨。

导轨调整校正之前需悬挂两根如图 6-49b 所示的导轨中心铅垂线,并用图 6-49a 所示的粗校卡板,分别自下而上地初校两列导轨的三个工作面与导轨中心铅垂线之间的偏差。经粗校和粗调后,再用精校卡尺进行精校。精校卡尺可按图 6-50 制作。

精校卡尺是检查和测量两列导轨间的距离、垂直、偏扭的工具。

1) 用钢板尺检查导轨端面与基准线的间距和中心距离,如不符合要求,应调整导轨前后距离和中心距离,然后再用精校卡尺进行仔细找正。

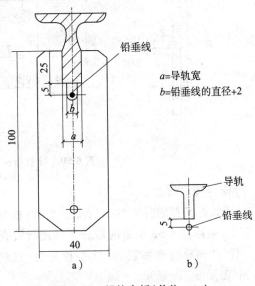

a=导轨宽
b=铅垂线的直径+2

a)   b)

图 6-49 粗校卡板(单位:mm)
a)粗校卡板 b)导轨与中心铅垂线

2) 用精校卡尺检查:

① 扭曲调整:将精校卡尺端平,并使两指针尾部侧面和导轨侧工作面贴平、贴严,两端指针尖端指在同一水平线上,说明无扭曲现象。如贴不严或指针偏离相对水平线,说明有扭曲现象,则用专用垫片调整导轨支架与导轨之间的间隙(垫片不允许超过三片),使之符合要求。为了保证测量精度,用上述方法调整以后,将精校卡尺反向180°,用同一方法再进行测量调整,直至符合要求;见图 6-50。

② 调整导轨垂直度和中心位置:调整导轨位置,使其端面中心与基准线相

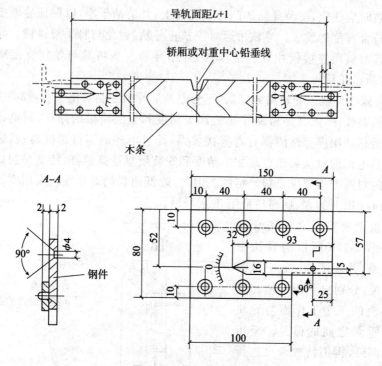

图 6-50　导轨精校卡尺

对,并保持规定间隙。

　　3)轨距及两根导轨的平行度检查:两根导轨全部校直后,自下而上或者自上而下,采用图 6-50 所示的检查工具进行检查。导轨经精校后应达到:

　　① 两列导轨要垂直,而且互相平行,在整个高度内的相互偏差应不大于 1mm,如图 6-51a 所示。

　　② 两列导轨的侧工作面与图 6-49 中的铅垂线偏差,每 5m 应不大于 0.6mm。

　　③ 导轨接头处的缝隙 a 应不大于 0.5mm,如图 6-51b 所示。

　　④ 导轨接头处的台阶,用 300mm 长的钢板尺靠在工作面上,用厚薄规检查。在 a_1 和 a_2 处应不大于 0.04mm,如图 6-51c 所示。

　　⑤ 导轨接头处的台阶应按表 6-4 的规定修光。修光后的凸出量应不大于 0.02mm,如图 6-51d 所示。

　　⑥ 两列导轨的内工作面距,图 6-50 中的 L,在整个长度内的偏差值,应符合表 6-5 的规定。

　　⑦ 导轨应用压导板固定在导轨架上,不允许焊接或用螺栓直接固定。

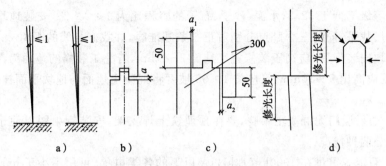

图 6-51　导轨主要部位调整示意图

a)导轨不垂直度　b)导轨接头缝隙　c)导轨接头台阶　d)导轨接头修光长度

表 6-4　导轨接头台阶修光长度

电梯类型	修光长度/mm
高速梯	300
低速、快速梯	200

表 6-5　两列导轨面距偏差

电梯类型	导轨用途	偏差值/mm
高速梯	轿厢导轨	$L\pm0.5$
	对重导轨	$L\pm1$
低速、快速梯	轿厢导轨	$L\pm1$
	对重导轨	$L\pm2$

业务要点 4：门系统

1. 层门地坎安装

1）放线操作。按要求由样板放两根层门安装基准线（高层梯最好放三条线，即门中一条线，门口的两边两条线），在层门地坎上划出净门口的宽度线及层门中心线，在相应的位置打上三个卧点，以基准线及此标志确定地坎、牛腿及牛腿支架位置，见图 6-52。

2）若地坎牛腿为混凝土结构，用清水冲洗干净，将地脚爪装在地坎上。然后用细石混凝土浇注，水

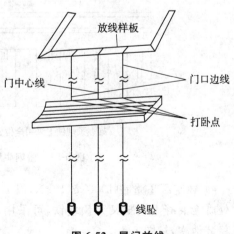

图 6-52　层门放线

泥强度等级不低于 32.5,水泥、沙子、石子的容积比为 1∶2∶2。安装地坎时要用水平尺找平,同时三个卧点分别对正三条基准线,并找好与线的距离。

地坎安装好后,应高于装修完工地面 2～3mm,若完工装修的地面为混凝土地面,则应高出 5～10mm,且应按 1∶50 坡度将混凝土地面与地坎平面抹平,见图 6-53。

3) 如果层门无混凝土牛腿,要在预埋铁上焊支架,安装钢牛腿以便于安装地坎。分两种情况:

① 额定载重量在 1000kg(10kN) 及以下的各类电梯,可用不小于 65mm 等边角钢做支架,进行焊接,并稳装地坎,见图 6-54。牛腿支架不少于 3 个。

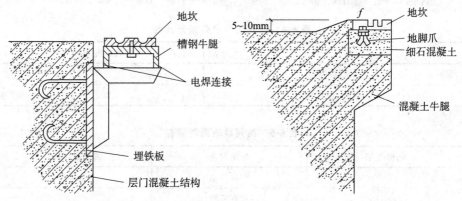

图 6-53　混凝土地面上安层门坎　　　图 6-54　地坎牛腿角钢支架

② 额定载重量在 1000kg(10kN) 以上的各类电梯[不包括 1000kg(10kN)]可采用 δ＝10 的钢板及槽钢制作牛腿支架,进行焊接,并稳装地坎。牛腿支架不少于 5 个,见图 6-55。

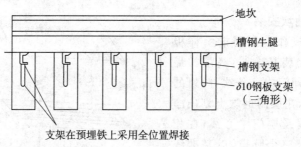

图 6-55　槽钢牛腿支架做法

4) 额定载重量在 1000kg(10kN) 以下(包括 1000kg)的各类电梯,若厅门地坎处既无混凝土牛腿又无预埋铁,可采用 M14 以上的膨胀螺栓固定牛腿支架来稳装地坎,见图 6-56。

5）对于高层电梯，为防止基准线被碰造成误差，可以先安装和调整好导轨。然后以轿厢导轨为基准来确定地坎的安装位置，方法如下：

① 在层门地坎中心 M 两侧的 $L/2$（L 是轿厢导轨间距）处的 M_1 及 M_2 点分别做上标记。

② 稳装地坎时，用直角尺测量尺寸，使层门地坎距离轿厢两导轨前侧面尺寸均为：

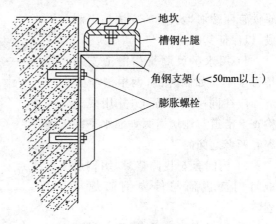

图 6-56　用膨胀螺栓安装

$$B+H-d/2 \tag{6-1}$$

式中　B——轿厢导轨中心线到轿厢地坎外边缘尺寸；

　　　H——轿厢地坎与层门地坎距离（一般是 25mm 或 30mm）；

　　　d——轿厢导轨工作端面宽度。

③ 左右移动层门地坎，使 M_1、M_2 与直角尺的外角对齐，这样地坎的位置就确定了，见图 6-57。但为了复核层门中心点是否正确，可测量层门地坎中心点 M 距轿厢两导轨外侧棱角的距离，S_1 与 S_2 应相等。

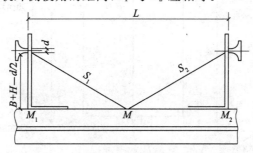

图 6-57　导轨与地坎间关系安装法

2. 门立柱、上滑道、门套安装

1）在砖墙上安装：采用剔墙眼埋固地脚螺栓的方法。

2）混凝土结构墙上安装：

① 有预埋铁：可将固定螺栓直接焊于预埋铁上。

② 混凝土结构墙上如没有预埋铁，可在相应的位置用 M12 膨胀螺栓安装 150mm×100mm×10mm 的钢板作为预埋铁使用，见图 6-58，其他同上。

3）若门滑道、门立柱离墙超过 30mm，应加垫圈固定；若垫圈较高，宜采用厚铁管两端加焊铁板的方法加工制成，以保证其牢固。

4）用水平尺测量门滑道安装是否水平。如侧开门，两根滑道上端面应在同一水平面上，并用线坠检查上滑道与地坎槽两垂面水平距离和两者之间的平行度。

5）钢门套安装调整后，用钢筋棍将门套内筋与墙内钢筋焊接固定。

6）层门安装要求：层门上滑道外侧垂直面与地坎槽内侧垂直面的距离 a，见图 6-59，应符合图纸要

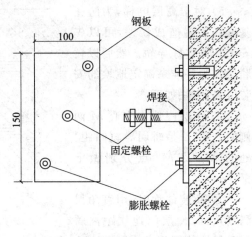

图 6-58　用膨胀螺栓安装在混凝土墙上

求。在上滑道两端和中间三点（图 6-59 中 1、2、3）吊线测量相对偏差均应不大于 1mm。上滑道与地坎的平行度误差应不大于 1mm。导轨本身的不铅垂度 a' 应不大于 0.5mm。

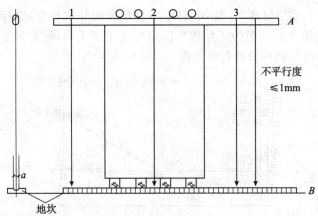

图 6-59　层门安装吊线检查

3. 层门门扇安装

1）将门底导脚、门滑轮装在门扇上，把偏心轮调到最大值（和滑道距离最大）。然后将门底导脚放入地坎槽，门轮挂到滑道上。

2）在门扇和地坎间垫上 6mm 厚的支撑物。门滑轮架和门扇之间以专用垫片进行调整，使之达到要求，然后将滑轮架与门扇的连接螺丝进行调整，将偏心轮调回到与滑道间距小于 0.5mm，撤掉门扇和地坎间所垫之物，进行门滑行试验，达到轻快自如为合格。

394

4. 层门闭锁装置安装

层门闭锁装置（即门锁）一般装置在层门内侧。在门关闭后,将门锁紧,同时连通门电联锁电路。门电联锁电路接通后电梯方能起动运行。除特殊需要外,应严防从层门外侧打开层门的机电联锁装置。因此,门的闭锁装置是电梯的一种安全设施。

层门闭锁装置分为手动开关门的拉杆门锁和自动开关门的自动门锁。自动门锁装置有多种结构形式,但都大同小异。

电梯自动门的层门内侧装有门锁,层门的开启是依靠轿厢门的开门刀拨动层门门锁,带动层门一起打开。层门门锁和电气开关连接,使其在开门状态时电梯轿厢不能运行。

电梯的层门门锁装置均应采用机械－电气联锁装置,其电气触点必须有足够的断开能力,并能使其在触点熔接的情况下可靠地断开。

在电梯运行中,层门闭锁装置是发生故障较多的部位,除产品制造质量外,现场的安装调整也是至关重要的。

层门闭锁装置安装应固定可靠,驱动机械动作灵活,且与轿门的开锁元件有良好的配合;不得有影响安全运行的磨损、变形和断裂。

层门锁的电气触点接通时,层门必须可靠地锁紧在关闭位置上;层门闭锁后,锁紧元件应可靠锁紧,其最小啮合长度不应小于 7mm,如图 6-60 所示。

图 6-60　锁紧元件的最小啮合长度

为了安全起见,门扇挂完后应尽早安装门锁。从轿门的门刀顶面沿井道悬挂下放一根铅垂线,作为安装、调整、校正各层站的厅门锁和机电联锁的依据。

门锁安装调整后,门刀与厅门踏板,门锁滚轮与轿门踏板,门刀与门锁滚轮之间的关系,如图 6-61 所示。

门锁是电梯的重要安全设施,电梯安装完后试运行时,应先使电梯在慢速运行状态下,对门锁装置进行一

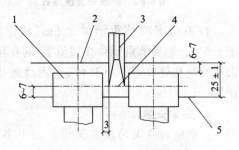

图 6-61　门刀与门锁滚轮和

厅轿门踏板调整示意图

1—门锁滚轮　2—轿门踏板边线　3—门刀

4—铅垂线　5—厅门踏板边线

次认真的检查调整，把各种连接螺丝紧固好。当任一层楼的厅门关闭妥后，在厅门外均不能用手把门扒开。

业务要点 5：轿厢

1. 轿厢组装

1) 轿厢的组装，一般多在顶层进行。因为顶层距机房较近，对于起吊部件、核对尺寸、与机房联系等都有方便条件。在组装前，要先拆除顶站层的脚手架。

2) 在顶层的层门口对面的混凝土井壁相应位置上安装两个角钢托架（100mm×100mm×10mm），每个托架用 3 个 $\phi16$ 膨胀螺栓固定。在层门口牛腿处横放一根木方，在角钢托架和横木上架设 2 根 200mm×200mm 木方（或两根 20 号工字钢），然后把木方端部固定好，见图 6-62。

大型客梯及货梯，要根据梯井尺寸进行计算来确定方木及型钢的尺寸、型号。

3) 如果井壁系砖结构，则应在层门口对面的井壁相应的位置上剔两个与方木大小相适应的洞，用以支撑木方一端，见图 6-63。

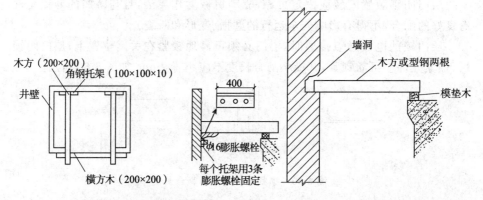

图 6-62　轿厢安装前准备　　　　图 6-63　砖井壁剔洞支撑方木

4) 在机房的承重钢梁上相应的位置横门固定 1 根 $\phi75×4$ 的钢管，见图 6-64a。如果承重钢梁在楼板下，则在轿厢绳孔旁设置这根钢管，见图 6-64b。由轿厢绳孔处放下不小于 $\phi13$ 的钢丝绳扣，并挂 1 个 3t 重的倒链，安装轿厢时使用。

2. 底梁安装

用倒链将底梁吊放在架设好的工字钢或木方上。调整安全钳钳口（老虎口）与导轨面间隙，见图 6-65，使安全钳口和轨道面的间隙 $a=a'$、$b=b'$。如果电梯的图纸规定了具体尺寸，须按图纸要求调整。同时要调整底梁的水平度，使其横、纵间水平度均不大于 1/1000。

安装安全钳楔块，楔齿距导轨侧工作面的距离调整至 3~4mm，安装说明书

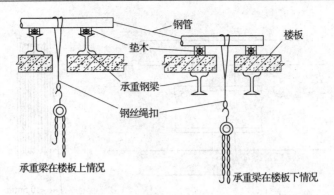

承重梁在楼板上情况　　　　　　　承重梁在楼板下情况

图 6-64　吊装用倒链的设置

有规定时按具体说明执行,且四个楔块距导轨侧工作面间隙应一致,然后用厚垫片塞于导轨侧面与楔块之间,按图 6-66 所示固定,同时把安全钳钳口和导轨端面用木楔塞紧。

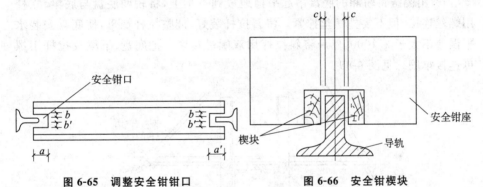

图 6-65　调整安全钳钳口　　　　　**图 6-66　安全钳楔块**

3. 立柱安装

将立柱与底梁连接,其铅垂度在整个高度上应不大于 1.5mm,并不得扭曲,可用垫片进行调整,见图 6-67。

4. 上梁安装

1) 用倒链将上梁吊至立柱上与立柱相连接的部位,将所有的连接螺栓装好。

2) 调整上梁的横、纵向水平度,使水平度不大于 1/2000。然后紧固连接螺栓。

3) 如果上梁有绳轮,要调整绳轮与上梁的间隙,a、b、c、d(图 6-68)要相等,其相互尺寸误差小于或等于 1mm,绳轮自身垂直偏差小于或等

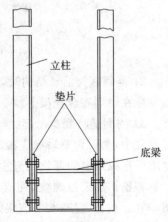

图 6-67　立柱安装垫片调整

397

于 0.5mm。

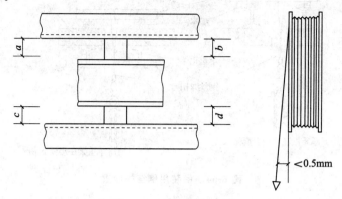

图 6-68　上梁带有绳轮的调整

5. 轿厢底盘安装

1) 用倒链将轿厢的底盘吊起平稳地放到下梁上，将轿厢底盘与底梁、立柱用螺丝连接，但不要把螺丝拧紧。将斜拉杆装好，调整拉杆螺母，使底盘安装水平误差不大于 2/1000，然后将斜拉杆用双螺母拧紧。把底盘、下梁及拉杆用螺母连接牢固。见图 6-69。

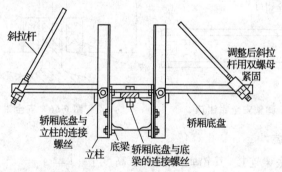

图 6-69　轿厢底盘安装

2) 当轿底为活动结构时，先按上述要求将轿厢底盘托架安装好，且将减震器安装在轿厢底盘托架上。

3) 用倒链将底盘吊起，缓缓就位。使减震器的螺丝逐个插入轿底盘相应的螺丝孔中，然后调整轿厢底盘的水平度。使其水平度不大于 2/1000。若达不到要求则在减震器的部位加垫片进行调整。

调整轿底定位螺栓，使其在电梯满载时与轿底保持 1～2mm 的间隙，见图 6-70。调整完毕，将各连接螺栓拧紧。

4) 安装、调整安全钳拉杆，达到要求后，拉条顶部要用双螺母拧紧。

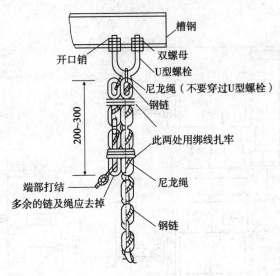

图 6-70　轿底定位螺栓调整

图中标注：槽钢、开口销、双螺母、U型螺栓、尼龙绳（不要穿过U型螺栓）、钢链、此两处用绑线扎牢、尼龙绳、端部打结、多余的链及绳应去掉、钢链、200~300

6. 导靴安装

1）导靴安装，上、下应在同一垂直线上，不应有扭曲、歪斜现象。如果安装位置不合适，应进行处理，不可用外力对导靴强行安装就位，以保持安全钳的正确间隙。

2）固定导靴时间隙应一致，内衬与轨道顶面间隙之和为 2.5+1.5(mm)。

3）滑动导靴应随载重不同根据表 6-6 所示改变 b 尺寸（图 6-71），使内部弹簧受力不同。

表 6-6　弹性滑动导靴 b 值调整表

电梯额定载重量/kg	调整量 b/mm
500	42
750	34
1000	30
1500	25
2000~3000	25
5000	20

4）调整轿厢导靴 a 和 c 间隙应为 2mm，对重导靴 a 间隙应为 3mm，c 间隙为 2mm，见图 6-71。

5）导靴顶面内衬和轨道端面间不应有间隙。

6）如为滚轮导靴，每个滚轮不应歪斜，整个胶轮平面应和轨道工作面均匀接触。

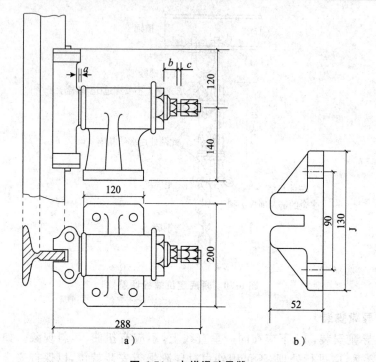

图 6-71 电梯滑动导靴

a)弹性滑动导靴 b)刚性滑动导靴

7）安装前应调整好,每副滚轮导靴的弹簧拉力应一致。

8）调整张紧轮限位螺栓使顶面滚轮水平移动范围为 2mm,左右水平移动为 1mm。

7. 围扇安装

1）围扇底座和轿厢底盘的连接及围扇与底座之间的连接要紧密。各连接螺丝要加相应的弹簧垫圈(以防因电梯的震动而使连接螺丝松动)。

若因轿厢底盘局部不平而使围扇底座下有缝隙时,要在缝隙处加调整垫片垫实,见图 6-72。

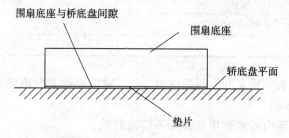

图 6-72 轿底盘与围扇底座缝隙处理

2）若围扇直接安装在轿底盘上,其间若有缝隙,处理方法同上。

3）安装围扇,可逐扇进行安装,也可根据情况将几扇先拼在一起再安装。围扇安装好后再安装轿顶,但要注意轿顶和围扇穿好连接螺丝后不要紧固,要在调整围扇垂直度偏差不大于 1/1000 的情况下再逐个将螺丝紧固。

安装完后要求接缝紧密,间隙一致,夹条整齐,扇面平整一致,各部位螺丝必须齐全,紧固牢靠。

8. 轿厢门的安装

1）将带悬挂架的轿厢门的上梁安装到悬臂式角钢上的轿厢钢架前立柱上,悬挂架则装在导杆 1 上,见图 6-73。梁的位置根据放到导杆上的水准器进行检测。导杆的水平度允许偏差为每米长度 1mm 以下,导杆的侧面应保持垂直。此项检测可以利用框形水准仪检查,也可用专用工具检查。

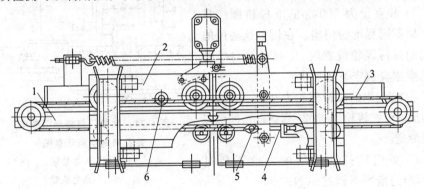

图 6-73　带悬挂架的轿厢门上梁

1—导杆　2—悬挂架　3—钢绳　4—张紧螺栓
5—扎固钢绳用的绳钩　6—压紧用的垫圈

2）轿厢门的上梁安装好并调整导杆的位置后,就开始着手吊装轿厢的门扇。

3）安装轿厢底上的门的传动装置,并安装联锁装置。传动装置安装在橡胶减震器上。拉杆轴线应位于与右悬挂架的横梁插头轴线的同一个垂直平面内。牵引拉杆与横梁插头相连,使其在左端位置时,门则关闭,而拉杆减震器与牵引杆(拉杆穿过牵引杆上的孔)的空隙应符合设计要求。应使此空隙只在触轮与相应的凸轮同时关闭且轿厢门锁打开时,门才开始打开。

4）凸轮的开与闭在安装时应符合下列要求:

① 当门全闭时,凸轮切断常闭触点;而当门全开时,打开凸轮则断开常开触点。

② 当轿厢门打开时,关门开关的终端触点要比门的对口缝处的常开触点早些闭合。

③ 调整凸轮,沿着牵引杆的扇形槽按所需方向使其移位,并以止动螺栓固定在需要的位置上。

④ 每个门扇的关闭控制联锁触点均安装在上梁。其位置应调整到当任何一扇门打开超过 7mm 时,触点动作而切断控制电路。

5) 轿厢门与梯井门的动力联系在整定电梯的过程中进行调节。其间的联系是由固定在轿厢和梯井门扇上的断电装置实现的。轿厢门扇上的断电装置须严格成垂直状。

6) 断电装置(图 6-74)1 的辊轮(或断电装置的角钢)和断电装置 2 的内表面之间的空隙要对称配置,允差为±1mm。间隙值从轿厢门扇的断电装置两端测量。

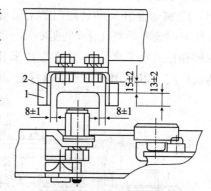

图 6-74　梯井门与轿厢门断电装置间的空隙示意图

1—轿厢门断电装置

2—梯井门断电装置

7) 起重量为 500kg 的电梯轿厢门具有 2 扇不同宽度的门扇。在调整这些门的门扇的反衬辊轮位置时,反衬辊轮与导杆间的空隙应遵守下述要求:

① 宽门扇的反衬辊轮为 0.1~0.2mm,窄门扇的反衬辊轮为 0.02~0.05mm,间隙以塞规测定。

② 宽门扇打开使用的力值不超过 10N,窄门扇则不超过 40N。

③ 施力点在门扇最高点以下 500mm。

8) 门的传动装置安装:图 6-75 是门的传动装置中的一种,当宽门扇关闭时,拉杆 3 角钢与牵引杆 2 的轴承之间的空隙不得超过 1mm。牵引杆的配置应垂直于拉杆轴心。门的传动装置装配好后,应使牵引杆的轴承在整个工作行程长度内不触及拉杆工作面的端口。

9. 轿厢顶装置安装

1) 轿厢顶接线盒、线槽、电线管、安全保护开关等要按厂家安装图安装。若无安装图则根据便于安装和维修的原则进行布置。

2) 安装、调整开门机构和传动机构使其符合厂家的有关设计要求,若厂家无明确规定则按其传动灵活、功能可靠的原则进行调整。

3) 护身栏各连接螺丝要加弹簧垫圈紧固,以防松动。护身栏的高度不得超过上梁高度。

4) 平层感应器和开门感应器要根据感应铁的位置定位调整。要求横平竖直,各侧面应在同一垂直平面上,其垂直度偏差不大于 1mm。

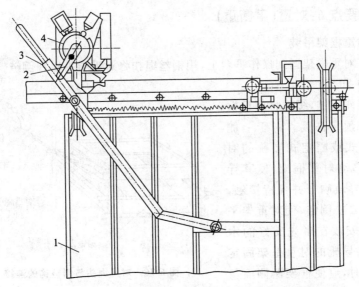

图 6-75　从宽侧入口的起重量 500kg(5kN)电梯轿厢门的传动装置
1—宽门扇　2—牵引杆　3—拉杆　4—扇形轮

10. 轿顶防护栏和警示性标识的安装

1）离轿顶外侧边缘有水平方向超过 0.30m 的自由距离时,轿顶应装设护栏。

自由距离应测量至井道壁,井道壁上有宽度或高度小于 0.30m 的凹坑时,允许在凹坑处有稍大一点的距离。

护栏应满足下列要求。

① 护栏应由扶手、0.10m 高的护脚板和位于护栏高度一半处的中间栏杆组成。

② 考虑到护栏扶手外缘水平的自由距离,扶手高度为:

a. 当自由距离不大于 0.85m 时,不应小于 0.70m。

b. 当自由距离大于 0.85m 时,不应小于 1.10m。

③ 扶手外缘和井道中的任何部件[对重(或平衡重)、开关、导轨、支架等]之间的水平距离不应小于 0.10m。

④ 护栏的入口,应使人员安全和容易地通过,以进入轿顶。

⑤ 护栏应装设在距轿顶边缘最大为 0.15m 之内。

2）在有护栏时,应有关于俯伏或斜靠护栏危险的警示符号或须知,固定在护栏的适当位置。

业务要点 6：对重（平衡重）

1. 对重框架吊装

1）将对重框架运到操作平台上，用钢丝绳扣将对重绳头板和倒链钩连在一起，见图 6-76。

2）操作倒链，缓缓将对重框架吊起到预定高度。对于一侧装有弹簧式或固定式导靴的对重框架，移动对重框架，使其导靴与该侧导轨吻合并保持接触，然后轻轻放松倒链，使对重架平稳牢固地安放在事先支好的木方上，未装导靴的对重框架固定在木方上时，应使框架两侧面与导轨端面的距离相等。

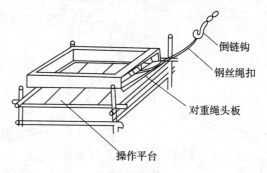

图 6-76　对重绳头与倒链钩的连接

2. 对重导靴安装

1）固定式导靴安装时，要保证内衬与导轨端面间隙上、下一致，若达不到要求，要加垫片进行调整。

2）在安装弹簧式导靴前，应将导靴调整螺母紧到最大限度，使导靴和导靴架之间没有间隙，这样便于安装，见图 6-77。

3）若导靴滑块内衬上、下方与轨道端面间隙不一致，则在导靴座和对重框架之间用垫片进行调整，调整方法同固定式导靴。

4）滚轮式导靴安装要平整，两侧滚轮对导轨压紧后两滚轮压缩量应相等，压缩尺寸应按制造厂规定。如无规定则根据使用情况调整压力适中，正面滚轮应与轨道面压紧，滚轮中心对准导轨中心，如图 6-78 所示。

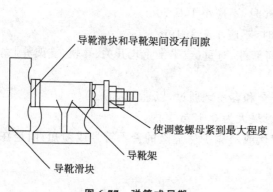

图 6-77　弹簧式导靴

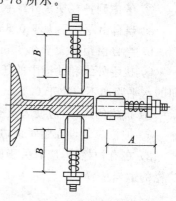

图 6-78　滚轮式导靴安装

3. 对重砣块安装

1）装入相应数量的对重砣块。对重砣块数量应根据式(6-2)求出：

$$装入的对重块数=\frac{(轿厢自重+额定荷重)×0.5-对重架质量}{每个砣块的质量} \quad (6-2)$$

2）按厂家设计要求装上对重砣块防震装置。图 6-79 为挡板式防震装置。

4. 对重安装安全装置

1）有滑轮固定在对重装置上时，应设置防护罩，以避免伤害作业人员，又可预防钢丝绳松弛时脱离绳槽、绳与绳槽之间落入杂物。这些装置的结构应不妨碍对滑轮的检查维护。采用链条的情况下，亦要有类似的装置，见图 6-80～图 6-82。

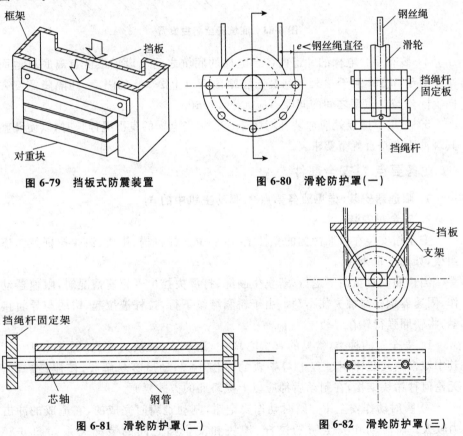

图 6-79　挡板式防震装置　　　　　图 6-80　滑轮防护罩(一)

图 6-81　滑轮防护罩(二)　　　　　图 6-82　滑轮防护罩(三)

2）对重如设有安全钳，应在对重装置未进入井道前，将有关安全钳的部件装妥。

3）底坑安全栅栏的底部距底坑地面应为$\not>$300mm，安全栅栏的顶部距底坑地面应为 1700mm，一般用扁钢制作，见图 6-83。

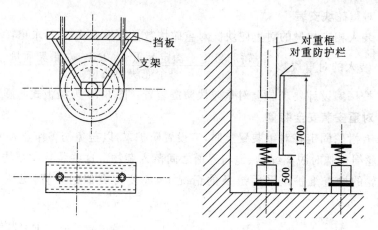

图 6-83　底坑安全栅栏设置

4）装有多台电梯的井道内各台电梯的底坑之间应设置最低点离底坑地面小于等于 0.3m，且至少延伸到最低层站楼面以上 2.5m 的隔障，在隔障宽度方向上隔障与井道壁之间的间隙不应大于 150mm。

5）对重下撞板处应加装补偿墩 2～3 个，当电梯的曳引绳伸长时，以使调整其缓冲距离符合规范要求。

业务要点 7：安全部件

1. 限速器安装（详见业务要点 2：驱动主机中的 3）

2. 安全钳安装

安全钳安装在轿厢两侧的立柱上，主要由连杆机构、钳块、钳块拉杆及钳座组成，如图 6-84 所示。

当轿厢或对重向下运行，若发生断绳、打滑失控出现超速情况时，限速器动作，限速器钢丝绳被夹住不动。由于轿厢继续下行，拉杆被拉起，钳块与导轨接触，将轿厢强行轧在导轨上。

1）安全钳的种类，常见的有偏心块式、滚子式、楔块式等，如图 6-85 所示。其中双楔块式在作用过程中对导轨的损伤小，制动后容易解脱，使用最广泛。无论何种钳块结构，在制动后都应以上提轿厢的方式复原。

① 瞬时动作安全钳。瞬时动作安全钳，制动是瞬时完成的，它造成的冲击力较大。瞬时动作安全钳的拉杆、楔块和安全嘴之间的装配关系如图 6-86 所示。

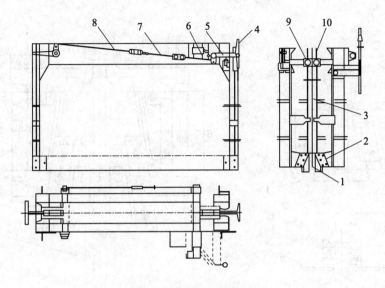

图 6-84 安全钳的结构

1—楔块 2—钳座 3—拉杆 4—限速器钢丝绳 5—拉臂
6—行程开关 7—连杆弹簧 8—连杆 9—拉杆弹簧 10—拉杆座

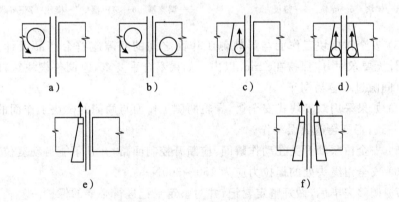

图 6-85 安全钳的种类

a)单偏心块 b)双偏心块 c)单滚子
d)双滚子 e)单楔块 f)双楔块

② 渐进式安全钳。渐进式安全钳是一种使用弹性元件,能使制动力限制在一定范围内的装置。制动时,轿厢可滑移一定距离,故有缓冲作用,能够减少冲击力,适用于额定速度大于 1m/s 的电梯,如图 6-87 所示。

2)安全钳的制停距离及制停减速度应符合产品设计要求。

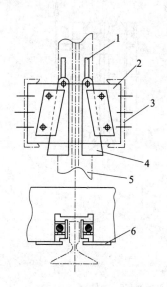
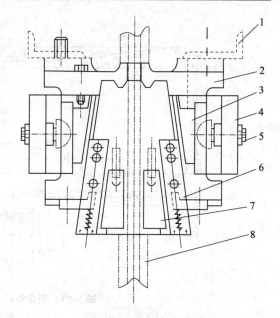

图 6-86 瞬时动作安全钳
1—拉杆 2—安全嘴 3—轿架下梁
4—楔块 5—导轨 6—盖板

图 6-87 滑移动作安全钳
1—轿架下梁 2—壳体 3—塞铁 4—安全垫头
5—调整箍 6—滚筒器 7—楔块 8—导轨

3) 安全钳楔块工作面与导轨侧工作面之间的间隙应符合产品设计要求。当设计无要求时,应保持在 3mm 以内。如果不合乎要求,应调整楔块拉杆的端螺母(间隙过小容易刹车)。

4) 如果采用双楔块式安全钳,导轨两侧工作面与两侧的楔块工作面的间隙应该一致,否则会造成误动作。

5) 安全钳联动开关在动作瞬间,应断开控制回路,并且不能自动复位。

6) 安全钳绳头处的提拉力应为 150~300N。

7) 调整完毕后,做好整定封记,并对整定封记进行必要的保护。

3. 缓冲器安装

(1) 安装缓冲器底座。安装前,要检查缓冲器底座与缓冲器是否配套,并进行组装。无问题时,方可将缓冲器底座安装在导轨底座上。对于设有导轨底座的电梯,宜采用加工方法增装导轨底座。如采用混凝土底座,要保证不破坏井道底的防水层,避免渗水后患,且需采取措施,使混凝土底座与井道底连成一体。

(2) 安装缓冲器。

1) 要同时考虑缓冲器中心位置、垂直偏差和水平偏差等指标。

确定缓冲器中心位置:在轿厢(或对重)碰击板中心放一线坠,移动缓冲器,使其中心对准线坠来确定缓冲器的位置,其偏移不得超过 20mm,见图 6-88。

2)用水平尺测量缓冲器顶面,要求其水平误差小于 4S/1000,见图 6-89。

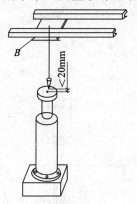

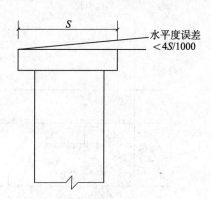

图 6-88 缓冲器中心位置找正
B—碰击板

图 6-89 缓冲器顶面水平度

3)如果作用于轿厢(或者对重)的缓冲器由两个组成一套,那么两个缓冲器顶面应在一个水平面上,相差不应大于 2mm。

4)油压缓冲器活塞柱垂直度的测量,见图 6-90,其中 a 和 b 两个尺寸的差不得大于 1mm,测量时,应于相差 90°的两个方向进行测量。

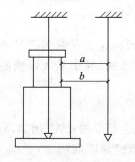

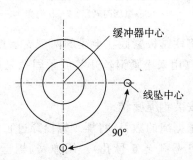

图 6-90 缓冲器活塞垂直度测量

5)调整缓冲器时,需在缓冲器底部基座间垫金属片。垫入垫片的面积不得小于缓冲器底部面积的 1/2。调整后要将地脚螺栓紧固,地脚螺栓要求加弹簧垫圈或以双螺母紧固。螺纹要露出螺母之上 3~5 扣。

业务要点 8:悬挂装置、随行电缆、补偿装置

1. 悬挂装置安装

电梯悬挂装置通常由端接装置、钢丝绳、张力调节装置组成,其安装质量直

接关系人身安全和影响电梯的性能。

轿厢悬挂装置的安装,以曳引比1∶1为例,如图6-91所示。

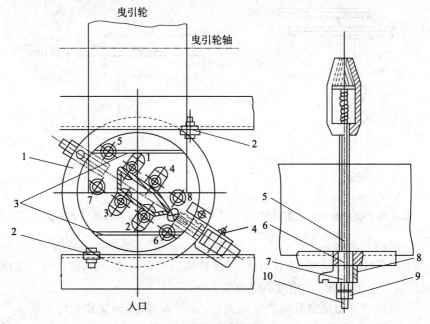

图6-91　轿厢悬挂装置的安装

1—联结板　2—紧固螺栓　3—纵向符号　4—开关　5—螺纹螺栓

6—紧固间隔套　7—松绳套　8—弹簧　9—螺母　10—螺杆

1)将联结板紧固在上梁的两个支承板上。板的位置是纵向符号必须与曳引轮平行(用来松紧钢丝开关的紧固孔是这样对准的:易于从入口侧面板触及开关)。

2)安装钢绳套结。

3)根据绳的数目,将螺纹螺栓穿过它们在板上相应的孔内(例如,对于6根绳:使用1号孔至6号孔)。用弹簧、螺母和开尾销紧固间隔套(仅对于 $\phi9$ 和 $\phi11$ 的钢绳)和松绳套。

4)将整个松绳开关安装在板下面。

5)安装防钢丝绳扭转装置。

6)拆除脚手架。通过手盘车将轿厢降下,致使所有钢丝绳承受到负荷。把曳引轮上的夹绳装置拆除。用手盘车把对重向上提起约30mm。检查钢绳拉力是否均匀,然后重新将螺母锁紧。

7)将防扭转装置穿过绳套并安装妥当。

2. 随行电缆安装

1）全行程随行电缆,井道电缆架应装在高出轿厢顶 1.3～1.5m 的井道壁上。半行程安装的随行电缆,井道电缆架应装在电梯正常提升高度的 1/2 处加 1.5m 的井道壁上。

2）电缆安装前应预先自由悬吊,充分退扭,多根电缆安装后应长短一致。

3）随行电缆的另一端绑扎固定在轿底下梁的电缆架上,称轿底电缆架。轿底电缆架安装位置应以下述原则确定:8 芯电缆其弯曲半径应不小于 250mm;16～24 芯电缆的弯曲半径应不小于 400mm;一般弯曲半径不小于电缆直径的 10 倍;随行电缆安装示意图见图 6-92。

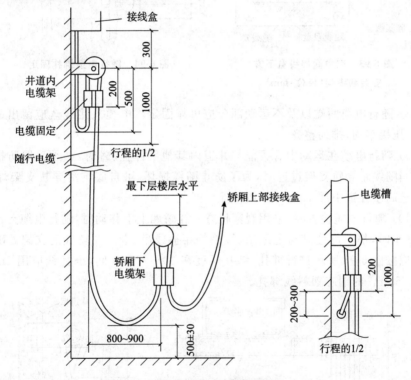

图 6-92　随行电缆安装示意图(单位:mm)

4）多根电缆组成的随行电缆应从电缆架开始以 1～1.5m 间隔的距离用绑线进行交叉固定。

5）在中间接线盒底面下方 200mm 处安装随缆架。固定随缆架要用不小于 φ16 的膨胀螺栓两条以上(视随缆重量而定),以保证其牢度(图 6-93)。

6）随行电缆的长度应使轿厢缓冲器完全压缩后略有余量,但不得拖地。也可根据中间接线盒及轿厢底接线盒实际位置,加上两头电缆支架绑扎长度及接线余量确定。保证在轿厢蹲底或撞顶时不使随缆拉紧,在正常运行时不蹭轿厢和地面,蹲底时随缆距地面 $100\sim200$mm 为宜。多根并列时,长度应一致。

7）用塑料绝缘导线（BV1.5mm^2）将随缆牢固地绑扎在随缆支架上（图 6-94）。

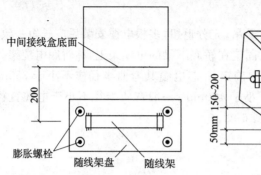

图 6-93　在中间接线盒下方
安装随缆架（单位:mm）

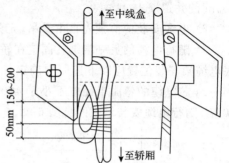

图 6-94　随行电缆绑扎固定

8）随行电缆两端以及不运动部分应可靠固定。电缆入接线盒应留出适当余量,压接牢固,排列整齐。

9）随行电缆在运动中有可能与井道内其他部件挂、碰时,必须采取防护措施。当随缆距导轨支架过近时,为了防止随缆损坏,可自底坑沿导轨支架焊 $\phi6$圆钢至高于井道中部 1.5m 处,或设保护网。

10）随行电缆检查时,采用观察检查。在轿厢上下移动时,随行电缆无论在快、慢车时,都不可使其与电缆架、线槽等相擦或吊、卡。在轿底的支架处随行电缆应按图 6-95 所示进行绑扎,绑扎长度在 $30\sim70$mm 间,绑扎线应用 1mm^{2}或 0.75mm^2 的铜芯塑料线绑扎。

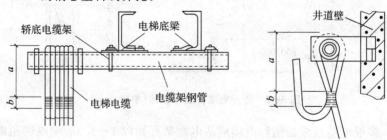

图 6-95　轿底电缆、井道电缆绑扎示意图

a—钢管直径的 2.5 倍,且不大于 200mm　$b=30\sim70$mm

使轿厢处于井道下部极限位置时,可用尺丈量电缆离地坑地面高度,电缆不应拖地;轿厢处于井道上部极限位置时,电缆不应张线。

3. 补偿装置安装

补偿装置是用来平衡电梯运行过程中钢丝绳和随行电缆重量的装置。

1）轿厢上的悬挂。补偿装置在轿厢上的悬挂如图 6-96 所示。

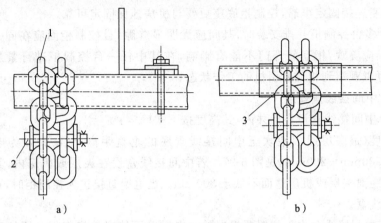

图 6-96　补偿装置在轿厢上的悬挂

a)无隔振装置　b)带隔振装置

1—链条双圈缠绕　2—把螺栓装在尽可能靠近管子的地方　3—隔振装置

2）对重上的悬挂。补偿装置在对重上的悬挂和在轿厢上的悬挂方法基本相同,这里不再叙述。

必须强调的是,补偿装置如果是采用链条的,则应在没有扭转时进行悬挂。为了消除工作噪声,应当采用润滑剂进行润滑,并有消声措施。

3）当电梯额定速度小于 2.5m/s 时,应采用有消声措施的补偿链,补偿链固定在轿厢底部及对重底部的两端,且有防补偿链脱链的保险装置。当轿厢将缓冲器完全压缩后,补偿链不应拖地,且在轿厢运行过程中补偿链不应碰擦轿厢壁。

4）当电梯额定速度大于 2.5m/s 时,应采用有张紧装置的补偿绳,并应设有防止该装置的防跳装置。当防跳装置动作时,应有一个电气限位开关动作,使电梯驱动主机停止运转。该开关应动作灵敏、安全可靠。

业务要点 9：电气装置

1. 控制柜安装

1）根据机房布置图及现场情况确定控制柜位置,与门窗、墙壁的距离不小于 600mm,控制柜的维修侧与墙壁的距离不小于 600mm,其封闭侧不小于 50mm。双面维修的控制柜成排安装,其总宽度超过 5m 时,两端均应留有出入通道,通道宽度不应小于 600mm,控制柜与设备的距离不应小于 500mm。

2）控制柜的过线盒要按安装图的要求用膨胀螺栓固定在机房地面上。若无控制柜过线盒,则要用10号槽钢制作控制柜底座或混凝土底座,底座高度为50～100mm。控制柜与槽钢底座采用镀锌螺栓连接固定(连接螺栓由下向上穿)。控制柜与混凝土底座采用地脚螺栓连接固定。控制柜要和槽钢底座、混凝土底座连接固定牢靠,控制柜底座更要与机房地面固定可靠。

3)多台控制柜并排安装时,其间应无明显缝隙,且控制柜面应在同一平面上,布局应美观,相互间开门不能有影响,在其中任一台控制柜进行紧急运行时,都可以观察到相应曳引机的工作状态。

2. 中间接线盒安装

1)中间接线盒设在梯井内,其高度按下式确定:

高度(最底层层门地坎至中间接线盒底的垂直距离)＝$a/2$(a为电梯行程)＋1500mm＋200mm,见图6-97。若中间接线盒设在夹层或机房内,其高度(盒底)距离夹层或机房地面不低于300mm。当电缆直接进入控制柜时,可不设中间接线盒。

2)中间接线盒水平位置要根据随行电缆既不能碰轨道支架又不能碰层门地坎的要求来确定。当梯井较小,轿厢门地坎和中间接线盒在水平位置上的距离较近时,要统筹计划,其间距不得小于40mm,见图6-98。

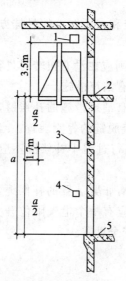

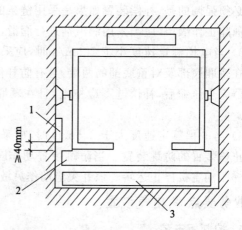

图6-97　中间接线盒安装　　　图6-98　中间接线盒与轿厢地坎间距的确定

1—总接线盒　2—顶层层站　　　　1—中间接线盒　2—轿厢地坎　3—厅门地坎

3—中间接线盒　4—层楼分线盒

5—底层层站

3)中间接线盒用M10膨胀螺栓固定于墙壁上。

3. 配管、配线槽及金属软管安装

机房和井道内的配线,应使用电线管和电线槽保护,但在井道内严禁使用可燃性及易碎性材料制成的管、槽,不易受机械损伤和较短分支处可用软管保护。金属电线槽沿机房地面明设时,其壁厚不得小于 1.5mm。

(1) 配管。

1) 机房配管除图纸规定沿墙敷设明管外,均要敷设暗管,梯井允许敷设明管。电线管的规格要根据敷设导线的数量决定。电线管内敷设导线总截面积(含绝缘层)不应大于管内净截面积的 40%。

2) 钢管敷设前应符合下列要求:

① 电线管的弯曲处,不应有褶皱、凹陷和裂纹等,弯扁程度不大于管外径的 10%,管内无铁屑及毛刺。电线管不允许用电气焊切割,切断口应锉平,管口应倒角光滑。

② 钢管连接。

a. 丝扣连接:管端套丝长度不应小于管箍长度的 1/2,钢管连接后在管箍两端应用圆钢焊跨接地线($\phi15\sim\phi22$ 管用 $\phi5$ 圆钢,$\phi32\sim\phi48$ 管用 $\phi6$ 圆钢,$\phi50\sim\phi63$ 管用 $25mm\times3mm$ 扁钢)。跨接地线两端焊接面不得小于该跨接线截面的 6 倍。焊缝均匀牢固,焊接处要清除表皮,刷防腐漆。

b. 套管连接:套管长度为连接管外径的 $2.5\sim3$ 倍,连接管对口处应在套管的中心,焊口应焊接牢固、严密。

③ 电线管拐弯要用弯管器,弯曲半径应符合:明配时,一般不应小于管外径的 4 倍;暗配时,不应小于管外径的 6 倍;埋设于地下或混凝土楼板下,不应小于管外径的 10 倍。一般管径为 20mm 及以下时,用手扳弯管器;管径为 25mm 及以上时,使用液压弯管器和加热煨弯方法。当管路超过 3 个 90°弯时,应加装接线盒、箱。

④ 薄壁钢管(镀锌管)的连接必须用丝扣连接。

3) 进入落地配电箱(柜)的电线管路,应排列整齐,管口高于基础面不小于 50mm。

4) 明配管需设支架或管卡子固定:竖管每隔 $1.5\sim2m$,横管每隔 $1\sim1.5m$,拐弯处及出入箱盒两端 $150\sim300mm$,每根电线管不少于两个支架或管卡子。支架可直埋在墙内或用膨胀螺栓固定(支架的规格设计无规定时,应不小于下列规定:扁钢支架 $30mm\times3mm$;角钢支架 $25mm\times25mm\times3mm$,埋入支架应有燕尾)。电线管也可直接用管卡子固定于墙壁上,管卡子可用膨胀螺栓或塑料膨胀塞等方法来固定,绝不允许用塞木楔方法固定管卡子。电线管也不允许直接焊在支架或设备上。

5) 钢管进入接线盒及配电箱,暗配管可用焊接固定,管口露出盒(箱)小于

5mm,明配管应用锁紧螺母固定,露出螺母的丝扣为 2~4 扣。管口应光滑,并应装设护口。

6)钢管与设备连接时,要把钢管敷设到设备外壳的进线口内,如有困难,可采用下述两种方法:

① 在钢管出线口处加软塑料管引入设备,但钢管出线口与设备进线口距离应在 200mm 以内。

② 设备进线口和钢管出线口用配套的金属软管和软管接头连接,软管应用管卡固定。

7)设备表面上的明配管或金属软管应随设备外形敷设,以求美观,如抱闸配管。

8)井道内敷设电线管时,各层应装分支接线盒(箱),并根据需要加装接线端子板。

(2)配线槽。

1)机房配线槽均应沿墙、梁板下面敷设。电线槽的规格要根据敷设导线的数量决定。电线槽内敷设导线总截面积(包括绝缘层)不应超过线槽总截面积的 60%。

2)敷设电线槽应横平竖直,无扭曲、变形,内壁无毛刺,线槽采用射钉和膨胀螺栓固定,每根配线槽固定点不应少于 2 点。底脚压板螺栓应稳固,露出线槽不宜大于 10mm;安装后其水平度和垂直偏差值不应大于 2‰,全长最大偏差值不应大于 20mm。并列安装时,应使线槽盖便于开启,接口应平直,接板应严密,槽盖应齐全,盖好后应平整、无翘角,出线口应无毛刺,位置应准确。在线槽的弯曲处应垫上胶皮。

3)梯井线槽引出分支线,如果距指示灯、按钮盒较近,可用金属软管敷设;若距离超过 2m,应用钢管敷设。

4)梯井线槽到每层的分支导线较多时,应设分线盒并考虑加端子板。

5)电线槽、箱和盒开孔应用开孔器开孔,孔径不大于管外径 1mm。

6)机房和井道内的电线槽、电线管、随缆架、箱盒与可移动的轿厢、钢丝绳、电缆的距离:机房内不得小于 50mm,井道内不得小于 20mm。

7)切断线槽需用手锯操作(不能用电、气焊及砂轮机),拐弯处不允许锯直口,应沿穿线方向弯成 90°保护口,以防伤线。

8)线槽应有良好的接地保护,线槽接头应严密并做明显可靠的跨接地线。但电线槽不得作为保护线使用。

镀锌线槽可利用线槽连接固定螺丝跨接黄绿双色绝缘 4mm² 以上的铜芯导线。

(3)安装金属软管。

1)金属软管不得有机械损伤、松散,敷设长度不应超过 2m。

2）金属软管安装应尽量平直,弯曲半径不应小于管外径的 4 倍。

3）金属软管安装固定点均匀,间距小于等于1m,不固定端头长度小于等于 0.1m,固定点要用管卡子固定。管卡子要用膨胀螺栓或塑料膨胀塞等方法固定,不允许用塞木楔的方法来固定管卡子。

4）金属软管与箱、盒、槽连接时,应使用专用管接头连接。

5）金属软管安装在轿厢上应防止振动和摆动,与机械配合的活动部分,其长度应满足机械部分的活动极限,两端应可靠固定。轿顶上的金属软管应有防止机械损伤的措施。

6）金属软管内电线电压大于 36V 时,要用大于等于 $1.5mm^2$ 的黄绿双色绝缘铜芯导线焊接保护地线。厂家有特殊要求的如低于 36V 也加地线。

7）不得利用金属软管作为接地导体。

8）内壁不光滑的金属软管不应在土建结构中暗设,机房地面和底坑地面不得敷设金属软管。

4. 强迫减速开关、限位开关、极限开关及其碰铁安装

1）碰铁一般安装在轿厢侧面,应无扭曲、变形,表面应平整光滑。安装后调整其垂直偏差值不大于 1‰,最大偏差值不大于 3mm(碰铁的斜面除外)。

2）强迫减速开关、限位开关、极限开关的安装。

① 强迫减速开关安装在井道的两端,当电梯失控不正常换速冲向端站时,首先要碰撞强迫减速开关。该开关在正常换速点相应位置动作,以保证电梯有足够的换速距离。一般交流低速电梯(1m/s 及以下),就一级强迫减速,将快速转换为慢速运行。限位开关是当轿厢因故超过上下端站 50～100mm 时,即切断顺向方向控制电路。电梯停止顺方向启动,但可以反方向启动运行。

② 快速电梯(1m/s 以上)在端站强迫减速开关之后加设一级或多级减速开关,这些开关的动作时间略滞后于同级正常减速动作时间。当作正常减速失效时,该装置按照规定级别进行减速。

③ 极限开关的安装。开关动作时切断电梯控制电源及上下行接触器电源,此时电梯立即停止运行并不能再启动,调整极限开关上下碰轮的位置,应在轿厢或对重与缓冲器接触前,极限开关断开。且在缓冲器被压缩期间,开关始终保持断开状态,见图 6-99。

开关装完后,应连续试验 5 次,均应动作灵活可靠,且不得提前与限位开关同时动作。

3）开关安装应牢固,不得焊接固定,安装后要进行调整,使其碰轮与碰铁可靠接触,开关触点可靠操作,碰轮沿碰铁全长移动不应有卡阻,且碰轮略有压缩余量。当碰铁脱离碰轮后,其开关应立即复位,碰轮距碰铁边大于等于 5mm,见

图 6-100。

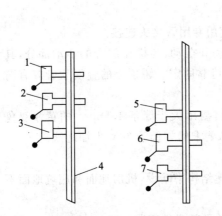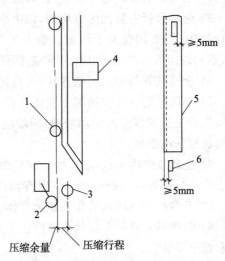

图 6-99　极限开关的分布

1—上终端极限开关　2—上限位开关

3—上强迫减速开关　4—导轨

5—下强迫减速开关　6—下限位开关

7—下终端极限开关

图 6-100　碰铁与碰轮

1—碰轮正常压缩后的位置　2—碰轮极限压缩位置

3—压缩前的位置　4—支架　5—碰铁　6—碰轮

4）开关碰轮的安装方向应符合要求，以防损坏，见图 6-101。

5. 感应开关和感应板安装

1）无论装在轿厢上的平层感应开关及开门感应开关，还是装在轨道上的选层、截车感应开关，其形式基本相同。安装应横平竖直，各侧面应在同一垂直面上，其垂直偏差小于等于 1mm。感应板安装应垂直，其偏差值小于等于 1‰，插入感应器时应位于中间。插入深度距感应器底 10mm，偏差值小于等于 2mm，若感应器灵敏度达不到要求时，可适当调整感应板，但与感应器内各侧间隙小于等于 7mm，见图 6-102。

2）开门感应器装于上、下平层感应器中间，其偏差小于等于 2mm。不同形式控制的电梯所装的感应器数量和作用也不相同，一般装 3 只感应器，即

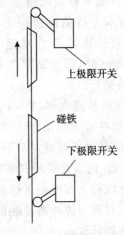

图 6-101　碰轮的安装方向

上、下平层，门区;有的电梯增加了校正感应器，当层楼指示发生错位时，只须增加感应器作为复位信号，见图 6-103。

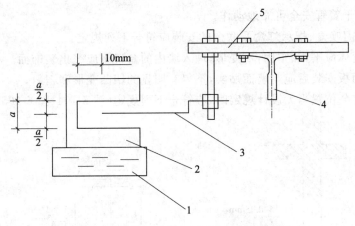

图 6-102　感应开关和感应板的安装

1—接线盒　2—感应器　3—感应板　4—导轨　5—感应板支架

3）感应板应能上下、左右调节，调节后螺栓应可靠锁紧，电梯正常运行时不得与感应器产生摩擦，严禁碰撞。

4）感应器安装完毕后启用时，应将封闭磁路板取下，否则感应器将不起作用。

5）不同的电梯厂家采取的感应器各不相同，要根据厂家的安装手册进行安装。

6. 指示灯盒、召唤盒及操纵盘安装

（1）指示灯盒、召唤盒安装。根据安装平面布置图的要求，把各

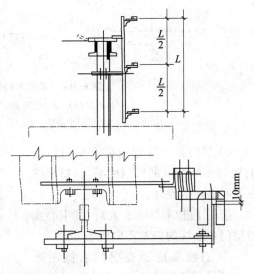

图 6-103　校正感应器安装图

层站的召唤箱和指层灯箱稳固安装在各层站层门外。一般情况下，指层灯箱装在层门正上方距离门框 0.25～0.30m 处。召唤箱装在层门右侧，距离门框 0.20～0.30m 处，距离地面约 1.3m。也有把指层灯箱和召唤箱合并为一个部件装在层门侧面的。指层灯箱和召唤箱经安装调整、校正校平后，面板应垂直水平，凸出墙壁 2～3mm。

主要用于交流双速梯的干簧管换速平层装置，换速干簧管传感器和隔磁板允许在开动电梯后，使电梯在慢速运行状态下，边安装边调整校正。经调整后，隔磁板应位于干簧管传感器盒凹形口中心，与底面的距离应为 4～6mm，确保传

感器中的干簧管安全可靠地动作。

层门召唤盒、指示灯盒及联盒的安装应符合下列规定：

1) 盒体应平正、牢固，不变形；埋入墙内的盒口不应突出装饰面。

2) 面板安装后应与墙面贴实，不得有明显的凹凸变形和歪斜。

3) 安装位置当无设计规定时，应符合下列规定(图 6-104、图 6-105)：

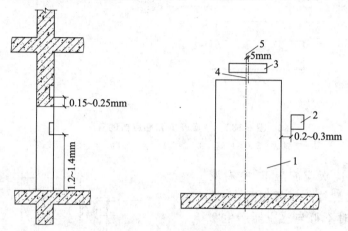

图 6-104   单梯层门装置位置

1—层门(厅门)   2—召唤盒   3—层门指示灯盒

4—层门中心线   5—指示灯盒中心线

① 层门指示灯盒应装在层门口以上 0.15～0.25m 的层门中心处，指示灯在召唤盒内的除外。

② 层门指示灯盒安装后，其中心线与层门中心线的偏差不应大于 5mm。

③ 召唤盒应装在层门右侧距地 1.2～1.4m 的墙壁上，且盒边与层门边的距离应为 0.2～0.3m。

④ 并联、群控电梯的召唤盒应装在两台电梯的中间位置。

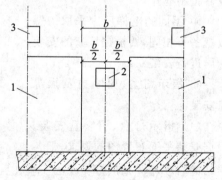

图 6-105   并联、群控电梯召唤盒

1—层门   2—召唤盒   3—层门指示灯盒

4) 在同一候梯厅有 2 台及 2 台以上电梯并列或相对安装时，各层门装置的对应安装位置应一致，并应符合下列规定(图 6-106、图 6-107)：

① 并列梯各层门指示灯盒的高度偏差不应大于 5mm。

② 并列梯各召唤盒的高度偏差不应大于 2mm。

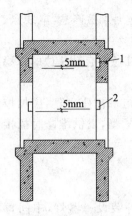

图 6-106 同一候梯厅层门
装置对应高差
1—层门指示灯盒 2—召唤盒

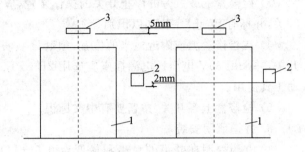

图 6-107 并列梯层门装置相应位置差
1—层门 2—召唤盒 3—层门指示灯盒

③ 各召唤盒距离偏差不应大于 10mm。

④ 相对安装的电梯,各层门指示灯盒偏差和各召唤盒的高度偏差均不应大于 5mm。

5) 具有消防功能的电梯,必须在基站或撤离层设置消防开关。消防开头盒应装在呼梯盒的上方,其底边距地面高度为 1.6~1.7m。

6) 各层门指示灯、呼梯盒及开关的面板安装后应与墙壁装饰面贴实,不得有明显的凹凸变形和歪斜,并应保持洁净、无损伤。

(2) 操纵盘安装。

1) 操纵盘面板的固定方法有用螺钉固定和搭扣夹住固定的形式。操纵盘面板与操纵盘轿壁间的最大间隙应在 1mm 以内。

2) 指示灯、按钮、操纵盘的指示信号清晰、明亮、准确,遮光罩良好,不应有漏光和串光现象。按钮及开关应灵活可靠,不有卡阻现象;消防开关工作可靠。

7. 底坑检修盒安装

1) 检修盒的安装位置距层门口不应大于 1m。应选择在距线槽或接线盒较近、操作方便、不影响电梯运行的地方。图 6-108 为底坑检修盒。

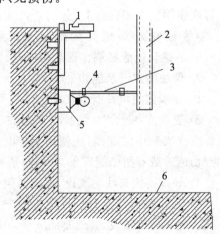

图 6-108 底坑检修盒安装
1—厅门底坎 2—线槽 3—电线管
4—用管卡沿墙固定 5—底坑检修盒
6—底坑地面

421

2) 底坑检修盒用膨胀螺栓或塑料胀塞固定在井壁上。检修盒、电线盒、配线槽之间都要跨接地线。

3) 检修盒上或近旁的停止开关的操作装置,应是红色非自动复位的双稳态开关,并标有"停止"字样加以识别。

4) 在检修盒上或附近适当的位置,须装设照明和电源插座,照明应加控制开关,并采用 36V 电压。电源插座应选用 2P+PE250V 型,以供维修时插接电动工具使用。

5) 检修盒上各开关、按钮要有中文标识。

8. 井道照明安装

1) 井道照明在井道的最高和最低点 0.5m 以内各装设一盏灯,中间每隔 7m(最大值)装设一盏灯,井道照明电压应采用 36V 安全电压。有地下室的电梯也应采用 36V 安全电压作为井道照明。

2) 井道照明装置暗配施工时,在井道施工过程中将灯头盒和电线管路随井道施工预埋在所要求的位置上,待井道施工完毕和拆除模板后,应进行清理接线盒和扫管工作。

3) 明配施工时,按设计要求在井道壁上划线,找好灯位和电线管位置,用 4、6 号膨胀螺栓分别将灯头盒固定在井道壁的灯位上,并进行配管。

4) 从机房井道照明开关开始穿线,灯头盒内导线按要求做好导线接头,并将相线、零线做好标记。

5) 将塑料台固定在灯头盒上,将接灯线从塑料台的出线孔中穿出。将螺口平灯底座固定在塑料台上,分别给灯头压接线,相线接在灯头中心触点的端子上,零线接在灯头螺纹的端子上。用兆欧表测量回路绝缘电阻应大于 0.25MΩ,确认绝缘摇测无误后再送电试灯。

9. 导线的敷设及连接

1) 穿线前将电线管或线槽内清扫干净,不得有积水、污物。

2) 要检查各个管口的护口是否齐全,如有遗污和破损,均应补齐和更换。电梯电气安装中的配线,应使用额定电压不低于 500V 的铜芯导线。穿线时不能损伤绝缘或有扭结等现象,并留出适当备用线。

3) 导线要按布线图敷设,电梯的供电电源必须单独敷设。动力和控制线路应分别敷设,微信号及电子线路应按产品要求单独敷设或采取抗干扰措施,若在同一配线槽中敷设,其间要加隔板。

4) 在配线槽的内拐角处要垫橡胶板等软物,以保护导线(图 6-109)。导线在配线槽的垂直段,用尼龙绑扎带绑扎成束,并固定在配线槽底板下。出入电线管或配线槽的导线应有保护措施。

5) 导线截面为 6mm² 及以下的单股铜芯线与电气器具的端子可直接连接,

但多股铜芯线的线芯应焊接或压接端子并涮锡后,再与电气器具的端子连接。

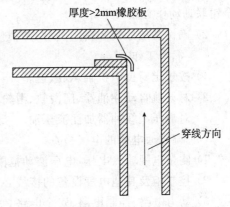

图 6-109　线槽内拐角保护导线措施

6) 导线接头包扎时,首先用橡胶(或自粘塑料带)绝缘带从导线接头处始端的完好绝缘层开始,缠绕 1～2 个绝缘带幅宽度,再以半幅宽度重叠进行缠绕。在包扎过程中应尽可能收紧绝缘带。最后在绝缘层上缠绕 1～2 圈后,再进行回缠。而后用黑胶布包扎,以半幅宽度边压边进行缠绕。在包扎过程中收紧胶布,导线接头处两端应用黑胶布封严密。

7) 引进控制盘(柜)的控制电缆、橡胶绝缘芯线应外套绝缘管保护。控制盘(柜)压线前应将导线沿接线端子方向整理成束,排列整齐,用小线或尼龙扎带分段绑扎,做到横平竖直,整齐美观。

8) 导线终端应有清晰的线路编号。导线压接要严实,不能有松脱、虚接现象。

业务要点 10:整机调试

1. 调试运行前的检查准备工作

紧急操作装置动作必须正常。可拆卸的装置必须置于驱动主机附近易接近处,紧急救援操作说明必须贴于紧急操作时易见处。

(1) 整机检查。

1) 整机应安全装置齐全。

2) 整机安装应符合本标准的规定。

(2) 机房内安装运行前检查。

1) 机房内所有电气线路的配置及接线工作应已完成,各电气设备的金属外壳应有良好的接地装置,且接地电阻不大于 4Ω。

2) 机房内曳引绳与接板孔洞每边间隙应为 20～40mm,通向井边的孔洞四周应筑有 50mm 以上、宽度适当的防水台阶。

3) 机房内应有足够照明,并有电源插座,通风良好。

(3) 井道内的检查。

1) 清除井道内余留的脚手架和安装电梯时留下的杂物。

2) 清除轿厢内、轿顶上、轿厢门和厅门地坎槽中的杂物。

(4) 安全检查。

1) 轿厢或配重侧的安全钳应已安装到位,限速器应灵活可靠,限速器与安全钳联动动作必须可靠。

2)确保各层厅门和轿门关好,并锁住,严禁非专业人员打开厅门。

(5)润滑工作。

1)按规定对曳引机轴承、减速箱、限速器等传动机构注油。

2)对导轨自动注油器、门滑轨、滑轮进行注油润滑。

3)对液压型缓冲器加注液压油。

(6)调试通电前的电气检查。

1)测量电网输入电压,电压波动范围应在额定电压值的±7%范围内。

2)控制柜及其他电气设备的接线必须正确。

3)动力电路、控制电路、安全电路必须有与负载匹配的短路保护装置;动力电路必须有过载保护装置。

4)环境空气中不应有含有腐蚀性和易燃性气体及导电尘埃存在。

(7)下列安全开关,必须动作可靠。

1)限速器绳张紧开关。

2)液压缓冲器复位开关。

3)有补偿张紧轮时,补偿绳张紧开关。

4)当额定速度大于 3.5m/s 时,补偿绳轮防跳开关。

5)轿厢安全窗(如果有)开关。

6)安全门、底坑门、检修活板门(如果有)的开关。

7)对可拆卸式紧急操作装置所需要的安全开关。

8)悬挂钢丝绳(链条)为两根时,防松动安全开关。

9)厅门、轿门的电气联锁。

10)检查门、安全门及检修的活动门关闭后的联锁触点。

11)检查断绳开关。

12)检查限速器达到 115%额定速度时动作。

13)检查端站开关、限位开关。

14)检查各急停开关。

(8)调试前的机械部件检查。

1)制动器的调整检查。

① 制动器动作应灵活。

② 制动力矩的调整:根据不同型号的电梯进行调整。在没有打开抱闸的情况下,人为扳动盘车轮,应不转动。

③ 制动闸瓦与制动轮间隙调整:制动器制动后,要求制动闸瓦与制动轮接触可靠,面积大于 80%;松闸后制动闸瓦与制动轮完全脱离,无摩擦,无异常声响。制动器间隙应符合产品设计要求。

2）自动门机构调整检查。

① 门锁装置必须与其型式试验证书相符。

② 厅门应开关自如,无异常声音。

③ 轿厢运行前应将厅门有效地锁紧在关门位置上,只有在锁紧元件啮合达到 7mm,且厅门辅助电气锁点同时闭合时轿厢才能启动。

④ 厅门自动关闭:无论厅门因何原因开启,应确保自动关闭。

2. 电梯的整机运行调试

（1）电梯的慢速调试运行。在电梯运行前,应确保各层厅门已关闭。井道内无任何杂物,监护人员不得擅自离岗。

1）检测电动机阻值,应符合要求。

2）检测电源,电压、相序应与电梯相匹配,

3）继电器动作与接触器动作及电梯运转方向,应确保一致。

4）应在机房检修运行后才能在轿顶上使电梯处于检修状态,按动检修盒上的慢上或慢下按钮,电梯应以检修速度慢上或慢下。同时清扫井道和轿厢以及配重导轨上的灰沙及油圬,然后加油使导轨润滑。

5）以检修速度逐层安装井道内的各层平层及换速装置,以及上、下端站的强迫减速开关、方向限位开关和极限开关,并使各开关安全有效。

（2）自动门机调试。

1）电梯处在检修状态。

2）在轿内操纵盘上按开门或关门按钮,门电动机应转动,且方向应与开关门方向一致。若不一致,应调换门电动机极性或相序。

3）调整开、关门减速及限位开关,使轿厢门启闭平稳而无撞击声,并调整关门时间约为 3s,开门时间约为 2.5s,并测试关门阻力（如有该装置时）。

4）每层层门必须能够用三角钥匙正常开启。

5）当一个层门或轿门（在多扇门中任何一扇门）非正常打开时,电梯严禁启动或继续运行。

（3）电梯的快速运行调试。在电梯完成了上述调试检查项目后,并且安全回路正常,且无短接线的情况下,即可在机房内准备快车试运行。

1）轿内、轿顶均无安装调试人员。

2）轿内、轿顶、机房均为正常状态。

3）轿厢应在井道中间位置。

4）在机房内进行快车试验运行。继电器、接触器应与运行方向一致,且无异常声音。

5）操作人员进入轿内运行,逐层开关门运行,开关门应无异常声音,并且运行舒适。

6) 在电梯内加入 50% 的额定载重量,进行精确平层的调整,使平层均符合标准,即可认为电梯的慢、快车运行调试工作已全部完成。

3. 试验

(1) 试验条件。

1) 试验时机房空气温度应保持在 5～40℃ 之间。

2) 背景噪声应比所测对象噪声至少低 10dB(A)。如不能满足规定要求应修正,测试噪声值即为实测噪声值减去修正值。

(2) 安全装置试验及电梯整机功能试验。当控制柜三相电源中任何一相断开或任何二相错接时,断相、错相保护装置或功能应使电梯不发生危险故障。当错相不影响电梯正常运行时可没有错相保护装置或功能。

1) 限速器—安全钳装置试验。

① 限速器上的轿厢(对重、平衡重)下行标志必须与轿厢(对重、平衡重)的实际下行方向相符。限速器铭牌上的额定速度、动作速度必须与被检电梯相符。限速器、安全钳必须与其型式试验证书相符。

② 限速器与安全钳电气开关在联动试验中必须动作可靠,且应使驱动主机立即制动。

③ 对瞬时式安全钳,轿厢应载有均匀分布的额定载重量;对渐进式安全钳,轿厢应载有均匀分布的 125% 额定载重量。当短接限速器及安全钳电气开关,轿厢以检修速度下行,人为使限速器机械动作时,安全钳应可靠动作,轿厢必须可靠制动,且轿底倾斜度不应大于 5%。

④ 试验完成以后,各个电气开关应恢复正常,并检查导轨,必要时要修复到正常状态。

2) 缓冲器试验。

① 缓冲器必须与其型式试验证书相符。检查缓冲器内是否有加油。

② 蓄能型缓冲器:轿厢以额定载重量、按检修速度下降,对轿厢缓冲器进行静压 5min,然后轿厢脱离缓冲器,缓冲器应回复到正常位置。

③ 耗能型缓冲器:轿厢或对重装置分别以检修速度下降将缓冲器全部压缩,从轿厢或对重开始离开缓冲器瞬间起,缓冲器柱塞复位时间不大于 120s。缓冲器开关应为非自动复位的安全触点开关,电气开关动作时电梯不能运行。

3) 极限开关试验。

上、下极限开关必须是安全触点,在端站位置进行动作试验时必须动作正常。在轿厢或对重(如果有)接触缓冲器之前必须动作,且缓冲器完全压缩时,保持动作状态。

4) 层门与轿厢门电气联锁装置试验:当层门或轿门没有关闭时,操作运行按钮,电梯应不能运行。电梯运行时,将层门或轿门打开,电梯应停止运行。

5）紧急操作装置试验停电或电气系统发生安全故障时应有慢速移动轿厢的措施,检查措施是否齐备和可用。

6）急停保护装置试验机房、轿顶、轿内、底坑应装有急停保护开关,逐一检查开关的功能。

7）运行速度和平衡系数试验:

① 运行速度试验:当电源为额定频率和额定电压、轿厢载有50％额定载荷时,向下运行至行程中段(除去加速加减速段)时的速度,不应大于额定速度的105％,且不应小于额定速度的92％。记录电流,电压及转速的数值。

② 平衡系数试验:宜在轿厢以额定载重量的0％、25％、40％、50％、75％、100％、110％时作上、下运行,当轿厢与对重运行到同一水平位置时,记录电流、电压及转速的数值(对于交流电动机可不测量电压)。曳引式电梯的平衡系数应为0.4~0.5。

③ 平衡系数的确定:绘制电流—负荷曲线,以向上、向下运行曲线的交点来确定。

8）起、制动加、减速度和轿厢运行的垂直、水平振动加速度的试验方法(此项仅在用户有特殊要求时进行):

① 在进行电梯的加、减速度和轿厢运行的垂直振动加速度试验时,传感器应安放在轿厢地面的正中,并紧贴地板,传感器的敏感方向应与轿厢地面垂直。

② 在轿厢运行的水平振动加速度试验时,传感器应安放在轿厢地面的正中,并紧贴地板,传感器的敏感方向应分别与轿厢门平行或垂直。

9）噪声试验:

① 机房噪声测试:当电梯正常运行时,传感器距地面1.5m,距声源1m处进行测试,测试点不少于3点,取最大值为依据。对额定速度小于等于4m/s的电梯,不应大于80dB(A);对额定速度大于4m/s的电梯,不应大于85dB(A)。

② 运行中轿厢内噪声测试:传感器置于轿厢内中央距轿厢地面1.5m处,取最大值。乘客电梯和病床电梯运行中轿内噪声:对额定速度小于等于4m/s的电梯,不应大于55dB(A);对额定速度大于4m/s的电梯,不应大于60dB(A)。

③ 开关门过程噪声测试:传感器分别置于层门和轿门宽度的中央,距门0.24m,距地面高1.5m,取最大值。乘客电梯和病床电梯的开关门过程噪声不应大于65dB(A)。

10）轿厢平层准确度检验:

① 在空载工况和额定载重量工况时进行试验。当电梯的额定速度不大于1m/s时,平层准确度的测量方法为轿厢自底层端站向上逐层运行和自顶层端站向下逐层运行。

② 当轿厢在两个端站之间直驶。按上述两种工况测量当电梯停靠层站后，轿厢地坎上平面对层门地坎上平面在开门宽度 1/2 处垂直方向的差值。

③ 平层准确度应符合下列规定：

额定速度小于等于 0.63m/s 的交流双速电梯，应在 ±15mm 的范围内，但应符合产品设计要求。

额定速度大于 0.63m/s 且小于等于 1.0m/s 的交流双速电梯，应在 ±30mm 的范围内，但应符合产品设计要求。

其他调速方式的电梯，应在 ±15mm 的范围内。

11）观感检查应符合下列规定：

① 轿门带动层门开、关运行，门扇与门扇、门扇与门套、门扇与门楣、门扇与门口处轿壁、门扇下端与地坎应无刮碰现象。

② 门扇与门扇、门扇与门套、门扇与门楣、门扇与门口处轿壁、门扇下端与地坎之间各自的间隙在整个长度上应基本一致。

③ 对机房（如果有）、导轨支架、底坑、轿顶、轿内、轿门、层门及门地坎等部位应进行清理。

④ 检查轿厢、轿门、层门及可见部分的表面及装饰是否平整，涂漆是否达到标准要求。信号指示是否正确。焊缝、焊点及紧固件是否牢固。

12）曳引式电梯的曳引能力试验必须符合下列规定：

① 轿厢在行程上部范围空载上行及行程下部范围载有 125% 额定载重量下行，分别停层 3 次以上，轿厢必须可靠地制停（空载上行工况应平层）。轿厢载有 125% 额定载重量以正常运行速度下行时，切断电动机与制动器供电，电梯必须可靠制动。

② 当对重完全压在缓冲器上，且驱动主机按轿厢上行方向连续运转时，空载轿厢严禁向上提升。

13）轿厢分别在空载、额定载荷工况下，按产品设计规定的每小时启动次数和负载持续率各运行 1000 次（每天不少于 8h），电梯应运行平稳、制动可靠、连续运行无故障（从电梯每完成一个全过程运行为一次，即启动—运行—停止包括开、关门）。整个可靠性试验 60000 次应在 60 日内完成。

14）功能实验：按厂家的产品说明逐条检查。

15）把电梯运行的试验结果记录完整，并保护好成品。

第二节 液压电梯安装

本节导读

本节主要介绍液压电梯安装,内容包括液压系统安装、悬挂装置、随行电缆安装以及整机安装验收等。其内容关系如图 6-110 所示。

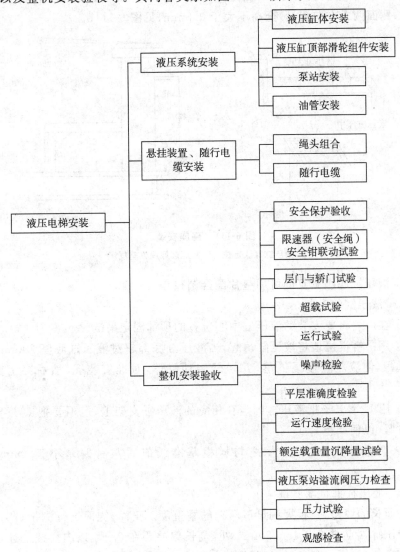

图 6-110 本节内容关系图

业务要点 1:液压系统安装

1. 液压缸体安装

（1）底座安装

1）液压缸底座用配套的膨胀螺栓固定在基础上,中心位置与图纸尺寸相符,液压缸底座的中心与液压缸中心线的偏差不大于 1mm,见图 6-111a。

2）液压缸底座顶部的水平偏差不大于 1/600。液压缸底座立柱的垂直偏差（正、侧面两个方向测量）全高不大于 0.5mm,见图 6-111b。

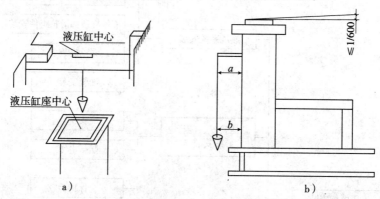

图 6-111 底座安装

a)液压缸底座定位　b)液压缸底座偏差规定

3）液压缸底座垂直度可用垫片配合调整。

（2）液压缸的安装

1）在对着将要安装的液压缸中心位置的顶部固定吊链。

2）用吊链慢慢地将液压缸吊起,当液压缸底部超过液压缸底座 200mm 时停止起吊,使液压缸慢慢下落,并轻轻转动缸体,对准安装孔,然后穿上固定螺栓。

3）用 U 形卡子把液压缸固定在相应的液压缸支架上,但不要把 U 形卡子螺丝拧紧（以便调整）。

4）调整液压缸中心,使之与样板基准线前后左右偏差小于 2mm,见图 6-112a。

（3）液压缸垂直度测量

用通长的线坠、钢板尺测量液压缸的垂直度。正面、侧面进行测量;测量点在离液压缸端点或接口 15~20mm 处,全长偏差要在 0.4‰以内。按上述所规定的要求找好后,上紧螺丝,然后再进行校验,直到合格为止,见图 6-112b。

液压缸找好固定后,应把支架可调部分焊接,以防位移。

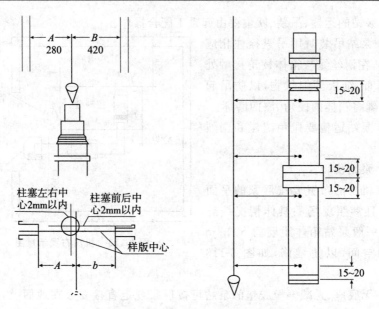

图 6-112　液压缸中心偏差调整

（4）液压缸对接

1）上液压缸顶部安装有一块压板，下液压缸顶部装有一吊环，该板及吊环是液压缸搬运过程中的保护装置、吊装点，安装时应拆除。

2）两液压缸对接部位应连接平滑，丝扣旋转到位，无台阶，否则必须在厂方技术人员的指导下方可处理，不得擅自打磨。

3）液压缸抱箍与液压缸接合处，应使液压缸自由垂直，不得使缸体产生拉力变形。

4）液压缸安装完毕，柱塞与缸体结合处必须进行防护，严禁进入杂质。

2. 液压缸顶部滑轮组件安装

1）用吊链将滑轮吊起，将其固定在液压缸顶部，然后再将梁两侧导靴嵌入轨道，落到滑轮架上并安装螺栓。

2）梁找平后紧固螺栓。

3）注意如果液压缸离结构墙较近，液压缸找直固定前，应先把滑轮组件安装上。

4）液压缸中心、滑轮中心必须符合图纸及设计要求，误差不应超过0.5mm。

3. 泵站安装

1）设备的运输及吊装。

2）液压电梯的电动机、油箱及相应的附属设备集中装在同一箱体内，称为泵站。泵站的运输、吊装、就位要由起重工配合操作。

3) 泵站吊装时用吊索拴住相应的吊环,在钢丝绳与箱体棱角接触处要垫上布、纸板等细软物,以防吊起后钢丝绳将箱体的棱角、漆面磨坏。

4) 泵站运输要避免磕碰和剧烈的振动。

5) 泵站稳装。

① 机房的布置要按厂家的平面布置图且参照现场的具体情况统筹安排。一般泵站箱体距墙留 500mm以上的空间,以便维修,如图 6-113所示。

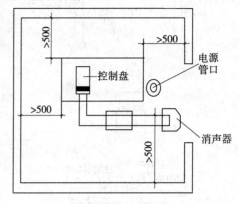

图 6-113　机房布置示意图

② 无底座、无减振橡胶垫的泵站可按厂家规定直接安放在地面上,找平找正后用膨胀螺栓固定。

4. 油管安装

(1) 安装前准备工作。

1) 施工前必须清除现场的污物及尘土,保持环境清洁,以免影响安装质量。

2) 根据现场实际情况核对配用油管的规格尺寸,若有不符应及时解决。

3) 拆开油管口的密封带对管口用煤油或机油进行清洗(不可用汽油,以免使橡胶圈变质)然后用细布将锈沫清除。

(2) 油管路安装。

1) 油管口端部和橡胶封闭圈里面用干净白绸布擦干净以后,涂上润滑油,将密封圈轻轻套入油管头。

2) 泵站按要求就位后,要注意防振胶皮要垂直压下,不可有搓、滚现象。

3) 把密封圈套入后露出管口,把要组对的两管口对接严密。

4) 把密封圈轻轻推向两管接口处,使密封圈封住的两管长度相等。

5) 用手在密封圈的顶部及两侧均匀地轻压,使密封圈和油管头接触严密。

6) 在橡胶密封圈外均匀地涂上液压油,用两个管钳一边固定,一边用力紧固螺母。其要求应遵照厂家技术文件规定,无规定的应以不漏油为原则。

7) 油管与油箱及液压缸的连接均采用此方法。

(3) 油管固定。在要固定的部位包上专用的齿型胶皮,使齿在外边。然后用卡子加以固定。也有沿地面固定的,方法是直接用 Q 形卡打胀塞固定,固定间距以 1000～1200mm 为宜,如图 6-114 所示。

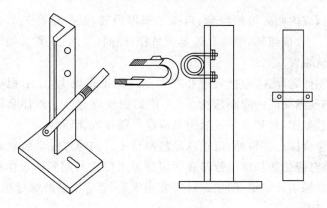

图 6-114　油管固定示意图

（4）回油管安装。

1）在轿厢连续运行中，由于柱塞的反复升降，会有部分液压油从液压缸顶部密封处压出。为了减少油的损失，在液压缸顶部装有接油盘，接油盘里的油通过回油管送回储油箱。回油管头和油盘的连接应十分认真。

2）回油管因为没有压力，连接处不漏油即可。但回油管途径较长，固定要美观、合理，固定在不易碰撞、践踏地方。

3）油管连接处必须在安装时才可拆封，擦拭时必须使用白绸布，严禁残留任何杂物。

4）所有油管接口处必须密封严密，严禁漏油。

业务要点 2：悬挂装置、随行电缆安装

1. 绳头组合

（1）施工质量要求。液压电梯如果有绳头组合，绳头组合必须安全可靠，且每个绳头组合必须安装防螺母松动和脱落的装置。

电梯悬挂装置通常由端接装置、钢丝绳、张力调节装置组成，绳头组合是指端接装置和钢丝绳端部的组合体。绳头组合必须安全可靠，其一指端接装置自身的结构、强度应满足要求；其二指钢丝绳与端接装置的结合处应至少能承受钢丝绳最小破断载荷的 80%，以避免绳头组合断裂，导致重大伤亡事故。由于绳头组合端部的固定通常采用螺纹联接，因此要求必须安装防止螺母松动以及防止螺母脱落的装置，绳头组合的松动或脱落将影响钢丝绳受力均衡，使钢丝绳和曳引轮磨损加剧，严重时同样会导致钢丝绳或绳头组合的断裂，造成严重事故。

（2）施工监理、控制措施。钢丝绳与绳头组合的连接制作应严格按照安装说明书的工艺要求进行，不得损坏钢丝绳外层钢丝。钢丝绳与其端接装置连接

必须采用金属或树脂充填的绳套、自锁紧楔形绳套、至少带有三个合适绳夹的鸡心环套、手工捻接绳环、带绳孔的金属吊杆、环圈(套筒)压紧式绳环或同样安全的任何其他装置。

如采用钢丝绳绳夹,应把夹座扣在钢丝绳的工作段上,U形螺栓扣在钢丝绳尾段上,钢丝绳夹间的间距应为6～7倍的钢丝绳直径。离环套最远的绳夹不得首先单独紧固,离环套最近的绳夹应尽可能靠近套环。

绳头组合应固定在轿厢、对重或悬挂部位上。防螺母松动装置通常采用防松螺母,安装时应把防松螺母拧紧在固定螺母上以使其起到防松作用。防螺母脱落装置通常采用开口销,防松螺母安装完成后,就应安装防螺母脱落装置。

2. 随行电缆

(1) 随行电缆基本要求。

1) 施工质量要求:

① 随行电缆严禁有打结和波浪扭曲现象。

② 随行电缆安装时,若出现打结和波浪扭曲,容易使电缆内芯线折断、损坏绝缘层。电梯运行时,还会引起随行电缆摆动,增大振动,甚至导致其刮碰井道壁或井道内其他部件,引发电梯故障。

2) 施工监理及控制措施。检查人员站在轿顶,电梯以检修速度从随行电缆在井道壁上的悬挂固定部位向下运行至底层,观察随行电缆;检查人员进入底坑,电梯以检修速度从底层上行,观察随行电缆。

(2) 随行电缆一般要求

1) 质量要求:

① 随行电缆端部应固定可靠。

② 随行电缆在运行中应避免与井道内其他部件干涉。当轿厢完全压在缓冲器上时,随行电缆不得与底坑地面接触。

端部是指随行电缆在井道壁和轿厢上的固定部位。固定可靠是指端部的固定方法、位置应符合安装说明书的要求,并不是指固定部件把随行电缆端部夹得(或拧得)越紧越好,太紧会造成随行电缆绝缘层损坏、内芯线容易折断等缺陷。

如果随行电缆与井道内其他部件干涉,会导致随行电缆被挂断或绝缘层损坏,同样,当轿厢完全压在缓冲器上时,随行电缆若与底坑地面接触,会磨损电缆绝缘层,还容易擦碰、挂在底坑内其他部件,引发安全事故。

2) 施工监理及控制措施。电梯在检修状态,检查人员站在轿顶,将轿厢停在容易观察、检查随行电缆井道壁固定端的位置,检查随行电缆端部固定是否符合安装说明书的要求;检查人员进入底坑,将轿厢停在容易观察、检查随行电缆轿厢固定端的位置,检查随行电缆端部固定,应符合安装说明书的要求。

电梯在底层平层后，检查人员测量随行电缆最低点与底坑地面之间的距离，该距离应大于轿厢缓冲器撞板与缓冲器顶面之间的距离与轿厢缓冲器的行程之和的一半。也可以通过以下方法：人为将下极限开关、下强迫减速开关短接，检查人员蹲下后，使轿厢完全压在缓冲器上，检查人员观察随行电缆，不得与底坑地面接触。

业务要点3：整机安装验收

液压电梯安装工程，与电力驱动的曳引式或强制式电梯类似，实质上是电梯产品的现场组装、调试过程，与一般设备的就位安装有很大不同。在很大程度上，电梯的安装调试质量决定电梯产品的技术性能指标、运行质量和安全性能指标能否最终达到产品设计要求，因此液压电梯整机安装验收是对安装调试质量总的检验。

验收准备工作：

1）随机文件的有关图纸、说明书应齐全。调试人员必须掌握电梯调试大纲的内容，熟悉该电梯的性能特点和测试仪器仪表的使用方法，调试认真负责，细致周到，并严格做好安全工作。

2）对导轨、层门导轨等机械电气设备进行清洁除尘。

3）对全部机械设备的润滑系统，均应按规定加好润滑油，齿轮箱应冲洗干净，加好符合产品设计要求的齿轮油。

各功能装置试验与检查：

1. 安全保护验收

液压电梯安全保护验收必须符合下列规定。

1）必须检查以下安全装置或功能：

① 断相、错相保护装置或功能。当控制柜三相电源中任何一相断开或任何二相错接时，断相、错相保护装置或功能应使电梯不发生危险故障。

注：当错相不影响电梯正常运行时可没有错相保护装置或功能。

② 短路、过载保护装置。动力电路、控制电路、安全电路必须有与负载匹配的短路保护装置；动力电路必须有过载保护装置。

③ 防止轿厢坠落、超速下降的装置。液压电梯必须装有防止轿厢坠落、超速下降的装置，且各装置必须与其型式试验证书相符。

④ 门锁装置。门锁装置必须与其型式试验证书相符。

⑤ 上极限开关。上极限开关必须是安全触点，在端站位置进行动作试验时必须动作正常。它必须在柱塞接触到其缓冲制停装置之前动作，且柱塞处于缓冲制停区时保持动作状态。

⑥ 机房、滑轮间（如果有）、轿顶、底坑停止装置。位于轿顶、机房、滑轮间（如果有）、底坑的停止装置的动作必须正常。

⑦ 液压油温升保护装置。当液压油达到产品设计温度时，温升保护装置必须动作，使液压电梯停止运行。

⑧ 移动轿厢的装置。在停电或电气系统发生故障时，移动轿厢的装置必须能移动轿厢上行或下行，且下行时还必须装设防止顶升机构与轿厢运动相脱离的装置。

2）下列安全开关，必须动作可靠：

① 限速器（如果有）张紧开关。

② 液压缓冲器（如果有）复位开关。

③ 轿厢安全窗（如果有）开关。

④ 安全门、底坑门、检修活板门（如果有）的开关。

⑤ 悬挂钢丝绳（链条）为两根时，防松动安全开关。

2. 限速器（安全绳）安全钳联动试验

限速器（安全绳）安全钳联动试验必须符合下列规定：

1）限速器（安全绳）与安全钳电气开关在联动试验中必须动作可靠，且应使电梯停止运行。

2）联动试验时轿厢载荷及速度应符合下列规定：

① 当液压电梯额定载重量与轿厢最大有效面积符合表 6-7 的规定时，轿厢应载有均匀分布的额定载重量；当液压电梯额定载重量小于表 6-7 规定的轿厢最大有效面积对应的额定载重量时，轿厢应载有均匀分布的 125% 的液压电梯额定载重量，但该载荷应不超过表 6-7 规定的轿厢最大有效面积对应的额定载重量。

② 对瞬时式安全钳，轿厢应以额定速度下行；对渐进式安全钳，轿厢应以检修速度下行。

通常用钢卷尺测量液压电梯轿厢的最大有效面积，确定试验载荷；根据液压电梯采用的安全钳种类，确定试验速度。

3）当装有限速器安全钳时，使下行阀保持开启状态（直到钢丝绳松弛为止）的同时，人为使限速器机械动作，安全钳应可靠动作，轿厢必须可靠制动，且轿底倾斜度应不大于 5%。

为了便于试验结束后轿厢卸载及松开安全钳，试验尽量在轿门对着层门的位置进行。试验之后，应确认未出现对电梯正常使用有不利影响的损坏，在特殊情况下，可以更换摩擦部件。

表 6-7　额定载重量与轿厢最大有效面积之间关系

额定载重量/kg	轿厢最大有效面积/m²	额定载重量/kg	轿厢最大有效面积/m²
100①	0.37	900	2.20
180②	0.58	975	2.35
225	0.70	1000	2.40
300	0.90	1050	2.50
375	1.10	1125	2.65
400	1.17	1200	2.80
450	1.30	1250	2.90
525	1.45	1275	2.95
600	1.60	1350	3.10
630	1.66	1425	3.25
675	1.75	1500	3.40
750	1.90	1600	3.56
800	2.00	2000	4.20
825	2.05	2500③	5.00

注:对中间的载重量其面积由线性插入法确定。

① 一人电梯的最小值。

② 二人电梯的最小值。

③ 超过 2500kg 时,每增加 100kg 轿厢面积增加 0.16m²。

本规定的轿底倾斜度不是相对于水平位置,而是相对于正常位置,所谓正常位置指轿厢分项工程验收合格时,轿厢地板的实际位置。

试验完成后,可以以检修速度向上行,释放安全钳复位,并恢复限速器和安全钳电气安全开关;确认试验没有出现对电梯正常使用有不利影响的损坏。

4）当装有安全绳安全钳时,使下行阀保持开启状态(直到钢丝绳松弛为止)的同时,人为使安全绳机械动作,安全钳应可靠动作,轿厢必须可靠制动,且轿底倾斜度应不大于 5%。

值得注意的是:安全绳的端部连接装置应满足安装说明书要求,以确保当悬挂钢丝绳(链)断裂时,安全绳能产生足够的拉力使安全钳动作,又能防止安全绳被拉断。

3. 层门与轿门试验

层门与轿门的试验必须符合下列规定:

1）每层层门必须能够用三角钥匙正常开启。

2）当一个层门或轿门(在多扇门中任何一扇门)非正常打开时,电梯严禁起动或继续运行。

4. 超载试验

超载试验必须符合下列规定：

当轿厢载荷达到 110% 的额定载重量，且 10% 的额定载重量的最小值按 75kg 计算时，液压电梯严禁起动。

本规定主要是为了防止液压电梯在超载的状态下运行，引发安全事故。超载状态是指轿厢内载荷达到 110% 额定载重量，且 10% 的额定载重量至少为 75kg 的情况。也就是对于额定载重量大于等于 750kg 的液压电梯，轿厢内载荷达到 110% 额定载重量时为超载状态，对于额定载重量小于 750kg 的液压电梯，当轿厢内载荷达到额定载重量＋75kg 时为超载状态。

液压电梯设计时还应注意，当液压电梯处在超载状态时，超载装置应防止轿厢起动，以及再平层运行；自动门应处于全开位置；手动操纵门应保持在开锁状态；轿内应装设听觉信号（如蜂鸣器、警铃、简单语音等）或视觉信号（如为此设的警灯闪亮等）提示乘客。

5. 运行试验

液压电梯安装后应进行下列运行试验：轿厢在额定载重量工况下，按产品设计规定的每小时起动次数运行 1000 次（每天不少于 8h），液压电梯应平稳、制动可靠、连续运行无故障。

液压电梯是在现场组装的产品，安装后的运行试验是检验液压电梯安装调试是否正确的必要手段。

规范要求运行在轿厢载有额定载重量工况下进行，主要是考虑轿厢满载工况，相对来说是液压电梯最不利的工况；从能够达到综合检验电梯安装工程质量的目的角度及考虑检验工作强度、时间等因素，要求在此工况下运行 1000 次，运行一次是指电梯完成一个起动、正常运行和停止过程；为了保证能够检验液压电梯连续运行能力、可靠性，并将整机运行试验持续的总时间控制在一个合理的范围内，规定每天工作时间不少于 8h。

另外，与曳引式电梯不同的是，液压电梯轿厢上方向运行是通过电力实现，而下方向运行是通过轿厢和载荷的重力实现。因此，为了避免过于频繁的起动对油泵电动机和控制系统造成损害，在进行液压电梯运行试验时，只要求以产品设计规定的每小时起动次数（一般为 60 次/h）进行，而对负载持续率没有要求。

6. 噪声检验

噪声检验应符合下列规定：

1）液压电梯的机房噪声应不大于 85dB(A)。

2）乘客液压电梯和病床液压电梯运行中轿内噪声应不大于 55dB(A)。

3）乘客液压电梯和病床液压电梯的开关门过程噪声应不大于 65dB(A)。

7. 平层准确度检验

平层准确度检验应符合下列规定：液压电梯平层准确度应在±15mm 范围内。

8. 运行速度检验

运行速度检验应符合下列规定：

空载轿厢上行速度与上行额定速度的差值应不大于上行额定速度的 8%；载有额定载重量的轿厢下行速度与下行额定速度的差值应不大于下行额定速度的 8%。

由于液压电梯的上行、下行额定速度可以不同，因此本规定的速度差值应分别对上行、下行额定速度而言。上行、下行额定速度是指电梯设计时所规定的轿厢上、下运行速度，即液压电梯铭牌上所标明的速度。液压电梯的实际运行速度应在层站之间的稳定运行段（除去加、减速段）检测。

由于液压电梯需要电力上行，因此在检查上行速度时，供电电源的额定电压、额定频率应与液压电梯产品设计值相符，产品设计值可在液压电梯土建布置图中查出。通常用电压表测量电源输入端的相电压，测得电压值应与液压电梯土建布置图要求相符；确认电源的额定频率与液压电梯土建布置图要求相符。

对于上行速度，首先在轿厢空载工况下进行，轿厢由底层（若层站较多或提升高度较大，可从不影响轿厢达到稳定速度的层站）上行，在速度稳定时（除去加、减速段）测量、记录。

对于下行速度，在轿厢载有额定载重量工况下进行，轿厢由顶层（若层站较多或提升高度较大，可从不影响轿厢达到稳定速度的层站）下行，在速度稳定时（除去加、减速段）测量、记录。

液压电梯的运行速度可在轿顶上使用线速度表直接测得；也可使用电梯专用测试仪在轿内测量。在此种测速装置经有关部门计量认可的情况下，按仪器使用说明书进行检测。通常也可按下述方式进行检验和计算：

在液压电梯平稳运行区段（不包括加、减速度区段），事先确定一个不少于 2m 的试验距离。电梯起动以后，用行程开关或临近开关和电秒表分别测出通过上述试验距离时，空载轿厢向上运行所消耗的时间和额定载重量轿厢向下运行所消耗的时间，并按式(6-3)和式(6-4)计算速度（试验分别进行 3 次，取其平均值）：

$$v_1 = L/t_1 \qquad\qquad (6-3)$$

$$v_2 = L/t_2 \qquad\qquad (6-4)$$

式中　v_1——空载轿厢上行速度(m/s)；

t_1——空载轿厢运行时间(s);

L——试验距离(m);

v_2——额定载重量轿厢下行运行速度(m/s);

t_2——额定载重量轿厢运行时间(s)。

空载轿厢上行速度对于上行额定速度的相对误差按式(6-5)计算:

$$\Delta v_1 = [(v_1 - v_m)/v_m] \times 100\% \tag{6-5}$$

式中 Δv_1——相对误差;

v_m——上行额定速度(m/s)。

额定载重量轿厢下行速度对下行额定速度的相对误差按式(6-6)计算:

$$\Delta v_2 = [(v_2 - v_d)/v_d] \times 100\% \tag{6-6}$$

式中 v_d——下行确定速度(m/s)。

测量和计算结果,分别记入表 6-8 中。

表 6-8　额定速度试验记录表

液压电梯型号		厂家		
工程名称		建设单位		
上行试验序号	1	2	3	平均
运行区段距离 L/m				
空载运行时间 t_1/s				
空载上行速度 $v_1=$				
下行试验序号	1	2	3	平均
运行区段距离 L/m				
空载运行时间 t_2/s				
空载下行速度 $v_2=$				
相对误差≤8%	$\Delta v_1 = [(v_1 - v_m)/v_m] \times 100\%$			
	$\Delta v_2 = [(v_2 - v_d)/v_d] \times 100\%$			

9. 额定载重量沉降量试验

额定载重量沉降量试验应符合下列规定:

载有额定载重量的轿厢停靠在最高层站时,停梯 10min,沉降量应不大于 10mm,但因油温变化而引起的油体积缩小所造成的沉降不包括在 10mm 内。

本项试验的目的主要是检查液压系统泄漏现象,防止其影响液压电梯性能和造成安全隐患。

由于油温度升高,油黏度会降低,泄漏的可能性会相应的增加,又因为我国不同地区同一季节环境温度可能差别较大,同一地区不同季节环境温度差别也较大,因此建议作此试验时,宜在油温不低于 40℃ 的工况下进行,以尽量模拟不利工况和减少环境温度对此试验的影响。

当油温高于环境温度时,停梯 10min,油会降低,油的体积会相对缩小,这也会造成轿厢沉降。由于试验停梯 10min 期间,油温的变化是不可避免的,因此本条规定油温变化而引起的油体积缩小所造成的沉降不包括在沉降量 10mm 之内。油体积变化量(ΔV)和油温变化引起的轿厢下沉量(ΔH)可分别通过以下公式计算得出:

$$\Delta V = V\beta_t(T_1 - T_0) \tag{6-7}$$

式中 ΔV——油体积变化量(m^3);

       V——液压缸、液压缸至控制阀块的油管及下行阀至油管等液压部件中油的体积(m^3);

       T_1——停梯 10min 后油的温度(℃);

       T_0——开始停梯时油的温度(℃);

       β_t——体积膨胀系数,即液体在压力不变的条件下,每升高一个单位的温度所发生的体积相对变化量,可认为它是一个只取决于液体本身而与压力和温度无关的常数:

$$\Delta H_t = \frac{\Delta V \times 10^9}{\pi r^2}i \tag{6-8}$$

式中 ΔH_t——油温变化引起的轿厢下沉量(mm);

       ΔV——油体积变化量(m^3);

       r——液压缸柱塞的半径(mm);

       i——悬挂系统的绕绳比。

另外,液压电梯设计时,应设置防止轿厢的沉降措施,可参照表 6-9 采取沉降措施。沉降量的检测可参考以下步骤进行:

表 6-9   防止轿厢自由落体、超速下行与沉降措施的组合

		防止轿厢沉降措施			
	防止轿厢自由 坠落或超速下降	轿厢向下沉降触 发安全钳动作	轿厢向下沉降触 发夹紧装置动作	棘爪 装置	电气防沉 降系统
直接式 液压梯	通过限速器触发安全钳	√		√	√
	管路破断阀		√	√	√
	节流阀		√	√	
间接式 液压梯	通过限速器触发安全钳	√		√	√
	管路破断阀＋通过悬挂机构 失效或安全绳触发的安全钳	√		√	
	节流阀＋通过悬挂机构失效 或安全绳触发的安全钳	√		√	

注:√——可选择的组合。

1）将额定载重量均匀分布在轿内。

2）用温度计测量油的温度，如果油的温度不高于 40℃，宜先运行电梯，使液压油温度不低于 40℃。

3）将轿厢停靠在最高层站，并测量此层站轿厢平层准确度。

4）停梯 10min 后，测量轿厢的下沉量（ΔH_0）和油管及液压缸中油的温度，根据式(6-7)及式(6-8)计算温度变化产生的下沉量（ΔH_t）。

5）计算本款要求的下沉量 $\Delta H = \Delta H_0 - \Delta H_t$。

10. 液压泵站溢流阀压力检查

液压泵站溢流阀压力检查应符合下列规定：

液压泵站上的溢流阀应设定在系统压力为满载压力的 140％～170％时的动作。

溢流阀的作用是使液压系统压力限制在不高于预先设定值，以保护液压系统。它应设置在液压泵和截止阀之间，溢流时液压油应直接返回油箱。通常溢流阀的设定压力应限定在满载压力的 140％，只有当系统的内部压力损失较大时，溢流阀的设定压力可大于满载压力的 140％，但应不超过 170％。

应注意以下两点：其一所测得的溢流阀的设定压力应在满载压力的 140％～170％之间；其二所测得的溢流阀的设定压力应与电梯产品设计值（即安装说明书或施工工艺中要求的值）相等。可按以下方法进行检验：

1）当液压电梯上行时，逐渐地关闭截止阀，直至溢流阀开启。

2）读取压力表上的压力值。

3）此压力值应与产品安装说明书相符，且应为满载压力的 140％～170％。

11. 压力试验

压力试验符合下列规定：轿厢停靠在最高层站，在液压顶升机构和截止阀之间施加 200％的满载压力，持续 5min 后，液压系统应完好无损。

本项试验可采用以下两种方法之一进行：

1）关闭截止阀，将 200％的额定载重量均匀分部在轿内并停靠在最高层站，持续 5min，观察液压系统应无明显的泄漏和破损。

2）将载有额定载重量的轿厢停靠在最高层站，操作手动油泵使轿厢上行至柱塞的极限位置，当系统压力达到 200％的满载压力时，停止操作手动液压泵，持续 5min，观察液压系统应无明显的泄漏和破损。采用此种方法试验时，不应关闭截止阀。

进行本试验时，应将轿厢停靠在最高层站，目的是使液压系统处于最不利的状态。

在液压顶升机构和截止阀之间施加 200％的满载压力，可通过以下两种方法实现：

① 使轿厢停靠在最高层站，将截止阀关闭，在轿内施加 200％ 的额定载重量。对额定载重量较小的液压电梯，由于容易准备 200％ 额定载重量的试验砝码，因此这种方法简单易行。

② 对额定载重量较大的液压电梯，如果难以准备 200％ 额定载重量的试验砝码，采用方法①就有一定困难。如果液压电梯的液压泵站设有手动液压泵，则可采用以下方法：将载有额定载重量的轿厢停靠在最高层站，操作手动液压泵使轿厢上行至柱塞的极限位置，当系统压力达到 200％ 的满载压力时，停止操作手动液压泵，试验时不应关闭截止阀。这种方法适用于装设手动液压泵的液压电梯。对于没有装设手动液压泵的液压电梯，可使用仅用于试验的手动液压泵，先将其溢流阀压力限制在满载压力的 2.3 倍，然后连接在泵站上的单向阀或下行阀与截止阀之间预留的接口处。完成此试验后，还要注意取下手动液压泵时，应将预留接口处按安装说明书要求封好。

另外，为了防止本试验过程中发生安全事故，本试验应在防止轿厢自由坠落和超速下降的试验完成之后进行。

12. 观感检查

观感检查应符合下列规定：

1) 轿门带动层门开、关运行，门扇与门扇、门扇与门套、门扇与门楣、门扇与门口处轿壁、门扇下端与地坎应无刮碰现象。

2) 门扇与门扇、门扇与门套、门扇与门楣、门扇与门口处轿壁、门扇下端与地坎之间各自的间隙在整个长度上应基本一致。

3) 对机房（如果有）、导轨支架、底坑、轿顶、轿内、轿门、层门及门地坎等部位应进行清理。

第三节　自动扶梯、自动人行道安装

本节导读

本节主要介绍自动扶梯、自动人行道安装，内容包括自动扶梯驱动机安装、梯级与梳齿板安装、围裙板及护壁板安装、扶手系统安装、安全保护装置安装以及电气装置安装等。其内容关系如图 6-115 所示。

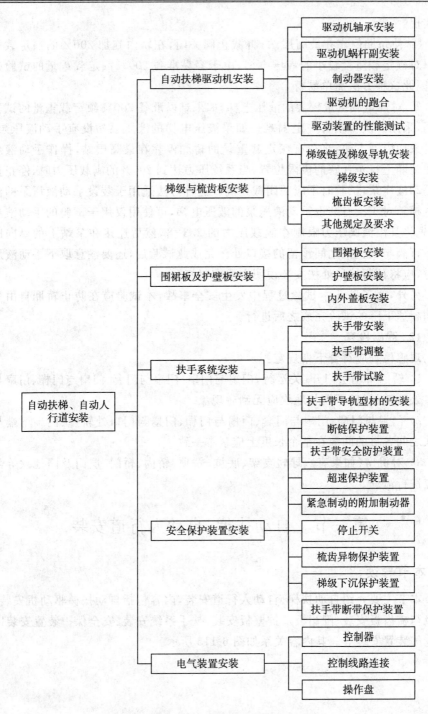

图 6-115　本节内容关系图

业务要点 1：自动扶梯驱动机安装

驱动机的很多重要综合技术指标都是靠安装工艺完成的，安装是获得高质量驱动机的最关键的工序，故安装的每道工序都要认真处理，不可马虎。下面就驱动机主要部件的安装作简要介绍。

1. 驱动机轴承安装

驱动机安装过程中，最敏感的问题就是轴承的安装。实践统计结果表明，轴承损坏归因于安装处理不当，污染物进入轴承或润滑不良的约占 60％以上，其结果导致轴承寿命缩短、温升过高、噪声和振动过大，造成驱动机无法继续工作。因此对轴承的安装要充分重视。

（1）清洗轴承和相配零件。轴承安装前，轴承及相配零件必须彻底清洗，然后用不起毛的布擦干或烘烤干，再用油蜡纸或不起毛的布盖好，防止污染。

清洗方法有两种，一种是冷洗，即用煤油洗净轴承和零件；一种是热洗，即把稀机油加热到120℃清洗轴承和零件。热洗效果比冷洗好。清洗时要用两个盆，一个用于清洗，一个用于最后冲洗。

（2）轴承冷安装。冷安装是指轴承或支承架不预热的安装，一般用于小尺寸轴承、轴承外圈（分离体轴承）、过盈量较小的配合轴承、双边有密封盖的轴承（自身润滑）等。

1）冷安装工具要求。冷安装最常用的工具是锤子和安装套筒，套筒见图 6-116。安装套筒的外圆和内孔尺寸，要和轴承内外圈相适应，长度由轴承在轴上的位置确定，套筒的一端为盲盖。锤子勿用软性材质。

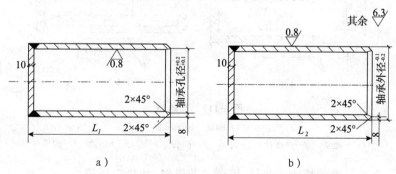

图 6-116　套筒

驱动机轴承安装最好用安装套筒与压力机配合使用，这种冷安装方法优于锤子击打。

2）冷安装工序。

① 开封轴承用不起毛的布擦净。

② 检查轴承。

③ 将轴承放入洗净的轴上。

④ 检查与轴的同轴度(严禁歪斜)。

⑤ 将安装套筒紧靠在轴承内圈上。

⑥ 用锤子敲打套筒(轻打筒盖中间),确认轴承没有歪斜时,可用力击套筒盖(不许套筒相对轴承蹦跳,始终保持紧靠在一起)直至到位。

⑦ 转动轴承无异常现象时,用蜡纸或不起毛的布包好。

(3) 轴承热安装。热安装是驱动机轴承安装的最常用方法。所谓热安装就是把轴承内环加热装在轴上,或整个轴承加热装在轴上,冷却后再装入箱体孔内(一般为冷安装);也可以把箱体加热,对箱体也进行热安装(驱动机不必用这种方法)。

1) 热安装工具要求

① 加热箱或加热槽。加热箱是指恒温箱;加热槽是常用的加热工具,槽内放入足够的稀机油、槽中间有隔板(多孔隔板),把轴承放在隔板上,槽底用电炉烘烤,轴承绝对不允许放在底板上,油中温度计也绝不能与底板接触。如图 6-117a所示。若没有中间隔板,则可把轴承悬挂在油池中,如图 6-117b所示。

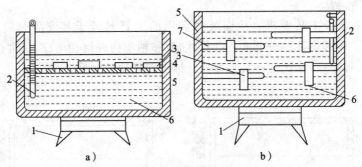

图 6-117　加热槽

a)有隔板　b)无隔板

1—电炉　2—温度计　3—轴承　4—隔板　5—油槽　6—油　7—圆棒

② 自动消磁的感应加热器、可调式节温器、加热铝环等。

③ 汞柱温度计或点式温度计(最常用、最安全可靠的温度计)。严禁用火焰或把轴承放入火盆和电炉上烘烤。

2) 热安装工序

① 开封轴承用不起毛的布擦净。

② 检查轴承。

③ 加热轴承(圆锥滚子轴承可不加热外圈)至 $80 \sim 90^{\circ}\mathrm{C}$,恒温保持 0.5h(切

记温度不得高于 125℃)。

④ 将轴承装在轴径上,不要歪斜,立即用冷装的办法,将套筒靠压在轴承内圈上,敲打套筒盖,直到轴承到位。

⑤ 用蜡纸或干净的布包住,同时把外圈也包在一起(切记轴承间不要互换外圈)。

⑥ 安装外圈。一般用冷装法。若用加热法,可把箱体加热 20～50℃,然后安装外圈。

2. 驱动机蜗杆副安装

蜗杆副的安装标准是实现"最佳"啮合状态。在安装过程中要保证两点:

(1) 保证入口处 20%的齿长区域不参与啮合。啮合面积一般为 30%～35%,不可过大或过小,彻底改变啮合面积越大越好的错误观点。

(2) 保证轴窜量适中。过小要发热,过大要引起啮合冲击力和啮合过程中中心距微量浮动,引起振动和噪声。

影响接触斑点大小和部位的因素很多,所有不利影响因素不可能在安装过程中一次性消除,故允许对有些零件细心修研,包括蜗轮齿面。

3. 制动器安装

制动器安装的原则是:抱闸臂和抱闸轮的间隙要均匀,磁力器打开抱闸臂的时间要一致(单向打开磁力器例外)。

通常,安装工序为:

1) 磁力器安装在箱体上。

2) 抱闸臂用销轴装在箱体上(销轴和轴孔间不得有间隙)。

3) 装弹簧拉杆。

4) 装弹簧及导向螺母。

5) 测试抱闸臂间的接触面积(不得小于 70%),把抱闸臂打开后,和抱闸轮的间隙为 0.2mm,且分布均匀。

6) 制动力矩测试(加 120%的输入轴转矩 T_1),即静力矩测试。

4. 驱动机的跑合

跑合是驱动机有益的精磨合工艺,它能把齿面上残留的金属屑去掉;将齿面凸凹不平的凸峰顶半径增大,降低 H_a 值,增大膜厚比;增大实际接触面积,减小赫尔兹应力值;降低接触点处的塑性变形指数,减小粘着力;补偿精度误差,为减小振动和噪声创造了条件;通过跑合可校检驱动机各接触面间的吻合情况等。

(1) 驱动机跑合的特点。驱动机跑合的特点主要是:磨粒磨损速度很快,一般可达到正常磨粒磨损速度的 100 倍;跑合速度与运行速度、载荷大小、润滑油等有密切关系;当跑合条件给定后,最快的跑合磨损速度发生在 1h 之内;若跑合条件选择不当,可能发生进展性磨损,造成失效,跑合阶段决不允许出现进展性磨损。

(2)跑合施加的载荷。驱动机跑合初期,由于实际接触面积很小,不易加过大载荷,否则要发生进展性磨损。为了加快跑合速度,改善齿面质量,多采用逐级加载法,即首先空载运行 1h,然后加额定载荷的 25%、50%、75%、100%,分别进行跑合。还应提出,采用交替加载法会取得更好效果。所谓交替加载法是指,加 25% 的额定载荷跑合规定时间后,将载荷降到 15%,再运转 1/2 规定时间,然后加 50% 的额定载荷跑合规定时间,再降低载荷到 25%,运行 1/2 规定时间……交替加载法不但可加快跑合速度,而且可改善跑合质量。

(3)跑合时间。根据跑合特点,建议每级载荷跑合时间为 1.5h,这样跑合速度快,质量好,但最后一级载荷必须跑合到平衡温度。若采用交替加载法,建议每级载荷跑合 1h,同样,最后一级载荷也必须跑合到平衡温度。

(4)跑合速度的选择。最省事的办法是选用驱动机的工作转速,但跑合效果不太理想。效果较好的办法是:在空载至 75% 的额定载荷阶段,采用比工作转速低一级的速度跑合;加载 100% 时,应采用比工作转速高一级的速度进行跑合。交替加载法可仿照执行。

(5)跑合阶段的润滑油选择。跑合用润滑油选择十分重要,选择不当可能出现进展性磨损,影响跑合质量,或造成跑合时间拖长。较好的润滑油选择方法是:所用润滑油粘度要比工作用润滑油粘度低 20%~30%,并加入 20%~30% 的柴油。但要特别注意,最后一级载荷时所用润滑油粘度应高于工作润滑油粘度,或直接用工作用润滑油作为跑合润滑油。

(6)驱动机跑合质量管理。

1)驱动机跑合工艺跑合完毕后,要清洗油箱更换新油,再空转 2h,若没有异常现象,即可认为跑合完毕。

2)驱动机跑合结束后要对齿面质量、接触面积大小、接触部位、油温升、蜗杆齿面有无涂敷现象进行全面质检,若有问题,还要及时处理,重新跑合。

3)驱动机在跑合过程中轴承盖处发热原因分析及对策:

原因分析:

① 蜗杆轴窜量太小。

② 轴承润滑油过多或过少。

③ 轴承支承压盖偏心。

④ 轴上的向心轴承与箱孔配合太紧。

⑤ 止动垫圈和轴承的轴承架或外圈摩擦,缺油(不按规定加换润滑油)。

处理措施:

① 蜗杆轴窜量要严格控制在图样要求的范围内。

② 轴承是用锂基脂润滑,用润滑脂量要适当,绝不是越多越好。

③ 轴承外圈和箱体孔的配合,轴承支承压盖止口与箱体的配合,对该机型驱动机的安装质量影响极大。该三支点选用的配合公差要避免产生附加载荷,其中至少有一个公差选得大一些。

④ 止动垫圈不能和轴承架及外圈摩擦,若产生摩擦,不仅严重发热,而且产生较大的噪声。

⑤ 按时加换轴承润滑脂。

5. 驱动装置的性能测试

(1) 运行试验。

1) 空载运行。驱动装置安装在试验台上,接通电源,然后正反转各连续运行 60min。运行过程中,减速器应平稳,无异常声响。

2) 负载运行。驱动装置在空载运行试验后,应进行负载试验。负载装置可以用磁粉加载器或其他耗能型负载器。负载量可以通过测定输入电动机功率或输出轴的扭矩来确定。试验时,采用分级加载跑合的方法,先加 50% 的额定载荷,正、反方向各连续运行 30min,然后在额定载荷下正、反连续运行 60min。运行试验过程中,应检查驱动装置的运行平稳性及有无异常声响,各连接件、紧固件有无松动现象。运行试验停机 1h 后检查密封处、接合处的渗漏情况,如有渗漏油处,每小时渗漏出的油迹面积不得大于 $150cm^2$。

(2) 温升试验。温升试验可以和驱动装置的负载运行试验同时进行。试验时环境条件应尽量接近实际使用条件。测量时,将温度计浸没在油液中,每 5min 测量一次。待油温稳定后,至少再连续运行 30min。最后实测的稳定油温应不超过 85℃。

业务要点 2:梯级与梳齿板安装

1. 梯级链及梯级导轨安装

1) 扶梯轨道安装是整机系统的关键项目,决定了扶梯运行的舒适感,必须对轨道的中心距离,道节的处理要特别仔细认真,一定要达到规范要求范围之内。轨道的连接应注意:

① 分装扶梯框架对接之后,还要进行轨道和链条连接,这部分工作可在吊装就位之后进行。

② 轨道和链条厂家在厂区已经安装完毕,只有分节处理需要进行拼接,所以安装好的部位不得乱动。需要现场拼接的部位,应使用该部位的连接件,不得换用他处的连接件,以保证达到出厂前厂家调准的状态。

③ 现场需要连接的轨道有专用件和垫片,把专用件螺栓穿入相应空洞(长眼),轻轻敲动专用件使其与两节轨道贴严,如不平可用垫片进行调整,直至缝

隙严密无台阶,将螺栓拧紧。

④ 油石把接头处进一步处理,直至完整合一。

⑤ 板尺进行复查其平整度,不合格应反复调整垫片或打平。

2)将梯级链在下层站组装在一起,移去桁架上的基准线,连接两相邻链节时应在外侧链节上进行。应注意:

① 梯级链分段运到现场,应在现场连在一起。

② 连接时在下层站进行,装配方法见图 6-118。

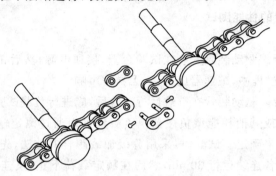

图 6-118 梯级链的连接装配

2. 梯级安装

梯级装拆一般在张紧装置处进行,将需要安装梯级的空隙部位运行至转向壁上的装卸口,在该处徐徐将待装的梯级装入(图 6-119)。然后,将梯级的两个轴承座推向梯级主轴轴套,并盖上轴承盖,拧紧螺钉(图 6-120)。

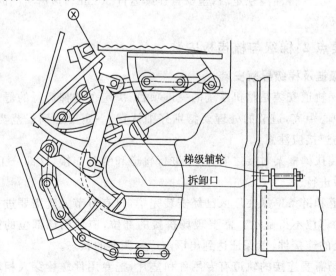

梯级辅轮

拆卸口

图 6-119 梯级装拆

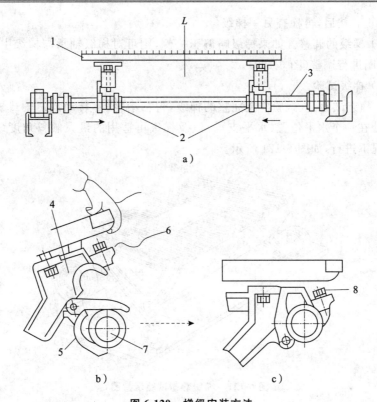

图 6-120　梯级安装方法

1、6—梯级　2—轴套　3—梯轴　4—推梯级　5—盖　7—梯级轴　8—安装螺栓

（1）梯级安装顺序及要求。

1）应先预装每台扶梯的主梯级，以便使梳齿片与梯级之间的间隙正确。

2）从下层站开始，安装梯级总数的 45%，在下层站根据现时的梳齿片对梯级进行调节。

3）梯级通过梳齿片时应居中，且二者间隙符合要求。使梯级通过且无卡阻现象。

4）梯级踏面：踏板表面应具有槽深 ≥10mm、槽宽为 5～7mm、齿顶宽为 2.5～5mm 的等节距的齿形，且齿条方向与运行方向一致。

（2）梯级的检查。当大部分梯级装好后，开车上、下试运转，检查梯级在整个梯路中的运行情况。检查时应注意梯级踏板齿与相邻梯级踏板齿间是否有恒定的间隙，梯级应能平稳地通过上、下转向部分；梯级辅轮通过两端的转向壁及与转向壁相连的导轨接头处时所产生的振动与噪声应符合要求。停车后，应检查梯级辅轮在转向壁的导轨内有无间隙。方法可以用手拉动梯级。如果有间隙，则表示准确性好；若无间隙，则可用手转动梯级辅轮。如果不能转动，就必须调正。然后,再检查另一梯级。

(3)梯级的调整。如果梯级略偏于一侧,则可对梯级轴承与梯级主轴轴肩间的垫圈进行调整(图6-120)。

(4)梯级试验。

1)静态试验:该试验应在完整的梯级,包括滚轮(不转动)、通轴或短轴(如果有)处在一个水平位置(水平支承)以及梯级可适用的最大倾斜角度(斜倾支承)情况下进行,如图6-121所示。

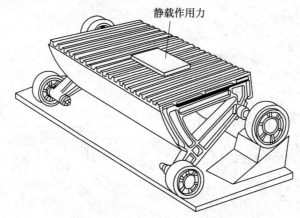

图6-121 梯级静态试验示意图

试验时,通过一块200mm×300mm、厚度不小于25mm的钢制垫板的中心(使其200mm一边与梯级前缘平行)施加一个3000N的力(包括垫板重量)。由梯级踏板表面所测得的最大挠度值应不超过4mm,且无永久变形(但沉陷允差是容许的)。

2)动态试验:同样地,梯级如图6-121安放。梯级在其可适用的最大倾斜角度(倾斜支承)情况下,与滚轮(不转动)、通轴或短轴(如果有)一起进行试验。当试验频率在5~20Hz之间时,载荷幅值为500~3000N之间,其无干扰的谐振力波如图6-122所示。此载荷也是垂直作用于梯级踏面中心一块大小为200mm×300mm、厚度至少为25mm的钢板上。

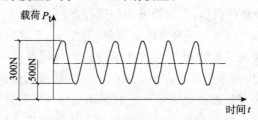

图6-122 梯级动态试验载荷图示

梯级动态载荷 P_t 的数学表达式为

$$P_t = 1750 + 1250\sin 2\pi ft \qquad (N) \qquad (6\text{-}9)$$

$$f = 5\sim 20\text{Hz} \qquad (6\text{-}10)$$

梯级经过这样的脉动载荷循环 5×10^6 次数以后,不应出现裂纹,梯级踏面不应出现大于 4mm 的永久变形。

在动态试验期间,如滚轮损坏,则允许更换。

3. 梳齿板安装

为确保乘客上下扶梯的安全,必须在自动扶梯的进出口处设置梳齿板。

1)前沿板安装:前沿板是地平面的延伸,高低不能发生差异,它与梯级踏板上表面的高度差应≤80mm。

2)梳齿板安装:一边支撑前沿板上,另一边作为梳齿的固定面,其水平角≤40°,梳齿板的结构为可调式,以保证梳齿与踏板齿槽的啮合深度≥6mm;与胶带齿槽的啮合深度≥4mm。

3)梳齿安装:齿的宽度≥2.5mm,端部为圆角,水平倾角≥40°。

4)自动人行道的胶带应具有沿运行方向,且与梳齿板的梳齿相啮合的齿槽。

5)胶带齿槽的高度不应小于 1.5mm,齿槽深度不应小于 5mm,齿的宽度不应小于 4.5mm,且不大于 8mm。

6)梳齿板试验要点:

对于自动扶梯、踏步式自动人行道的梳齿板应有适当的强度和刚度,并设计成当有异物卡入时,其梳齿在变形情况下,仍能保持与梯级或踏步正常啮合或梳齿发生断裂。

试验时,一个 1200N 的垂直力(包括垫板重量)通过一块 300mm×450mm,厚度至少为 25mm 钢制垫板中心,再作用于梳齿前沿板中心区域。如图 6-123 所示。在载荷作用后,梳齿前沿板底面与梯级之间不得发生碰擦现象。

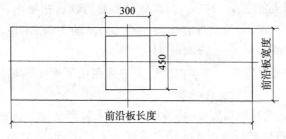

图 6-123　梳齿板加载垫板的放置

4. 其他规定及要求

1)胶带应能连续地自动张紧,不允许用拉伸弹簧作张紧装置。

2）自动扶梯、自动人行道的踏板或自动人行道的胶带上空，垂直净高度不小于 2.3m。

3）梯级间或踏板间的间隙：

在工作区段的任何位置。从踏面测得的两个相邻梯级或两个相邻踏板之间的间隙不应超过 6mm。

4）自动扶梯的围裙板设置在梯级、踏板或胶带的两侧，任何一侧的水平间隙不应大于 4mm，在两侧对称位置处测得的间隙总和不应大于 7mm。

5）梳齿板梳齿与胶带齿槽、踏板齿槽的间隙不应超过 4mm。

◎ 业务要点 3：围裙板及护壁板安装

1. 围裙板安装

围裙板应有足够的强度和刚度。对裙板的最不利部分垂直施加一个 1500N 的力于 $25cm^2$ 的面积上，此时其凹陷值应不大于 4mm，且不应产生永久变形。

1）围裙板试验：

试验时，在力传感器上加置一个圆形或方形的尼龙或橡胶块，其面积为 $25cm^2$。然后用一杠杆机构或小型的千斤顶，缓慢地加力，直至 1500N 为止。此时，裙板的凹陷变形应不大于 4mm，且在载荷卸除后检查其有否永久变形。

2）围裙板应垂直，围裙板上缘与梯级、踏板或胶带踏面之间的垂直距离不应小于 25mm。

3）围裙板应坚固、平滑，且是对接缝的。长距离的自动人行道跨越建筑伸缩缝部位的围裙板，其接缝可采用特殊方法替代对接缝。

4）安装底部护板应按照先上后下的搭接顺序进行，以免机内油污渗漏到底部护板下面，污染室内物件。

2. 护壁板安装

护壁板要求与裙板基本相同，但其试验加载力要比裙板小。在护壁板表面的任何部位的 $25cm^2$ 面积上垂直施加一个 500N 的力时，不应出现大于 4mm 的凹陷和永久变形。

（1）玻璃护壁板安装。玻璃护壁板安装采用由下而上的顺序进行安装，如图 6-124 所示。

1）下部曲线段玻璃板安装：将玻璃夹衬放入玻璃夹紧型材靠近夹紧座的地方，用玻璃吸盘将玻璃板慢慢插入预先放好的夹衬中，调整玻璃板的位置，调好后紧固夹紧座。

2）下部端头玻璃板的安装：在玻璃夹紧型材中放入夹衬，在与上一块玻璃板接合处放置两个 U 形橡胶衬垫，将玻璃板放入夹衬中，正确调整玻璃板接缝

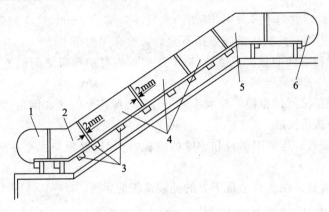

图 6-124 玻璃护壁板安装

1—下部端头玻璃板 2—下部曲线段玻璃板 3—紧固夹紧座

4—倾斜直线段玻璃板 5—上部曲线段玻璃板 6—上部端头玻璃板

间隙,使间隙上下一致,且间隙一般调整为2mm,调好后紧固夹紧座。

3)其他玻璃板的安装:安装方法与上面相同。安装时,在玻璃夹紧型材中均匀地放置玻璃夹衬,见图 6-125。然后将玻璃板放置其中,注意保持两相邻玻璃板的间隙一致,玻璃板应竖直,并与夹紧型材垂直。确认位置正确后,用力矩扳手拧紧夹紧座上的螺栓,注意用力不能过猛,以免损坏玻璃(夹紧力矩一般为35N·m)。

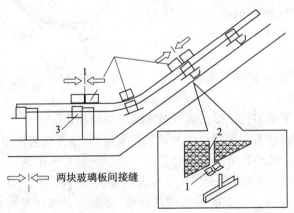

⇒◁ 两块玻璃板间接缝

图 6-125 玻璃夹衬设置

1—玻璃夹衬 2—U形橡胶衬垫 3—夹紧座

4)玻璃的厚度不应小于6mm,该玻璃应当是有足够强度和刚度的钢化玻璃。

(2)金属护壁板安装。

1)朝向梯级踏板和胶带一侧的扶手装置部分应是光滑的。压条或镶条的装设方向与运行方向不一致时,其凹凸高度不应超过 3mm,且应坚固和具有圆角或倒角的边缘。此类压条或镶条不允许装设在围裙板上。

2) 沿运行方向的盖板连接处(特别是围裙板与护壁板之间的连接处)的结构应使勾绊的危险降至极小。

3) 护壁板之间的空隙不应大于 4mm,其边缘应呈圆角和倒角状。

3. 内外盖板安装

(1) 内盖板。连接围裙板和护壁的盖板,它和护壁板与水平面的倾斜角不应小于 25°。

(2) 外盖板。位于扶手带下方的外装饰板的盖板。

业务要点 4:扶手系统安装

由于运输或空间狭窄等原因,扶手部分往往未安装好就将自动扶梯直接运往建筑物内,在现场进行扶手的安装;或是在制造厂内将已经安装好的扶手部分卸下,或是在待安装的大楼前卸下扶手,在现场安装。

1. 扶手带安装

1) 展开扶手带并将扶手带放到梯级上。

2) 用专用工具将扶手带安装在驱动段护壁的端部,确保扶手带不滑脱,见图 6-126。

3) 将返程区域内的扶手带放置到位,防止扶手带从支撑轮、导向轮等部件上滑脱。

4) 将扶手带安装在张紧段护壁的端部。

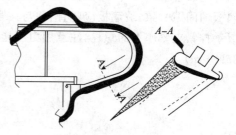

图 6-126　扶手带安装

5) 自上而下地将扶手带安装在扶手带导轨型材上。

6) 通过压带弹簧上的螺栓调整弹簧张紧度,调整并张紧压带。

7) 通过张紧轮组件上的调节弹簧对扶手带进行初步张紧。

8) 测试运行扶手带:沿上行和下行方向多次运行扶手带,注意观察其运行轨迹和松紧度,并通过相应的部件进行调整,使其经过摩擦轮时应尽可能地对中;扶手带的运行中心与扶手带导轨型材的中心应对齐;用小于 70kg 的力人为地拉住下行中的扶手带时,扶手带应照常运行;当改变运行方向后,扶手带几乎不跑偏。

9) 扶手带与护壁边缘之间的距离不应超过 50mm。

10) 扶手带距梯级前缘或踏板面或胶带面之间的垂直距离不应小于 0.9m,且不大于 1.1m。

2. 扶手带调整

1）扶手所需的曳引力是通过张紧轮取得的，调节下弯曲处扶手张力支架以使扶手张力正确，见图 6-127。

2）调整支架的高度即可放松张力，张力装置的调节用定位螺钉来回调节，张力装置与主驱动链轮及惰滚应在一直线上。

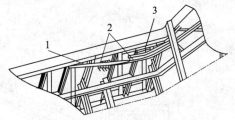

图 6-127　扶手带调整
1—扶手带　2—扶手导滚　3—扶手带张力支架

3）调节扶手驱动力要求：

在上层站用 15～20kg 的力拉住扶手，如扶手不停住，用 25～30kg 的力重复试验，最终扶手对扶手驱动力产生摩擦，扶手不再转动；如用力 25～30kg 使扶手仍不停住，则调节扶手驱动系统使张力正确。

3. 扶手带试验

（1）扶手带破断试验。扶手带的破断载荷不得小于 25kN。试验时，取一段扶手胶带试样，一端固定，一端均匀而缓慢地加载直至胶带断裂。记录下断裂前的最大承载力。

（2）扶手带表面受力试验。为了考察扶手带表面的承载能力，先将扶手带安装定位于与其实际工作状态相符的试验台上，或实际的自动扶梯上。然后用一个 900N 的力（包括垫板重量）均匀施加于扶手带宽度表面居中位置的500mm 长、厚度至少为 25mm 的钢制垫板上。试验位置如图 6-128 所示的上、中、下三处。

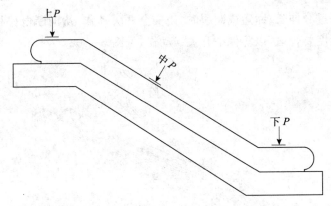

图 6-128　扶手带表面加载示意图

试验后，扶手带表面应不产生永久变形或断裂，扶手装置的任何零部件不产生位移。

4. 扶手带导轨型材的安装

1）安装上部和下部回转链，保证回转链不扭曲，滚轮应能灵活转动，见图 6-129。

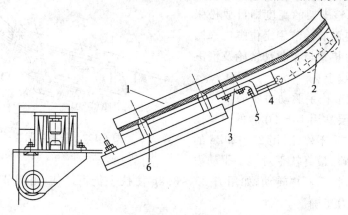

图 6-129　回转链安装

1—端部护壁型材　2—回转链　3—支架　4—钩头螺栓　5—螺母　6—紧固螺栓

2）将下列各段导轨型材依次安装在护壁型材上：

下部曲线段型材、下部扶手带导轨型材、中间段导轨型材、上部导轨型材、上部曲线段型材、上部扶手带水平段导轨型材、补偿段型材。

3）用压板螺栓固定各个导轨型材。

业务要点 5：安全保护装置安装

1. 断链保护装置

当链条过分伸长、缩短或断裂时，使安全开关动作，从而断电停梯。调整时链条的张紧度要合适，以防保护开关误动作，见图 6-130。

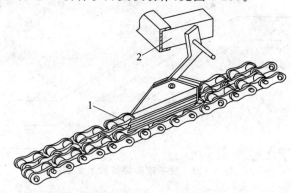

图 6-130　断链保护装置

1—驱动链　2—限位开关

2. 扶手带安全防护装置

1）扶手带在扶手转向端的入口处最低点与地板之间的距离 h_3 不应小于 0.1m，且不大于 0.25m，见图 6-131(a)。

2）扶手转向端的扶手带入口处的手指和手的保护开关应能可靠工作，当手或障碍物进入时，须使自动扶梯自动停止运转，见图 6-131(b)。

3）调节定位螺栓使制动杆的位置及操作压力合适，开关能可靠工作，制动杆与开关之间的距离约为 1mm。

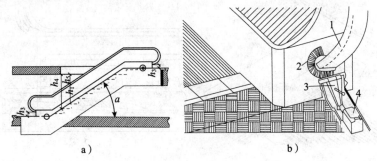

a)　　　　　　　　　　　　b)

图 6-131　扶手带安全防护装置
1—扶手带　2—毛刷　3—板　4—安全开关

3. 超速保护装置

如果交流电动机与梯级、踏步或胶带的驱动是非摩擦驱动（即啮合传动），且其转差率不超过 10％，则允许不设超速保护装置。除此之外，应设超速保护装置。即当自动扶梯和自动人行道速度超过额定速度的 1.2 倍时，超速保护装置（速度控制器）应能切断自动扶梯或自动人行道的电源。

超速保护装置的试验方法类同于电梯用限速器动作速度的测定，对装于电动机轴端的离心式限速装置，必须在曳引机总装之前调节整定好离心块与安全开关之间的距离，并予以铅封固定。如果超速保护装置是非机械式的，则可在现场调整。

4. 紧急制动的附加制动器

附加制动器安装在驱动主轴上，在传动链断裂和超速及非操纵改变规定运行方向时动作，使自动扶梯或人行道停止运行。

5. 停止开关

1）能切断驱动主机电源，使工作制动器制动，有效地使自动扶梯或自动人行道停止运行。

2）停止开关应是受动式的，具有清晰的、永久性的转换位置标记，开关被按下后，扶梯或自动人行道将维持停止状态，除非将钥匙开关转到行驶的方向，见图 6-132。

3) 停止开关应能在驱动和转向站中使自动扶梯或自动人行道停止运行。

6. 梳齿异物保护装置

该装置安装在扶梯或自动人行道的两头,扶梯或自动人行道在运行中一旦有异物卡阻梳齿时,梳齿板向上或向下移动,使拉杆向后移动,从而使安全开关动作,达到断电停机的目的。梳齿板保护开关的闭合距离为 2～3.5mm,见图 6-133。

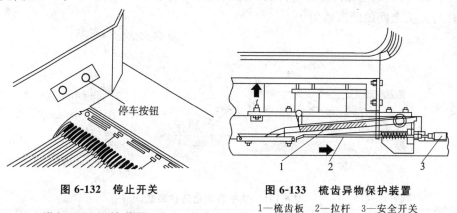

图 6-132　停止开关

图 6-133　梳齿异物保护装置
1—梳齿板　2—拉杆　3—安全开关

7. 梯级下沉保护装置

该装置在梯级断开或梯级滚轮有缺陷时起作用,开关动作点应整定在梯级下降超过 3～5mm 时,安全装置即啮合,打开保护开关,切断电源停梯,见图 6-134。

8. 扶手带断带保护装置

当扶手带破断截面载荷小于 25kN 时,扶梯或自动人行道的扶手带应装有此装置,以防扶手带断裂时,使自动扶梯或自动人行道停止运行,见图 6-135。

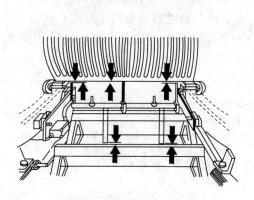

图 6-134　梯级下沉保护装置

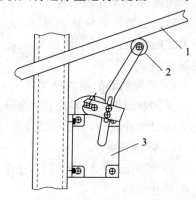

图 6-135　扶手带断带保护装置
1—扶手带　2—滚轮　3—安全开关

业务要点 6：电气装置安装

1. 控制器

1）控制器安装在上层站的上端。

2）观察每一组继电器及接触器的接线头，有松动的端子应拧紧接线端子的螺丝，确保接线牢固。

3）从控制箱到驱动机的动力连线，要通过线管或蛇皮管加以保护。

4）在靠近控制箱的地方安装断路器开关。

5）机械零件未完全安装完毕的，控制箱不得与主动力电源线相连。

6）检查工作线路保险丝或断路器，额定等级一定要正确。

7）将所有接触器、断路器的灰尘用吹尘器清理干净。

2. 控制线路连接

1）按照电气接线图的标号认真连接，线号与图纸要一致，不得随意变更。

2）电气设备的外壳均需接地。

3）电气连接有特殊要求的，应按照厂家的要求正确连接。

4）动力和电气安全装置电路的绝缘电阻值不小于 $500k\Omega$；其他电路（控制、照明、信号）的绝缘电阻值 $\leqslant 250k\Omega$。

5）扶梯或人行道电源应为专用电源，由建筑物配电室送到扶梯总开关。

6）电气照明、插座应与扶梯或人行道的主电路包括控制电路的电源分开。

7）安装灯管接线时，必须牢固、可靠、安全。

8）安装内盖板时，应将扶梯上下两个操作控制盘安装在端部的内盖板上。

9）将各安全触点开关和监控装置的位置调整到位，并检查其能否正常工作。

10）校核电气线路的接线，确保正确无误。

3. 操作盘

1）钥匙操作的控制开关安装在扶梯的出入口附近。

2）该开关启动自动扶梯或人行道使其上行或下行。

3）启动钥匙开关移去后，方向继电器接点能保持其运行方向。

第七章 智能建筑工程施工

第一节 综合布线系统

本节导读

本节主要介绍综合布线系统，内容包括线缆敷设和终接、信息插座的安装、机柜、机架和配线架的安装以及系统测试等。其内容关系如图 7-1 所示。

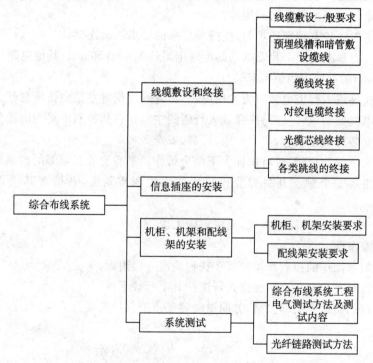

图 7-1 本节内容关系图

业务要点 1:线缆敷设和终接

1. 线缆敷设一般要求

1) 线缆两端应有防水、耐摩擦的永久性标签,标签书写应清晰、准确。

2）管内线缆间不应拧绞,不得有接头。

3）线缆的最小弯曲半径应符合表 7-1 的规定。

表 7-1　电缆最小允许弯曲半径

序号	电缆种类	最小允许弯曲半径
1	无铅包钢铠护套的橡皮绝缘电力电缆	$10D$
2	有钢铠护套的橡皮绝缘电力电缆	$20D$
3	聚氯乙烯绝缘电力电缆	$10D$
4	交联聚氯乙烯绝缘电力电缆	$15D$
5	多芯控制电缆	$10D$

注:D 为电缆外径。

4）线管出线口与设备接线端子之间,应采用金属软管连接,金属软管长度不宜超过 2m,不得将线裸露。

5）桥架内线缆应排列整齐,不得拧绞;在线缆进出桥架部位、转弯处应绑扎固定;垂直桥架内线缆绑扎固定点间隔不宜大于 1.5m。

6）线缆穿越建筑物变形缝时应留置相适应的补偿余量。

7）线缆布放应自然平直,不应受外力挤压和损伤。

8）线缆布放宜留不小于 0.15mm 余量。

9）从配线架引向工作区各信息端口 4 对对绞电缆的长度不应大于 90m。

10）线缆敷设拉力及其他保护措施应符合产品厂家的施工要求。

11）线缆弯曲半径宜符合下列规定:

① 非屏蔽 4 对对绞电缆弯曲半径不宜小于电缆外径 4 倍。

② 屏蔽 4 对对绞电缆弯曲半径不宜小于电缆外径 8 倍。

③ 主干对绞电缆弯曲半径不宜小于电缆外径 10 倍。

④ 光缆弯曲半径不宜小于光缆外径 10 倍。

12）线缆间净距应符合现行国家标准《综合布线系统工程验收规范》GB 50312—2007 第 5.1.1 条的规定。

13）室内光缆桥架内敷设时宜在绑扎固定处加装垫套。

14）线缆敷设施工时,现场应安装稳固的临时线号标签,线缆上配线架、打模块前应安装永久线号标签。

15）线缆经过桥架、管线拐弯处,应保证线缆紧贴底部,且不应悬空、不受牵引力。在桥架的拐弯处应采取绑扎或其他形式固定。

16）距信息点最近的一个过线盒穿线时宜留有不小于 0.15mm 的余量。

2. 预埋线槽和暗管敷设缆线

1）敷设线槽和暗管的两端宜用标志表示出编号等内容。

2）预埋线槽宜采用金属线槽,预埋或密封线槽的截面利用率应为 30%～50%。

3) 敷设暗管宜采用钢管或阻燃聚氯乙烯硬质管。布放大对数主干电缆及 4 芯以上光缆时,直线管道的管径利用率应为 50%～60%,弯管道应为 40%～50%。暗管布放 4 对对绞电缆或 4 芯及以下光缆时,管道的截面利用率应为 25%～30%。

3. 缆线终接

1) 缆线在终接前,必须核对缆线标识内容是否正确。

2) 缆线中间不应有接头。

3) 缆线终接处必须牢固、接触良好。

4) 对绞电缆与连接器件连接应认准线号、线位色标,不得颠倒和错接。

4. 对绞电缆终接

1) 终接时,每对对绞线应保持扭绞状态,扭绞松开长度对于 3 类电缆不应大于 75mm;对于 5 类电缆不应大于 13mm;对于 6 类电缆应尽量保持扭绞状态,减小扭绞松开长度。

2) 对绞线与 8 位模块式通用插座相连时,必须按色标和线对顺序进行卡接。插座类型、色标和编号应符合图 7-2 的规定。两种连接方式均可采用,但在同一布线工程中两种连接方式不应混合使用。

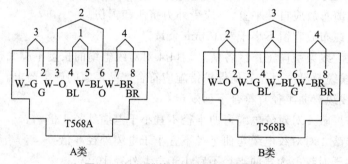

图 7-2 8 位模块式通用插座连接图

G(Green)—绿   BL(Blue)—蓝   BR(Brown)—棕

W(White)—白   O(Orange)—橙

3) 7 类布线系统采用非 RJ45 方式终接时,连接图应符合相关标准规定。

4) 屏蔽对绞电缆的屏蔽层与连接器件终接处屏蔽罩应通过紧固器件可靠接触,缆线屏蔽层应与连接器件屏蔽罩 360° 圆周接触,接触长度不宜小于10mm。屏蔽层不应用于受力的场合。

5) 对不同的屏蔽对绞线或屏蔽电缆,屏蔽层应采用不同的端接方法。应对编织层或金属箔与汇流导线进行有效的端接。

6) 每个 2 口 86 面板底盒宜终接 2 条对绞电缆或 1 根 2 芯/4 芯光缆,不宜兼做过路盒使用。

5. 光缆芯线终接

1) 采用光缆连接盘对光纤进行连接、保护,在连接盘中光纤的弯曲半径应符合安装工艺要求。

2）光纤熔接处应加以保护和固定。

3）光纤连接盘面板应有标志。

4）光纤连接损耗值应符合表 7-2 的规定。

表 7-2　光纤连接损耗值　　　　　（单位：dB）

连接类别	多模		单模	
	平均值	最大值	平均值	最大值
熔接	0.15	0.3	0.15	0.3
机械连接	—	0.3	—	0.3

6. 各类跳线的终接

1）各类跳线缆线和连接器件间接触应良好，接线无误，标志齐全。跳线选用类型应符合系统设计要求。

2）各类跳线长度应符合设计要求。

业务要点 2：信息插座的安装

1）综合布线系统的信息插座多种多样，安装前必须仔细阅读施工图样和设计要求，做到信息插座和光纤（光缆）终端正确安装、对号入座、完整无缺。

2）安装在地面上或活动地板上的地面信息插座，插座面板有水平式和直立式（可以倒下成平面）等几种；缆线连接固定在接线盒体内的装置上，接线盒均埋在地面下，其盒盖面与地面齐平，可以开启，要求必须严密防水和防尘。在不使用时，插座面板与地面齐平，不得影响人们日常行动。

3）安装在墙上的信息插座，按规定高出地坪 30cm，如果有活动地板还应加上活动地板内的净高尺寸。

4）信息插座底座的固定方法虽有不同（如射钉、一般螺钉或扩张螺钉等），但安装必须牢固可靠，不应有松动现象。

5）信息插座盒体宜采用暗装方式，与暗敷管路系统配合，在墙壁上预留洞孔（一般为 86 型标准盒），按照隐蔽工程要求检查验收。预埋孔盒时注意深度，应估计装饰面距离在内，使加装插座面与装饰面齐平。

业务要点 3：机柜、机架和配线架的安装

1. 机柜、机架安装要求

1）机柜、机架安装完毕后，垂直偏差度不应大于 3mm。机柜、机架安装位置应符合设计要求。

2）机柜、机架的安装应牢固，如有抗震要求，应根据施工图的抗震设计进行加固。

465

3) 机柜、机架上的各种零件不得脱落或碰坏,漆面如有脱落应予以补漆,各种标志应完整、清晰。

4) 机柜不宜直接安装在活动地板上,宜按设备的底平面尺寸制作底座,底座直接与地面固定,机柜固定在底座上,底座高度应与活动地板高度相同,然后敷设活动地板。

5) 安装机架面板,架前应预留有 800mm 空间,机架背面离墙距离应大于 600mm,背板式配线架可直接由背板固定于墙面上。壁挂式机柜底距地面不应小于 300mm。

2. 配线架安装要求

1) 卡入配线架连接模块内的单根缆线色标应与缆线的色标相一致,大对数电缆按标准色谱的组合规定进行排序。

2) 端接于 RJ45 口的配线架的线序及排列方式按有关国际标准规定的两种端接标准之一(T568A 或 T568B)进行端接,但必须与信息插座模块的线序排列使用同一种标准。

3) 各直列垂直倾斜误差不应大于 3mm,底座水平误差每平方米不应大于 2mm。

4) 接线端子的各种标志应齐全。

5) 背板式配线架应经配套的金属背板及线管理架安装在可靠固定的墙壁上,金属背板与墙壁应紧固。

业务要点 4:系统测试

1. 综合布线系统工程电气测试方法及测试内容

1) 3 类和 5 类布线系统按照基本链路和信道进行测试,5e 类和 6 类布线系统按照永久链路和信道进行测试,测试按图 7-3～图 7-5 进行连接。

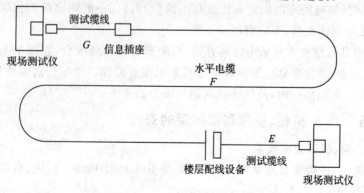

图 7-3 基本链路方式

$G=E=2m \quad F\leqslant 90m$

466

① 基本链路连接模型应符合图 7-3 的方式。

② 永久链路连接模型。

适用于测试固定链路(水平电缆及相关连接器件)性能。链路连接应符合图 7-4 的方式。

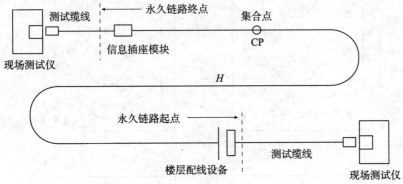

图 7-4　永久链路方式

H—从信息插座至楼层配线设备(包括集合点)的水平电缆,$H \leqslant 90m$

③ 信道连接模型。

在永久链路连接模型的基础上,包括工作区和电信间的设备电缆和跳线在内的整体信道性能。信道连接应符合图 7-5 方式。

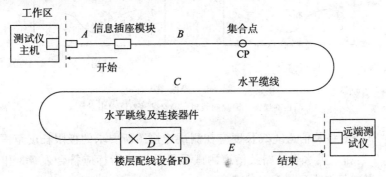

图 7-5　信道方式

A—工作区终端设备电缆　B—CP 缆线　C—水平缆线

D—配线设备连接跳线　E—配线设备到设备连接电缆

$B + C \leqslant 90m$　　$A + D + E \leqslant 10m$

信道包括:最长 90m 的水平线缆、信息插座模块、集合点、电信间的配线设备、跳线、设备线缆在内,总长不得大于 100m。

2) 测试包括以下内容:

① 接线图的测试,主要测试水平电缆终接在工作区或电信间配线设备的 8 位模块式通用插座的安装连接正确或错误。正确的线对组合为:1/2、3/6、4/5、7/8,

分为非屏蔽和屏蔽两类,对于非 RJ45 的连接方式按相关规定要求列出结果。

布线过程中可能出现以下正确或不正确的连接图测试情况,具体如图 7-6 所示。

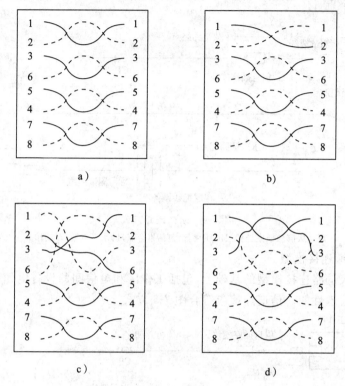

图 7-6 接线图

a)正确连接   b)反向线对   c)交叉线对   d)串对

② 布线链路及信道缆线长度应在测试连接图所要求的极限长度范围之内。

3)3 类和 5 类水平链路及信道测试项目及性能指标应符合表 7-3 和表 7-4 的要求(测试条件为环境温度 20℃)。

表 7-3 3 类水平链路及信道性能指标

频率/MHz	基本链路性能指标		信道性能指标	
	近端串音/dB	衰减/dB	近端串音/dB	衰减/dB
1.00	40.1	3.2	39.1	4.2
4.00	30.7	6.1	29.3	7.3
8.00	25.9	8.8	24.3	10.2
10.00	24.3	10.0	22.7	11.5
16.00	21.0	13.2	19.3	14.9
长度/m	94		100	

表 7-4　5 类水平链路及信道性能指标

频率/MHz	基本链路性能指标		信道性能指标	
	近端串音/dB	衰减/dB	近端串音/dB	衰减/dB
1.00	60.0	2.1	60.0	2.5
4.00	51.8	4.0	50.6	4.5
8.00	47.1	5.7	45.6	6.3
10.00	45.5	6.3	44.0	7.0
16.00	42.3	8.2	40.6	9.2
20.00	40.7	9.2	39.0	10.3
25.00	39.1	10.3	37.4	11.4
31.25	37.6	11.5	35.7	12.8
62.50	32.7	16.7	30.6	18.5
100.00	29.3	21.6	27.1	24.0
长度/m	94		100	

注：基本链路长度为 94m，包括 90m 水平缆线及 4m 测试仪表的测试电缆长度，在基本链路中不包括 CP 点。

4）5e 类、6 类和 7 类信道测试项目及性能指标应符合以下要求（测试条件为环境温度 20℃）。

① 回波损耗（RL）。

只在布线系统中的 C、D、E、F 级采用，信道的每一线对和布线的两端均应符合回波损耗值的要求，布线系统信道的最小回波损耗值应符合表 7-5 的规定，并可参考表 7-6 所列关键频率的回波损耗建议值。

表 7-5　信道回波损耗值

级　别	频率/MHz	最小回波损耗/dB
C	$1 \leqslant f \leqslant 16$	15.0
D	$1 \leqslant f < 20$	17.0
	$20 \leqslant f \leqslant 100$	$30 - 10\lg(f)$
E	$1 \leqslant f < 10$	19.0
	$10 \leqslant f < 40$	$24 - 5\lg(f)$
	$40 \leqslant f < 250$	$32 - 10\lg(f)$
F	$1 \leqslant f < 10$	19.0
	$10 \leqslant f < 40$	$24 - 5\lg(f)$
	$40 \leqslant f < 251.2$	$32 - 101\lg(f)$
	$251.2 \leqslant f \leqslant 600$	8.0

表 7-6　信道回波损耗建议值

频率/MHz	最小回波损耗/dB			
	C 级	D 级	E 级	F 级
1	15.0	17.0	19.0	19.0
16	15.0	17.0	18.0	18.0
100	—	10.0	12.0	12.0
250	—	—	8.0	8.0
600	—	—	—	8.0

② 插入损耗(IL)。

布线系统信道每一线对的插入损耗值应符合表 7-7 的规定,并可参考表 7-8 所列关键频率的插入损耗建议值。

表 7-7　信道插入损耗值

级别	频率/MHz	最大插入损耗/dB[①]
A	$f = 0.1$	16.0
B	$f = 0.1$	5.5
	$f = 1$	5.8
C	$1 \leqslant f \leqslant 16$	$1.05 \times \left(3.23 \sqrt{f} \right) + 4 \times 0.2$
D	$1 \leqslant f \leqslant 100$	$1.05 \times \left(1.9108 \sqrt{f} + 0.0222 \times f + \dfrac{0.2}{\sqrt{f}} \right) + 4 \times 0.02 \times \sqrt{f}$
E	$1 \leqslant f \leqslant 250$	$1.05 \times \left(1.82 \sqrt{f} + 0.0169 \times f + \dfrac{0.25}{\sqrt{f}} \right) + 4 \times 0.02 \times \sqrt{f}$
F	$1 \leqslant f \leqslant 600$	$1.05 \times \left(1.8 \sqrt{f} + 0.01 \times f + \dfrac{0.2}{\sqrt{f}} \right) + 4 \times 0.02 \times \sqrt{f}$

注:①插入损耗(IL)的计算值应大于或等于 4.0dB,若小于 4.0dB 应进行相应调整。

表 7-8　信道插入损耗建议值

频率/MHz	最大插入损耗/dB					
	A	B	C	D	E	F
0.1	16.0	5.5	—	—	—	—
1	—	5.8	4.2	4.0	4.0	4.0
16	—	—	14.4	9.1	8.3	8.1
100	—	—	—	24.0	21.7	20.8
250	—	—	—	—	35.9	33.8
600	—	—	—	—	—	54.6

③ 近端串音（NEXT）。

在布线系统信道的两端，线对与线对之间的近端串音值均应符合表 7-9 的规定，并可参考表 7-10 所列关键频率的近端串音建议值。

表 7-9　信道近端串音值

级　别	频率/MHz	最小 NEXT/dB
A	$f=0.1$	27.0
B	$0.1 \leqslant f \leqslant 1$	$25-15\lg(f)$
C	$1 \leqslant f \leqslant 16$	$39.1-16.4\lg(f)$
D	$1 \leqslant f \leqslant 100$	$-20\lg\left[10^{\frac{65.3-15\lg(f)}{-20}}+2\times10^{\frac{83-20\lg(f)}{-20}}\right]$ [1]
E	$1 \leqslant f \leqslant 250$	$-20\lg\left[10^{\frac{74.3-15\lg(f)}{-20}}+2\times10^{\frac{94-20\lg(f)}{-20}}\right]$ [2]
F	$1 \leqslant f \leqslant 600$	$-20\lg\left[10^{\frac{102.4-15\lg(f)}{-20}}+2\times10^{\frac{102.4-15\lg(f)}{-20}}\right]$ [2]

注：[1] NEXT 计算值大于 60.0dB 时均按 60.0dB 考虑。

[2] NEXT 计算值大于 65.0dB 时均按 65.0dB 考虑。

表 7-10　信道近端串音建议值

频率/MHz	最小 NEXT/dB					
	A	B	C	D	E	F
0.1	27.0	40.0	—	—	—	—
1	—	25.0	39.1	60.0	65.0	65.0
16	—	—	19.4	43.6	53.2	65.0
100	—	—	—	30.1	39.9	62.9
250	—	—	—	—	33.1	56.9
600	—	—	—	—	—	51.2

④ 近端串音功率 N(PS NEXT)。

只应用于布线系统的 D、E、F 级，信道的每一线对和布线的两端均应符合 PS NEXT 值要求，布线系统信道的最小 PS NEXT 值应符合表 7-11 的规定，并可参考表 7-12 所列关键频率的近端串音功率和建议值。

表 7-11　信道 PS NEXT 值

级　别	频率/MHz	最小 PS NEXT/dB
D	$1 \leqslant f \leqslant 100$	$-20\lg\left[10^{\frac{62.3-15\lg(f)}{-20}}+2\times10^{\frac{80-20\lg(f)}{-20}}\right]$ [1]
E	$1 \leqslant f \leqslant 250$	$-20\lg\left[10^{\frac{72.3-15\lg(f)}{-20}}+2\times10^{\frac{90-20\lg(f)}{-20}}\right]$ [2]
F	$1 \leqslant f \leqslant 600$	$-20\lg\left[10^{\frac{99.4-15\lg(f)}{-20}}+2\times10^{\frac{99.4-15\lg(f)}{-20}}\right]$ [2]

注：[1] PS NEXT 计算值大于 57.0dB 时均按 57.0dB 考虑。

[2] PS NEXT 计算值大于 62.0dB 时均按 62.0dB 考虑。

表 7-12　信道 PS NEXT 建议值

频率/MHz	最小 PS NEXT/dB		
	D	E	F
1	57.0	62.0	62.0
16	40.6	50.6	62.0
100	27.1	37.1	59.9
250	—	30.2	53.9
600			48.2

⑤ 线对与线对之间的衰减串音比（ACR）。

只应用于布线系统的 D、E、F 级，信道的每一线对和布线的两端均应符合 ACR 值要求。布线系统信道的 ACR 值可用以下计算公式进行计算，并可参考表 7-13 所列关键频率的 ACR 建议值。

线对 i 与 k 间衰减串音比的计算公式：

$$ACRik = NEXTik - ILk \tag{7-1}$$

式中　　i——线对号；

　　　k——线对号；

　NEXTik——线对 i 与线对 k 间的近端串音；

　　ILk——线对 k 的插入损耗。

表 7-13　信道 ACR 建议值

频率/MHz	最小 ACR/dB		
	D	E	F
1	56.0	61.0	61.0
16	34.5	44.9	56.9
100	6.1	18.2	42.1
250	—	-2.8	23.1
600			-3.4

⑥ ACR 功率和（PS ACR）。

为近端串音功率和与插入损耗之间的差值，信道的每一线对和布线的两端均应符合要求。布线系统信道的 PS ACR 值可用以下计算公式进行计算，并可参考表 7-14 所列关键频率的 PS ACR 建议值。

线对 k 的 ACR 功率和的计算公式：

$$PS\ ACRk = PS\ NEXTk - ILk \tag{7-2}$$

式中　　　k——线对号；

PS NEXTk——线对 k 的近端串音功率和；

ILk——线对 k 的插入损耗。

表 7-14　信道 PS ACR 建议值

频率/MHz	最小 PS ACR/dB		
	D	E	F
1	53.0	58.0	58.0
16	31.5	42.3	53.9
100	3.1	15.4	39.1
250	—	−5.8	20.1
600			−6.4

⑦ 线对与线对之间等电平远端串音（ELFEXT）。

为远端串音与插入损耗之间的差值，只应用于布线系统的 D、E、F 级。布线系统信道每一线对的 ELFEXT 数值应符合表 7-15 的规定，并可参考表 7-16 所列关键频率的 ELFEXT 建议值。

表 7-15　信道 ELFEXT 值

级　　别	频率/MHz	最小 ELFEXT/dB[①]
D	$1 \leqslant f \leqslant 100$	$-20\lg[10^{\frac{63.8-20\lg(f)}{-20}}+4\times10^{\frac{75.1-20\lg(f)}{-20}}]$[①]
E	$1 \leqslant f \leqslant 250$	$-20\lg[10^{\frac{67.8-20\lg(f)}{-20}}+4\times10^{\frac{83.1-20\lg(f)}{-20}}]$[②]
F	$1 \leqslant f \leqslant 600$	$-20\lg[10^{\frac{94-20\lg(f)}{-20}}+4\times10^{\frac{90-15\lg(f)}{-20}}]$[③]

注：① 与测量的近端串音 FEXT 值对应的 ELFEXT 值若大于 70.0dB 则仅供参考。

② ELFEXT 计算值大于 60.0dB 时均按 60.0dB 考虑。

③ ELFEXT 计算值大于 65.0dB 时均按 65.0dB 考虑。

表 7-16　信道 ELFEXT 建议值

频率/MHz	最小 ELFEXT/dB		
	D	E	F
1	57.4	63.3	65.0
16	33.3	39.2	57.5
100	17.4	23.3	44.4
250	—	15.3	37.8
600			31.3

⑧ 等电平远端串音功率和（PS ELFEXT）。

布线系统信道每一线对的 PS ELFEXT 数值应符合表 7-17 的规定,并可参考表 7-18 所列关键频率的 PS ELFEXT 建议值。

表 7-17　信道 PS ELFEXT 值

级　　别	频率/MHz	最小 PS ELFEXT/dB[①]
D	$1 \leqslant f \leqslant 100$	$-20 \lg [10^{\frac{60.8-20\lg(f)}{-20}} + 4 \times 10^{\frac{72.1-20\lg(f)}{-20}}]$[①]
E	$1 \leqslant f \leqslant 250$	$-20 \lg [10^{\frac{64.8-20\lg(f)}{-20}} + 4 \times 10^{\frac{80.1-20\lg(f)}{-20}}]$[③]
F	$1 \leqslant f \leqslant 600$	$-20 \lg [10^{\frac{91-20\lg(f)}{-20}} + 4 \times 10^{\frac{87-15\lg(f)}{-20}}]$[③]

注:① 与测量的远端串音 FEXT 值对应的 PS ELFEXT 值若大于 70.0dB 则仅供参考。

② PS ELFEXT 计算值大于 57.0dB 时均按 57.0dB 考虑。

③ PS ELFEXT 计算值大于 62.0dB 时均按 62.0dB 考虑。

表 7-18　信道 PS ELFEXT 建议值

频率/MHz	最小 PS ELFEXT/dB		
	D	E	F
1	54.4	60.3	62.0
16	30.3	36.2	54.5
100	14.4	20.3	41.4
250	—	12.3	34.8
600	—	—	28.3

⑨ 直流(D.C.)环路电阻。

布线系统信道每一线对的直流环路电阻应符合表 7-19 的规定。

表 7-19　信道直流环路电阻

最大直流环路电阻/Ω					
A 级	B 级	C 级	D 级	E 级	F 级
560	170	40	25	25	25

⑩ 传播时延。

布线系统信道每一线对的传播时延应符合表 7-20 的规定,并可参考表 7-21 所列的关键频率建议值。

表 7-20　信道传播时延

级　别	频率/MHz	最大传播时延/μs
A	$f=0.1$	20.000
B	$0.1 \leqslant f \leqslant 1$	5.000
C	$1 \leqslant f \leqslant 16$	$0.534 + \dfrac{0.036}{\sqrt{f}} + 4 \times 0.0025$
D	$1 \leqslant f \leqslant 100$	$0.534 + \dfrac{0.036}{\sqrt{f}} + 4 \times 0.0025$
E	$1 \leqslant f \leqslant 250$	$0.534 + \dfrac{0.036}{\sqrt{f}} + 4 \times 0.0025$
F	$1 \leqslant f \leqslant 600$	$0.534 + \dfrac{0.036}{\sqrt{f}} + 4 \times 0.0025$

表 7-21　信道传播时延建议值

频率/MHz	最大传播时延/μs					
	A	B	C	D	E	F
0.1	20.000	5.000	—	—	—	—
1	—	5.000	0.580	0.580	0.580	0.580
16	—	—	0.553	0.553	0.553	0.553
100	—	—	—	0.548	0.548	0.548
250	—	—	—	—	0.546	0.546
600	—	—	—	—	—	0.585

⑪ 传播时延偏差。

布线系统信道所有线对间的传播时延偏差应符合表 7-22 的规定。

表 7-22　信道传播时延偏差

级　别	频率/MHz	最大传播时延/μs
A	$f=0.1$	—
B	$0.1 \leqslant f \leqslant 1$	—
C	$1 \leqslant f \leqslant 16$	0.050①
D	$1 \leqslant f \leqslant 100$	0.050①
E	$1 \leqslant f \leqslant 250$	0.050①
F	$1 \leqslant f \leqslant 600$	0.030②

注：① 0.050 为 0.045＋4×0.00125 计算结果。

　　② 0.030 为 0.025＋4×0.00125 计算结果。

5）5e类、6类和7类永久链路或CP链路测试项目及性能指标应符合以下要求：

① 回波损耗（RL）。

布线系统永久链路或CP链路每一线对和布线两端的回波损耗值应符合表7-23的规定，并可参考表7-24所列的关键频率建议值。

表7-23 永久链路或CP链路回波损耗值

级 别	频率/MHz	最小回波损耗/dB
C	$1 \leqslant f \leqslant 16$	15.0
D	$1 \leqslant f < 20$	19.0
	$20 \leqslant f \leqslant 100$	$32 - 10\lg(f)$
E	$1 \leqslant f < 10$	21.0
	$10 \leqslant f < 40$	$26 - 5\lg(f)$
	$40 \leqslant f < 250$	$34 - 10\lg(f)$
F	$1 \leqslant f < 10$	21.0
	$10 \leqslant f < 40$	$26 - 5\lg(f)$
	$40 \leqslant f < 251.2$	$34 - 10l\lg(f)$
	$251.2 \leqslant f \leqslant 600$	10.0

表7-24 永久链路回波损耗建议值

频率/MHz	最小回波损耗/dB			
	C级	D级	E级	F级
1	15.0	19.0	21.0	21.0
16	15.0	19.0	20.0	20.0
100	—	12.0	14.0	14.0
250	—	—	10.0	10.0
600	—	—	—	10.0

② 插入损耗（IL）。

布线系统永久链路或CP链路每一线对的插入损耗值应符合表7-25的规定，并可参考表7-26所列的关键频率建议值。

表 7-25 永久链路或 CP 链路插入损耗值

级别	频率/MHz	最大插入损耗/dB[①]
A	$f=0.1$	16.0
B	$f=0.1$	5.5
	$f=1$	5.8
C	$1\leqslant f\leqslant16$	$0.9\times(3.23\sqrt{f})+3\times0.2$
D	$1\leqslant f\leqslant100$	$\left(\dfrac{L}{10}\right)\times\left(1.9108\sqrt{f}+0.0222\times f+\dfrac{0.2}{\sqrt{f}}\right)+n\times0.04\times\sqrt{f}$
E	$1\leqslant f\leqslant250$	$\left(\dfrac{L}{10}\right)\times\left(1.82\sqrt{f}+0.0169\times f+\dfrac{0.25}{\sqrt{f}}\right)+n\times0.02\times\sqrt{f}$
F	$1\leqslant f\leqslant600$	$\left(\dfrac{L}{10}\right)\times\left(1.8\sqrt{f}+0.01\times f+\dfrac{0.2}{\sqrt{f}}\right)+n\times0.02\times\sqrt{f}$

注:① 插入损耗(IL)的计算值若小于 4.0dB 应进行相应调整。

$$L=L_{FC}+L_{CP}Y$$

式中 L_{FC}——固定电缆长度(m);

L_{CP}——CP 电缆长度(m);

Y——CP 电缆衰减(dB/m)与固定水平电缆衰减(dB/m)比值;

n——当 $n=2$ 时是表示对于不包含 CP 点的永久链路的测试或仅测试 CP 链路;

当 $n=3$ 时是表示对于包含 CP 点的永久链路的测试。

表 7-26 永久链路插入损耗建议值

频率/MHz	最大插入损耗/dB					
	A	B	C	D	E	F
0.1	16.0	5.5	—	—	—	—
1	—	5.8	4.0	4.0	4.0	4.0
16	—	—	12.2	7.7	7.1	6.9
100	—	—	—	20.4	18.5	17.7
250	—	—	—	—	30.7	28.8
600	—	—	—	—	—	46.6

③ 近端串音(NEXT)。

布线系统永久链路或 CP 链路每一线对和布线两端的近端串音值应符合表 7-27 的规定,并可参考表 7-28 所列的关键频率建议值。

表 7-27　永久链路或 CP 链路近端串音值

级　别	频率/MHz	最小 NEXT/dB
A	$f=0.1$	27.0
B	$0.1 \leqslant f \leqslant 1$	$25-15\lg(f)$
C	$1 \leqslant f \leqslant 16$	$40.1-15.8\lg(f)$
D	$1 \leqslant f \leqslant 100$	$-20\lg\left[10^{\frac{65.3-15\lg(f)}{-20}}+10^{\frac{83-20\lg(f)}{-20}}\right]$ [1]
E	$1 \leqslant f \leqslant 250$	$-20\lg\left[10^{\frac{74.3-15\lg(f)}{-20}}+10^{\frac{94-20\lg(f)}{-20}}\right]$ [2]
F	$1 \leqslant f \leqslant 600$	$-20\lg\left[10^{\frac{102.4-15\lg(f)}{-20}}+10^{\frac{102.4-15\lg(f)}{-20}}\right]$ [2]

注：[1] NEXT 计算值大于 60.0dB 时均按 60.0dB 考虑。

　　[2] NEXT 计算值大于 65.0dB 时均按 65.0dB 考虑。

表 7-28　永久链路近端串音建议值

频率/MHz	最小 NEXT/dB					
	A	B	C	D	E	F
0.1	27.0	40.0	—	—	—	—
1	—	25.0	40.1	60.0	65.0	65.0
16	—	—	21.1	45.2	54.6	65.0
100	—	—	—	32.3	41.8	65.0
250	—	—	—	—	35.3	60.4
600	—	—	—	—	—	54.7

④ 近端串音功率和（PS NEXT）。

只应用于布线系统的 D、E、F 级，布线系统永久链路或 CP 链路每一线对和布线两端的近端串音功率和值应符合表 7-29 的规定，并可参考表 7-30 所列的关键频率建议值。

表 7-29　永久链路或 CP 链路近端串音功率和值

级　别	频率/MHz	最小 PS NEXT/dB
D	$1 \leqslant f \leqslant 100$	$-20\lg\left[10^{\frac{62.3-15\lg(f)}{-20}}+10^{\frac{80-20\lg(f)}{-20}}\right]$ [1]
E	$1 \leqslant f \leqslant 250$	$-20\lg\left[10^{\frac{72.3-15\lg(f)}{-20}}+10^{\frac{90-20\lg(f)}{-20}}\right]$ [2]
F	$1 \leqslant f \leqslant 600$	$-20\lg\left[10^{\frac{99.4-15\lg(f)}{-20}}+10^{\frac{99.4-15\lg(f)}{-20}}\right]$ [2]

注：[1] PS NEXT 计算值大于 57.0dB 时均按 57.0dB 考虑。

　　[2] PS NEXT 计算值大于 62.0dB 时均按 62.0dB 考虑。

表 7-30 永久链路近端串音功率和参考值

频率/MHz	最小 PS NEXT/dB		
	D	E	F
1	57.0	62.0	62.0
16	42.2	52.2	62.0
100	29.3	39.3	62.0
250	—	32.7	57.4
600	—	—	51.7

⑤ 线对与线对之间的衰减串音比(ACR)。

只应用于布线系统的 D、E、F 级,布线系统永久链路或 CP 链路每一线对和布线两端的 ACR 值可用以下计算公式进行计算,并可参考表 7-31 所列关键频率的 ACR 建议值。

线对 i 与线对 k 间 ACR 值的计算公式:

$$ACRik = NEXTik - ILk \qquad (7-3)$$

式中　　i——线对号;

　　　　k——线对号;

NEXTik——线对 i 与线对 k 间的近端串音;

　　ILk——线对 k 的插入损耗。

表 7-31 永久链路 ACR 建议值

频率/MHz	最小 ACR/dB		
	D	E	F
1	56.0	61.0	61.0
16	37.5	47.5	58.1
100	11.9	23.3	47.3
250	—	4.7	31.6
600	—	—	8.1

⑥ ACR 功率和(PS ACR)。

布线系统永久链路或 CP 链路每一线对和布线两端的 PS ACR 值可用以下计算公式进行计算,并可参考表 7-32 所列关键频率的 PS ACR 建议值。

线对 k 的 PS ACR 值计算公式:

$$PS\ ACRk = PS\ NEXTk - ILk \qquad (7-4)$$

式中　　　k——线对号;

PS NEXTk——线对 k 的近端串音功率和;

　　　ILk——线对 k 的插入损耗。

表 7-32　永久链路 PS ACR 建议值

频率/MHz	最小 PS ACR/dB		
	D	E	F
1	53.0	58.0	58.0
16	34.5	45.1	55.1
100	8.9	20.8	44.3
250	—	2.0	28.6
600	—	—	5.1

⑦ 线对与线对之间等电平远端串音(ELFEXT)。

只应用于布线系统的 D、E、F 级。布线系统永久链路或 CP 链路每一线对的等电平远端串音值应符合表 7-33 的规定,并可参考表 7-34 所列的关键频率建议值。

表 7-33　永久链路或 CP 链路等电平远端串音值

级　别	频率/MHz	最小 ELFEXT/dB[①]
D	$1 \leqslant f \leqslant 100$	$-20\lg[10^{\frac{63.8-20\lg(f)}{-20}}+n\times10^{\frac{75.1-20\lg(f)}{-20}}]$[②]
E	$1 \leqslant f \leqslant 250$	$-20\lg[10^{\frac{67.8-20\lg(f)}{-20}}+n\times10^{\frac{83.1-20\lg(f)}{-20}}]$[③]
F	$1 \leqslant f \leqslant 600$	$-20\lg[10^{\frac{94-20\lg(f)}{-20}}+n\times10^{\frac{90-15\lg(f)}{-20}}]$[③]

注:n——当 $n=2$ 时表示对于不包含 CP 点的永久链路的测试或仅测试 CP 链路。

　　　当 $n=3$ 时表示对于包含 CP 点的永久链路的测试。

① 与测量的远端串音 FEXT 值对应的 ELFEXT 值若大于 70.0dB 则仅供参考。

② ELFEXT 计算值大于 60.0dB 时均按 60.0dB 考虑。

③ ELFEXT 计算值大于 65.0dB 时均按 65.0dB 考虑。

表 7-34　永久链路等电平远端串音建议值

频率/MHz	最小 ELFEXT/dB		
	D	E	F
1	58.6	64.2	65.0
16	34.5	40.1	59.3
100	18.6	24.2	46.0
250	—	16.2	39.2
600	—	—	32.6

⑧ 等电平远端串音功率和(PS ELFEXT)。

布线系统永久链路或 CP 链路每一线对的 PS ELFEXT 值应符合表 7-35 的规定,并可参考表 7-36 所列的关键频率建议值。

表 7-35　永久链路或 CP 链 PS ELFEXT 值

级　别	频率/MHz	最小 PS ELFEXT/dB[①]
D	$1 \leqslant f \leqslant 100$	$-20 \lg [10^{\frac{60.8-20\lg(f)}{-20}} + n \times 10^{\frac{72.1-20\lg(f)}{-20}}]$[②]
E	$1 \leqslant f \leqslant 250$	$-20 \lg [10^{\frac{64.8-20\lg(f)}{-20}} + n \times 10^{\frac{80.1-20\lg(f)}{-20}}]$[③]
F	$1 \leqslant f \leqslant 600$	$-20 \lg [10^{\frac{91-20\lg(f)}{-20}} + n \times 10^{\frac{87-15\lg(f)}{-20}}]$[③]

注:n——当 $n=2$ 时表示对于不包含 CP 点的永久链路的测试或仅测试 CP 链路。

　　　当 $n=3$ 时表示对于包含 CP 点的永久链路的测试。

① 与测量的远端串音 FEXT 值对应的 PS ELFEXT 值若大于 70.0dB 则仅供参考。

② PS ELFEXT 计算值大于 57.0dB 时均按 57.0dB 考虑。

③ PS ELFEXT 计算值大于 62.0dB 时均按 62.0dB 考虑。

表 7-36　永久链路 PS ELFEXT 建议值

频率/MHz	最小 PS ELFEXT/dB		
	D	E	F
1	55.6	61.2	62.0
16	31.5	37.1	56.3
100	15.6	21.2	43.0
250	—	13.2	36.2
600	—	—	29.6

⑨ 直流(DC)环路电阻。

布线系统永久链路或 CP 链路每一线对的直流环路电阻应符合表 7-37 的规定,并可参考表 7-38 所列的建议值。

表 7-37　永久链路或 CP 链路直流环路电阻值

级　别	最大直流环路电阻/Ω
A	530
B	140
C	34
D	$(L/100) \times 22 + n \times 0.4$
E	$(L/100) \times 22 + n \times 0.4$
F	$(L/100) \times 22 + n \times 0.4$

注:$L = L_{FC} + L_{CP} Y$

式中　L_{FC}——固定电缆长度(m);

　　　L_{CP}——CP 电缆长度(m);

　　　Y——CP 电缆衰减(dB/m)与固定水平电缆衰减(dB/m)比值;

　　　n——当 $n=2$ 时表示对于不包含 CP 点的永久链路的测试或仅测试 CP 链路;

　　　　　当 $n=3$ 时表示对于包含 CP 点的永久链路的测试。

表 7-38　永久链路直流环路电阻建议值

最大直流环路电阻/Ω					
A 级	B 级	C 级	D 级	E 级	F 级
530	140	34	21	21	21

⑩ 传播时延。

布线系统永久链路或 CP 链路每一线对的传播时延值应符合表 7-39 的规定,并可参考表 7-40 所列的关键频率建议值。

表 7-39　永久链路或 CP 链路传播时延值

级　　别	频率/MHz	最大传播时延/μs
A	$f=0.1$	19.400
B	$0.1 \leqslant f \leqslant 1$	4.400
C	$1 \leqslant f \leqslant 16$	$\left(\frac{L}{100}\right) \times \left(0.534 + \frac{0.036}{\sqrt{f}}\right) + n \times 0.0025$
D	$1 \leqslant f \leqslant 100$	$\left(\frac{L}{100}\right) \times \left(0.534 + \frac{0.036}{\sqrt{f}}\right) + n \times 0.0025$
E	$1 \leqslant f \leqslant 250$	$\left(\frac{L}{100}\right) \times \left(0.534 + \frac{0.036}{\sqrt{f}}\right) + n \times 0.0025$
F	$1 \leqslant f \leqslant 600$	$\left(\frac{L}{100}\right) \times \left(0.534 + \frac{0.036}{\sqrt{f}}\right) + n \times 0.0025$

注:$L = L_{FC} + L_{CP}$
式中　L_{FC}——固定电缆长度(m);
　　　L_{CP}——CP 电缆长度(m);
　　　n——当 $n=2$ 时表示对于不包含 CP 点的永久链路的测试或仅测试 CP 链路;
　　　　当 $n=3$ 时表示对于包含 CP 点的永久链路的测试。

表 7-40　永久链路传播时延建议值

频率/MHz	最大传播时延/μs					
	A	B	C	D	E	F
0.1	19.400	4.400	—	—	—	—
1		4.400	0.521	0.521	0.521	0.521
16	—	—	0.496	0.496	0.496	0.496
100	—	—		0.491	0.491	0.491
250	—	—			0.490	0.490
600						0.489

⑪ 传播时延偏差。

布线系统永久链路或 CP 链路所有线对间的传播时延偏差应符合表 7-41 的规定,并可参考表 7-42 所列的建议值。

表 7-41　永久链路或 CP 链路传播时延偏差

级　别	最大直流环路电阻/Ω
A	—
B	—
C	$(L/100)\times0.045+n\times0.00125$
D	$(L/100)\times0.045+n\times0.00125$
E	$(L/100)\times0.045+n\times0.00125$
F	$(L/100)\times0.045+n\times0.00125$

注:$L=L_{FC}+L_{CP}$

式中　L_{FC}——固定电缆长度(m);

　　　L_{CP}——CP 电缆长度(m);

　　　n——当 $n=2$ 时表示对于不包含 CP 点的永久链路的测试或仅测试 CP 链路;

　　　当 $n=3$ 时表示对于包含 CP 点的永久链路的测试。

表 7-42　永久链路传播时延偏差建议值

级　别	频率/MHz	最大传播时延/μs
A	$f=0.1$	—
B	$0.1\leqslant f\leqslant1$	—
C	$1\leqslant f\leqslant16$	0.044[①]
D	$1\leqslant f\leqslant100$	0.044[①]
E	$1\leqslant f\leqslant250$	0.044[①]
F	$1\leqslant f\leqslant600$	0.026[②]

注:① 0.044 为 $0.9\times0.045+3\times0.00125$ 计算结果。

② 0.026 为 $0.9\times0.025+3\times0.00125$ 计算结果。

6) 所有电缆的链路和信道测试结果应有记录,记录在管理系统中并纳入文档管理。

2. 光纤链路测试方法

1) 测试前应对所有的光连接器件进行清洗,并将测试接收器校准至零位。

2) 测试应包括以下内容:

① 在施工前进行器材检验时,一般检查光纤的连通性,必要时宜采用光纤损耗测试仪(稳定光源和光功率计组合)对光纤链路的插入损耗和光纤长度进行测试。

② 对光纤链路(包括光纤、连接器件和熔接点)的衰减进行测试,同时测试光跳线的衰减值可作为设备连接光缆的衰减参考值,整个光纤信道的衰减值应

符合设计要求。

3)测试应按图 7-7 进行连接。

① 在两端对光纤逐根进行双向(收与发)测试,连接方式见图 7-7。

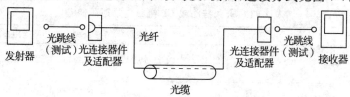

图 7-7　光纤链路测试连接(单芯)

注:光连接器件可以为工作区 TO、电信间 FD、设备间 BD、CD 的 SC、ST、SFF 连接器件。

② 光缆可以为水平光缆、建筑物主干光缆和建筑群主干光缆。

③ 光纤链路中不包括光跳线在内。

4)布线系统所采用光纤的性能指标及光纤信道指标应符合设计要求。不同类型的光缆在标称的波长,每公里的最大衰减值应符合表 7-43 的规定。

表 7-43　光缆衰减

最大光缆衰减/(dB/km)				
项目	OM1,OM2 及 OM3 多模		OS1 单模	
波长	850mm	1300mm	1310mm	1550mm
衰减	3.5	1.5	1.0	1.0

5)光缆布线信道在规定的传输窗口测量出的最大光衰减(介入损耗)应不超过表 7-44 的规定,该指标已包括接头与连接插座的衰减在内。

表 7-44　光缆信道衰减范围

级别	最大信道衰减/dB			
	单模		多模	
	1310mm	1550mm	850mm	1300mm
OF—300	1.80	1.80	2.55	1.95
OF—500	2.00	2.00	3.25	2.25
OF—2000	3.50	3.50	8.50	4.50

注:每个连接处的衰减值最大为 1.5dB。

6)光纤链路的插入损耗极限值可用以下公式计算(表 7-45):

$$光纤链路损耗=光纤损耗+连接器件损耗+光纤连接点损耗 \quad (7-5)$$

$$光纤损耗=光纤损耗系数(dB/km)×光纤长度(m) \quad (7-6)$$

$$连接器件损耗=连接器件损耗/个×连接器件个数 \quad (7-7)$$

$$光纤连接点损耗＝光纤连接点损耗/个×光纤连接点个数 \qquad (7\text{-}8)$$

表 7-45 光纤链路损耗参考值

种类	工作波长/mm	衰减系数(dB/km)
多模光纤	850	3.5
多模光纤	1300	1.5
单模室外光纤	1310	0.5
单模室外光纤	1550	0.5
单模室内光纤	1310	1.0
单模室内光纤	1550	1.0
连接器件衰减	0.75dB	
光纤连接点衰减	0.3dB	

7）所有光纤链路测试结果应有记录，记录在管理系统中并纳入文档管理。

第二节　信息网络系统

本节导读

本节主要介绍信息网络系统，内容包括工程实施及质量控制、计算机网络系统检测、应用软件检测以及网络安全系统检测等。其内容关系如图 7-8 所示。

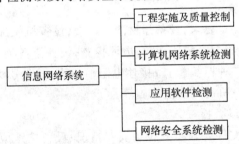

图 7-8　本节内容关系图

业务要点 1：工程实施及质量控制

1）信息网络系统工程实施前应具备下列条件：

① 综合布线系统施工完毕，已通过系统检测并具备竣工验收的条件。

综合布线系统是计算机网络的基础，也是实施信息网络系统的必备条件之一。信息网络系统工程的质量和综合布线系统施工质量有着直接的关系，为了区分责任，有必要在实施信息网络系统之前完成综合布线系统的施工，通过系统检测,并具备竣工验收的条件。

② 设备机房施工完毕,机房环境、电源及接地安装已完成,具备安装条件。

设备机房是信息网络系统实施的第二个必备条件。机房环境、电源及接地必须安装完成之后,信息网络系统的相关设备才可以有一个安全稳定的安装、调试和运行环境。

应做好开工准备条件,条件不具备时,应采取有效措施予以解决。条件不具备不应开工。

2) 信息网络系统的设备、材料进场验收要求除遵照《智能建筑工程质量验收规范》GB 50339 中第 3.3.4 条和第 3.3.5 条的规定执行外还应进行:

① 有序号的设备必须登记设备的序列号。

② 网络设备开箱后通电自检,查看设备状态指示灯的显示是否正常,检查设备启动是否正常。

③ 计算机系统、网管工作站、UPS 电源、服务器、数据存储设备、路由器、防火墙、交换机等产品按《智能建筑工程质量验收规范》GB 50339 中第 3.2 节的规定执行。

3) 网络设备应安装整齐、固定牢固、便于维护和管理;高端设备的信息模块和相关部件应正确安装,空余槽位安装空板;设备上的标签应标明设备的名称和网络地址;跳线连接应稳固,走向清楚明确,线缆上应正确标签。

4) 信息网络系统的随工检查内容应包括:

① 安装质量检查。

机房环境是否满足要求;设备器材清点检查;设备机柜加固检查;设备模块配置检查;设备间及机架内缆线存放;电源检查;设备至各类配线设备间缆线存放;缆线导通检查;各种标签检查;接地电阻值检查;接地引入线及接地装置检查;机房内防火措施;机房内安全措施等。

② 通电测试前设备检查。

按施工图设计文件要求检查设备安装情况;设备接地应良好;供电电源电压及极性符合要求。

③ 设备通电测试。

设备供电正常;报警指示工作正常;设备通电后工作正常及故障检查。

5) 信息网络系统在安装、调试完成后,应进行不少于 1 个月的试运行,有关系统自检和试运行应符合《智能建筑工程质量验收规范》GB 50339 中第 3.3.8 条和第 3.3.9 条的要求。

业务要点 2:计算机网络系统检测

1) 计算机网络系统的检测应包括连通性检测、路由检测、容错功能检测、网络管理功能检测。

2) 连通性是计算机网络的最基本的要求。连通性包括三个方面:网管工作站和网络设备的连通性、各个子网之间的连通性、局域网和公用网(如因特网)的连通性。连通性检测方法可采用相关测试命令进行测试,或根据设计要求使用网络测试仪测试网络的连通性。

3) 连通性检测应符合以下要求:

① 根据网络设备的连通图,网管工作站应能够和任何一台网络设备通信。

② 各子网(虚拟专网)内用户之间的通信功能检测:根据网络配置方案要求,允许通信的计算机之间可以进行资源共享和信息交换,不允许通信的计算机之间无法通信;并保证网络节点符合设计规定的通讯协议和适用标准。

③ 根据配置方案的要求,检测局域网内的用户与公用网之间的通信能力。

4) 路由检测。对计算机网络进行路由检测,路由检测方法可采用相关测试命令进行测试,或根据设计要求使用网络测试仪测试网络路由设置的正确性。

5) 容错功能检测。容错功能的检测方法应采用人为设置网络故障,检测系统正确判断故障及故障排除后系统自动恢复的功能;切换时间应符合设计要求。检测内容应包括以下两个方面:

① 对具备容错能力的网络系统,应具有错误恢复和故障隔离功能,主要部件应冗余设置,并在出现故障时可自动切换。

② 对有链路冗余配置的网络系统,当其中的某条链路断开或有故障发生时,整个系统仍应保持正常工作,并在故障恢复后应能自动切换回主系统运行。

6) 网络管理功能检测应符合下列要求:

① 网管系统应能够搜索到整个网络系统的拓扑结构图和网络设备连接图。

② 网络系统应具备自诊断功能,当某台网络设备或线路发生故障后,网管系统应能够及时报警和定位故障点。

③ 应能够对网络设备进行远程配置和网络性能检测,提供网络节点的流量、广播率和错误率等参数。

✪ 业务要点 3:应用软件检测

1) 智能建筑的应用软件应包括智能建筑办公自动化软件、物业管理软件和智能化系统集成等应用软件系统。应用软件的检测应从其涵盖的基本功能、界面操作的标准性、系统可扩展性和管理功能等方面进行检测,并根据设计要求检测其行业应用功能。满足设计要求时为合格,否则为不合格。不合格的软件修改后必须通过回归测试。

2) 应先对软硬件配置进行核对,确认无误后方可进行系统检测。

3) 软件产品质量检查应按照《智能建筑工程质量验收规范》GB 50339 第

3.2.6条的规定执行。应采用系统的实际数据和实际应用案例进行测试。

4）应用软件检测时,被测软件的功能、性能确认宜采用黑盒法进行。

黑盒法是软件测试的基本方法之一。黑盒测试也称功能测试或数据驱动测试,它在已知产品应具有的功能的条件下,通过测试来检测每个功能是否都能正常使用。在测试时,把程序看作一个不能打开的黑盒子,在完全不考虑程序内部结构和内部特性的情况下,测试者在程序接口进行测试,它只检查程序功能是否按照需求规格说明书的规定正常使用,程序是否能适当地接收输入数据而产生正确的输出信息,并且保持外部信息(如数据库或文件)的完整性。

黑盒法测试有通过测试和失败测试两种基本方法,应按照规范和设计要求来实施。全部符合规范和设计要求则判为合格。

主要测试内容应包括:

① 功能测试。在规定的时间内运行软件系统的所有功能,以验证系统是否符合功能需求。

② 性能测试。检查软件是否满足设计文件中规定的性能,应对软件的响应时间、吞吐量、辅助存储区、处理精度进行检测。

③ 文档测试。检测用户文档的清晰性和准确性,用户文档中所列应用案例必须全部测试。

④ 可靠性测试。对比软件测试报告中可靠性的评价与实际试运行中出现的问题,进行可靠性验证。

⑤ 互连测试。应验证两个或多个不同系统之间的互连性。

⑥ 回归测试。软件修改后,应经回归测试验证是否因修改引出新的错误,即验证修改后的软件是否仍能满足系统的设计要求。

5）应用软件的操作命令界面应为标准图形交互界面,要求风格统一、层次简洁,操作命令的命名不得具有二义性。

6）应用软件应具有可扩展性,系统应预留可升级空间以供纳入新功能,宜采用能适应最新版本的信息平台,并能适应信息系统管理功能的变动。

业务要点4:网络安全系统检测

1）网络安全系统宜从物理层安全、网络层安全、系统层安全、应用层安全等四个方面进行检测,以保证信息的保密性、真实性、完整性、可控性和可用性等信息安全性能符合设计要求。

① 物理层安全。包括对于信息网络运行的物理环境(如机房、配线间等)的控制和管理,也包括防范因物理介质、信号辐射等导致的安全风险。

② 网络层安全。主要是保证网络通信的稳定和可靠,并在网络层进行访问控制和安全检查,抵御在网络层的攻击和破坏。网络层安全包括防攻击、因特

网（Internet）访问控制和访问管理、安全隔离等内容。涉及安全网络拓扑、防火墙、入侵检测系统、内容过滤等技术或产品。

③ 系统层安全。主要对各种网络设备、服务器、桌面主机等进行保护，保证操作系统和网络服务平台的安全，防范通过系统攻击对数据造成的破坏。

④ 应用层安全。主要解决各种网络应用系统的安全。

网络安全涉及计算机网络系统、应用软件的各个层面和所有的组成部分，以及使用信息网络系统的所有用户，以及安放信息网络系统的物理设施、所处的物理环境等因素，是一个范围非常广、涉及技术也很多的系统，必须进行层次化管理才能理清概念、分清主次和建立合理步骤来不断加强网络安全建设。

2）计算机信息系统安全专用产品必须具有公安部计算机管理监察部门审批颁发的"计算机信息系统安全专用产品销售许可证"；特殊行业有其他规定时，还应遵守行业的相关规定。

3）如果与因特网连接，智能建筑网络安全系统必须安装防火墙和防病毒系统。

① 防火墙是在网络中不同网段之间实现边界安全的网络安全设备，主要功能是在网络层控制某一网段对另一网段的访问。一般用在局域网和互联网之间，或局域网内部重要网段和其他网段之间。

a. 非军事化区。简称 DMZ。在网络结构中，处于安全内网和不安全外网之间的一个网段，它可以同时被内网和外网访问到，主要提供一些对内对外公开的服务，如主页（WWW）、电子邮件（E-mail）、文件传输服务（FTP）和代理服务（Proxy）。

b. 安全内网。在网络结构中的一个受到重点保护的子网，一般是内部办公网络和内部办公服务器或监控系统，此子网禁止来自外网的任何访问，但可以接受来自非军事化区的访问。

c. 所有对外提供服务的服务器只能放在非军事化区，不得放在内网；数据库服务器和其他不对外服务的服务器应放置在内网。

d. 配置防火墙之后，应满足以下要求：

（a）从外网能够且只能够访问到非军事化区内指定服务器的指定服务。

（b）未经授权，从外网不允许访问到内网的任何主机和服务。

（c）从非军事化区可以根据需要访问内网的指定服务器上的指定服务。

（d）从非军事化区可以根据需要访问外网的指定服务。

（e）从内网可以根据需要访问非军事化区的指定服务器上的指定服务。

（f）从内网可以根据需要访问外网的指定服务。

（g）防火墙的配置必须针对某个主机、网段、某种服务。

（h）防火墙的配置必须能够防范 IP 地址欺骗等行为。

(i) 防火墙的配置必须是可以调整的。

(j) 配置防火墙后,必须能够隐藏内部网络结构,包括内部 IP 地址分配。

② 网络环境下病毒的防范分以下层次,用户可根据自己的实际情况进行选择配置:

a. 配置网关型防病毒服务器的防病毒软件,对进出信息网络系统的数据包进行病毒检测和清除;网关型防病毒服务器应尽可能与防火墙统一管理。

b. 配置专门保护邮件服务器的防病毒软件,防止通过邮件正文、邮件附件传播病毒。

c. 配置保护重要服务器的防病毒软件,防止病毒通过服务器访问传播。

d. 对每台主机进行保护,防止病毒通过单机访问(如使用带毒光盘、软盘等)进行传播。

③ 入侵检测系统应该具备以下特性:

a. 必须具备丰富的攻击方法库,能够检测到当前主要的黑客攻击。

b. 软件厂商必须定期提供更新的攻击方法库,以检测最新出现的黑客攻击方法。

c. 必须能够在入侵行为发生之后,及时检测出黑客攻击并进行处理。

d. 必须提供包括弹出对话窗口、发送电子邮件、寻呼等在内的多种报警手段。

e. 发现入侵行为之后,必须能够及时阻断这种入侵行为,并进行记录。

f. 不允许占用过多的网络资源,系统启动后,网络速度和不启动时不应有明显区别。

g. 应尽可能与防火墙设备统一管理、统一配置。

④ 内容过滤系统应具备以下特征:

a. 具有科学、全面和及时升级的因特网网址(URL)分类数据库。

b. 具有和防火墙结合进行访问控制的功能。

c. 具有全面的访问管理手段。

4) 网络层安全的安全性检测应符合以下要求:

① 防攻击。信息网络应能抵御来自防火墙以外的网络攻击,使用流行的攻击手段进行模拟攻击,不能攻破判为合格。

② 因特网访问控制。信息网络应根据需求控制内部终端机的因特网连接请求和内容,使用终端机用不同身份访问因特网的不同资源,符合设计要求判为合格。

③ 信息网络与控制网络的安全隔离。测试方法应按《智能建筑工程质量验收规范》GB 50339 第 5.3.2 条的要求,保证做到未经授权,从信息网络不能进入控制网络;符合此要求者判为合格。

④ 防病毒系统的有效性。将含有当前已知流行病毒的文件(病毒样本)通过文件传输、邮件附件、网上邻居等方式向各点传播,各点的防病毒软件应能正确地检测到该含病毒文件,并执行杀毒操作;符合本要求者判为合格。

⑤ 入侵检测系统的有效性。如果安装了入侵检测系统,使用流行的攻击手段进行模拟攻击(如 DOS 拒绝服务攻击),这些攻击应被入侵检测系统发现和阻断;符合此要求者判为合格。

⑥ 内容过滤系统的有效性。如果安装了内容过滤系统,则尝试访问若干受限网址或者访问受限内容,这些尝试应该被阻断;然后,访问若干未受限的网址或者内容,应该可以正常访问;符合此要求者为合格。

5) 系统层安全应满足以下要求:

① 操作系统应选用经过实践检验的具有一定安全强度的操作系统。

② 使用安全性较高的文件系统。

③ 严格管理操作系统的用户账号,要求用户必须使用满足安全要求的口令。

④ 服务器应只提供必须的服务,其他无关的服务应关闭,对可能存在漏洞的服务或操作系统,应更换或者升级相应的补丁程序;扫描服务器,无漏洞者为合格。

⑤ 认真设置并正确利用审计系统,对一些非法的侵入尝试必须有记录;模拟非法尝试,审计日志中有正确记录者判为合格。

6) 应用层安全应符合下列要求:

① 身份认证。用户口令应该加密传输,或者禁止在网络上传输;严格管理用户账号,要求用户必须使用满足安全要求的口令。

② 访问控制。必须在身份认证的基础上根据用户及资源对象实施访问控制;用户能正确访问其获得授权的对象资源,同时不能访问未获得授权的资源,符合此要求者判为合格。

7) 物理层安全应符合下列要求:

① 中心机房的电源与接地及环境要求应符合《智能建筑工程质量验收规范》GB 50339 第 11 章、第 12 章的规定。

② 对于涉及国家秘密的党政机关、企事业单位的信息网络工程,应按《涉密信息设备使用现场的电磁泄漏发射防护要求》BMB 5—2000、《涉及国家秘密的计算机信息系统保密技术要求》BMZ 1—2000 和《涉及国家秘密的计算机信息系统安全保密评测指南》BMZ 3—2000 等国家现行标准的相关规定进行检测和验收。

8) 应用软件要具备身份认证、访问控制机制,同时应考虑完整性、保密性和安全审计。

① 完整性。数据在存储、使用和网络传输过程中,不得被篡改、破坏。

② 保密性。数据在存储、使用和网络传输过程中,不应被非法用户获得。

③ 安全审计。对应用系统的访问,应有必要的审计记录。

应用层安全的检测有以下三种方法:

① 使用应用开发平台,如数据库服务器、WEB 服务器、操作系统等提供的各种安全服务。

② 使用开发商在开发应用系统时提供的各种安全服务。

③ 使用第三方应用安全平台提供的各种安全服务。

第三节　建筑设备监控系统

本节导读

本节主要介绍建筑设备监控系统,内容包括空调与通风系统、变配电系统、公共照明系统、给水排水系统、热源和热交换系统、冷冻和冷却水系统以及电梯和自动扶梯系统等。其内容关系如图 7-9 所示。

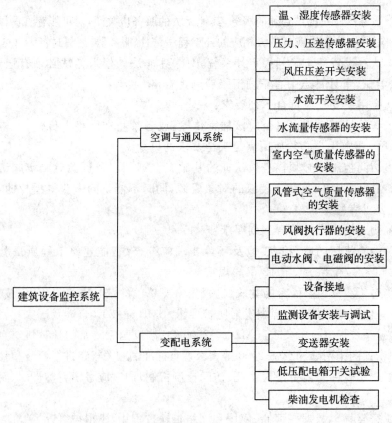

图 7-9　本节内容关系图

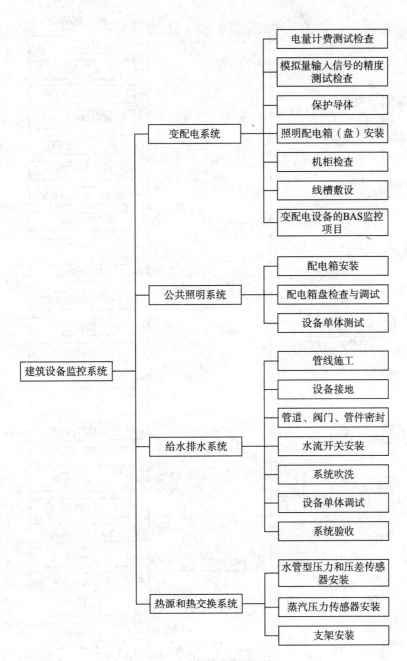

图 7-9 本节内容关系图(续)

图 7-9　本节内容关系图（续）

业务要点 1：空调与通风系统

1. 温、湿度传感器安装

1）室内温湿度传感器的安装位置宜距门、窗和出风口大于 2m；在同一区域内安装的室内温湿度传感器，距地高度应一致，高度差不应大于 10mm。

2）室外温湿度传感器应有防风、防雨措施。

3）室内、外温湿度传感器不应安装在阳光直射的地方，应远离有较强振动、电磁干扰、潮湿的区域。

4）风管型温湿度传感器应安装在风速平稳的直管段的下半部。

5）水管温度传感器的安装应符合下列规定：

① 应与管道相互垂直安装，轴线应与管道轴线垂直相交。

② 温段小于管道口径的 1/2 时，应安装在管道的侧面或底部。

2. 压力、压差传感器安装

1）风管型压力传感器应安装在管道的上半部，并应在温、湿度传感器测温点的上游管段。

2）水管型压力与压差传感器应安装在温度传感器的管道位置的上游管段，取压段小于管道口径的 2/3 时，应安装在管道的侧面或底部。

3. 风压压差开关安装

1）安装完毕后应做密闭处理。

2）安装高度不宜小于 0.5m。

4. 水流开关安装

水流开关应垂直安装在水平管段上。水流开关上标识的箭头方向应与水流方向一致，水流叶片的长度应大于管径的 1/2。

5. 水流量传感器的安装

1）水管流量传感器的安装位置距阀门、管道缩径、弯管距离不应小于 10 倍的管道内径。

2）水管流量传感器应安装在测压点上游并距测压点 3.5～5.5 倍管内径的位置。

3）水管流量传感器应安装在温度传感器测温点的上游，距温度传感器 6～8 倍管径的位置。

4）流量传感器信号的传输线宜采用屏蔽和带有绝缘护套的线缆，线缆的屏蔽层宜在现场控制器侧一点接地。

6. 室内空气质量传感器的安装

1）探测气体比重轻的空气质量传感器应安装在房间的上部，安装高度不宜小于 1.8m。

2)探测气体比重重的空气质量传感器应安装在房间的下部,安装高度不宜大于 1.2m。

7. 风管式空气质量传感器的安装

1)风管式空气质量传感器应安装在风管管道的水平直管段。

2)探测气体比重轻的空气质量传感器应安装在风管的上部。

3)探测气体比重重的空气质量传感器应安装在风管的下部。

8. 风阀执行器的安装

1)风阀执行器与风阀轴的连接应固定牢固。

2)风阀的机械机构开闭应灵活,且不应有松动或卡涩现象。

3)风阀执行器不能直接与风口挡板轴相连接时,可通过附件与挡板轴相连,但其附件装置应保证风阀执行器旋转角度的调整范围。

4)风阀执行器的输出力矩应与风阀所需的力矩相匹配,并应符合设计要求。

5)风阀执行器的开闭指示位应与风阀实际状况一致,风阀执行器宜面向便于观察的位置。

9. 电动水阀、电磁阀的安装

1)阀体上箭头的指向应与水流方向一致,并应垂直安装于水平管道上。

2)阀门执行机构应安装牢固、传动应灵活,且不应有松动或卡涩现象;阀门应处于便于操作的位置。

3)有阀位指示装置的阀门,其阀位指示装置应面向便于观察的位置。

◎ 业务要点 2:变配电系统

1. 设备接地

电量变送柜或开关柜外壳及其有金属管的外接管应有接地跨接线,外壳应有良好的接地,满足设计及有关规范要求。

2. 监测设备安装与调试

相应监测设备的 CT、PT 输出端通过电缆接入电量变送器柜,必须按设计和产品说明书提供的接线图接线,并检查其量程是否匹配(包括输入阻抗、电压、电流的量程范围),再将其对应的输出端接入 DDC 相应的监测端,并检查量程是否匹配。

3. 变送器安装

1)常用的电量变送器有电压变送器、电流变送器、频率变送器、有功功率变送器、功率因数变送器和有功电量变送器。安装在监测设备(高、低压开关柜)内或者设置一个单独的电量变送器柜,将全部的变送器放在该柜内。因此这种柜外壳及其有金属管的外接管应有接地跨接线,外壳应有良好的接地,满足设计及有关规范要求。

2)变送器接线时,严禁其电压输入端短路和电流输入端开路。通电前必须检查是否通断。

3）必须检查变送器输入、输出端的范围，与设计和 DDC 所要求的信号是否相符。

4. 柴油发电机检查

1）检查柴油发电机单机运行工况正确，并严禁其输出电压接入正常的供配电回路的情况下，进行柴油发电机模拟测试。

2）模拟启动柴油发电机组的起动控制程序，按设计和监控点表的要求确认相应开关设备动作和运行工况正常。

5. 电量计费测试检查

按系统设计的要求，启动电量计费测试程序，检查其输出打印报告的数据，与用计算方法或用常规电能计量仪表得到的数据进行比较，其测试数据应满足设计和计量要求。

6. 模拟量输入信号的精度测试检查

在变送器输出端测量其输出信号的数值，通过计算与主机 CRT 上显示数值进行比较，其误差应满足设计和产品的技术要求。

7. 机柜检查

1）控制开关及保护装置规格、型号符合设计要求。

2）闭锁装置动作准确、可靠。

3）主开关的辅助开关切换动作与主开关动作一致。

4）柜、屏、台、箱、盘上的标识器件表明被控设备编号及名称，或操作位置；接线端子有编号，且清晰、工整、不易脱色。

5）回路中的电子元器件不应参加交流工频耐压试验，48V 及以下回路可不做交流工频耐压试验。

8. 变配电设备的 BAS 监控项目

变配电设备的 BAS 监控项目必须全部测试检查，必须全部符合设计要求。

业务要点 3：公共照明系统

1. 配电箱盘检查与调试

1）将柜内工具、杂物等清理出柜，并将柜体内外清扫干净。

2）电器元件各紧固螺丝牢固，刀开关、空气开关等操作机构应灵活自如，不应出现卡滞或操作力用过大现象。

3）开关电器的通断应可靠，接触面接触良好，辅助接点通断准确可靠。

4）母线连接应良好，其附件、安装件及绝缘支撑件应安装牢固可靠。

5）电工指示仪表与互感器的变比，极性应连接正确可靠。

6）熔断器的熔芯规格选用是否正确，继电器的整定值是否符合设计要求，动作是否准确可靠。

7)绝缘电阻摇测,测量母线线间和对地电阻,测量二次结线间和对地电阻,应符合现行国家施工验收规范的规定。在测量二次回路电阻时,不应损坏其他半导体元件,摇测绝缘电阻时应将其断开。绝缘电阻摇测时应做记录。

2. 设备单体测试

1)按设计图纸和通信接口的要求,检查强电柜与 DDC 通信方式的接线是否正确,数据通信协议、格式、速率、传输方式应符合设计要求。

2)系统监控点的测试检查。根据设计图纸和系统监控点表的要求,按有关规定的方式逐点进行测试。确认受 BAS 控制的照明配电箱设备运行正常情况下,启动顺序、照度或时间控制程序,按照明系统设计和监控要求,按顺序、时间程序或分区方式进行测试。

业务要点 4:给水排水系统

1. 水流开关安装

1)水流开关不应安装在焊缝处,或在焊缝边缘上开孔及焊接处安装。

2)水流开关应安装在水平管段上,不应安装在垂直管段上,并应处于方便调试、维修的地方。

2. 设备单体调试

1)按设计监控要求,检查各类水泵的电气控制柜与 DDC 之间的接线是否正确,严防强电串入 DDC。

2)检查各类受控传感器(温度传感器、水位传感器、水量传感器)或水位开关,安装应符合规范要求,接线应正确。

3)检查各类水泵等受控设备,在手动控制状态下应运行正常。

4)按规定的要求检测设备 AO、AI、DO、DI 点,确认其满足设计监控点和联动联锁的要求。

3. 系统验收

(1)验收应具备的条件。

1)必须具备各种设计技术文件文档和资料。

2)必须提供工程质量隐蔽工程验收资料、工程施工记录和单体设备的调试记录、系统调试报告和运行记录与报告。

(2)对现场单体设备进行安装质量和性能抽查。

1)传感器抽验率为 5%,小于 10 台的 100%抽查。

2)执行器抽检率为 5%,小于 10 台的 100%抽查。

3)DDC 抽检率为 5%,小于 10 台的 100%抽查。

(3)系统联动功能测试验收。本系统与其他子系统联动,应按设计要求对各类监控点进行测试,应满足设计功能要求或系统集成的要求,尤其是实时性能测试和可靠性测试。

业务要点5:热源和热交换系统

1. 水管型压力和压差传感器安装

1)水管型压力和压差传感器的取压段大于管道口径的2/3时,可安装在管道顶部;当取压段小于管道口径的2/3时,应安装在管道的底部或侧面。

2)安装位置应选在水流流速稳定的地方,不宜选在阀门等阻力部件的附近和水流束呈死角处以及振动较大的地方。

3)高压水管传感器应装在进水管侧,低压水管应装在回水管侧。

4)应安装在温、湿度传感器的上游侧。

2. 蒸汽压力传感器安装

1)蒸汽压力传感器,应安装在管道顶部或下半部与工艺管道水平中心线呈45°夹角的范围内。

2)安装位置应选在蒸汽压力稳定的地方,不宜选在阀门等阻力部件的附近或蒸汽流动呈死角处以及振动较大的地方。

3)也应安装在温、湿度传感器的上游侧。

3. 支架安装

明装支架不得半明半暗,管架、卡子螺栓不允许以小代大,以次充好;支架安装应机械开孔,不准使用气焊割孔或电焊扩孔。支架、木砖和托架要求与器具接触紧密。

业务要点6:冷冻和冷却水系统

1. 模拟量测试

1)按设计要求和设备说明书确认其有源或无源的模拟量输入输出的类型、量程(容量)与设定值(设计值)。

2)用程序方式或手控方式对全部的AI/AO测试点进行扫描测试,记录各测点的数值,并观察受控设备的工作状态和运行情况,并注意与实际情况是否一致。

3)使用程序和手动方式测试其每一测试点,在其量程范围内读取3个测点(全量程的10%,50%,90%),其测试精度应达到该设备使用说明书规定的要求。

2. 数字量测试

1)信号电平的检查。按设计要求和设备说明书,确认其逻辑值与干接点输入相对应。或其输出的电压、电流范围和允许工作容量与继电器开关量的输出ON/OFF相对应。电压输入/输出或电流输入/输出的信号/开关特性必须符合设备使用书和设计要求。脉冲或累加信号按设备说明书和设计要求,确认其发生脉冲数与接收脉冲数一致,并符合设备说明书规定的最小频率、最小峰值电压、最小脉冲宽度;最大频率、最大脉冲宽度、最大峰值电压。

2) 用程序方式或手动方式对全部测试点进行测试并记录,观察受控设备的电气控制开关工作状态是否正常或受控设备运行是否正常。

3) 按工程规定的功能进行检查,应符合要求。如按设计要求进行三态(快、慢、停)和间歇控制(1s,5s,10s)的检查;又如数字量信号输入、报警、正常、线路开路、线路短路等的检查。

3. 冷源设备检查

1) 检查冷冻和冷却系统的控制柜的全部电气元器件有无损坏,内部与外部接线是否正确无误,或提供生产出厂合格证。严防强电电源串入 DDC,交流强电地与直流弱电地应分开。

2) 按监控点表要求检查冷冻和冷却系统的温、湿度传感器、风阀、电动阀、压差开关等设备的位置、接线是否正确。输入/输出信号类型、量程应和设置相一致。

3) 手动位置时,确认各单机在非 BA 系统受控状态下运行正常;确认 DDC 控制器和 I/O 模块的地址码设置正确。

4) 确认 DDC 送电并接通主电源开关,观察 DDC 控制器和各元件状态是否正常。

5) 按设计和产品技术说明书规定,在确认主机、冷却泵、冷水泵、风机、电动蝶阀等相关设备单独运行正常下,检查全部 AO、AI、DO、DI 是否应满足设计和监控点表的要求。然后,确认系统在关闭或启动自动控制两种情况下,各设备按设计和工艺要求顺序投入或退出运行两种方式均正确。

4. 运行投入

1) 增减空调机运行台数,增加其冷热负荷,检验平衡管流量的数值和方向;确认能启动或停止冷热机组的台数,以满足负荷需要。

2) 按设计和产品技术说明规定模拟冷却水温度的变化,确认冷却水温度旁通控制和冷却塔高、低速控制的功能,并检查旁通阀动作方向是否正确。

3) 模拟 1 台设备故障停运,或者整个机组停运,检验系统是否自动启动 1 个预定的机组投入运行。

业务要点 7:子系统通信接口

1. 信号匹配

1) 数据信息、各计算机设备之间数据传输速率及其格式。

2) 音频信号包括电话和广播信号。

3) 视频信号包括监视和电视用摄像机信号。

4) 控制与监视信号,即 AO、AI、DO、DI 及脉冲、逻辑信号等的量程,接点容量方面的匹配。

5）其他专业受楼宇自控系统集成控制各类设计的主要技术参数及所提供设备的主要技术参数之间的匹配。

2. 应用软件界面确认

1）各子系统之间应用软件界面。如 BMS 中 BA 系统可以具备 FA、SA 的二次监控功能，除了 BA 与 FA、SA 之间具备硬件接口外，BA 系统还应具备二次监控的软件。

2）系统和子系统的应用软件的接口界面软件，如各供应商（冷冻机、锅炉、供电设备）将其设备的遥测、遥控和运行信号通过硬件和标准接口的数据通信方式向外传输，则子系统应用软件必须有一套与此相适应的接口界面软件。

3）新老界面。为保护原有设备不受损失，子系统应具备二次软件开发的功能。

3. 系统通信检查

1）通信的可靠性检查：应有较强的检错与纠错能力，挂在网络上的任一装置的任何部分的故障，都不应导致整个系统的故障。

2）本系统与其他子系统采取通信方式连接，则按系统设计要求进行测试。

3）主机及其相应设备通电后，启动程序检查主机与本系统其他设备通信是否正常，确认系统内设备无故障。

4. 系统电磁兼容

检查电磁兼容问题（EMC 检查）。系统或设备在其电磁环境中能正常工作，且不对该环境中任何事物构成不能承受的电磁干扰的能力。这必须在接地、滤波、屏蔽等方面加强检查，有效解决电磁兼容问题。

5. 过电压保护

系统应有过电压保护措施，因为计算机通信网络接口和数字逻辑控制的电子设备对电源线的干扰与电压波动十分敏感。由于计算机内工作电压一般只有 5V，所以一旦干扰窜入电源，后果不敢设想。

业务要点 8：中央管理工作站与操作分站

1. 设备安装与连接

1）应垂直、平正、牢固，其垂直度允许偏差为每米 1.5mm；水平方向的倾斜度允许偏差为每米 1mm。

2）相邻设备顶部高度允许偏差为 2mm，相邻设备接缝处平面度允许偏差为 1mm。

3）相邻设备接缝的间隙，不超过 2mm；相邻设备连接超过五处时，平面度的最大允许偏差为 5mm。

4）按系统设计图检查主机、网络控制设备、打印机、UPS、HUB 集线器等设备之间的连接电缆型号,连接方式应正确,符合设计及产品设备的技术要求。

5）必须检查主机与 DDC 之间的通信线,且须有备用线。

2. 中央管理工作站的检测

中央管理工作站是对楼宇内各子系统的 DDC 站数据进行采集、控制、刷新和报警的中央处理装置。检测的项目如下:

1）在中央管理工作站上观察现场状态的变化,中央管理工作站屏幕上的状态数据是否不断被刷新。

2）通过中央管理工作站控制下属系统模拟输出量或数字输出量,观察现场执行机构或对象是否动作正确,有效及动作响应返回中央管理工作站的时间。

3）人为促使中央管理工作站失电,重新恢复送电后,中央监控站能否自动恢复全部监控管理功能。

4）人为在 DDC 站的输入侧制造故障时,观察在中央监控站屏幕是否有报警故障数据登陆,并发出声响提示及其响应时间。

5）检测中央管理工作站是否对进行操作的人员赋予操作权限,以确保 BA 系统的安全。应从非法操作、越权操作的拒绝,给予证实。

6）人机界面是否汉化,由中央监控站屏幕以画面查询并控制设备状态,观察设备运防过程是否直观操作方便,来证实界面的友好性。

7）检测中央管理工作站显示器和打印机是否能以报表图形及趋势图方式,提供所有或重要设备运行的时间、区域、状态和编号的信息。

8）检测中央管理工作站是否具有设备组的状态自诊断功能。

9）检测系统是否提供可进行系统设计、应用、建立图形的软件工具。

10）检测中央管理工作站所设的控制对象参数,现场所测得的对象参数是否与设计精度相符。

11）检测中央管理工作站显示各设备运行状态数据是否准确、完整。

3. 操作分站的检测

操作分站(DDC 站)是一个可以独立运行的(下位机)计算机监控系统,对现场各种变送器、传感器的过程信号不断进行采集、计算、控制、报警等,通过通信网络传送到(上位机)中央管理工作站的数据库,供中央管理工作站进行实时控制、显示、报警、打印等。

检测操作分站的项目如下:

1）人为制造中央管理工作站停机,观察各操作分站(DDC 站)能否正常工作。

2）人为制造操作分站（DDC 站）断电，重新恢复送电后，子系统能否自动恢复失电前设置的运行状态。

3）人为制造操作分站（DDC 站）与中央管理工作站通信网络中断，现场设备是否保持正常的自动运行状态，且中央管理工作站是否有 DDC 站高线故障报警信号登录。

4）检测操作分站（DDC 站）时钟是否与中央管理工作站时钟保持同步，以实现中央管理工作站对各类操作分站（DDC 站）进行监控。

第四节　火灾自动报警及消防联动系统

本节导读

本节主要介绍火灾自动报警及消防联动系统，内容包括火灾和可燃气体探测系统、火灾报警控制系统以及消防联动系统等。其内容关系如图 7-10 所示。

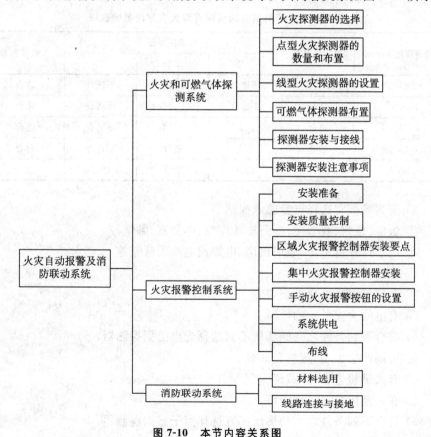

图 7-10　本节内容关系图

业务要点 1:火灾和可燃气体探测系统

1. 火灾探测器的选择

1) 火灾探测器的选择应符合下列要求:

① 对火灾初期有阻燃阶段,产生少量的热和大量的烟,很少或没有火焰辐射的场所,应选择感烟探测器。

② 对火灾发展迅速,或可产生大量热、烟和火焰辐射的场所,可选择感温探测器、感烟探测器、火焰探测器或其组合。

③ 对火灾发展迅速,或有强烈的火焰辐射和少量的烟、热的场所,应选择火焰探测器。

④ 对火灾形成特征不可预料的场所,可根据模拟试验的结果选择探测器。

⑤ 对生产、使用或聚集可燃气体或可燃液体蒸气的场所应选择可燃气体探测器。

2) 对不同高度的房间可按表 7-46 选择点型火灾探测器。

表 7-46 对不同高度的房间点型火灾探测器的选择

房间高度 h/mm	感烟探测器	感温探测器			火焰探测器
		一级	二级	三级	
$12<h\leqslant20$	不适合	不适合	不适合	不适合	适合
$8<h\leqslant12$	适合	不适合	不适合	不适合	适合
$6<h\leqslant8$	适合	适合	不适合	不适合	适合
$4<h\leqslant6$	适合	适合	适合	不适合	适合
$h\leqslant4$	适合	适合	适合	适合	适合

3) 下列场所宜选择点型感烟探测器:

① 饭店、旅馆、教学楼、办公楼的厅堂、办公室、卧室等。

② 电子计算机机房、通信机房、电影或电视放映室等。

③ 书库、档案库等。

④ 走道、楼梯、电梯机房等。

⑤ 有电气火灾危险的场所。

4) 符合下列条件之一的场所不宜选择光电感烟探测器:

① 可能产生黑烟、蒸汽和油雾。

② 有大量粉尘、水雾滞留。

③ 在正常情况下有烟滞留。

5) 符合下列条件之一的场所不宜选择离子感烟探测器:

① 相对湿度通常大于 95%。

② 气流速度大于 5m/s。

③ 有大量粉尘、水雾滞留。

④ 在正常情况下有烟滞留。

⑤ 可能产生腐蚀性气体。

⑥ 产生醇类、醚类、酮类等有机物质。

6）符合下列条件之一的场所宜选择感温探测器：

① 相对湿度通常大于 95%。

② 无烟火灾。

③ 有大量粉尘。

④ 在正常情况下有烟和蒸气滞留。

⑤ 厨房、锅炉房、发电机房、烘干车间和吸烟室等。

⑥ 其他不宜安装感烟探测器的厅堂和公共场所。

7）可能产生阴燃火或发生火灾时不及时报警而造成重大损失的场所，不宜选择感温探测器；温度在 0℃ 以下的场所，不宜选择定温探测器；温度变化较大的场所，不宜选择差温探测器。

8）火焰探测器的选择。

① 符合下列条件之一的场所宜选择火焰探测器：

a. 火灾时有强烈的火焰辐射。

b. 液体燃烧火灾等无阴燃阶段的火灾。

c. 需要对火焰做出快速反应。

② 符合下列条件之一的场所不宜选择火焰探测器：

a. 可能发生无烟火灾。

b. 在火焰出现前有浓烟扩散。

c. 探测器的镜头易被污染。

d. 探测器的"视线"易被遮挡。

e. 探测器易受阳光或其他光源直接或间接照射。

f. 在正常情况下有明火作业以及 x 射线、弧光等影响。

9）下列场所宜选择可燃气体探测器：

① 使用管道煤气或天燃气的场所。

② 煤气站和煤气表房以及存储液化石油气罐的场所。

③ 有可能产生一氧化碳气体的场所宜选择一氧化碳气体探测器。

④ 其他散发可燃气体和可燃蒸汽的场所。

10）装有联动装置、自动灭火系统以及用单一探测器不能有效确认火灾的场合宜采用感烟探测器、感温探测器、火焰探测器（同类型或不同类型）的组合。

11) 无遮挡大空间或有特殊要求的场所宜选择红外光束感烟探测器。

12) 下列场所或部位宜选择缆式线型定温探测器：

① 电缆隧道、电缆竖井、电缆桥架、电缆夹层等。

② 开关设备、配电装置、变压器等。

③ 各种皮带输送装置。

④ 控制室、计算机室的闷顶内、地板下及重要设施隐蔽处等。

⑤ 其他环境恶劣不适合安装点型探测器的危险场所。

13) 下列场所宜选择空气管式线型差温探测器：

① 可能产生油类火灾且环境恶劣的场所。

② 不易安装点型探测器的夹层、闷顶。

2. 点型火灾探测器的设置数量和布置

1) 探测区域的每个房间内至少应设置一只火灾探测器。

2) 在有梁的顶棚上设置感烟探测器、感温探测器时，应符合下列规定：

① 当梁突出顶棚的高度小于 200mm 时，可不计梁对探测器保护面积的影响。

② 当梁突出顶棚的高度为 200～600mm 时，应按确定梁对探测器保护面积的影响和一只探测器能够保护的梁间区域的个数设置。

③ 当梁突出顶棚的高度超过 600mm 时，被梁隔断的每个梁间区域至少应设置一只探测器。

④ 当被梁隔断的区域面积超过一只探测器的保护面积时，被隔断的区域应按上述 1)的规定计算探测器的设置数量。

⑤ 当梁间净距小于 1m 时，可不计梁对探测器保护面积的影响。

3) 在宽度小于 3m 的内走道顶棚上设置探测器时，宜居中布置。感温探测器的安装间距不应超过 10m；感烟探测器的安装间距不应超过 15m；探测器至端墙的距离不应大于探测器安装间距的一半。

4) 探测器周围 0.5m 内不应有遮挡物。

5) 探测器至墙壁、梁边的水平距离不应小于 0.5m。

6) 房间被设备、书架或隔断等分隔，其顶部至顶棚或梁的距离小于房间净高的 5% 时，每个被隔开的部分至少应安装一只探测器。

7) 探测器至空调送风口边的水平距离不应小于 1.5m，并宜接近回风口安装；探测器至多孔送风顶棚孔口的水平距离不应小于 0.5m。

8) 当屋顶有热屏障时，感烟探测器下表面至顶棚或屋顶的距离应符合表 7-47 的规定。

表 7-47　感烟探测器下表面至顶棚或屋顶的距离

探测器的安装高度 h/mm	感烟探测器下表面至顶棚或屋顶的距离 d/mm					
	顶棚或屋顶坡度 θ					
	θ≤15°		15°<θ≤30°		θ>30°	
	最小	最大	最小	最大	最小	最大
h≤6	30	200	200	300	300	500
6<h≤8	70	250	250	400	400	600
8<h≤10	100	300	300	500	500	700
10<h≤12	150	350	350	600	600	800

由于屋顶受辐射热作用或因其他因素影响,在顶棚附近可能会产生空气滞留层,从而形成热屏障。火灾时,该热屏障将在烟雾和气流通向探测器的道路上形成障碍作用,影响探测器探测烟雾。同样,带有金属屋顶的仓库,在夏天,屋顶下面的空气可能被加热而形成热屏障,使得烟在热屏障下边开始分层。而冬天,降温作用也会妨碍烟的扩散。这些都将影响探测器的灵敏度,而这些影响通常还与屋顶或顶棚形状以及安装高度有关。为此,按表 7-47 规定感烟探测器下表面至顶棚或屋顶的必要距离安装探测器,从而减少上述影响。

在人字型屋顶和锯齿型屋顶情况下,热屏障的作用特别明显。图 7-11 给出探测器在不同形状顶棚或屋顶下,其下表面至顶棚或屋顶的距离 d 的示意图。

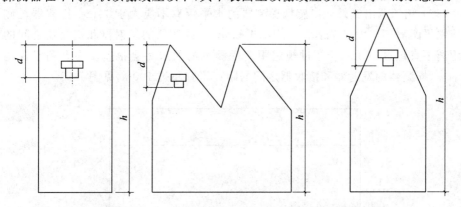

图 7-11　感烟探测器在不同形状的顶棚或屋顶下,其下表面至顶棚或屋顶的距离 d

感温探测器通常受这种热屏障的影响较小,因此感温探测器总是直接安装在顶棚上(吸顶安装)。

9) 锯齿型屋顶和坡度大于 15°的人字型屋顶应在每个屋脊处设置一排探测器,探测器下表面至屋顶最高处的距离应符合上述 8)的规定。

10) 探测器宜水平安装。当倾斜安装时,倾斜角 θ 不应大于 45°。当倾斜角 θ 大于 45°时,应加木台安装探测器,如图 7-12 所示。

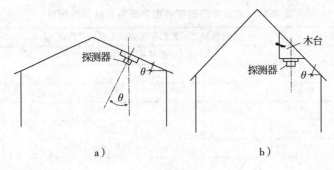

图 7-12　探测器的安装角度

a)θ≤45°时　b)θ>45°时

θ—屋顶的法线与垂直方向的交角

11) 在电梯井、升降机井设置探测器时,其安装位置宜在井道上方的机房顶棚上。

3. 线型火灾探测器的设置

1) 红外光束感烟探测器的光束轴线至顶棚的垂直距离宜为 0.3～1.0m,距地高度不宜超过 20m。

一般情况下,当顶棚高度不大于 5m 时,探测器的红外光束轴线至顶棚的垂直距离为 0.3m;当顶棚高度为 10～20m 时,光束轴线至顶棚的垂直距离可为 1.0m。

2) 相邻两组红外光束感烟探测器的水平距离不应大于 14m。探测器至侧墙水平距离不应大于 7m,且不应小于 0.5m。探测器的发射器和接收器之间的距离不宜超过 100m,若超过规定距离探测烟的效果将会很差。为有利于探测烟雾,探测器的发射器和接收器之间的距离不宜超过 100m,见图 7-13。

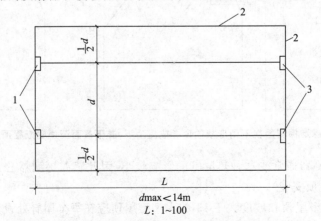

$d$max<14m

L: 1~100

图 7-13　红外光束感烟探测器在相对两面墙壁上安装平面示意图

1—发射器　2—墙壁　3—接收器

3）缆式线型定温探测器在电缆桥架或支架上设置时,宜采用接触式布置,即敷设于被保护电缆(表层电缆)外护套上面,如图 7-14 所示。在各种皮带输送装置上设置时,在不影响正常运行和维护的情况下,应根据现场情况而定,宜将探测器设置在装置的过热点附近,如图 7-15 所示。

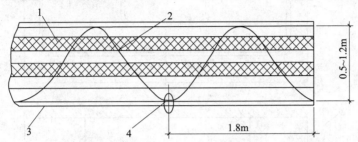

图 7-14　缆式线型定温探测器在电缆桥架或支架上接触式布置示意图

1—动力电缆　2—探测器热敏电缆　3—电缆桥架　4—固定卡具

注:固定卡具宜选用阻燃塑料卡具。

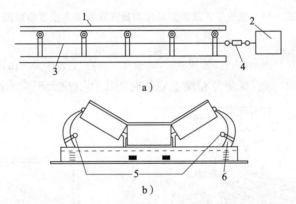

图 7-15　缆式线型定温探测器在皮带输送装置上设置示意图

a)侧视图　b)正视图

1—传送带　2—探测器终端电阻　3、5—探测器热敏电缆

4—拉线螺旋　6—电缆支撑件

4）空气管式线型差温探测器设置在顶棚下方,至顶棚的距离宜为 0.1m;相邻管路之间的水平距离不宜大于 5m;管路至墙壁的距离宜为 1~1.5m,如图 7-16 所示。

4. 可燃气体探测器布置

探测器分墙壁式和吸顶式安装(图 7-17)。墙壁式可燃气体探测器应装在距煤气灶 4m 以内,距地面高度为 0.3m;探测器吸顶安装时,应装在距煤气灶 8m 以内的屋顶板上,当屋内有排气口,可燃气体探测器允许装在排气口附近,

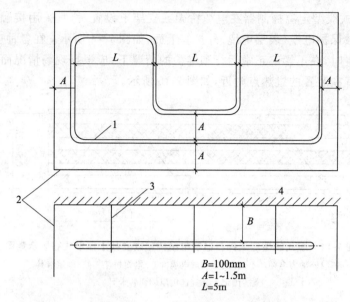

$B=100\text{mm}$
$A=1\sim1.5\text{m}$
$L=5\text{m}$

图 7-16　空气管式线型差温探测器在顶棚下方设置示意图
1—空气管　2—墙壁　3—固定点　4—顶棚

但位置应距煤气灶 8m 以上；如果房间内有梁，且高度大于 0.6m，探测器应装在有煤气灶的梁的一侧，探测器在梁上安装时距屋顶不应大于 0.3m。

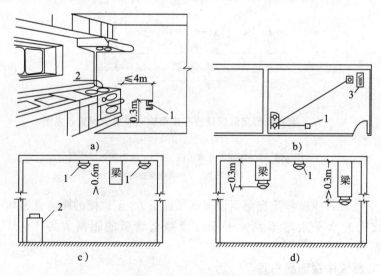

图 7-17　有煤气灶房间内探测器安装位置
a)安装位置一　b)安装位置二　c)安装位置三　d)安装位置四
1—可燃气体探测器　2—煤气灶　3—排气口

5. 探测器安装与接线

探测器的接线,实质上就是探测器底座的接线。在实际施工中,底座的安装和接线是同时进行的,典型探测器的安装与接线方式,如图 7-18～图 7-27 所示。

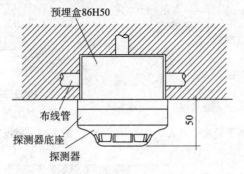

图 7-18　探测器安装方式

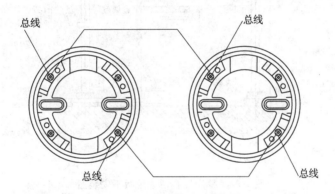

图 7-19　探测器接线方式

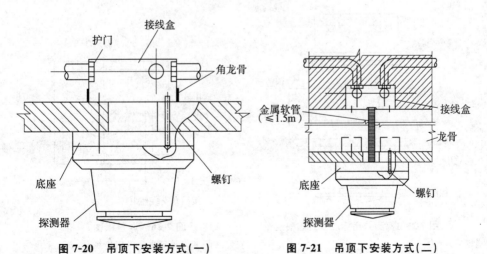

图 7-20　吊顶下安装方式(一)　　　　图 7-21　吊顶下安装方式(二)

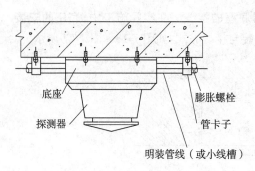

底座

探测器

膨胀螺栓

管卡子

明装管线（或小线槽）

图 7-22　顶板下明配管方式

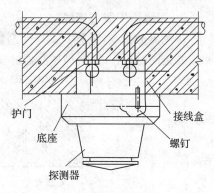

护门

底座

探测器

接线盒

螺钉

图 7-23　顶板下暗配管安装图

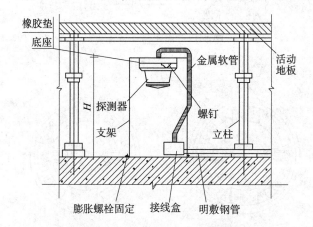

橡胶垫

底座

金属软管

活动地板

H

探测器

支架

螺钉

立柱

膨胀螺栓固定　接线盒　明敷钢管

图 7-24　探测器在活动地板下安装图

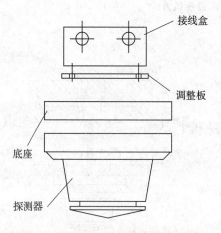

接线盒

调整板

底座

探测器

图 7-25　探测器用标准接线盒安装图

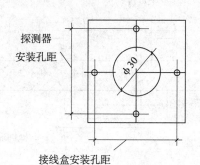

探测器安装孔距

$\phi 30$

接线盒安装孔距

图 7-26　调整板图

安装说明：探测器可采用专用接线盒，亦可采用标准接线盒安装必要时加调整板调整安装孔距。

1) 探测器周围 0.5m 内不应有遮挡物。

2) 探测器至墙壁、梁边的水平距离不应小于 0.5m。

3) 探测器至空调送风口边的水平距离不应小于 1.5m;探测器至多孔送风顶棚孔口的水平距离,不应小于 0.5m。

4) 在宽度小于 3m 的内走道顶棚上设置探测器时,宜居中布置。感温探测器的安装间距,不应超过 10m;感烟探测器的安装间距,不应超过 15m。探测器距端墙的距离,不应大于安装间距的一半。

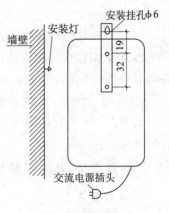

图 7-27 可燃气体探测
报警器安装示意图

5) 探测器宜水平安装,当必须倾斜安装时,倾斜角度不应大于 45°。

6) 探测器的底座应固定牢靠,其导线连接必须可靠压接或焊接。当采用焊接时,不得使用带腐蚀性的助焊剂。

7) 探测器的"+"线应为红色,"-"应为蓝色,其余线应根据不同用途采用其他颜色区分,但同一工程中相同用途的导线颜色应一致。

8) 探测器底座的外接导线,应留有不小于 15cm 的余量,入端处应有明显标志。

9) 探测器底座的穿线孔宜封堵,安装完毕后的探测器底座应采取防护措施。

10) 探测器的确认灯,应面向便于工作人员观察的主要入口方向。

11) 探测器在即将调试时方可安装,在安装前应妥善保管,并应采取防尘、防潮、防腐措施。

6. 探测器安装注意事项

1) 各类探测器有终端型和中间型之分。每分路(一个探测区内的火灾探测器组成的一个报警回路)应有一个终端型探测器,以实现线路故障监控。一般的感温探测器的探头上有红点标记的为终端型,无红色标记的为中间型;感烟探测器上的确认灯为白色发光二极管者则为终端型,而确认灯为红色发光二极管者则为中间型。

2) 最后一个探测器加终端电阻 R,其阻值大小应按产品技术说明书中的规定取值,并联探测器的数值一般取 5.6kΩ。有的产品不需接终端电阻,但是有的终端器为一个半导体硅二极管(ZCK 型或 ZCZ 型)和一个电阻并联,应注意安装二极管时,其负极应接在 +24V 端子或底座上。

3) 并联探测器数目一般以少于 5 个为宜,其他相关要求见产品技术说明书。

4）装设外接门灯必须采用专用底座。

5）当采用防水型探测器，有预留线时要采用接线端子过渡分别连接，接好后的端子必须用绝缘胶布包缠好，放入盒内后再固定火灾探测器。

6）采用总线制，并要进行编码的探测器，应在安装前对照厂家技术说明书的规定，按层或区域事先进行编码分类，然后再按照上述工艺要求安装探测器。

业务要点 2：火灾报警控制系统

1. 安装准备

1）机房环境检查。消防控制室应符合规范要求，地线、电源必须符合设计要求。

2）进场的控制设备由施工承包单位按规定要求进行检验，尤其是功能检查，并写出试验或检验报告，经有关方确认方准进场。

3）进行图纸会审及技术交底，设备安装位置、方向、缆线走向，槽板支吊架等应符合图纸要求，并与现场进行核对，发现问题及时协商解决。

2. 安装质量控制

1）火灾报警控制器（以下简称控制器）在墙上安装时，其底边距地（楼）面高度宜为 1.3～1.5m；落地安装时，其底宜高出地坪 0.1～0.2m。

2）控制器靠近其门轴的侧面距离不应小于 0.5m，正面操作距离不应小于 1.2m。落地式安装时，柜下面有进出线地沟；从后面检修时，柜后面板距离不应小于 1m；当有一侧靠墙安装时，另一侧距离不应小于 1m。

3）控制器的正面操作距离，设备单列布置时不应小于 1.5m；双列布置时不应小于 2m；在值班人员经常工作的一面，控制盘前距离不应小于 3m。

4）控制器应安装牢固，不得倾斜。安装在轻质墙上时应采取加固措施。

5）配线应整齐，避免交叉，并应固定牢固。电缆芯线和所配导线的端部均应标明编号，应与图纸一致。

6）端子板的每个接线端，接线均不得超过两根。

7）导线应绑扎成捆，导线、引入线穿线后，在进线管处应封堵。

8）控制器的主电源引入线应直接与消防电源连接，严禁使用电源插头。主电源应有明显标识。

9）控制器的接地应牢固，并有明显标识。

10）竖向的传输线路应采用竖井敷设，每层竖井分线处应设端子箱，端子箱内的端子宜选择压接或带锡焊接的端子板，其接线端子上应有相应的标号。分线端子除作为电源线、火警信号线、故障信号线、自检线、区域号外，宜设两根公共线供给调试作为通信联络用。

11）消防控制设备的外接导线，当采用金属软管作套管时，其长度不宜大于2m，且应采用管卡固定，其固定点间距离不应大于0.5m。金属软管与消防控制设备的接线盒（箱）应采用锁母固定，并应根据配管规定接地。

12）消防控制设备外接导线的端部应有明显标志。

13）消防控制设备盘（柜）内不同电压等级、不同电流的类别的端子应分开，并有明显标志。

14）控制器（柜）接线应牢固、可靠，接触电阻小，而线路绝缘电阻要保证不小于20MΩ。

3. 区域火灾报警控制器安装要点

1）安装时首先根据施工图，确定好控制器的具体位置，量好箱体的孔眼尺寸，在墙上划好孔眼位置，然后进行钻孔。孔应垂直墙面，使螺栓间的距离与控制器上孔眼位置相同。在安装控制器时，应平直端正，否则，应调整箱体上的孔眼位置。

2）区域火灾报警控制器一般为壁挂式，可以直接安装在墙上，也可以安装在支架上。控制器底边距地面的高度不应小于1.5m。靠近其门轴的侧面距墙不应小于0.5m，正面操作距离不应小于1.2m。

3）控制器安装在墙面上，可采用膨胀螺栓固定。如果控制器重量小于30kg，则使用 $\phi8 \times 120$mm膨胀螺栓；如果控制器重量大于30kg，则采用 $\phi10 \times 120$mm的膨胀螺栓固定。

4）报警控制器安装在支架上，应先将支架加工好，并进行防腐处理，支架上钻好固定螺栓的孔眼，然后将支架装在墙上，再将控制箱装在支架上，安装方法同上。

4. 集中火灾报警控制器安装

1）集中火灾报警控制器一般为落地式安装，柜下面有进出线地沟。如果需要从后面检修，柜后面板距离不应小于1m；当有一侧靠墙安装时，另一侧距墙不应小于1m。

2）集中报警控制器的正面操作距离，当设备单列布置时不应小于1.5m，双列布置时不应小于2m。在值班人员经常工作的一面，控制盘前距离不应小于3m。

3）集中火灾报警控制箱（柜）、操作台的安装，应将其安装在型钢基础底座上，一般采用8~10号槽钢，也可以采用相应的角钢。型钢底座的制作尺寸，应与报警控制器外形尺寸相符。

4）当火灾报警控制设备经检查，如果内部器件完好、清洁整齐，各种技术文件齐全并且盘面无损坏，可将设备安装就位。

5）报警控制设备固定好后，用抹布将各种设备擦干净，并应进行内部清扫，柜内不应有杂物，同时应检查机械活动部分是否灵活，导线连接是否紧固。

6）一般设有集中火灾报警器的火灾自动报警系统的控制柜都较大。竖向的传输线路应采用竖井敷设，每层竖井分线处应设端子箱，端子箱内最少有7个分线端子，分别作为电源负线、火警信号线、故障信号线、区域号线、自检线、备用1分线和备用2分线。两根备用公共线是供给调试时作为通信联络用。由于楼层多、距离远，在调试过程中用步话机联络不上，所以必须使用临时电话进行联络。

5. 手动火灾报警按钮的设置

1）每个防火分区应至少设置一个手动火灾报警按钮。从一个防火分区内的任何位置到最邻近的一个手动火灾报警按钮的距离，不应大于30m。

2）手动火灾报警按钮宜设置在公共活动场所的出入口处。

3）手动火灾报警按钮应设置在明显的和便于操作的部位。当安装在墙上时，其底边距地高度宜为1.3～1.5m，且应有明显的标志。

6. 系统供电

1）火灾自动报警系统应设有主电源和直流备用电源。

2）火灾自动报警系统的主电源应采用消防电源，直流备用电源宜采用火灾报警控制器的集中设置的蓄电池或专用蓄电池。当直流备用电源采用消防系统集中设置的蓄电池时，火灾报警控制器应采用单独的供电回路，并应保证在消防系统处于最大负载状态下不影响报警控制器的正常工作。

3）火灾自动报警系统主电源的保护开关不应采用漏电保护开关。

4）火灾自动报警系统中的CRT显示器、消防通信设备等的电源，宜由UPS装置供电。

7. 布线

1）火灾自动报警系统的传输线路和50V以下供电控制线路，应采用电压等级不低于交流250V的铜芯绝缘导线或铜芯电缆。采用交流220V/380V的供电和控制线路，应采用电压等级不低于交流500V的铜芯电缆或铜芯绝缘导线。

2）火灾自动报警系统的传输线路的线芯截面选择，除应满足自动报警装置技术条件的要求外，还应满足机械强度的要求。铜芯绝缘导线、铜芯电缆线芯的最小截面面积不应小于表7-48的规定。

表7-48 铜芯绝缘导线和铜芯电缆的线芯最小截面面积

序　号	类　别	线芯的最小截面面积/mm²
1	穿管敷设的绝缘导线	1.00
2	线槽内敷设的绝缘导线	0.75
3	多芯电缆	0.50

3）火灾自动报警系统的传输线路布线方式应采用穿金属管、经阻燃处理的硬质塑料管或封闭式线槽保护。

火灾自动报警系统的传输线路穿线导管与低压配电系统的穿线导管相同，应采用金属管、经阻燃处理的硬质塑料管或封闭式线槽等几种，敷设方式采用明敷或暗敷。

当采用硬质塑料管时，就应采用阻燃型，其氧指数不应小于30。采用线槽配线时，要求用封闭式防火线槽；采用普通型线槽，其线槽内的电缆为干线系统时，此电缆宜选用防火型。

4）消防控制、通信和警报线路采用暗敷时，宜采用金属管或经阻燃处理的硬质塑料管保护，并应敷设在不燃烧体的结构层内，且保护层厚度不宜小于30mm；当采用明敷时，应采用金属管或金属线槽保护，并应在金属管或金属线槽上采取涂防火涂料等防火保护措施。

采用经阻燃处理的电缆时，可不穿金属管保护，但应敷设在电缆竖井或吊顶内有防火保护措施的封闭式线槽内。由于消防控制、通信和警报线路与火灾自动报警系统传输线路相比更加重要，所以这部分的穿线导管选择要求更高，只有在暗敷时才允许采用阻燃型硬质塑料管，其他情况下只能采用金属管或金属线槽。

消防控制、通信和警报线路的穿线导管，一般要求敷设在非燃烧体的结构层内（主要指混凝土层内），其保护层厚度不宜小于30mm。因管线在混凝土内可以起到保护作用，防止火灾发生时消防控制、通信和警报线路中断，使灭火工作无法进行，从而造成更大的经济损失。

5）火灾自动报警系统用的电缆竖井，宜与电力、照明用的低压配电线路电缆竖井分别设置。受条件限制必须合用时，两种电缆应分别布置在竖井的两侧。

6）从线槽、接线盒等处引到探测器底座盒、控制设备盒、扬声器箱的线路，均应加金属软管保护。

7）火灾自动报警系统的传输网络不应与其他系统的传输网络合用。

8）火灾探测器的传输线路，宜选择不同颜色的绝缘导线或电缆。正极"＋"线应为红色，负极"－"线应为蓝色。同一工程中相同用途导线的颜色应一致，接线端子应有标号。

9）接线端子箱内的端子宜选择压接或带锡焊接点的端子板，其接线端子上应有相应的标号。

业务要点3：消防联动系统

1. 材料选用

1）阻燃型电线穿金属管应埋设在非燃体内，也可采用电缆桥架架空敷设。

2）耐火电缆宜配以铜皮防火型电缆或选用耐火型电缆桥架。

3）当变电所与水泵房属于同一防火分区时，供电电源干线可采用耐火电缆或耐火母线沿防火型电缆架明敷；不同防火分区时，应尽可能采用铜皮防火型电缆。

4）不同系统、不同电压及不同电流类别的线路，不应穿于同一根管内或线槽的同一槽孔内。但电压为 50V 及以下回路、同一台设备的电力线路和无防干扰要求的控制回路可除外。此时电压不同的回路的导线，可以包含在一根多芯电缆内或其他的组合导线内，但对于安全超低压回路的导线，必须集中地或单独地按其中存在的最高电压绝缘起来。

5）防排烟装置包括送风机、排烟机、各类阀门等，一般布置较分散，其配电线路防火既要考虑供电主回路线路，也要考虑联动控制线路。

6）防排烟装置配电线路明敷时，应采用耐火型交联低电压电缆或铜皮型电缆；暗敷时，可采用一般耐火电缆。

7）控制和联动线路应采用耐火电缆。

2. 线路连接与接地

1）配电线路和控制线路在敷设时，应尽量缩短线路长度，避免穿越不同的防火分区。

2）配电线（或接线）箱内采用端子板汇接各种导线，并应按不同用途、不同电压、电流类别等需要分别设置不同端子板，并将交直流不同电压的端子板增设保护罩进行隔离，以保护人身和设备安全。

3）单芯铜导线剥去绝缘层后，可以直接接入接线端子板，剥削绝缘层的长度，一般比端子板插入孔深度长 1mm 为宜。对于多芯铜线，剥去绝缘层后应挂锡再接入接线端子。

4）箱内端子板接线时，应使用对线耳机，两人分别在线路两端逐根核对导线编号。将箱内留有余量的导线绑扎成束，分别设置在端子板两侧，左侧为控制中心引来的干线，右侧为火灾探测器及其他设备的控制线路，在连接前应再次摇测绝缘电阻值。每一回路线间的绝缘电阻值不应小于 10MΩ。

5）消防控制室专设工作接地装置时，接地电阻值不应大于 4Ω。采用共同接地时，接地电阻值不应大于 1Ω。

6）由消防控制室接地板引至各消防设备的接地线，应选用铜芯绝缘软线，其线芯截面积不应小于 $4mm^2$。

7）当采用共同接地时，应采用专用接地干线由消防控制室接地板引至接地体。专用接地干线应选用截面积不小于 $25mm^2$ 的塑料绝缘铜芯电线或电缆两根。

8）接地装置施工完毕后，应及时做好隐蔽工程验收工作。

第五节　安全防范系统

◉ 本节导读

　　本节主要介绍安全防范系统,内容包括视频安防监控系统、入侵报警系统、出入口控制系统、巡更管理系统以及停车库(场)管理系统等。其内容关系如图 7-28所示。

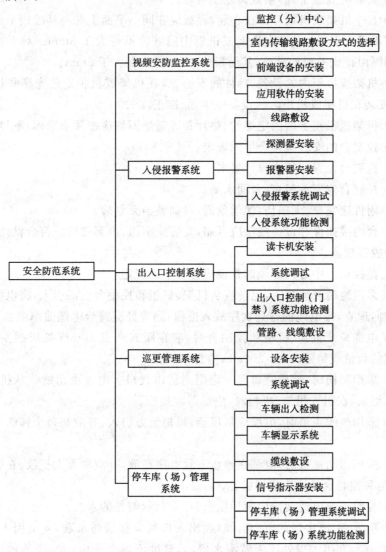

图 7-28　本节内容关系图

业务要点 1：视频安防监控系统

1. 监控(分)中心

1) 机架、机柜的安装应符合下列规定：

① 安装位置应符合设计要求，当有困难时可根据电缆地槽和接线盒位置做适当调整。

② 机架、机柜的底座应与地面固定。

③ 安装应竖直平稳，垂直偏差不得超过 1‰。

④ 几个机架或机柜并排在一起，面板应在同一平面上并与基准线平行，前、后偏差不得大于 3mm；两个机架或机柜中间缝隙不得大于 3mm。对于相互有一定间隔而排成一列的设备，其面板前、后偏差不得大于 5mm。

⑤ 机架或机柜内的设备、部件的安装，应在机架或机柜定位完毕并加固后进行，安装在机架或机柜内的设备应牢固、端正。

⑥ 机架或机柜上的固定螺丝、垫片和弹簧垫圈均应按要求紧固，不得遗漏。

2) 控制台的安装应符合下列规定：

① 控制台位置应符合设计要求。

② 控制台应安放竖直，台面水平。

③ 附件应完整、无损伤，螺丝紧固，台面整洁无划痕。

④ 台内接插件和设备接触应可靠，安装应牢固；内部接线应符合设计要求，无扭曲脱落现象。

3) 监控(分)中心内电缆的敷设应符合下列规定：

① 采用地槽或墙槽时，电缆应从机架、机柜和控制台底部引入，将电缆顺着所盘方向理直，按电缆的排列次序放入槽内；拐弯处应符合电缆曲率半径要求。

② 电缆离开机架、机柜和控制台时，应在距起弯点 10mm 处成捆空绑，根据电缆的数量应每隔 100～200mm 空绑一次。

③ 采用架槽时，架槽宜每隔一定距离留出线口。电缆由出线口从机架、机柜上方引入，在引入机架、机柜时，应成捆绑扎。

④ 采用电缆走道时，电缆应从机架、机柜上方引入，并应在每个梯铁上进行绑扎。

⑤ 采用活动地板时，电缆在地板下宜有序布放，并应顺直无扭绞；在引入机架、机柜和控制台处还应成捆绑扎。

4) 在敷设的电缆两端应留适度余量，并标示明显的永久性标记。

5) 引入、引出房屋的电(光)缆，在出入口处应加装防水套，向上引入、引出的电(光)缆，在出入口处还应做滴水弯，其弯度不得小于电(光)缆的最小弯曲半径。电(光)缆沿墙自上、下引入、引出时应设支持物。电(光)缆应固定(绑扎)在支持物上,支持物的间隔距离不宜大于 1m。

6) 监控(分)中心内的光缆在电缆走道上敷设时,光端机上的光缆宜预留 10m;余缆盘成圈后应妥善放置。光缆至光端机的光纤连接器的耦合工艺,应严格按有关要求进行。

7) 计算机与存储设备的安装和调试应符合下列规定:

① 设备宜安装在专用机架和机箱内,或嵌入操作台中。

② 设备操作面板前的空间不得小于 0.1m,设备四周的空间应保证良好的通风或散热。

③ 设备连接端口用于插接线缆的空间不得小于 0.2m。

④ 设备之间的信号线、控制线的连接应正确无误。

⑤ 应根据设计要求,对计算机和设备的硬盘空间进行分区,并安装相应的操作系统、控制和管理软件。

⑥ 应根据设计要求对软件系统进行配置,系统功能应完整。

⑦ 网络附属存储(NAS)、存储域网络(SAN)系统或其他存储设备安装时,应满足承重、散热、通风等要求。

8) 监视器的安装应符合下列规定:

① 监视器的安装位置应使屏幕不受外来光直射,如不能避免,应加遮光罩遮挡。

② 监视器可装设在固定的机架和柜上,也可装设在控制台操作柜上,应满足承重、散热、通风等要求。

③ 监视器的外部可调节部分,应暴露在便于操作的位置,并可加保护盖。

④ 监视器的板卡、接头等部位的连接应紧密、牢靠。

9) 系统的调整与测试应符合下列规定:

① 设备与线缆安装、连接完成后,应联调系统功能。

② 联调中应记录测试环境、技术条件、测试结果。

③ 联调各项硬/软件技术指标、功能的完整性、可用性。

④ 应测试与其他系统的联动性。

2. 室内传输线路敷设方式的选择

1) 无机械损伤的建筑物内的电(光)缆线路,可采用沿墙明敷方式。

2) 在要求管线隐蔽或新建的建筑物内可用暗管敷设方式。

3) 对下列情况应采用套管保护:

① 易受外界损伤。

② 在线路路由上,其他管线和障碍物较多,不宜明敷的线路。

③ 在易受电磁干扰或易燃易爆等危险场所。

4) 系统的信号电缆与电力线平行或交叉敷设时,间距不得小于 0.3m;与通信线平行或交叉敷设时,间距不得小于 0.1m。

3. 前端设备的安装

1) 前端设备安装前应按下列要求进行检查:

① 将摄像机逐个通电进行检测和粗调,在摄像机处于正常工作状态后,方可安装。

② 检查云台的水平、垂直转动角度,并根据设计要求定准云台转动起点方向。

③ 检查摄像机防护套的雨刷动作。

④ 检查摄像机在防护套内的紧固情况。

⑤ 检查摄像机座与支架或云台的安装尺寸。

⑥ 对数字式(或网络型)摄像机,安装前还需按要求设置网络参数、管理参数。

⑦ 检查云台控制解码器的设置是否正确,是否能够正确传送与接收控制信号。

2) 摄像机的安装应符合下列规定:

① 在搬动、架设摄像机过程中,不得打开镜头盖。

② 在高压带电设备附近架设摄像机时,应根据带电设备的要求确定安全距离。

③ 在强电磁干扰环境下,摄像机的安装应与地绝缘隔离。

④ 摄像机及其配套装置安装应牢固稳定,运转应灵活。应避免破坏,并与周边环境相协调。

⑤ 从摄像机引出的电缆宜留有 1m 的余量,不得影响摄像机的转动。摄像机的电缆和电源线均应固定,并不得用插头承受电缆的自重。

⑥ 摄像机的信号线和电源线应分别引入,外露部分用护管保护。

⑦ 先对摄像机进行初步安装,经通电试看、细调,检查各项功能,观察监视区域的覆盖范围和图像质量,符合要求后方可固定。

⑧ 当摄像机在室外安装时,应检查其防雨、防尘、防潮的设施是否合格。

3) 支架、云台、控制解码器的安装应符合下列规定:

① 根据设计要求安装好支架,确认摄像机、云台与其配套部件的安装位置合适。

② 解码器固定安装在建筑物或支架上,留有检修空间,不能影响云台、摄像机的转动。

③ 云台安装好后,检查云台转动是否正常,确认无误后,根据设计要求锁定云台的起点、终点。

④ 检查确认解码器、云台、摄像机联动工作是否正常。

⑤ 当云台、解码器在室外安装时,应检查其防雨、防尘、防潮的设施是否合格。

4) 声音采集和报警控制设备在室外安装时,应检查其防雨、防尘、防潮的设施是否合格。

5) 视频编码设备的安装应符合下列规定:

① 确认视频编码设备和其配套部件的安装位置符合设计要求。

② 视频编码设备宜安装在室内设备箱内,应采取通风与防尘措施。如果必须安装在室外,应将视频编码设备安装在具备防雨、防尘、通风、防盗措施的设备箱内。

③ 视频编码设备固定安装在设备箱内,应留有线缆安装空间与检修空间。在不影响设备各种连接线缆的情况下,分类安放并固定线缆。

④ 检查确认视频编码设备工作正常,输入、输出信号正确,且满足设计要求。

4. 应用软件的安装

1) 应按设计文件为设备安装相应的软件系统,系统安装应完整。

2) 应提供正版软件技术手册。

3) 服务器不应安装与本系统无关的软件。

4) 操作系统、防病毒软件应设置为自动更新方式。

5) 软件系统安装后应能够正常启动、运行和退出。

6) 在网络安全检验后,服务器方可以在安全系统的保护下与互联网相连,并应对操作系统、防病毒软件升级及更新相应的补丁程序。

业务要点 2:入侵报警系统

1. 线路敷设

1) 应符合设计图纸的要求和有关标准规范的规定。有隐蔽工程的应做隐蔽验收。

2) 线缆回路应进行绝缘测试,并做测试记录,绝缘电阻值大于 $20M\Omega$。

3) 电源线、地线应按规定连接。电源线与信号线应分槽(或管)敷设,以防干扰。采用联合接地时,接地电阻不应大于 1Ω。

2. 探测器安装

1) 各类入侵探测器,应根据可选用产品的特性及警戒范围要求进行安装。

2) 周界入侵探测器的安装位置要对准,防区要交叉;室外入侵探测器的安装应符合产品使用要求和防护范围。

3) 底座和支架应固定牢靠,其导线连接应采用可靠连接方式。

4) 外接导线应留有适当的余量。

3. 报警器安装

1）选择安装位置时应尽可能使入侵者都能处于红外警戒的光束范围内。

2）要使入侵者的活动有利于横向穿越光束带区，这样可以提高探测灵敏度。

3）为了防止误报警，不应将 PIR 探头对准任何温度会快速改变的物体，诸如电加热器、暖气、火炉、空调器的白炽灯、出风口等强光源以及受到阳光直射的门窗等热源，以免由于热气流的流动而引误报警。

4）警戒区内注意不要有高大的遮挡物遮挡以及电风扇叶片的干扰。

5）PIR 永远不能安装在某些热源（如加热器、暖气片、热管道等）的上方或其附近，否则也会产生误报警。PIR 应与热源保持至少 1.5m 以上的距离。

6）PIR 不要安装在强电设备附近。

7）PIR 一般安装在墙角，安装高度为 2～4m，一般为 2～2.5m。

4. 入侵报警系统调试

1）按国家现行入侵探测器系列标准、《入侵报警系统技术要求》GA/T 368 等相关标准的规定，检查与调试系统所采用探测器的探测范围、灵敏度、漏报警、误报警、报警状态后的恢复、防拆保护等功能与指标，应基本符合设计要求。

2）按现行国家标准《防盗报警控制器通用技术条件》GB 12663 的规定，检查控制器的本地、异地报警、防破坏报警、布撤防、报警优先、自检及显示等功能，应基本符合设计要求。

3）检查紧急报警时系统的响应时间，应基本符合设计要求。

5. 入侵系统功能检测

（1）系统检测项目（表 7-49）

表 7-49　入侵报警系统控制功能及通信功能检测

检测项目		功　能	抽查百分数（%）	技术要求	检查记录							
					1	2	3	4	5	…	…	N
前端设备	各类控制测器	通电试验	10									
		探测器灵敏度调整										
		防拆、防破坏功能										
		环境对探测器工作有无干扰的情况										
报警管理	控制器	通电试验	10									
		控制功能										
		动作实时性										

检测项目		功 能	抽查百分数(%)	技术要求	检查记录							
					1	2	3	4	5	…	…	N
报警管理	报警管理	设防、撤防										
		防拆报警功能										
		系统自检、巡检功能										
		报警信息查询										
		手/自动触发报警功能										
		报警打印										
		报警储存										
	信息处理	声、光报警显示										
		报警区域号显示										
		电子地图显示										
		报警响应时间		<4s								
		报警接通率		>98%								
		声音复核、对讲功能										
		统计功能、报表打印										

注:每类控制器总数在10台以下时至少检测3台或100%检测。

(2)检测要求

1)检查系统与计算机集成系统的联网接口,以及该系统对防盗、防入侵报警的集中控制和管理能力。

2)系统应能按时间、区域(部位)任意编程,可设防或撤防。

3)系统应能显示报警时间、部位,并能记录及提供联动电视监控、灯光等控制接口信号。

4)检查防盗报警控制器的编程功能、自检功能、布撤防及旁路功能以及报警发生时的声光显示与记录功能。

5)检查报警系统的可靠度,应满足设计技术要求及相关标准。

6)探测器抽检的数量应不低于10%,探测器数量少于10台时至少检测3台或全部检测;被抽检设备的合格率达90%时为合格;系统功能和联动功能检测全部,合格率为100%时为合格。

7)测试紧急按钮到控制器的直接响应时间一般不大于1s,到系统微机处理器的响应时间一般为3s以内。

8)紧急按钮通过市话网至报警中心的响应时间不应大于20s(电话线路处于主叫状态);检查报警信号是否优先(即报警优先抢占话路),是否有防破坏措施;检查当电话线破坏时系统是否另有辅助办法与报警中心联系。

9）检查系统的主电源和备用电源,其容量应分别符合相关标准的要求。在备用电源连续充、放电 3 次后,主电源和备用电源应能自动切换。

◎ 业务要点 3:出入口控制系统

1. 读卡机安装

1）应安装在平整、坚固的水泥墩上,保持水平,不得倾斜。

2）一般安装在室内,安装在室外时,应采取防水措施及防撞装置。

3）读卡机与闸门机安装的中心间距一般为 2.4～2.8m。

2. 系统调试

1）指纹、声纹、掌纹、视网膜和复合技术等识别系统按产品技术说明书和设计要求进行调试。

2）检查系统求助、防劫、紧急报警是否工作正常,是否具有异地声光报警与显示功能。

3）检查系统与计算机集成系统的联网接口,以及该系统对出入口（门禁）控制系统的集中管理和控制能力。

4）检查主机是否能储存每一位有效进入人员的相关信息,对非有效进入或被胁迫进入应有异地报警功能。

5）检查由微处理器或计算机控制的系统是否具有逻辑、时间、区域、事件和级别分档等判别及处理功能。

6）检查各种鉴别方式的出入口控制系统工作是否正常,并按有效设计方案符合相关功能要求。

3. 出入口控制（门禁）系统功能检测

（1）系统检测项目（表 7-50）。

表 7-50　出入口控制（门禁）系统功能检测

检测项目		功　　能	抽查百分数（%）	检查记录			
前端设备	读卡器	通电试验	10				
		读卡器灵敏度					
		防拆、防破坏功能					
		读卡功能					
		环境对读卡器工作有无干扰的情况					

续表

检测项目		功　　能	抽查百分数(%)	检查记录
前端设备	控制器	通电试验	10	
		防拆、防破坏功能		
		控制功能		
		动作实时性		
	后备电源	电源品质	10	
		电源自动切换情况		
		断电情况下电池工作状况		
	电锁	通电试验	10	
		开关性能、灵活性		
管理功能		现场设备接入的完好率		
		非法入侵时的报警功能		
		读卡器信息存储功能		
		电子地图功能		
		紧急状态下的开/关功能		
		联动功能		

注:前端设备总数在 10 台以下时至少检测 3 台或 100%检测。

(2) 系统的软件检测。

1) 根据说明书中规定的性能要求,包括时间、适应性、稳定性、安全性以及图形化界面友好程度,对所验收的软件进行逐项测试,或检查已有的测试结果。

2) 演示软件的所有功能,以证明软件功能与合同书或任务书要求一致。

3) 对软件系统操作的安全性进行测试,包括:系统操作人员的分级授权、系统操作人员操作信息的详细只读存储记录等。

4) 在软件测试的基础上,对被验收的软件进行综合评审,做出综合评价。

业务要点 4:巡更管理系统

1. 管路、线缆敷设

1) 管路、线缆敷设应符合设计图样的要求及相关标准和规范的规定,有隐蔽工程的应办隐蔽验收。

2) 线缆回路应进行绝缘测试,并有记录,绝缘电阻应大于 20MΩ。

3) 地线、电源线应按规定连接,电源线与信号线分槽(或管)敷设,以免干扰。采用联合接地时,按地电阻应小于 1Ω。

2. 设备安装

1) 有线巡更信息开关或无线巡更信息钮,应安装在各出入口、主要通道、各紧急出入口、主要部门或其他需要巡更的站点上,高度和位置按设计和规定要求设置。

2)安装应牢固、端正,户外应有防水措施。

3. 系统调试

(1)调试前质量控制。

1)要具备设备平面布置图、接线图、安装图、系统图以及其他必要的技术文件。施工单位应写出调试步骤和方法,经有关质量部门审核后施工。

2)检查线路、施工测试记录(绝缘电阻、接地电阻)等应符合要求。

(2)系统功能检测项目。

系统功能检测项目见表 7-51。

表 7-51　巡更管理系统功能检测

检测项目	功能	抽查百分数(%)	检查记录									
			1	2	3	4	5	6	7	8	…	n
前端设备	设置位置	10										
	安装质量及外观											
	防拆报警功能											
	环境对探测器工作有无干扰的情况											
	接入率或完好率											
管理功能	设防、撤防											
	巡更路线及时间的设置与修改											
	巡更记录显示、储存、查询											
	报警显示[①]											
	电子地图功能[①]											
	统计功能、报表打印											

注:前端设备总数在 10 台以下时,至少检测 3 台或 100%检测。

　　① 为在线式巡更系统。

(3)检测要求。

1)读卡式巡更系统要保证确定为巡更用的读卡机在读巡更卡时正确无误,检查实时巡更是否和计划巡更相一致,如果不一致能发出报警。

2)采用巡更信息钮(开关)的信息正确无误,数据能及时收集、统计、打印。

3)检查采用各种鉴别方式的出入口控制系统工作是否正常,并按正式设计方案达到相关功能要求。

4)检查主机是否能存储每一位有效进入人员的相关信息,对非有效进入及被胁迫进入是否有异地报警功能。

5）检查微处理器或计算机控制系统，应具有时间、逻辑、区域、事件和级别分档等判别及处理功能。

6）检查系统防劫、求助、紧急报警是否工作正常，是否具有异地声光报警与显示功能。

7）检查系统与计算机集成系统的联网接口以及该系统对出入口控制系统的集中管理和控制能力。

8）按照巡更路线图检查系统的巡更终端、读卡机的性能。

9）现场设备的接入率及完好率测试。

10）检查巡更管理系统对任意区域或部位按时间线路进行任意编程、修改的功能，以及撤防、布防的功能。

11）检查系统的运行状态、信息传输、故障报警和指示故障位置的功能。

12）检查巡更管理系统对巡更人员的监督和记录情况、安全保障措施和对意外情况及时报警的处理手段。

13）对在线联网式的巡更管理系统还需要检查电子地图上的显示信息、遇有故障时的报警信号，以及和电视监视系统等的联动功能。

14）巡更终端抽检的数量应不低于 20％且不少于 3 台，数量少于 3 台时应全部检测；被抽检设备的合格率为 100％时为合格；系统功能全部检测，功能符合设计要求为合格，合格率 100％时为系统功能检测合格。

业务要点 5：停车库（场）管理系统

1. 车辆出入检测

车辆出入检测与控制系统如图 7-29 所示。

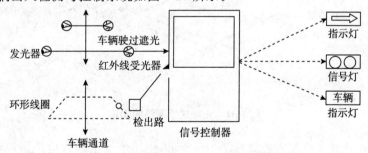

图 7-29　车辆出入检测与控制系统

为了检测出入车库的车辆，目前有两种典型的检测方式：红外线方式和环形线圈方式，如图 7-30 所示。

1）红外线检测方式如图 7-30a 所示，在水平方向上相对设置红外收、发装置,当车辆通过时,红外光线被遮断,接收端即发出检测信号。图中一组检测器使用两套收发装置是为了区分通过的是人还是汽车,而采用两组检测器是利用两组的遮光顺序来同时检测车辆行进方向。

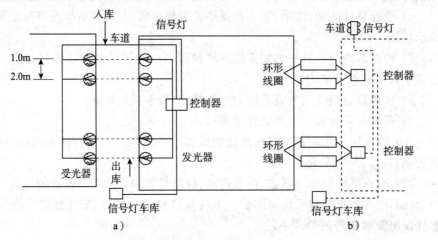

图 7-30　检测出入车辆的两种方式
a)红外线方式　b)环形线圈方式

　　光电式检测器安装时如图 7-31 所示,除了收、发装置相互对准外,还应注意接收装置(受光器)不可被太阳光线直射到。

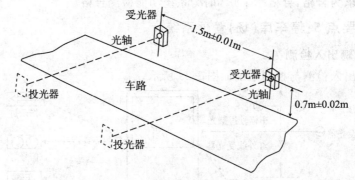

图 7-31　光电式检测器的安装

　　2) 环形线圈检测方式如图 7-31b 所示,使用绝缘电线或电缆做成环形,埋在车路地下,当车辆(金属)驶过时,其金属车体使线圈发生短路效应而形成检测信号。因此,当线圈埋入车路时,应特别注意是否碰触周围金属,环形线圈周围 0.5m 平面范围内不可有其他金属物。环形线圈的施工可参见图 7-32。

　　3) 信号灯控制系统。停车管理系统的一个重要用途是检测车辆的进出,但是车库有各种各样,有的进出为同一口同车道,有的为同一口不同车道,有的为不同出口。进出同口的,如引车道足够长,则可进出各计一次;如引车道比较短,又不用环形线圈式,则只能检测"出"或"进",通常只管检测并统计"出"。

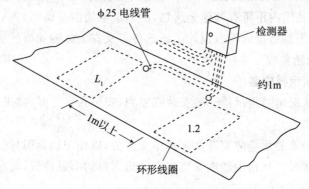

φ25 电线管

检测器

L_1

约1m

1m以上

1.2

环形线圈

图 7-32　环形线圈的施工

2. 车满显示系统

有些停车库在无停车位置时才显示"车满"灯,比较周到的停车库管理方式是一个区车满就打出那一区车满的显示。例如,"地下一层已占满"、"请开往第 4 区停放"等指示。车满显示系统的原理不外乎两种:一是按车辆数计数;二是按车位检测车辆是否存在。

1) 按车辆计数的方式,是利用车道上的检测器来加减进出的车辆数(即利用信号灯系统的检测信号),或是通过入口开票处和出口付款处的进出车库信号而加减车辆数。当计数达到某一设定值时,就自动地显示车位已占满,"车满"灯亮。

2) 按检测车位车满与否的方式,是在每个车位设置探测器。探测器的探测原理有光反射法和超声波反射法两种,由于超声波探测器便于维护,故应用较广泛。

关于停车库管理系统的信号灯、指示灯的安装高度如图 7-33 所示。

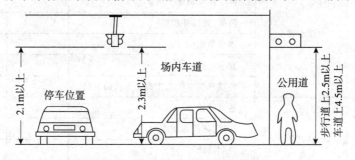

场内车道

停车位置

公用道

2.1m以上

2.3m以上

步行道上2.5m以上

车道上4.5m以上

图 7-33　信号灯、指示灯的安装高度

3. 缆线敷设

1) 感应线圈埋设深度距地表面不小于 0.2m,宽度不小于 0.9m,长度不小于 1.6m。感应线圈至机箱处的缆线应采用金属管保护,并固定牢固;应埋设在车道居中位置,并与闸门机、读卡器的中心间距宜为 0.9～1.2m,且保证环形线圈 0.5m 平面范围内不可有其他金属物,严防碰触周围金属。

2)管路、缆线敷设应符合设计图纸的要求及有关标准规范的规定。有隐蔽工程的应办隐蔽验收。

4. 信号指示器安装

1)车位状况信号指示器一般安装在室内,安装在室外时,应采取防水、防撞措施。

2)车位引导显示器应安装在车道中央上方,以便于识别引导信号。

3)车位状况信号指示器应安装在车道出入口的明显位置,其底部离地面高度保持在 2.0～2.4m 左右。

5. 停车库(场)管理系统调试

1)检查并调整读卡机刷卡的有效性及其响应速度。

2)调整电感线圈的位置和响应速度。

3)调整挡车器的关闭和开放的动作时间。

4)调整系统的车辆进出、分类收费、收费指示牌、导向指示、挡车器工作、车牌号复核或车型复核等功能。

6. 停车库(场)系统功能检测

(1)系统检测项目(表 7-52)。

表 7-52　停车场(库)管理功能检测

序号	检测项目	检测内容	检查记录	
			入口	出口
前端设备	读卡器	通电试验		
		读卡器灵敏度		
		防拆、防破坏功能		
		读卡功能		
		发卡功能*		
		环境对读卡器工作有无干扰的情况		
	控制器	通电试验		
		防拆、防破坏功能		
		控制功能		
		动作实时性		
	车辆控测器	探测器功能		
		抗干扰的性能		

续表

序号	检测项目	检测内容	检查记录	
			入口	出口
前端设备	满位显示器	显示功能正确性		
	自动栅栏（栏杆）	通电试验		
		栏杆升降功能		
		防砸车测试		
	摄像机**	通电试验		
		防拆、防破坏功能		
		云台动作、镜头情况及视野范围		
		图像质量		
管理中心	系统功能	对无效卡的识别功能		
		临时卡记录的正确性		
		计费、显示、收费功能		
		统计、信息储存功能		
		软件功能		
		图像资料调用准确性**		
	监视器**	通电试验		
		显示清晰度		

注:1. * 对临时停车收费的停车场(库)管理系统。

　　2. ** 对具有图像对比系统的停车场(库)管理系统。

（2）检测数量。

1）出/入口控制器抽检的数量应不低于10％,数量少于10台时全部检测。被抽检设备的合格率达90％时为合格。系统功能和软件全部检测,合格率为100％时为合格。

2）停车管理系统功能应全部检测,功能符合设计要求为合格,合格率为100％时为系统功能检测合格。其中,车牌识别系统对车牌的识别率达98％时为合格。

（3）检测内容。

停车管理系统功能检测应分别对入口管理系统、出口管理系统和管理中心的功能进行检测。

1）车辆探测器对出入车辆的抗干扰性能检测和探测灵敏度检测。

2）自动栅栏升降功能检测和防砸车功能检测。

3）读卡器功能检测。对无效卡的识别功能,对非接触IC卡读卡器还应检测灵敏度和读卡距离是否与设计指标相符。

4) 发卡(票)器功能检测。吐卡功能是否正常,入场日期、时间等记录是否正确。

5) 满位显示器功能是否正常。

6) 管理中心的计费、收费、显示、统计、信息储存等功能的检测。

7) 管理系统的其他功能,如"防折返"功能检测。

8) 出/入口管理工作站及与管理中心站的通信是否正常。

9) 停车管理系统与入侵报警系统的联动控制功能检测;电视监视系统摄像机对进出车库的车辆的监视等。

10) 对具图像识别功能的汽车库管理系统,应分别检测出/入口车牌和车辆图像记录的清晰度、调用图像信息的符合情况。

11) 收费显示及空车位。

12) 管理中心监控站的车辆出入数据记录保存时间,应满足管理要求。

第六节　智能化系统集成

◉ 本节导读

本节主要介绍智能化系统集成,内容包括集成网络系统检查、数据库、信息安全以及功能接口等。其内容关系如图 7-34 所示。

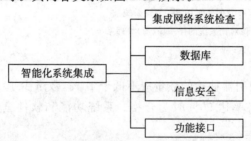

图 7-34　本节内容关系图

◉ 业务要点 1:集成网络系统检查

1) 检查综合吊顶图是否由装修设计与智能化系统工程设计一起就设备(如灯位、消防烟感、消防喷淋、广播喇叭、无线通信放大系统的天线、安保摄像头等)的定位和安装予以协调,并最终反映在装修设计的综合吊顶图纸上。

2) 必须审查平面功能布置图。大多数的弱电终端(如电脑电话终端、有线电视终端、喇叭、门禁设置的布点等)宜在房间功能用途、家具布置、房间分隔标高确定后,给予定位。

3) 装修时,若隔墙使用玻璃,一定要考虑弱电中设置在墙面的广播音控器、门禁设置、温控开关的摆放位置和排管途径,否则无法安装,从而达不到功能要求。吊顶开孔时必须有检修孔。

4) 必须检查弱电接地系统,并注意以下几点:

① 弱电的接地系统必须与强电的接地系统分开。

② 接地干线截面应符合下列要求:

a. 各个机房从接地极或联合接地系统的接地排引入的接地干线截面不应小于 35mm²。

b. 电脑机房不应小于 50mm²。

c. UPS 机房不应小于 70mm²。

d. 弱电井内,一般采用 25×4(mm²)的接地铜排。

5) 检查电源和用电量。一般在各个弱电终端附近都应设置电源插座。如果无线通信系统的功分器安装在 2m 左右的高度,那么,就应该在此高度设置电源点。所有机房的用电量,办公室或集中的计算机用户终端(如证券交易场地等)都应有一个完整统一的计算,并检查强电供给回路是否满足需要。

🌀 业务要点 2:数据库

1) 检查数据库的功能,应具备如下三个功能:

① 数据的安全性控制。

② 数据的完整性控制。

③ 数据的并发控制。

2) 安装数据库前,应作如下检查:

① 检查网络操作系统与被安装的数据库是否相匹配。

② 检查数据库的版本是否符合设计要求,对数据库的商用软件检查是否有使用许可证,应对其使用范围进行验收。

3) 进行必要的系统测试和功能测试。

4) 数据库应有使用说明书等全套技术文档资料。

🌀 业务要点 3:信息安全

1) 营造网络系统安全运行的环境,必须检查防火墙的质量,防火墙应具有如下功能:

① 网络安全的屏障:一个作为控制点、阻塞点的防火墙,通过过滤不安全的服务从而降低风险。

a. 可禁止不安全的 NFS 协议进出受保护的网络,这样外部的攻击者就不可能利用这些脆弱的协议来攻击内部网络。

b. 防火墙应保护网络免受基于路由的攻击,如 IP 选项中的源路由攻击和 ICMP 重定向中的重定向路径。

② 强化网络安全策略:通过以防火墙为中心的安全方案配置,能将所有安全软件如加密、口令、审计、身份认证等配置在防火墙上。

③ 对网络访问和存取进行监控审计:防火墙应能记录下经过它的所有访问并作出日志记录,同时也能提供网络使用情况的统计数据,也可对网络需求分析和威胁分析提供依据。

④ 防止内部信息的外泄:通过防火墙对内部网络的划分,可实现内部网重点网段的隔离,从而限制了局部重点或敏感网络安全问题对全局网络造成的影响。使用防火墙应能隐蔽那些透露内部细节(隐私)的服务,如 DNS、Finger 等服务,以防暴露内部网络的某些安全漏洞。

2) 应对网络作入侵检测。入侵检测是对传统静态网络安全技术(防火墙、认证和加密)的重要加强措施,它从网络若干关键点收集信息,并分析这些信息,决定哪些是违反安全策略的行为和可能遭到攻击的对象,因此被称为第二道防火墙。

入侵检测应能发现系统运行中存在的问题,如密码泄露、网络配置存在有错误、网络应用中存在有漏洞等。发现后能及时地修复系统,可把问题消灭在萌芽状态。

3) 不同的网络有不同的质量要求:

① 语音网络:由于已全程控化、全数字化的语音交换,保证了网络内部的语音传送安全,主要的安全问题是要保证通信服务不中断,防止语音窃听、线路盗用等。

② 基础数据网(X.25/DDN/FR/ATM):由于采用固定或半固定方式连接,实现点到点的数据传输,安全性较高。主要的安全问题是保证通信的高可靠性、不间断服务。

③ 宽带 IP 的数据网:采用 TCP/IP 开放协议,协议本身的漏洞和网络技术的开放性带来了前所未有的巨大的安全隐患。主要安全问题总是缺乏服务质量的保证,如地址盗用、地址欺骗、内容更改或窃取、计算机病毒等。

三种电信网具有不同的安全特点,安全保障的措施也各有不同。

4) 集成系统的网络安全。

① 物理安全的质量控制:

a. 标明埋在地下电缆的位置,防止弄断电缆。

b. 室内的终端或工作站最安全的上网方式是利用墙上的插头或接线盒,避免踩断电缆。

c. 电缆应埋得深一些,外面有较可靠的保护层。

d. 桥架、线槽铺设的缆线必须盖好盖板，不让导线外露，以防虫、鼠害。

e. 电缆应考虑防水、防火等措施，以防洪灾、火灾的损坏。

f. 服务器计算机等网络设备不能放在太湿、温度太高的地方，应采取保护措施。

g. 加强保护接地，保证绝缘电阻符合标准要求，以防缆线触电。

② 访问控制：它涉及用户访问资源权限的维护管理，以及私有、公有资源的协调和使用。可从如下方面进行控制：

a. 网络用户注册：这是网络安全系统的最外层防线。在注册过程中，系统会检查用户名及口令的合法性。通过网络访问（采用程序方式或命令对话方式）检查用户号和口令（加密方式存放）后，才能进入网络操作方式，访问网络共享资源。不合法的用户将被拒绝。

b. 网络用户访问资源的权限：用户权限主要体现在用户对所有系统资源的可用程度。例如，写文件、读文件、打开文件、建立新文件、删除文件、个人权限、搜索目录、修改文件属性等 8 种权限。

c. 文件属性应可设置：文件属性只有"读写/只读"，这种安全措施对"共享文件"的用户特别重要。

③ 传输安全：防止网上信息的泄露和破坏。防止信息泄露或破坏的途径是采用密码技术。在发送站先进行信号加密，由接收站解密，这样防止住处的泄露，如伪造信号，也容易被识别出来。如果采用密钥加密，那么，必须对密钥进行很好的管理。

5）网络安全验收质量控制。

一个完善的网络系统安全性应包括如下功能：

① 访问控制：通过对特定网段、服务建立的访问控制体系，将绝大多数攻击阻止在到达攻击目标之前。

② 检查安全漏洞：通过对安全漏洞的周期性检查，即使攻击可以达到攻击目标，也可使绝大多数攻击无效。

③ 攻击监控：通过对特定网段、服务建立的攻击监控体系，可实时检测出绝大多数攻击，并采取相应的行动，如断开网络连接、跟踪攻击源、记录攻击过程等。

④ 加密通信：主动的加密通信，可使攻击者不能了解及修改敏感信息。

⑤ 认证：良好的认证体系可防止攻击和假冒用户。

⑥ 备份和恢复：良好的备份和恢复机制，可在攻击造成损失时，尽快地恢复数据和系统服务。

⑦ 隐藏内部信息：使攻击者无法了解系统内的基本情况。

⑧ 多层防御：攻击者在突破第一道防线后，延缓或阻断其到达攻击目标。

⑨ 设立安全监控中心：为信息系统提供安全体系监控、管理、保护及紧急情

况服务。

6）应有提高网络安全性的措施。

① 网络防病毒解决方案，能够有效地检测和清除各种已知和未知的病毒，是最基本的要求。

a. 从服务器上安装客户端防病毒软件。

b. 向客户机发布新的病毒数据库升级文件。

c. 在广域网连接上发布新的病毒数据库升级文件。

d. 管理和调度远程客户的病毒扫描工作。

e. 响应客户的警报。

f. 远程控制客户选项。

g. 上载和浏览客户扫描报告。

h. 在大型网络中的执行速度和可缩放能力。

选择解决方案时，首先要考虑是否适合自己的需要，同时还有可扩充性，为今后网络的发展留下足够的空间。

② 网络黑客的防范措施：客观导致的网络安全问题主要是指网络及计算机本身的缺陷。网络黑客正是利用了这些漏洞进行各种各样的攻击。为此，应运用如下安全方法和安全工具来保护网络安全。

a. 使用安全工具：分析网络，可以收集到主机的许多安全问题，管理员对发现的问题应及时地以打补丁方式解决。管理员可以通过扫描工具（如 NAL 的 Cyber Cop Scanner）对主机进行扫描，从而获知主机安全上的薄弱环节，并采取相应的预防措施或到供应商那里获取该漏洞的补丁，以便及时地进行修补。

b. 配置防火墙：

（a）安全技术：包过滤防火墙的安全性主要在于对包的 IP 地址的校验，通过设置 IP 而使那些不符合规定的 IP 地址被防火墙滤掉。它是基于网络员的一种安全技术。

（b）代理技术：通过代理服务器收到客户端请求后，检查并验证其合法性，只允许有代理的服务通过而其他服务都被封锁。它还具有信息屏蔽，使用户有效地登录并认证，简化过滤的原则，屏蔽内部 IP 地址。

（c）状态监视技术：进行状态监视服务，对网络通信的各个层次实行检测，并作出安全决策。该技术支持多种应用协议和网络协议，以方便实现服务和应用扩充，它还能实现 RPC（远程过程调用）和 VDP（用户数据协议）的监视。通过防火墙（如 NAI 的 Gauntlet 防火墙）可以有效地用本地网络对黑客进行屏蔽，这样可以达到保护网络，预防黑客入侵的目的。

c. 通过限制系统资源来避免用户权限过大，防止攻击。另外，关闭不必要的服务等保护措施，来保护网络安全。

7）安全评估。

安全评估必须依据国家标准,并参考国际标准(如《计算机系统安全标准》、《信息传输安全标准》、《网络信息安全标准》、《人机界面安全标准》等)结合具体应用系统采用相应标准。

信息安全是一种综合性的交叉学科领域,涉及数学、计算机、密码学、通信控制、人工智能、安全工程学科。对一个集成系统而言,没有信息安全的解决方案,也就没有集成系统的必要。目前,大多处于封堵网络安全漏洞的阶段,为适应信息网络发展的需要,应从整个安全体系的高度出发,构筑安全的信息网络。

◎ 业务要点 4:功能接口

1）集成系统的功能接口必须按已批准的设计图和施工图进行安装,集成商提供接口规范应由合同双方审定。

2）功能接口的硬件和软件等性能要求、技术标准、功能要求,必须符合设计和标准规范要求,并有双方确认的协议意见。只有企业标准的产品,应按法定程序获得有关部门的核准,并按企业标准进行检测,并出具检测报告。

3）所有接口应用软件均应提供完备齐全的文档:

① 软件资料。

② 程序结构说明。

③ 安装调试说明。

④ 使用和维护说明。

4）系统集成商应提供自编软件的软件测试大纲,必要的调试检测用的软件和开发工具。

5）系统集成商应根据接口规范制定接口测试大纲,并经有关方批准;然后按大纲逐项检测接口的软、硬件,保证接口性能符合设计要求,能实现接口规范中规定的各项功能,并不发生系统兼容性及通信瓶颈问题。功能接口产品的检测报告应包括检测设备、检测依据和检测结果记录,并加盖有资格确认部门(或单位)的印章。

6）硬件产品(或设备)检测的重点内容:

① 接口部品的安全性。

② 接口部品的性能和功能。

③ 接口部品的电源与接地。

④ 接口部品的可靠性及电磁兼容性。

7）软件产品(用户应用软件、用户组态软件及接口软件等)检测的主要内容:

① 功能测试应包括容量、可用性、安全性、可恢复性、兼容性等功能。

② 数据传输的格式和速率应符合标准规范和双方约定的要求。

③ 应保证软件的可维护性。

8) 集成系统中功能接口很多,但无论是楼宇还是居住小区,必须有两个共享功能。具体内容应包括:

① 实时采集的各类信息,如控制信息、报警信息及事件(故障)发生。

② 收集整理用户、物业管理、办公自动化用的各类信息。

③ 来自外部如 Internet 网上的各类信息。

信息形式可以为图文、数据、声像等形式,通过查询、处理、建立一个共享信息库,供用户和物业管理人员随时调阅查看,提高信息的共享性,从而达到信息共享的功能。

④ 设备共享包括内部网络设备的共享、对外通信设施的共享和公共设备的共享等。

9) 集成系统应具有管理接口的功能。例如:

① 集中监视与管理功能接口应包括楼宇设备自动化系统、火灾自动报警系统、安保系统、一卡通系统、车库管理等系统的计算机内部网络运行状态。

② 联动控制功能接口应包括楼宇设备自动化系统、火灾自动报警系统、安保系统、一卡通门禁系统的联动控制。

③ 集中控制功能接口,应包括系统运行的启、停时间表,需要中央控制室控制的动作和系统监视控制功能等。

④ 全局事件的决策管理功能接口,在大楼(小区)内发生影响全局的事件如火灾等,如何进行救灾决策等,对这些全局事件进行决策管理。

⑤ 各个虚拟主网配置,安全管理的功能,对集成在 IBMS 上的各个子网的管理系统,如宾馆管理系统、物业管理系统、商场管理系统、办公自动化系统等,除了共享信息和资源外,还要对建立的各个虚拟专网进行配置和安全管理。

⑥ 系统的管理、运行、维护、流程和自动化管理功能,对如何保障系统正常运行的各种措施方法和诊断设备、仪器等的管理,可以通过时间响应程序和事件响应程序的方式来实现大厦内机电设备流程的自动化控制,例如空调机和冷、热源设备的最佳起停和节能运行控制,电梯、照明回路的时间控制等。这些流程的自动化控制和管理,不但可以简化人员的手动操作,而且可以使大厦机电设备运行处于最佳状态,达到节省能源和人工成本的目的。

第七节　防雷与接地

◎ 本节导读

本节主要介绍防雷与接地,内容包括接地装置的安装、接地线的安装、等电位联结安装、浪涌保护器安装以及电子信息系统的防雷与接地等。其内容关系如图 7-35 所示。

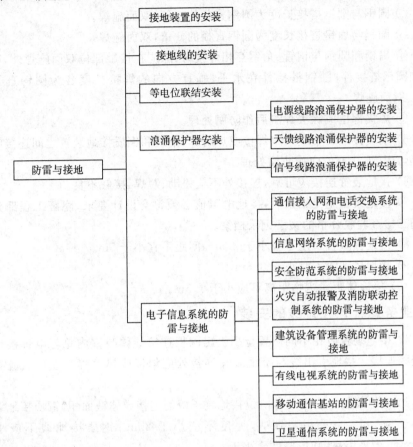

图 7-35　本节内容关系图

◉ 业务要点 1：接地装置的安装

1）人工接地体宜在建筑物四周散水坡外大于 1m 处埋设，在土壤中的埋设深度不应小于 0.5m。冻土地带人工接地体应埋设在冻土层以下。水平接地体应挖沟埋设，钢质垂直接地体宜直接打入地沟内，其间距不宜小于其长度的 2 倍并均匀布置。铜质材料、石墨或其他非金属导电材料接地体宜挖坑埋设或参照生产厂家的安装要求埋设。

2）垂直接地体坑内、水平接地体沟内宜用低电阻率土壤回填并分层夯实。

3）接地装置宜采用热镀锌钢质材料。在高土壤电阻率地区，宜采用换土法、长效降阻剂法或其他新技术、新材料降低接地装置的接地电阻。

4)钢质接地体应采用焊接连接。其搭接长度应符合下列规定：

① 扁钢与扁钢(角钢)搭接长度为扁钢宽度的2倍,不少于三面施焊。

② 圆钢与圆钢搭接长度为圆钢直径的6倍,双面施焊。

③ 圆钢与扁钢搭接长度为圆钢直径的6倍,双面施焊。

④ 扁钢和圆钢与钢管、角钢互相焊接时,除应在接触部位双面施焊外,还应增加圆钢搭接件;圆钢搭接件在水平、垂直方向的焊接长度各为圆钢直径的6倍,双面施焊。

⑤ 焊接部位应除去焊渣后作防腐处理。

5)铜质接地装置应采用焊接或热熔焊,钢质和铜质接地装置之间连接应采用热熔焊,连接部位应作防腐处理。

6)接地装置连接应可靠,连接处不应松动、脱焊、接触不良。

7)接地装置施工结束后,接地电阻值必须符合设计要求,隐蔽工程部分应有随工检查验收合格的文字记录档案。

8)接地体垂直长度不应小于2.5m,间距不宜小于5m。

9)接地体埋深不宜小于0.6m。

10)接地体距建筑物距离不应小于1.5m。

业务要点2:接地线的安装

1)接地装置应在不同位置至少引出两根连接导体与室内总等电位接地端子板相连接。接地引出线与接地装置连接处应焊接或热熔焊。连接点应有防腐措施。

2)接地装置与室内总等电位接地端子板的连接导体截面积,铜质接地线不应小于$50mm^2$,当采用扁铜时,厚度不应小于2mm;钢质接地线不应小于$100mm^2$,当采用扁钢时,厚度不小于4mm。

3)等电位接地端子板之间应采用截面积符合表7-53要求的多股铜芯导线连接,等电位接地端子板与连接导线之间宜采用螺栓连接或压接。当有抗电磁干扰要求时,连接导线宜穿钢管敷设。

表7-53　各类等电位连接导体最小截面积

名　　称	材　　料	最小截面积/mm²
垂直接地干线	多股铜芯导线或铜带	50
楼层端子板与机房局部端子板之间的连接导体	多股铜芯导线或铜带	25
机房局部端子板之间的连接导体	多股铜芯导线	16
设备与机房等电位连接网络之间的连接导体	多股铜芯导线	6
机房网络	铜箔或多股铜芯导体	25

4)接地线采用螺栓连接时,应连接可靠,连接处应有防松动和防腐蚀措施。接地线穿过有机械应力的地方时,应采取防机械损伤措施。

5)接地线与金属管道等自然接地体的连接应根据其工艺特点采用可靠的电气连接方法。

6)利用建筑物结构主筋作接地线时,与基础内主筋焊接,根据主筋直径大小确定焊接根数,但不得少于2根。

7)引至接地端子的接地线应采用截面积不小于 $4mm^2$ 的多股铜线。

◎ 业务要点 3:等电位联结安装

1)在雷电防护区的界面处应安装等电位接地端子板,材料规格应符合设计要求,并应与接地装置连接。

2)钢筋混凝土建筑物宜在电子信息系统机房内预埋与房屋内墙结构柱主钢筋相连的等电位接地端子板,并宜符合下列规定:

① 机房采用 S 型等电位联接时,宜使用不小于 25mm×3mm 的铜排作为单点连接的等电位接地基准点。

② 机房采用 M 型等电位联结时,宜使用截面积不小于 $25mm^2$ 的铜箔或多股铜芯导体在防静电活动地板下做成等电位接地网格。

3)砖木结构建筑物宜在其四周埋设环形接地装置。电子信息设备机房宜采用截面积不小于 $50mm^2$ 铜带安装局部等电位连接带,并采用截面积不小于 $25mm^2$ 的绝缘铜芯导线穿管与环形接地装置相连。

4)等电位联结网格的连接宜采用焊接、熔接或压接。连接导体与等电位接地端子板之间应采用螺栓连接,连接处应进行热搪锡处理。

5)等电位连接导线应使用具有黄绿相间色标的铜质绝缘导线。

6)对于暗敷的等电位连接线及其连接处,应做隐蔽工程记录,并在竣工图上注明其实际部位、走向。

7)等电位连接带表面应无毛刺、明显伤痕、残余焊渣,安装平整,连接牢固,绝缘导线的绝缘层无老化龟裂现象。

8)建筑物等电位联结端子板接地线应从接地装置直接引入,各区域的总等电位联结装置应相互连通。

9)应在接地装置两处引连接导体与室内总等电位接地端子板相连接,接地装置与室内总等电位连接带的连接导体截面积,铜质接地线不应小于 $50mm^2$,钢质接地线不应小于 $80mm^2$。

10)等电位接地端子板之间应采用螺栓连接,铜质接地线的连接应焊接或压接,钢质地线连接应采用焊接。

11)每个电气设备的接地应用单独的接地线与接地干线相连。

12)不得利用蛇皮管、管道保温层的金属外皮或金属网及电缆金属护层作接地线;不得将桥架、金属线管作接地线。

业务要点 4:浪涌保护器安装

1. 电源线路浪涌保护器的安装

1)电源线路的各级浪涌保护器应分别安装在线路进入建筑物的入口、防雷区的界面和靠近被保护设备处。各级浪涌保护器连接导线应短直,其长度不宜超过 0.5m,并固定牢靠。浪涌保护器各接线端应在本级开关、熔断器的下桩头分别与配电箱内线路的同名端相线连接,浪涌保护器的接地端应以最短距离与所处防雷区的等电位接地端子板连接。配电箱的保护接地线(PE)应与等电位接地端子板直接连接。

2)带有接线端子的电源线路浪涌保护器应采用压接;带有接线柱的浪涌保护器宜采用接线端子与接线柱连接。

3)浪涌保护器的连接导线最小截面积宜符合表 7-54 的规定。

表 7-54   浪涌保护器连接导线最小截面积

SPD 级数	SPD 的类型	导线截面积/mm^2	
		SPD 连接相线铜导线	SPD 接地端连接铜导线
第一级	开关型或限压型	6	10
第二级	限压型	4	6
第三级	限压型	2.5	4
第四级	限压型	2.5	4

注:组合型 SPD 参照相应级数的截面积选择。

2. 天馈线路浪涌保护器的安装

1)天馈线路浪涌保护器应安装在天馈线与被保护设备之间,宜安装在机房内设备附近或机架上,也可以直接安装在设备射频端口上。

2)天馈线路浪涌保护器的接地端应采用截面积不小于 $6mm^2$ 的铜芯导线就近连接到 LPZ0$_A$ 或 LPZ0$_B$ 与 LPZ1 交界处的等电位接地端子板上,接地线应短直。

3. 信号线路浪涌保护器的安装

1)信号线路浪涌保护器应连接在被保护设备的信号端口上。浪涌保护器可以安装在机柜内,也可以固定在设备机架或附近的支撑物上。

2)信号线路浪涌保护器接地端宜采用截面积不小于 $1.5mm^2$ 的铜芯导线与设备机房等电位连接网络连接,接地线应短直。

业务要点5：电子信息系统的防雷与接地

1. 通信接入网和电话交换系统的防雷与接地

1）有线电话通信用户交换机设备金属芯信号线路，应根据总配线架所连接的中继线及用户线的接口形式选择适配的信号线路浪涌保护器。

2）浪涌保护器的接地端应与配线架接地端相连，配线架的接地线应采用截面积不小于 $16mm^2$ 的多股铜线接至等电位接地端子板上。

3）通信设备机柜、机房电源配电箱等的接地线应就近接至机房的局部等电位接地端子板上。

4）引入建筑物的室外铜导线缆宜穿钢管敷设，钢管两端应接地。

2. 信息网络系统的防雷与接地

1）进、出建筑物的传输线路上，在 $LPZ0_A$ 或 $LPZ0_B$ 与 LPZ1 的边界处应设置适配的信号线路浪涌保护器。被保护设备的端口处宜设置适配的信号浪涌保护器。网络交换机、集线器、光电端机的配电箱内，应加装电源浪涌保护器。

2）入户处浪涌保护器的接地线应就近接至等电位接地端子板；设备处信号浪涌保护器的接地线宜采用截面积不小于 $1.5mm^2$ 的多股绝缘铜导线连接到机架或机房等电位连接网络上。计算机网络的安全保护接地、信号工作地、屏蔽接地、防静电接地和浪涌保护器的接地等均应与局部等电位连接网络连接。

3. 安全防范系统的防雷与接地

1）置于户外摄像机的输出视频接口应设置视频信号线路浪涌保护器。摄像机控制信号线接口处（如 RS485、RS424 等）应设置信号线路浪涌保护器。解码箱处供电线路应设置电源线路浪涌保护器。

2）主控机、分控机的信号控制线、通信线、各监控器的报警信号线，宜在线路进出建筑物 $LPZ0_A$ 或 $LPZ0_B$ 与 LPZ1 边界处设置适配的线路浪涌保护器。

3）系统视频、控制信号线路及供电线路的浪涌保护器，应分别根据视频信号线路、解码控制信号线路及摄像机供电线路的性能参数来选择，信号浪涌保护器应满足设备传输速率、带宽要求，并与被保护设备接口兼容。

4）系统的户外供电线路、视频信号线路、控制信号线路应有金属屏蔽层并穿钢管理地敷设，屏蔽层及钢管两端应接地。视频信号线屏蔽层应单端接地，钢管应两端接地。信号线与供电线路应分开敷设。

5）系统的接地宜采用共用接地系统。主机房宜设置等电位连接网络，系统接地干线宜采用多股铜芯绝缘导线，其截面积应符合表7-54的规定。

4. 火灾自动报警及消防联动控制系统的防雷与接地

1）火灾报警控制系统的报警主机、联动控制盘、火警广播、对讲通信等系统的信号传输线缆宜在线路进出建筑物 $LPZ0_A$ 或 $LPZ0_B$ 与 LPZ1 边界处设置适配的信号线路浪涌保护器。

2）消防控制中心与本地区或城市"119"报警指挥中心之间联网的进出线路端口应装设适配的信号线路浪涌保护器。

3）消防控制室内所有的机架（壳）、金属线槽、安全保护接地、浪涌保护器接地端均应就近接至等电位连接网络。

4）区域报警控制器的金属机架（壳）、金属线槽（或钢管）、电气竖井内的接地干线、接线箱的保护接地端等，应就近接至等电位接地端子板。

5）火灾自动报警及联动控制系统的接地应采用共用接地系统。接地干线应采用铜芯绝缘线，并宜穿管敷设接至本楼层或就近的等电位接地端子板。

5. 建筑设备管理系统的防雷与接地

1）系统的各种线路在建筑物 $LPZ0_A$ 或 $LPZ0_B$ 与 LPZ1 边界处应安装适配的浪涌保护器。

2）系统中央控制室宜在机柜附近设等电位连接网络。室内所有设备金属机架（壳）、金属线槽、保护接地和浪涌保护器的接地端等均应做等电位连接并接地。

3）系统的接地应采用共用接地系统，其接地干线宜采用铜芯绝缘导线穿管敷设，并应近接至等电位接地端子板，其截面积应符合表 7-55 的规定。

6. 有线电视系统的防雷与接地

1）进、出有线电视系统前端机房的金属芯信号传输线宜在入、出口处安装适配的浪涌保护器。

2）有线电视网络前端机房内应设置局部等电位接地端子板，并采用截面积不小于 $25mm^2$ 的铜芯导线与楼层接地端子板相连。机房内电子设备的金属外壳、线缆金属屏蔽层、浪涌保护器的接地以及 PE 线都应接至局部等电位接地端子板上。

3）有线电视信号传输线路宜根据其干线放大器的工作频率范围、接口形式以及是否需要供电电源等要求，选用电压驻波比和插入损耗小的适配的浪涌保护器。地处多雷区、强雷区的用户端的终端放大器应设置浪涌保护器。

4）有线电视信号传输网络的光缆、同轴电缆的承重钢绞线在建筑物入户处应进行等电位连接并接地。光缆内的金属加强芯及金属护层均应良好接地。

7. 移动通信基站的防雷与接地

1）移动通信基站的雷电防护宜进行雷电风险评估后采取防护措施。

2）基站的天线应设置于直击雷防护区（$LPZ0_B$）内。

3）基站天馈线应从铁塔中心部位引下，同轴电缆在其上部、下部和经走线桥架进入机房前，屏蔽层应就近接地。当铁塔高度大于或等于 60m 时，同轴电缆金属屏蔽层还应在铁塔中间部位增加一处接地。

4）机房天馈线入户处应设室外接地端子板作为馈线和走线桥架入户处的接地点,室外接地端子板应直接与地网连接。馈线入户下端接地点不应接至室内设备接地端子板上,亦不应接在铁塔一角上或接闪带上。

5）当采用光缆传输信号时,光缆的所有金属接头、金属护层、金属挡潮层、金属加强芯等,应进入建筑物直接接地。

6）移动基站的地网应由机房地网、铁塔地网和变压器地网相互连接组成。机房地网由机房建筑基础和周围环形接地体组成,环形接地体应与机房建筑物四角主钢筋焊接连通。

8. 卫星通信系统的防雷与接地

1）在卫星通信系统的接地装置设计中,应将卫星天线基础接地体、电力变压器接地装置及站内各建筑物接地装置互相连通组成共用接地装置。

2）设备通信和信号端口应设置浪涌保护器保护,并采用等电位连接和电磁屏蔽措施,必要时可改用光纤连接。站外引入的信号电缆屏蔽层应在入户处接地。

3）卫星天线的波导管应在天线架和机房入口外侧接地。

4）卫星天线伺服控制系统的控制线及电源线,应采用屏蔽电缆。屏蔽层应在天线处和机房入口外接地,并应设置适配的浪涌保护器保护。

5）卫星通信天线应设置防直击雷的接闪装置,使天线处于 $LPZ0_B$ 防护区内。

6）当卫星通信系统具有双向(收/发)通信功能且天线架设在高层建筑物的屋面时,天线架应通过专引接地线(截面积大于或等于 $25mm^2$ 绝缘铜芯导线)与卫星通信机房等电位接地端子板连接,不应与接闪器直接连接。

参考文献

[1] GB/T 10060—2011 电梯安装验收规范[S]. 北京：中国标准出版社,2012.

[2] GB 50149—2010 电气装置安装工程母线装置施工及验收规范[S]. 北京：中国计划出版社,2010.

[3] GB 50166—2007 火灾自动报警系统施工及验收规范[S]. 北京：中国计划出版社,2008.

[4] GB 50243—2002 通风与空调工程施工质量验收规范[S]. 北京：中国计划出版社,2004.

[5] GB 50268—2008 给水排水管道工程施工及验收规范[S]. 北京：中国建筑工业出版社,2009.

[6] GB 50310—2002 电梯工程施工质量验收规范[S]. 北京：中国建筑工业出版社,2002.

[7] GB 50312—2007 综合布线系统工程验收规范[S]. 北京：中国计划出版社,2007.

[8] GB 50339—2003 智能建筑工程质量验收规范[S]. 北京：中国建筑工业出版社,2003.

[9] GB 50606—2010 智能建筑工程施工规范[S]. 北京：中国计划出版社,2011.

[10] GB 50617—2010 建筑电气照明装置施工与验收规范[S]. 北京：中国计划出版社,2011.

[11] GB 50738—2011 通风与空调工程施工规范[S]. 北京：中国建筑工业出版社,2012.

[12] 王晓东. 通风与空调施工工长手册[M]. 北京：中国建筑工业出版社,2009.

[13] 谢社初、胡联红. 建筑电气施工技术[M]. 武汉：武汉理工大学出版社,2008.

[14] 张胜峰. 建筑给排水工程施工. 北京：水利水电出版社,2010.